装备科技译著出版基金

不确定性量化

Uncertainty Quantification

An Accelerated Course with Advanced Applications in Computational Engineering

[法]克里斯蒂安·索泽(Christian Soize) 著
刘保国 刘彦旭 冯伟 译

国防工業出版社
·北京·

著作权合同登记　图字:01 - 2023 - 3808 号

内 容 简 介

本书介绍了针对不确定性量化的概率统计的基本数学工具,对不确定性随机建模的一些基本方法和比较先进的方法进行了详细的讲解,概述了研究不确定性在计算模型中传播的主要方法。对于有具体实验数据的情况,本书主要关注不确定性随机模型的校准和识别问题,并通过在计算工程中的应用对这些方法进行了说明。

本书可以作为高等院校机械工程专业、土木工程专业以及相关专业高年级本科生及硕士、博士研究生的教学用书,并且对科研机构的研究人员、工程技术人员也有一定的参考价值。

图书在版编目(CIP)数据

不确定性量化 / (法) 克里斯蒂安·索泽 (Christian Soize) 著;刘保国,刘彦旭,冯伟译. — 北京:国防工业出版社,2024. 4

书名原文: Uncertainty Quantification: An Accelerated Course with Advanced Applications in Computational Engineering

ISBN 978 - 7 - 118 - 12980 - 9

Ⅰ. ①不… Ⅱ. ①克… ②刘… ③刘… ④冯… Ⅲ. ①不确定系统—量化—研究 Ⅳ. ①N94

中国国家版本馆 CIP 数据核字(2023)第 159875 号

※

国防工业出版社出版发行
(北京市海淀区紫竹院南路 23 号　邮政编码 100048)
三河市天利华印刷装订有限公司印刷
新华书店经售

*

开本 710 × 1000　1/16　插页 4　印张 $16\frac{1}{2}$　字数 285 千字
2024 年 4 月第 1 版第 1 次印刷　印数 1—1500 册　定价 128. 00 元

国防书店:(010)88540777　书店传真:(010)88540776
发行业务:(010)88540717　发行传真:(010)88540762

译者序

法国航空航天研究院、马恩-拉瓦莱大学克里斯蒂安·索泽教授的《不确定性量化》(*Uncertainty Quantification*)一书汇总了其科研团队近20年的重要科研成果。本书内容翔实、语言简洁,既重视数学理论的严谨性,又注重理论和计算方法在工程中的适用性,是研究不确定动力学理论及其工程应用问题的一部优秀专著。

本书结合不确定性量化的实际工程问题,对参数不确定性建模的数学思想及具体实现方法做了介绍,对基于随机矩阵理论的非参数建模理论、成果、方法及工程应用进行了详细论述,将参数不确定性与模型不确定性方法应用于解决现实中的复杂工程问题,充分体现了不确定性量化理论和方法的工程价值和优越性。本书提供的数学方法及在具体大型工程中的应用案例能够为从事航空航天、深海深地、武器装备等领域各类复杂系统不确定性建模与随机动力学分析研究的科研工作者提供参考,也可作为机械工程和土木工程等相关专业高年级本科生及硕士、博士研究生的教学用书。

译者长期从事转子动力学及随机振动方面的研究工作,对实际大型、复杂工程中存在的不确定性问题进行了深入研究。在这些实际工程问题中,不仅存在一些容易用具体数学语言描述的参数不确定性(如不确定弹性模量、不确定密度、不确定结构尺寸等),还存在大量难以用具体数学语言描述的不确定性(如简化复杂边界条件时引入的不确定性、连续实体简化为离散质量点时引入的不确定性等)。本书针对这类不确定性提出了具体的数学方法及工程应用案例。

本书旨在为国内从事航空航天、深海深地、武器装备等领域随机动力学问题研究的科研人员提供解决问题的思路和方法,希望广大科研人员能够借此充分认识到考虑模型不确定性的必要性,认识到随机矩阵理论在动力学领域处理模型不确定性的先进性与适用性。

本书第1章主要介绍不确定性随机建模的基本概念及其在计算模型中的传播;第2~第7章讨论不确定性量化的数学工具,如伊藤随机微分等;第8~第10章为不确定性量化的工程应用案例。

感谢硕士研究生张瑞丰、张义彬、刘胜龙、武航飞、赵毫杰、邱孟夏等在译稿整理过程中文字及公式校对、图片处理方面付出的努力！感谢河南工业大学机电工程学院、河南省超硬磨料磨削装备重点实验室各位同事提供的鼎力支持！感谢国家自然科学基金面上项目“模型不确定转子系统的非参数随机动力学建模及分析方法研究”(项目编号:12072106)“藕合复杂转子系统的随机参数动力学问题研究及软件开发”(项目编号:11172092)的支持!

另外,衷心感谢国防工业出版社编辑团队为本书的翻译与审校工作提出了宝贵的建议。本书的翻译出版得到了装备科技译著出版基金的资助,在此表示真诚的感谢!

本书如有疏漏和不妥之处,恳请广大读者指正。

刘保国
河南工业大学
2023 年 11 月

序

在数值建模与仿真中，模型在真实地描述物理关系时所用的数据不可避免地存在一定程度的不确定性。由于数值预测通常是工程决策的基础，因此多年来不确定性量化一直受到人们关注。随着多尺度和多物理模型的出现，为了解释不确定性并描述其对可能结果评估的影响而寻求实用且严谨的方法越来越具有挑战性，本书致力于研究这一目标的实现。

本书主要关注不确定性随机建模的基本概念及其在计算模型中的量化问题。由于作者在本领域专注于专业知识的研究，本书的应用案例主要为机械系统，讨论了推理不确定性、认知不确定性、参数不确定性和非参数不确定性。

本书首先介绍了概率统计的基本数学工具，这些工具可直接用于不确定性量化；随后对不确定性随机模型的一些基本方法和改进方法进行了详细的讲解。有实验数据时本书主要关注不确定性随机模型的标定和识别问题。在完整性方面，本书概述了分析计算模型中不确定性传播的主要途径。虽然英文版原著共 329 页的篇幅中涵盖了上述内容，但若使教师、学生、研究人员和相关专业人员对其感兴趣仍然比较困难，因此，本书作者并不在描述过程中进行推导，而是通过巧妙组织本书内容并参考数学证明的方法克服了这一困难。

我有幸阅读并研究了本书的讲义并发现这是我理解这一主题最有用的工具之一。因此，我邀请作者于 2015 年 2 月在斯坦福大学讲授基于这些讲义的计算力学不确定性量化的速成课程。鉴于本次课程讲授的成功，我于 2016 年 6 月再次邀请作者为陆军研究实验室（ARL）的阿伯丁试验场讲授了一个压缩版的课程，代表 ARL 不同实验室部门的科学家、工程师和研究生都参加了该课程的学习。因此，我希望本书成为大家的有价值的参考资料和灵感来源。

夏贝尔・法哈特

斯坦福大学

2016 年 11 月 23 日

前言

本书源于作者开设的一门课程,并对近二十年大规模应用的不确定性量化(UQ)技术的发展与实施进行了独立研究与合作研究。

本书旨在给出计算科学和工程中的不确定性随机建模及其在计算模型中的量化问题的基本概念,介绍大型工程和科学模型中量化不确定性的基本方法和改进技术,它关注的是推理和认知不确定性、参数不确定性(与计算模型的参数有关)和非参数不确定性(由建模误差引起),同时介绍构造不确定性随机建模的基本方法及改进方法。因此,本书介绍了概率统计的基本数学工具,这些工具有助于不确定性量化的研究;概述了计算模型中不确定性传播的主要研究方法;提出了对计算模型进行稳健分析以及在不确定条件下对计算模型进行稳健更新、稳健优化和设计的重要方法;利用实验数据可对不确定随机模型进行校准和识别,在计算工程中对这些方法的应用进行了说明,如在复杂机械系统的计算结构动力学、振动声学、非均匀材料的微观力学和多体力学中的应用。

本书可为工程师、博士生、博士后、研究员、助理教授和教授等提供研究型的参考。学习不确定性量化的主要困难并不是获取知识,而是理解知识体系并达到解决复杂问题所需的专业知识水平,以及对经过科学验证的方法的使用。除了练习外,还需经过思考才能具备这种专业技能。本书的写作目的是提供研究型教材并引导读者思考,而并非通过习题进行练习。

本书简洁的写作风格以及某些不必要数学细节的省略可能会妨碍读者对概念、思想与方法的快速理解,但所有数学工具是正确且科学严谨的,这些数学工具所需的所有假设均已给出并进行了说明;对所介绍的任何近似值都进行了评价,并对其局限性进行了详细说明;同时,为有兴趣研究数学细节以证明某些数学结果的读者提供了有价值的参考文献。本书各章的开头一段总结了本章的内容,并解释了与各章之间的联系。每章小节可以帮助读者清楚地了解特定内容与目标。

由于一些教材已经给出了经典统计工具,而且配有针对本科生学习的案例,因此本书的目标之一是提出解决高级应用问题的建设性方法,而不是重新详细讲解经典统计工具。

本书的主要目标是有效避免复制经典统计方法,以解决具有少量标量随机变量的低维学术问题。本书介绍了概率论中的经典和改进的数学工具以及计算统计学中的新方法，这些新方法对处理高维不确定性量化的大规模计算模型十分重要；本书提出了一系列数学工具，相互间的关联性使其能够用于构建有效的方法，同时这些方法又是解决计算工程中大规模问题所必需的。另外，本书为读者提供了一种清晰明确的解决复杂问题的策略。

本书的一个创新性在于包含了已出版的研究专著或不确定性量化教材中未涵盖的几个方面，具体包括不确定性量化的随机矩阵理论、随机微分方程理论的重要部分、使用最大熵和多项式混沌技术构建先验概率分布、通过求解确定性高随机维度中非高斯张量值随机分布、与随机边界值问题相关的统计反问题及用于设计和优化的鲁棒分析。虽然其在相关研究论文中出现过，但本书首次对这些内容进行了统一。本书的另一个创新性在于解决了大规模工程应用的不确定性量化问题。本书的理论、方法及其应用与实验验证均通过计算结构动力学、振动声学和连续介质的固体力学等大量应用进行了说明。

克里斯蒂安·索泽
马恩－拉瓦莱大学
2016 年 11 月

缩略语

dBA	加权分贝
a. s.	几乎处处
l. i. m	均方极限
pdf	概率密度函数
r. v	随机变量
w. r. t	关于
APSM	代数先验随机模型
BVP	边界值问题
CPC	石膏纸板
DAF	动态放大系数
DOF	自由度
FKP	福克－普朗克方程
FRF	频率响应函数
GOE	高斯正交系综
ISDE	伊藤(Itô)随机微分方程
KL	Karhunen－Loève
MaxEnt	最大熵
MATLAB	数学科学计算语言
MCMC	马尔可夫链蒙特卡罗
MSC－NASTRAN	MSC 软件公司商用计算力学软件
PAR	先验代数表示
PC	多项式混沌
PCA	主成分分析
PCE	多项式混沌展开
POD	正交分解

续表

QoI	关注的量
ROB	降阶基
ROM	降阶模型
RVE	等效体积元
SROM	随机降阶模型
SVD	奇异值分解
UQ	不确定性量化

目录

第1章 不确定性随机建模的基本概念及其在计算模型中的传播

本章将简要概述关于偶然不确定性、认知不确定性、不确定性与变异性(通过真实系统的实验测量结果进行说明)的来源等基本概念;介绍模型参数不确定性和建模误差在名义计算模型中的作用;总结计算模型的主要问题;最后介绍基本方法。

1.1 偶然不确定性和认知不确定性

偶然不确定性与物理现象有关,而这些物理现象本质上是随机的。例如,完全发达的湍流边界层中的压力场,两相微结构基体中夹杂物的几何分布。

认知不确定性不仅与计算模型参数理论知识有关,也与无法用计算模型参数描述的建模误差有关。例如,在结构边界条件的力学描述方面欠缺相关知识,结构制造过程产生的几何公差,尺度变化产生的材料力学性能变化(无尺度分离),计算运动学中简化模型的应用(梁理论代替三维弹性理论)或未在计算模型中考虑的二级动力学子系统会导致复杂机械系统中存在隐含自由度。

在不确定性量化的概率论和数理统计框架下,由于不确定性随机建模、计算模型中不确定性的传播分析及通过求解统计反问题来辨识随机模型时使用的数学工具完全一样,因此不需要区分偶然不确定性和认知不确定性。

1.2 不确定性与变异性的来源

设计系统用于制造实际系统并通过数学力学建模过程构建高维计算模型,其主要目标是预测实际系统在其环境中的响应。高维计算模型也可称为高保真计算模型、简化计算模型、名义计算模型或均值计算模型。在实际环境中,由于真实系统制造过程存在波动性、实际结构与设计系统标准结构存在微小差异,真实系统的响应会随之产生变化,因此由设计系统的数学力学建模过程确定的计算模型具有参数不确定性。此外,建模过程会产生建模误差,也称建模不确定性。图 1.1 总结了两种计算模型的不确定性和实际系统的变异性,其中 $\boldsymbol{U}$ 和 $\boldsymbol{U}^{\text{nobs}}$ 分别为计算模型的观测量与未观测量,$\boldsymbol{u}^{\text{exp}}$ 和 $\boldsymbol{u}^{\text{nobs,exp}}$ 分别为实际系统对应的观测量与未观测量(假设仅观测量 $\boldsymbol{u}^{\text{exp}}$ 是由测量得到的)。

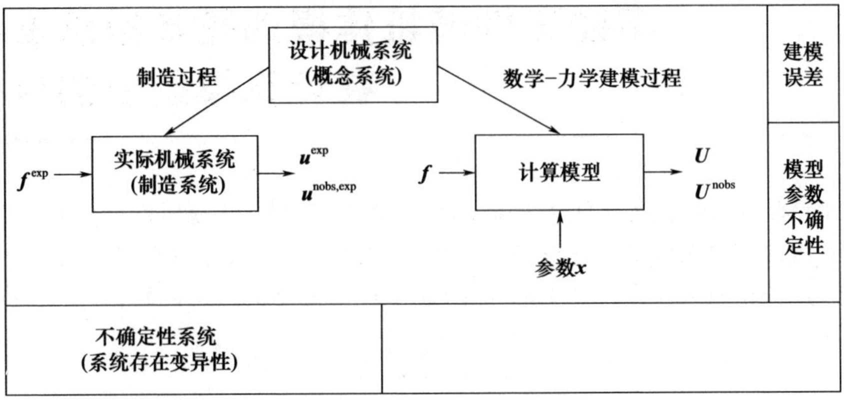

图 1.1　设计机械系统、实际机械系统、计算模型、不确定性来源及变异性

下面给出需要注意的几个问题:

(1)必须减小和控制与($\boldsymbol{U},\boldsymbol{U}^{\text{nobs}}$)的近似解($\boldsymbol{U}_n,\boldsymbol{U}_n^{\text{nobs}}$)构造方法有关的误差(如经常用来构建实际模型的有限元法),且不应将其视为不确定性,而用降阶计算模型代替高维计算模型产生的误差可视为不确定性。

(2)不确定性有两种:一种是与模型参数有关的模型参数不确定性;另一种是建模误差引起的模型不确定性。

(3)制造工艺和结构上的微小差异使实际系统存在一定的差异:复杂机械系统的实验装置与所设计的机械系统不同且无法完全了解。

1.3　实际系统变异性的实验验证

图 1.2 以汽车为例说明了复杂实际系统的变异性,并给出了 20 辆同类型但附加装置不同的汽车的振动声学实验结果[72]。各曲线表示由发动机对结构施加激励(轰鸣声)而引起内部噪声(声腔内给定点处的声压)的频率响应函数(FRF)测量结果,可以看出变异性与制造过程的固有波动及汽车结构上的微小差异有关。

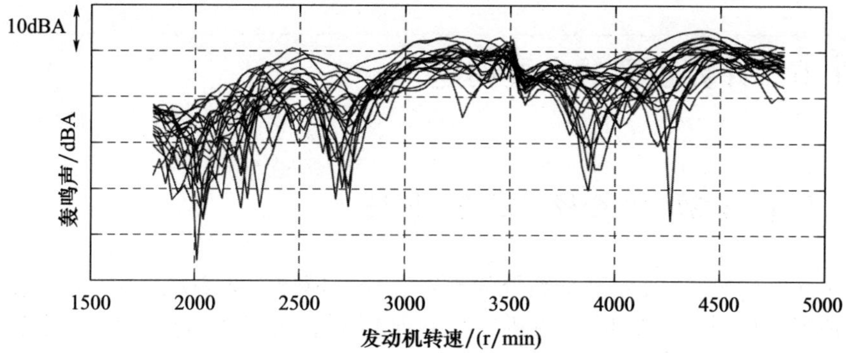

图 1.2　由发动机对结构施加激励而引起内部噪声(声压)的频率响应函数测量结果

1.4　模型参数不确定性和建模误差在计算模型中的作用

图 1.3 表明了模型参数不确定性和建模误差对具有不同附加装置的汽车计算模型的影响,在 1.3 节中已给出实验结果。汽车结构声学计算模型是一个有限元模型,内腔具有 978733 个结构自由度和 8139 个声压自由度。对于结构中给定的两个具有代表性的观测点的法向结构加速度,图 1.3 给出了由 20 辆汽车发动机施加激励而产生的频率响应函数幅值图,并与计算模型给出的结果做了对比[72]。实验数据和预测值之间相对重要的差别主要与模型不确定性有关。

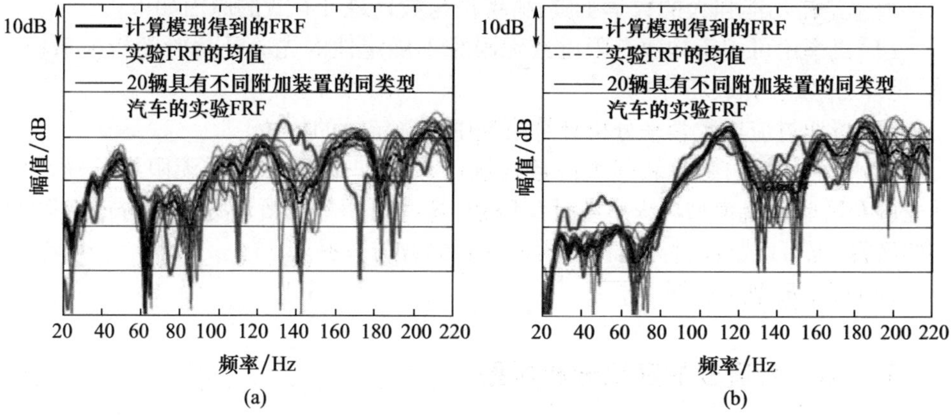

图 1.3　结构中两个给定观测点处法向加速度的 FRF 图[72]
(a)观测点 1;(b)观测点 2。

1.5 计算模型的主要问题

1.5.1 计算模型必须寻求的稳健性

在许多情况下，实际复杂系统的确定性计算模型不能满足需求，可通过对比模型预测结果与实验结果来判断。在下列几种情况下必须提高计算模型的稳健性：

(1)在考虑计算模型中的不确定性的情况下，随机模型通常可以利用不确定物理量的可用数学性质来构建。

(2)考虑实际系统变异性且有数据可用。

(3)在有实验数据可用的情况下，考虑实验误差。

①测量噪声引起的实验误差对于第二个误差源而言通常很小，后文将进行描述；

②对实验装置相关知识的缺乏(如实验装置与设计系统存在差异、某些信息并不完全已知)引起的实验误差是复杂系统实验误差的主要来源。

1.5.2 概率论与数理统计有效的原因

概率论是功能强大的数学工具，概率论与数理统计有效的原因如下：

(1)概率论可用于构建有限维或无限维不确定性的先验及后验随机模型(向量、矩阵、张量、函数、场等)。

(2)可通过应用数学来分析计算模型中不确定性的传播。

(3)可利用现有数据和强大的数理统计理论，识别有限维或无限维不确定性的先验及后验随机模型以求解统计反问题，这些可用数据既可以是部分或有限的实验数据，也可以是通过高维计算模型得到的数值数据。

(4)可使模型从数据中学习。

1.5.3 所适应的随机分析类型

为了进行不确定计算模型计算，需要在稳健框架内对不确定性、变异性(有可用数据时)及实验误差(有可用实验数据时)进行稳健预测、稳健更新、设计优化及性能优化等计算分析。

即使没有可用的实验数据，也有必要考虑计算模型的不确定性，以便分析不确定性预测的稳健性,从而进行稳健优化与稳健设计。

1.5.4 不确定性量化与模型验证的必要性

对于一个给定的确定性计算模型(平均或名义计算模型)而言,一是必须建立不确定性随机模型,生成随机计算模型;二是要通过随机计算模型与合适的随机求解器计算不确定性的传播;三是有可用数据时,需要通过随机计算模型、数据及用于统计反问题的数学工具对不确定性进行量化。

需要注意的是,不确定性概率模型的建立并不是为了补偿在构建名义计算模型时引入的大误差,因为名义计算模型必须能够表征它所构建的物理现象。

1.5.5 主要难点

难点主要表现在以下四个方面:

(1)有效地构建不确定性随机模型。即使没有可用数据,模型也必须包含所有可用信息从而丰富模型。尤其是对于高随机维数的随机向量、任意随机维数的随机矩阵及高随机维数的张量随机域,必须构建概率分布、代数表示及相关的随机模拟器。这是一个基本步骤,针对这一问题,本书将介绍一些经典工具及改进工具并给出明确的建设性建议。

(2)建模误差引入的模型不确定性随机建模。这一极具挑战性的问题并没有完全解决,本书将在结构动力学及耦合系统方面给出建设性方法。

(3)在仅有部分数据且数据有限的情况下,难点在于通过求解统计反问题来识别、更新不确定性随机模型。如果不确定性随机模型具有高随机维数,则其求解过程将极具挑战性。因此,本书将给出有效的工具来求解这类问题。

(4)稳健更新、稳健优化及稳健设计的算法策略。就计算资源而言该步骤是一个大难点,因此,需要引入降阶模型与插值法,本书将基于应用展开讨论。

1.6 不确定性建模的基本方法

Smith[181]和 Sullivan[212]介绍了关于不确定参数及其概率模型识别的不确定性量化的数理统计法,本书提出的方法与其有所不同,并补充了其不足之处,不仅考虑了不确定参数,也考虑了由计算模型的建模误差引入的模型不确定性。此外,本书还考虑了小随机维数,并针对高随机维数提出了统计反问题的解决方法。

1.6.1 基本方法的部分概述与不必要的研究

考虑图 1.1 中介绍的概念,图 1.4 简述了利用计算模型对预测结果 $\boldsymbol{U}$ 进行稳健性分析的一般情况,这一计算模型取决于不确定参数 $\boldsymbol{X}$;其中,$\boldsymbol{x}\to\boldsymbol{h}(\boldsymbol{x})$ 为非线性映射,$\boldsymbol{H}(\boldsymbol{s})\to\boldsymbol{h}(\boldsymbol{X})$ 为取决于 $\boldsymbol{s}$ 的随机变量,$\boldsymbol{s}$ 为随机变量 $\boldsymbol{X}$ 概率分布的超参数,能够控制不确定性水平。为了将概率分布参 $\boldsymbol{X}$(也称超参数)和随机变量 X(计算模型参数)区分开,采用了"超参数"来代替"参数"进行表述。为了清楚地说明不确定性随机建模与不确定性量化中一些不该做的研究工作,本节对最简单的机械系统(静态、线性、单自由度)进行了介绍,并给出了不确定性量化方面不称职人员可能进行的分析。

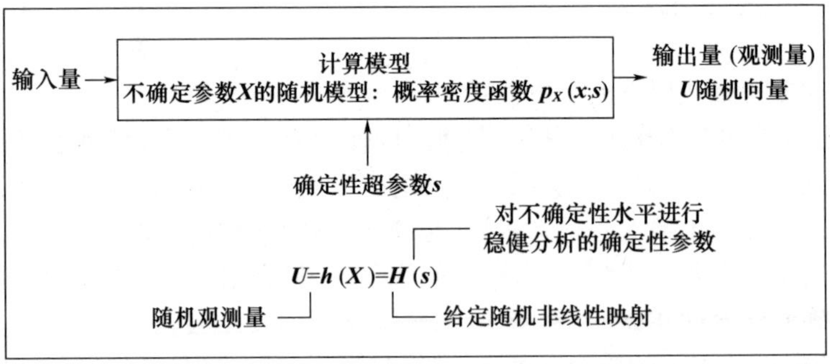

图 1.4 一般案例预测的稳健性分析图示

(1)确定性计算模型。采用由单自由度线性静态机械系统构成的计算模型进行确定性建模:

$$\bar{k}\bar{u}=f \tag{1.1}$$

式中:$\bar{k}$ 为名义刚度,$\bar{k}=10^6\mathrm{N/m}$;f 为施加的外力,$f=10^3\mathrm{N}$。计算位移的公式为 $\bar{u}=\bar{k}^{-1}f=0.001(\mathrm{m})$。

(2)不确定参数随机建模。对概率论中随机变量、概率空间、平均值、标准差、变异系数、概率分布、概率密度函数(pdf)及高斯等概念不熟悉的读者可以先阅读第 2 章,即使并不完全理解这些概念,对理解下文提到的方法而言也是有益的。

假设式(1.1)所定义计算模型的不确定参数为名义刚度,用概率空间$(\Theta,\mathcal{T},P)$上定义的实随机变量 K 进行建模,记为 $K=\bar{k}X$。假设不确定性量化方面不称职人员选择一个先验高斯随机变量对 X 进行随机建模,其均值 $m=1$,标准差 $\sigma=s|m|=s$,s 为变异系数(通常用 δ 表示),$s>0$。因此,随机变量 X 的概率分布可由实数范围内的高斯概率密度函数(pdf)$x\to p_X(x;s)$来描述,即

$$p_X(x;s)=\frac{1}{\sqrt{2\pi}\sigma}\exp\left\{-\frac{(x-m)^2}{2\sigma^2}\right\}\quad(\sigma=s|m|=s) \tag{1.2}$$

图 1.5 为 $s=0.25$ 时随机变量 X 的高斯概率密度函数的曲线图,对任意实数 a 和 $b(a<b)$,X 在 $[a,b]$ 区间取值的概率为

$$P\{X \in [a,b]\} = \int_a^b p_X(x;s)\,\mathrm{d}x \tag{1.3}$$

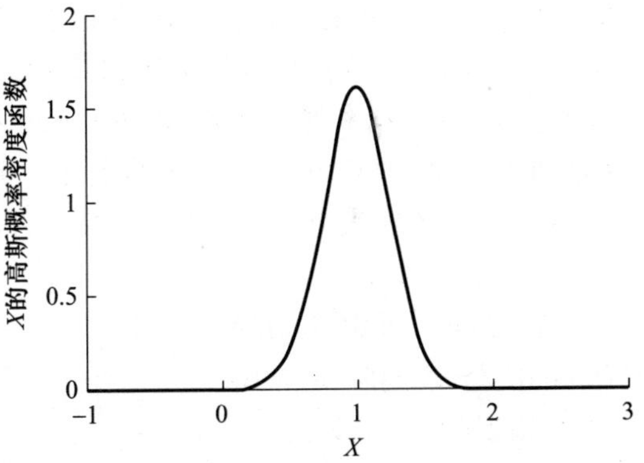

图 1.5　随机变量 X 的高斯概率密度函数($m=1,s=0.25$)

平均值 $m=E\{X\}$(E 为数学期望,是实随机变量空间上的一个线性算符)和随机变量 X 的二阶矩 $E\{X^2\}$ 可表示为

$$E\{X\} = \int_{\mathbf{R}} x p_X(x;s)\,\mathrm{d}x, E\{X^2\} = \int_{\mathbf{R}} x^2 p_X(x;s)\,\mathrm{d}x < +\infty \tag{1.4}$$

标准差为方差的平方根,$\sigma^2=E[(x-m)^2]=E\{X^2\}-m^2$,因此 K 的平均值为 $E\{K\}=\bar{k}(E\{X\})=\bar{k}$,即名义值。超参数 s 可控制 K 的不确定性水平,s 值越大,不确定性水平越高。

(3)随机计算模型。式(1.1)中随机计算模型包括用随机变量 K 替换 $\bar{k}$,因此,位移 U 便成为一个随机变量,是如下随机计算模型的随机解:

$$KU=f \tag{1.5}$$

(4)随机求解器。随机方程 $KU=f$ 的解可以写为 $U=K^{-1}f$,表明实随机变量 U 是随机参数 K 的一个非线性映射。因此,不确定性量化方面的不称职人员便采取蒙特卡罗数值模拟法(6.4 节),它是一种关于商用软件的非嵌入式方法。对固定的 s,随机求解器的计算步骤如下。

①随机变量 K 的独立随机量发生器。在 Θ 上用 $\theta_1,\theta_2,\cdots,\theta_v$($v=1000$)得到独立模拟随机变量 $X(\theta_1),X(\theta_2),\cdots,X(\theta_v)$,由于 X 是一个均值为 m、标准差为 σ 的高斯随机变量,随机模拟器(以 MATLAB 为例)可表示为 $X(\theta_\ell)=m+\sigma\times\mathrm{randn}$,其中 randn 返回一个从正态高斯概率分布(具有零均值与单位方差的高斯实随机变量,见 2.4.2 节)中取出的随机标量;v 个独立随机变量 $K(\theta_1),K(\theta_2),\cdots,K(\theta_v)$ 的产生可表示为 $K(\theta_\ell)=\bar{k}(X_\ell)$。

②确定性求解器。随机响应 U 对应的独立随机变量 $U(\theta_1),U(\theta_2),\cdots,U(\theta_v)$

进行 v 次随机计算：$U(\theta_\ell)=K(\theta_\ell)^{-1}f$。

③采用数理统计方法进行统计后处理。对所关注的概率量进行估计，如 U 的二阶矩可表示为 $E\{U^2\}\approx m_2^{(v)}$，$m_2^{(v)}=v^{-1}\sum\limits_{\ell=1}^{v}U(\theta_\ell)^2$。

(5)随机求解器的计算结果。假设在不确定性水平下对随机响应 U 的灵敏度进行分析，不确定性水平用超参数 s 分别为 0.15、0.20、0.25 和 0.30。采用非参数统计法(7.2 节)估计随机变量 U 的概率密度函数，如图 1.6 所示。两个 U 的概率密度函数图像中 s 值分别为 0.20 和 0.30。图 1.7 给出了 s 分别为 0.15、0.20、0.25 及 0.30 时，二阶矩 $E\{U^2\}$ 的估计值 $m_2^{(v)}$，不确定性量化方面不称职人员可能对图 1.7 的结果更满意，主要原因如下：

①定性地看，$E\{U^2\}$ 随 s 的增大而增大，具有一致性；

②定量地看，$E\{U^2\}$ 的值与 $\bar{u}^2$ 同阶，$\bar{u}^2=10^{-6}$。

但得到的这些结果是错误的、无意义的。

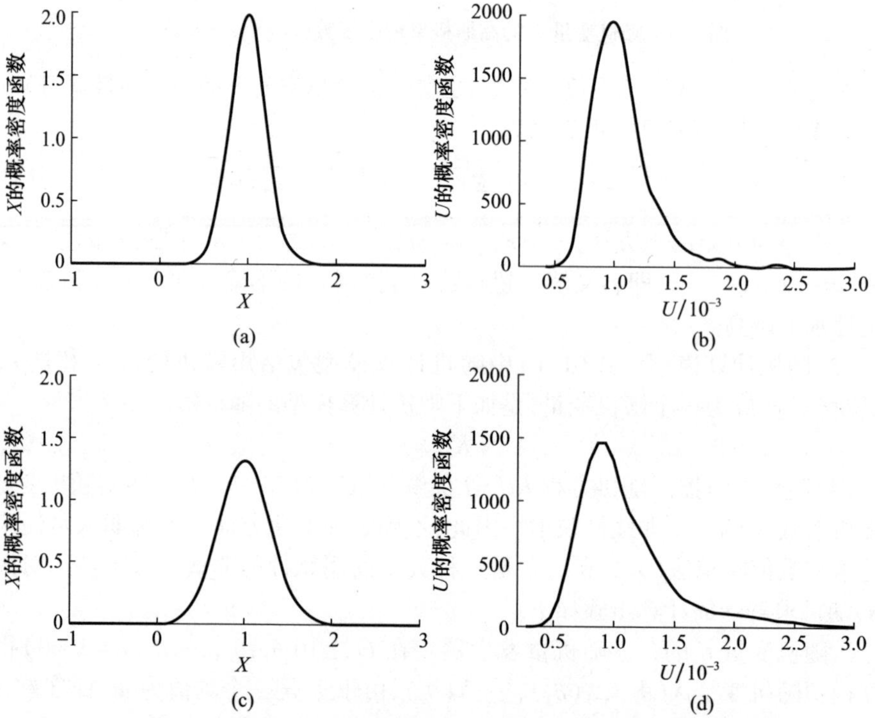

图 1.6　随机变量 X 和 U 的概率密度函数((a)、(c)为超参数 s 取值分别为 0.2、0.3 时 X 的概率密度函数，(b)、(d)为 $v=1000$ 时采用高斯核密度估计法对 U 进行估计得到的概率密度函数)

(a)$E\{X\}=1,s=0.2$；(b)$s=0.2,E\{U\}=0.00106,\sigma_U=0.00025$；

(c)$E\{X\}=1,s=0.3$；(d)$s=0.3,E\{U\}=0.0011,\sigma_U=0.00051$。

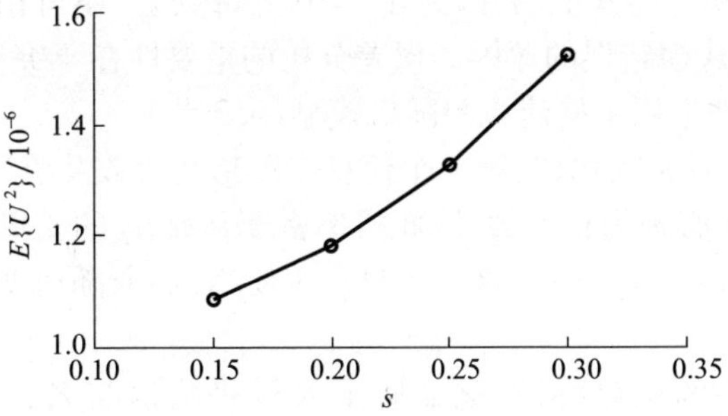

图 1.7　$E\{U^2\}$ 的估计值 $m_2^{(v)}$（$v=1000$，s 为 0.15、0.20、0.25、0.30）

(6)不确定性量化方面不称职人员对 K 进行随机建模错误的原因分析。将随机模拟次数固定为一个较小的值（$v=1000$），且未对 v 进行收敛分析（采用蒙特卡罗数值模拟法等抽样法必须进行收敛性分析），因为有限的计算机资源通常会限制随机模拟次数（采用高维计算模型时，模拟计算一次随机响应的数值成本可能会很高）。但这种限制是可以避免的，根据中心极限定理，无须知道精确解就可以在计算过程中估计误差（2.8.2 节）。如果不确定性量化方面不称职人员对 v 进行了收敛分析，便会得到图 1.8 所示的结果，从而发现 K 的随机建模是错误的，因为随着 v 的增大，$E\{U^2\}\approx m_2^{(v)}$ 并不收敛，这与稳定的被动系统物理学相矛盾。

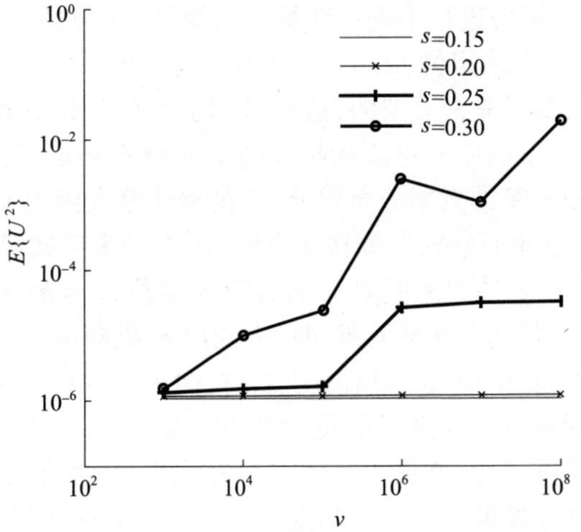

图 1.8　对 v 进行收敛分析的 $v\to m_2^{(v)}\approx E\{U^2\}$ 曲线图

(7)显然，问题的根源是对参数 K 进行了错误的随机建模。通过检查 $E\{U^2\}$ 的表达式便能得到下式：

$$E\{U^2\} = \frac{\bar{u}^2}{\sqrt{2\pi}\sigma}\int_{-\infty}^{+\infty}\frac{1}{x^2}\exp\left\{-\frac{(x-m)^2}{2\sigma^2}\right\}dx = +\infty \tag{1.6}$$

式(1.6)中的积分是发散的,因为在 $x=0$ 处奇点 x^{-2} 不可积。

(8)对 K 随机建模错误的原因。误差分析的重要性在于突出可利用信息的来源,并可结合信息理论用于构建先验随机模型(5.3 节)。

①对于随机模型 K 的构建,第一个信息来源是其代数及统计性质:

a. 随机参数 K 必须为正实数,因此概率密度函数 p_X 的支集 S 必须为 $\mathbf{R}^+$ 的子集(对任意 $x \notin S$,有 $p_X(x)=0$),这一信息还未使用(高斯随机变量为非正数,支集为 $S=\mathbf{R}$)。

b. 必须利用 K 的统计特性,比如假定 K 的平均值与名义值 $\bar{k}$ 相等,即给定 $E\{K\}=\bar{k}$。

②第二个信息来源是计算模型随机解 U 的数学性质,必须构建 X 的概率密度函数 p_X 使随机解为二阶随机变量,即 $E\{U^2\}<+\infty$,这一信息也未使用且式(1.6)表明 $E\{U^2\}=+\infty$。

1.6.2 不确定性量化主要步骤概述

为使读者更好地理解构建不确定参数概率模型的方法,研究计算模型中不确定性的传播及用数据识别概率模型方法,续用图 1.4 中的符号(加粗字母表示向量),并在图 1.9 中简要总结了一种方法,针对第 5 章将要介绍的关于概率方法的一般方法及在计算模型中进行不确定性量化的统计法(包括模型参数不确定性和建模误差引起的模型不确定性)进行了简述。图 1.9 说明学习概率论(第 2 ~7 章)中的一些数学工具是非常必要的;这里沿用了 1.6.1 节的示例与符号(用加粗字母表示向量),展示了利用 n 维实随机变量对 n 维不确定实参数 $\boldsymbol{X}$ 的概率分布进行建模的方法,假设 $\boldsymbol{X}$ 的概率分布用 $\mathbf{R}^n$ 上的概率密度函数 $\boldsymbol{x} \to p_{\boldsymbol{X}}(\boldsymbol{x};\boldsymbol{s})$ 表示,其中 $\boldsymbol{s}$ 为向量超参数,这里直接法与间接法不同,如 $\boldsymbol{X}$ 的多项式混沌展开(5.2 节)。

图 1.9 中,计算模型的观测值 $\boldsymbol{U}$ 是 m 维随机变量,$\boldsymbol{U}=\boldsymbol{h}(\boldsymbol{X})$。$\boldsymbol{U}$ 是 $\boldsymbol{X}$ 通过给定的确定性非线性映射关系 $\boldsymbol{h}$ 从 n 维向量空间向 m 维向量空间转换得到的。

(1)按照第 5 章及第 10 章给出的方法(在图 1.9 的中间列标注为“构建/分析”),用未知向量超参数 $\boldsymbol{s}$ 构建 $\boldsymbol{X}$ 的先验概率密度函数 $p_{\boldsymbol{X}}^{\text{prior}}(\boldsymbol{x};\boldsymbol{s})$。

(2)如果没有数据可用(在图 1.9 的左列标注为“没有数据”),只能根据超参数 $\boldsymbol{s}$ 的值(如随机向量 $\boldsymbol{X}$ 的某些分量的变异系数),通过不确定性水平进行随机解 $\boldsymbol{U}$ 的灵敏度分析:

①训练过程,即在其容许集中对 $\boldsymbol{s}$ 值进行采样;

②对每个固定的 $\boldsymbol{s}$ 值,采用合适的随机求解器计算随机解 $\boldsymbol{U}$,从而进行不确定性传播分析(见第 6 章);

③利用数理统计方法对关注的量(QoI)$\boldsymbol{U}$ 的相关量进行估计,并进行关于 $\boldsymbol{s}$ 的灵敏度分析(如不确定性水平)。

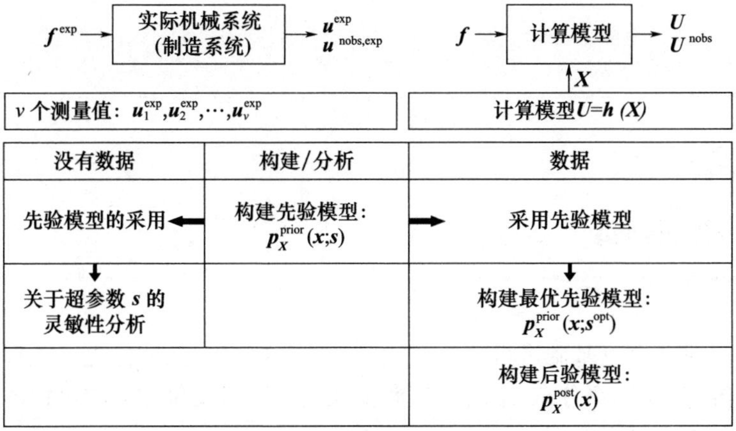

图 1.9　不确定性量化的主要步骤

(3)如果有数据(实验数据或模拟数据)可用(在图 1.9 的右列标注为“数据”),则超参数 $\boldsymbol{s}$ 的最优值 $\boldsymbol{s}^{opt}$ 可以通过求解统计反问题进行估计(见第 7 章),利用 $\boldsymbol{X}$ 的优先验概率密度函数 $p_{\boldsymbol{X}}^{prior}(\boldsymbol{x};\boldsymbol{s}^{opt})$,通过计算随机解 $\boldsymbol{U}$ 并对 $\boldsymbol{U}$ 的相关量进行估计,从而完成不确定性传播分析与量化;也可以利用贝叶斯方法建立 $\boldsymbol{X}$ 的后验概率密度函数 $p_{\boldsymbol{X}}^{post}(\boldsymbol{x})$(见第 7 章)。

第2章 概率论基础

本章将对概率论基础进行介绍，只有理解了这些内容，才能更好地理解本书其余各章内容；简述概率分布、二阶随机向量及关于随机变量数列收敛性的一些重要数学结论及中心极限定理。

2.1 概率论原理与随机向量

2.1.1 概率论原理

n 维变量 $\boldsymbol{x}$ 的随机建模如下：

(1)引入集合 Θ，该集合中的各个元素共同组成影响 $\boldsymbol{x}$ 状态的一组因素；

(2)赋予集合 Θ 一个 σ - 代数 $\mathcal{T}$，该集合中的元素称为事件；

(3)可测空间$(\Theta;\mathcal{T})$的概率 P 是一个有界正测度，总测度 $P(\Theta)=1$，$(\Theta,\mathcal{T},P)$称为概率空间。

2.1.2 条件概率与独立事件

(1)条件概率

假设 A_1 和 A_2 为 $\mathcal{T}$ 中的两个事件，且有 $P(A_2)>0$，则条件概率 $P(A_1|A_2)$为在 A_2 发生的条件下 A_1 发生的概率，可表示为

$$P(A_1|A_2)=\frac{P(A_1\cap A_2)}{P(A_2)} \tag{2.1}$$

(2)独立事件如果 $\mathcal{T}$ 中两个事件 A_1 和 A_2 满足

$$P(A_1\cap A_2)=P(A_1)\cdot P(A_2) \tag{2.2}$$

则 A_1 和 A_2 相互独立。

如果 $P(A_2)\neq 0$，且 A_1 和 A_2 相互独立，则有

$$P(A_1 | A_2) = P(A_1) \tag{2.3}$$

2.1.3 n 维随机变量与概率分布

随机变量。概率空间$(\Theta,\mathcal{T},P)$上定义的随机变量$\boldsymbol{X}=(X_1,X_2,\cdots,X_n)$赋有波莱尔$\sigma$-代数$\mathcal{B}_n$，是从$\Theta$到$\mathbf{R}^n$的一个可测函数$\theta\to\boldsymbol{X}(\theta)$，这表明：

$$\forall B\in\mathcal{B}_n, \boldsymbol{X}^{-1}(B)\in\mathcal{T} \tag{2.4}$$

式中：$\boldsymbol{X}^{-1}(B)=\{\theta\in\Theta | \boldsymbol{X}(\theta)\in B\}$是$\mathcal{T}$的子集，可简记为$(\boldsymbol{X}\in B)$。

随机变量的模拟或抽样。n维确定性向量$\boldsymbol{X}(\theta)$称为随机样本，随机变量$\boldsymbol{X}$在$\mathbf{R}^n$中并不是一个向量，而是从Θ到$\mathbf{R}^n$的一个可测函数$\boldsymbol{X}=\{\theta\to\boldsymbol{X}(\theta)\}$。

概率分布。$\boldsymbol{X}$在$\mathbf{R}^n$上的概率分布$P_{\boldsymbol{X}}(\mathrm{d}\boldsymbol{x})$是从$\mathcal{B}_n$到$[0,1]$的概率测度（总有界正测度为1），$B\to P_{\boldsymbol{X}}(B)=P\{\boldsymbol{X}^{-1}(B)\}$，因此有

$$0\leqslant\int_B P_{\boldsymbol{X}}(\mathrm{d}\boldsymbol{x}) = P_{\boldsymbol{X}}(B) = P\{\boldsymbol{X}\in B\}\leqslant 1 \tag{2.5}$$

$$\int_{\mathbf{R}^n} P_{\boldsymbol{X}}(\mathrm{d}\boldsymbol{x}) = P_{\boldsymbol{X}}(\mathbf{R}^n) = P\{\boldsymbol{X}\in\mathbf{R}^n\} = 1 \tag{2.6}$$

边缘概率分布。X_j在$\mathbf{R}$上的边缘概率分布$P_{X_j}(\mathrm{d}x_j)$为

$$\begin{aligned}P_{X_j}(B_j) &= P(X_1\in\mathbf{R},X_2\in\mathbf{R},\cdots,X_j\in B_j,\cdots,X_n\in\mathbf{R})\\ &= \int_{x_1\in\mathbf{R}}\int_{x_2\in\mathbf{R}}\cdots\int_{x_j\in B_j}\cdots\int_{x_n\in\mathbf{R}} P_X(\mathrm{d}x_1,\mathrm{d}x_2,\cdots,\mathrm{d}x_j,\cdots,\mathrm{d}x_n)\ \forall B_j\in\mathcal{B}_1\end{aligned} \tag{2.7}$$

累积分布函数。$\mathbf{R}^n$上取值在$[0,1]$的累积分布函数$\boldsymbol{x}\to F_{\boldsymbol{X}}(\boldsymbol{x})$为

$$F_{\boldsymbol{X}}(\boldsymbol{x}) = P(\boldsymbol{X}\leqslant\boldsymbol{x}) = P_{\boldsymbol{X}}\{B_{\boldsymbol{x}}\} = \int_{\boldsymbol{y}\in B_{\boldsymbol{x}}} P_{\boldsymbol{X}}(\mathrm{d}\boldsymbol{y}) \tag{2.8}$$

式中：$B_{\boldsymbol{x}}=(-\infty,x_1](-\infty,x_2]\cdots(-\infty,x_n]\in\mathcal{B}_n$，因此有

$$P\{\boldsymbol{X}\leqslant\boldsymbol{x}\} = P_{\boldsymbol{X}}\{B_{\boldsymbol{x}}\} = \int_{-\infty}^{x_1}\int_{-\infty}^{x_2}\cdots\int_{-\infty}^{x_n}\mathrm{d}F_{\boldsymbol{X}}(\boldsymbol{y}) \tag{2.9}$$

概率密度函数。关于$\mathrm{d}\boldsymbol{x}$的概率密度函数（假设存在）为

$$P_{\boldsymbol{X}}(\mathrm{d}\boldsymbol{x}) = p_{\boldsymbol{X}}(\boldsymbol{x})\mathrm{d}\boldsymbol{x} \tag{2.10}$$

式中：$\boldsymbol{x}\to p_{\boldsymbol{X}}(\boldsymbol{x})$为从$\mathbf{R}^n$到$[0,+\infty)$的函数，可积条件可表示为

$$P_{\boldsymbol{X}}(\mathbf{R}^n) = \int_{\mathbf{R}^n} P_{\boldsymbol{X}}(\mathrm{d}\boldsymbol{x}) = \int_{\mathbf{R}^n} p_{\boldsymbol{X}}(\boldsymbol{x})\mathrm{d}\boldsymbol{x} = 1 \tag{2.11}$$

如果累积分布函数$F_{\boldsymbol{X}}$在$\mathbf{R}^n$上可微，则有

$$p_{\boldsymbol{X}}(\boldsymbol{x}) = \frac{\partial^n}{\partial x_1\partial x_2\cdots\partial x_n}F_{\boldsymbol{X}}(\boldsymbol{x}) \tag{2.12}$$

随机变量相互独立的情况。实随机变量$X_1,X_2,\cdots,X_n$相互独立的充要条件为

$$P_{\boldsymbol{X}}(\mathrm{d}\boldsymbol{x}) = P_{X_1}(\mathrm{d}x_1)P_{X_2}(\mathrm{d}x_2)\cdots P_{X_n}(\mathrm{d}x_n) \tag{2.13}$$

则

$$F_{\boldsymbol{X}}(\boldsymbol{x})=F_{X_1}(x_1)F_{X_2}(x_2)\cdots F_{X_n}(x_n) \tag{2.14}$$

如果其概率密度函数存在,则有

$$p_{\boldsymbol{X}}(\boldsymbol{x})=p_{X_1}(x_1)p_{X_2}(x_2)\cdots p_{X_n}(x_n) \tag{2.15}$$

假设 $S_n\subset\mathbf{R}^n$ 为概率分布 $P_{\boldsymbol{X}}(\mathrm{d}\boldsymbol{x})$ 的支集,那么可得以下结论。

(1)如果 $B\in\mathcal{B}_n$ 满足 $B\cap S_n=\{\varnothing\}$,则 $p_{\boldsymbol{X}}(B)=0$。

(2)如果 $\boldsymbol{x}\in\mathbf{R}^n$ 满足 $B_{\boldsymbol{X}}\cap S_n=\{\varnothing\}$,则 $F_{\boldsymbol{X}}(\boldsymbol{x})=0$。

(3)对于 $\forall\boldsymbol{x}\notin S_n$,如果概率密度存在,则 $p_{\boldsymbol{X}}(\boldsymbol{x})=0$,概率密度函数可表示为

$$p_{\boldsymbol{X}}(\boldsymbol{x})=\mathbb{1}_{S_n}(\boldsymbol{x})f(\boldsymbol{x}) \tag{2.16}$$

式中:$\boldsymbol{x}\to\mathbb{1}S_n(\boldsymbol{x})$ 为集合 S_n 的指示函数,$\boldsymbol{x}\to f(\boldsymbol{x})$ 为从 S_n 到$[0,+\infty)$的积分函数:

$$\int_{S_n}f(\boldsymbol{x})\,\mathrm{d}\boldsymbol{x}=1 \tag{2.17}$$

2.1.4 *n* 维随机变量的数学期望与积分

设 $\boldsymbol{X}=(X_1,X_2,\cdots,X_n)$ 为定义在概率空间$(\Theta,\mathcal{T},P)$上的随机变量。

q 阶随机变量的定义。假设 q 为一个整数,$1\leqslant q<+\infty$。如果满足

$$\int_{\theta}\|\boldsymbol{X}(\theta)^q\|\,\mathrm{d}P(\theta)=\int_{\mathbf{R}^n}\|\boldsymbol{x}\|^qP_{\boldsymbol{X}}(\mathrm{d}\boldsymbol{x})<+\infty \tag{2.18}$$

则随机变量 $\boldsymbol{X}$ 为 q 阶随机变量。

数学期望及重要等式。设 $\boldsymbol{x}\to\boldsymbol{h}(\boldsymbol{x})$ 为 $\mathbf{R}^n$ 到 $\mathbf{R}^m$ 的映射,使 $\boldsymbol{Y}=\boldsymbol{h}(\boldsymbol{x})$ 为 m 维实随机变量,则 $\boldsymbol{Y}$ 的数学期望为

$$E\{\boldsymbol{Y}\}=\int_{\mathbf{R}^m}\boldsymbol{y}P_{\boldsymbol{Y}}(\mathrm{d}\boldsymbol{y})=E\{\boldsymbol{h}(\boldsymbol{X})\}=\int_{\mathbf{R}^n}\boldsymbol{h}(\boldsymbol{x})P_{\boldsymbol{X}}(\mathrm{d}\boldsymbol{x}) \tag{2.19}$$

式中:第一个等式为用 $\boldsymbol{Y}$ 的概率分布 $P_{\boldsymbol{Y}}(\mathrm{d}\boldsymbol{y})$ 表示的数学期望 $E\{\boldsymbol{Y}\}$;第二个及第三个等式为用概率分布 $P_{\boldsymbol{X}}(\mathrm{d}\boldsymbol{x})$ 表示随机变量 $\boldsymbol{Y}$ 的数学期望 $E\{\boldsymbol{Y}\}$ 的基本方法,$\boldsymbol{Y}$ 由随机变量 $\boldsymbol{X}$ 经过变换得到,需要指出的是,这一等式避免了在计算 $E\{\boldsymbol{Y}\}$ 时对 $\boldsymbol{Y}$ 的概率分布 $P_{\boldsymbol{Y}}(\mathrm{d}\boldsymbol{y})$ 的计算。

设 $m=1$,$\boldsymbol{h}(\boldsymbol{x})=\|\boldsymbol{x}\|^q$,如果 $E\{\|\boldsymbol{x}\|^q\}<+\infty$,则 $\boldsymbol{X}$ 为 q 阶随机变量。

向量空间 $L^0(\Theta,\mathbf{R}^n)$。向量空间 $L^0(\Theta,\mathbf{R}^n)$ 为$(\Theta,\mathcal{T},P)$上全部 n 维随机向量的集合。

数学期望为线性算子。设 $\boldsymbol{X}$ 和 $\boldsymbol{Y}$ 为 $L^0(\Theta,\mathbf{R}^n)$ 上两个随机变量,对于 $\mathbf{R}$ 上的任意 λ 及 μ,有

$$E\{\lambda\boldsymbol{X}+\mu\boldsymbol{Y}\}=\lambda E\{\boldsymbol{X}\}+\mu E\{\boldsymbol{Y}\} \tag{2.20}$$

向量空间 $L^q(\Theta,\mathbf{R}^n)$。当 $q\geqslant1$ 时,q 阶 n 维随机变量的向量空间 $L^q(\Theta,\mathbf{R}^n)\subset L^0(\Theta,\mathbf{R}^n)$ 为巴拿赫空间(Banach space)即完备赋范向量空间,符合如下规范:

$$\|x\|_{\Theta,q} = (E\{\|x\|^q\})^{1/q} \tag{2.21}$$

向量空间 $L^2(\Theta,\mathbf{R}^n)$。n 维二阶随机变量的向量空间 $L^2(\Theta,\mathbf{R}^n) \subset L^0(\Theta,\mathbf{R}^n)$ 为内积与相关范数的希尔伯特空间(Hilbert space):

$$\begin{cases} <\boldsymbol{X},\boldsymbol{Y}>_\Theta = E\{<\boldsymbol{X},\boldsymbol{Y}>\} = \int_{\mathbf{R}^n}\int_{\mathbf{R}^n} <\boldsymbol{x},\boldsymbol{y}> P_{XY}(\mathrm{d}\boldsymbol{x},\mathrm{d}\boldsymbol{y}) \\ \|\boldsymbol{X}\|_\Theta = \sqrt{E\{\|\boldsymbol{X}\|^2\}} \end{cases} \tag{2.22}$$

式中:$P_{XY}(\mathrm{d}\boldsymbol{x},\mathrm{d}\boldsymbol{y})$ 为 $\boldsymbol{X}$ 和 $\boldsymbol{Y}$ 的联合概率分布;$\|\boldsymbol{x}\|_\Theta$ 为 $\|\boldsymbol{x}\|_{\Theta,2}$ 的简写。

2.1.5 n 维随机变量的特征函数

n 维随机变量 $\boldsymbol{X}$ 的特征函数是 $\mathbf{R}^n$ 上取值在 $\mathbf{C}$ 上的连续函数 $\boldsymbol{u}\to\Phi_X(\boldsymbol{u})$:

$$\Phi_X(\boldsymbol{u}) = E\{\mathrm{e}^{\mathrm{i}<\boldsymbol{u},X>}\} = \int_{\mathbf{R}^n} \mathrm{e}^{\mathrm{i}<\boldsymbol{u},X>} P_X(\mathrm{d}\boldsymbol{x}) \tag{2.23}$$

特征函数描述的是 n 维随机变量 $\boldsymbol{X}$ 的概率分布 $P_X(\mathrm{d}\boldsymbol{x})$ 的平均值,如果 Φ_X 在 $\mathbf{R}^n$ 上可积或平方可积,则 $P_X(\mathrm{d}\boldsymbol{x}) = P_X(\boldsymbol{x})\mathrm{d}\boldsymbol{x}$,有

$$P_X(\boldsymbol{x}) = \frac{1}{(2\pi)^n}\int_{\mathbf{R}^n} \mathrm{e}^{-\mathrm{i}<\boldsymbol{u},X>} \Phi_X(\boldsymbol{u})\mathrm{d}\boldsymbol{u} \tag{2.24}$$

2.1.6 n 维随机变量的矩

设 $\boldsymbol{\alpha} = (\alpha_1,\alpha_2,\cdots,\alpha_n) \in \mathbf{N}^n$, $\forall k \in \{1,2,\cdots,n\}$, α_k 为非负整数,随机变量 $\boldsymbol{X}$ 的 α 阶矩为

$$m_\alpha = E\{X_1^{\alpha_1}X_2^{\alpha_2}\cdots X_n^{\alpha_n}\} = \int_{\mathbf{R}^n} x_1^{\alpha_1}x_2^{\alpha_2}\cdots x_n^{\alpha_n} P_X(\mathrm{d}\boldsymbol{x}) \tag{2.25}$$

如果 $\boldsymbol{X}$ 为 q 阶随机变量,对于满足 $|m_\alpha| < +\infty$ 的任意 $\boldsymbol{\alpha}(|\boldsymbol{\alpha}| = \alpha_1+\alpha_2+\cdots+\alpha_n \leqslant q)$,则有

$$\left\{\frac{\partial^{\alpha_1}}{\partial u_1^{\alpha_1}}\times\cdots\times\frac{\partial^{\alpha_n}}{\partial u_n^{\alpha_n}}\Phi_X(\boldsymbol{u})\right\}_{\boldsymbol{u}=0} = m_\alpha \mathrm{i}^{|\alpha|} \tag{2.26}$$

2.1.7 随机向量 X 概率分布的描述方法

随机向量 $\boldsymbol{X}$ 的概率分布有如下四种描述。

(1)用概率分布 $P_X(\mathrm{d}\boldsymbol{x})$ 来描述,为有界正测度,其总测度为 1。

(2)用 $\mathbf{R}^n$ 到[0,1]的累积分布函数 $F_X(\boldsymbol{x})$ 来描述。

(3)如果概率密度函数 $p_X(\boldsymbol{x})$ 存在,则可以用它描述概率分布,其标准化条件为 $\int_{\mathbf{R}^n} p_X(\boldsymbol{X})\mathrm{d}\boldsymbol{x} = 1$。

(4)用特征函数 $\boldsymbol{u} \rightarrow \Phi_{\boldsymbol{X}}(\boldsymbol{u}) = E\{\exp(\mathrm{i} < \boldsymbol{u}, \boldsymbol{X} >)\}$ 来描述。

例如,考虑如下概率分布:

$$P_{\boldsymbol{X}}(\mathrm{d}\boldsymbol{x}) = \delta_{x_1^0}(x_1) \otimes \delta_{x_2^0}(x_2) \otimes \{\mathbb{1}_{\mathbf{R}^+}(x_3) f(x_3)\mathrm{d}x_3\} \otimes \{g(x_4, x_5, \cdots, x_n)\mathrm{d}x_4 x_5 \cdots dx_n\}$$

显然这一概率分布没有关于 $\mathrm{d}\boldsymbol{x}$ 的概率密度,且 $X_1 = x_1^0$ 及 $X_2 = x_2^0$ 是确定的,X_3 的概率密度函数为$\mathbb{1}_{\mathbf{R}^+}(x_3) f(x_3)$,$\boldsymbol{Y} = (X_4, X_5, \cdots, X_n)$的概率密度函数为 $g(x_4, x_5, \cdots, x_n)$,随机变量 X_3 与 $\boldsymbol{Y}$ 相互独立。

2.2 二阶随机变量

设 $\boldsymbol{X}, \boldsymbol{Y} \in L^2(\Theta, \mathbf{R}^n)$,则 $\boldsymbol{X}$、$\boldsymbol{Y}$ 均为二阶随机变量,因此有

$$\|\boldsymbol{X}\|_{\Theta}^2 = E\{\|\boldsymbol{X}\|^2\} < +\infty, \ \|\boldsymbol{Y}\|_{\Theta}^2 = E\{\|\boldsymbol{Y}\|^2\} < +\infty \tag{2.27}$$

2.2.1 平均向量及中心随机变量

$\boldsymbol{X}$ 的平均向量为

$$\boldsymbol{m}_{\boldsymbol{X}} = E\boldsymbol{X} \in \mathbf{R}^n \tag{2.28}$$

$\boldsymbol{X}$ 的平均向量分量为

$$\{\boldsymbol{m}_{\boldsymbol{X}}\}_j = E\{X_j\} = m_{X_j} = \int_{\mathbf{R}^n} x_j P_{\boldsymbol{X}}(\mathrm{d}\boldsymbol{x}) = \int_{\mathbf{R}} x_j P_{X_j}(\mathrm{d}x_j) \tag{2.29}$$

如果变量 $\boldsymbol{X}$ 未中心化($\boldsymbol{m}_{\boldsymbol{X}} \neq 0$),则

$$\boldsymbol{Y} = \boldsymbol{X} - \boldsymbol{m}_{\boldsymbol{X}} \tag{2.30}$$

为中心随机变量($\boldsymbol{m}_{\boldsymbol{Y}} = 0$),因此,采用式(2.30)可以将非中心二阶随机变量中心化。

2.2.2 相关矩阵

$\boldsymbol{X}$ 的相关矩阵为

$$\boldsymbol{R}_{\boldsymbol{X}} = E\{\boldsymbol{X}\boldsymbol{X}^T\} \in \mathbf{M}_n^{+0}(\boldsymbol{R}) \tag{2.31}$$

半无限正矩阵 $\boldsymbol{R}_{\boldsymbol{X}}$ 的元素为

$$(\boldsymbol{R}_{\boldsymbol{X}})_{jk} = E\{X_j X_k\} = \int_{\mathbf{R}^n} x_j x_k P_{\boldsymbol{X}}(\mathrm{d}\boldsymbol{x}) = \int_{\mathbf{R}}\int_{\mathbf{R}} x_j x_k P_{X_j X_k}(\mathrm{d}x_j, \mathrm{d}x_k) \tag{2.32}$$

相关矩阵的迹为

$$\mathrm{tr}(\boldsymbol{R}_{\boldsymbol{X}}) = E\{<\boldsymbol{X}, \boldsymbol{X}>\} = \|\boldsymbol{X}\|_{\Theta}^2 < +\infty \tag{2.33}$$

2.2.3 协方差矩阵

$\boldsymbol{X}$ 的协方差矩阵为

$$\boldsymbol{C_X} = E\{(\boldsymbol{X}-\boldsymbol{m_X})(\boldsymbol{X}-\boldsymbol{m_X})^{\mathrm{T}}\} = \boldsymbol{R_X} - \boldsymbol{m_X}\boldsymbol{m_X}^{\mathrm{T}} \in \mathbf{M}_n^{+0}(\mathbf{R}) \tag{2.34}$$

实随机变量 X_j 的二阶量如下:

平均值:$m_{X_j} = EX_j$

二阶矩:$EX_j^2 = (\boldsymbol{R_X})_{jj}$

方差:$\sigma_{X_j}^2 = E\{(X_j - m_{X_j})^2\} = (\boldsymbol{C_X})_{jj} = EX_j^2 - m_{X_j}^2$

标准差:$\sigma_{X_j} = (\sigma_{X_j}^2)^{1/2}$

变异系数:$\delta_{X_j} = \sigma_{X_j}/|m_{X_j}|\ (m_{X_j} \neq 0)$

实随机变量 X_j 与 X_k 的相关系数:$r_{X_jX_k} = (\boldsymbol{C_X})_{jk}/(\sigma_{X_j}\sigma_{X_k})^{-1}\ (-1 \leqslant r_{X_jX_k} \leqslant 1)$

实随机变量 X_j 与 X_k 的正交性:$< X_j, X_k >_{\Theta} = E\{X_jX_k\} = 0$

实随机变量 X_j 与 X_k 的非相关性:$r_{X_jX_k} = 0$

2.2.4 互相关矩阵

$\boldsymbol{X}$ 与 $\boldsymbol{Y}$ 的互相关矩阵为

$$\boldsymbol{R_{XY}} = E\{\boldsymbol{X}\boldsymbol{Y}^{\mathrm{T}}\} \in \mathbf{M}_n(\mathbf{R}),\ \mathrm{tr}(\boldsymbol{R_{XY}}) = <\boldsymbol{X},\boldsymbol{Y}>_{\Theta} \tag{2.35}$$

正交性。如果随机变量 $\boldsymbol{X}$ 与 $\boldsymbol{Y}$ 满足

$$<\boldsymbol{X},\boldsymbol{Y}>_{\Theta} = \mathrm{tr}(\boldsymbol{R_{XY}}) = 0 \tag{2.36}$$

则 $\boldsymbol{X}$ 与 $\boldsymbol{Y}$ 是正交随机变量。

2.2.5 交叉协方差矩阵

$\boldsymbol{X}$ 与 $\boldsymbol{Y}$ 的交叉协方差矩阵为

$$\boldsymbol{C_{XY}} = E\{(\boldsymbol{X}-\boldsymbol{m_X})(\boldsymbol{Y}-\boldsymbol{m_Y})^{\mathrm{T}}\} = \boldsymbol{R_{XY}} - \boldsymbol{m_X}\boldsymbol{m_Y}^{\mathrm{T}} \in \mathbf{M}_n(\mathbf{R}) \tag{2.37}$$

$$\mathrm{tr}(\boldsymbol{C_{XY}}) = <\boldsymbol{X},\boldsymbol{Y}>_{\Theta} - <\boldsymbol{m_X},\boldsymbol{m_Y}> \tag{2.38}$$

$\boldsymbol{X}$ 与 $\boldsymbol{Y}$ 不相关:$\mathrm{tr}(\boldsymbol{C_{XY}}) = 0$。

2.2.6 描述二阶随机变量的二阶量

设 $\boldsymbol{X}$、$\boldsymbol{Y}$ 属于 $L^2(\Theta,\mathbf{R}^n)$,则二阶量如下:

平均向量:$\boldsymbol{m_X} \in \mathbf{R}^n$

相关矩阵:$\boldsymbol{R_X} \in \mathbf{M}_n^{+0}(\mathbf{R})$

协方差矩阵：$\boldsymbol{C}_X \in \mathbf{M}_n^{+0}(\mathbf{R})$
互相关矩阵：$\boldsymbol{R}_{XY} \in \mathbf{M}_n(\mathbf{R})$
交叉协方差矩阵：$\boldsymbol{C}_{XY} \in \mathbf{M}_n(\mathbf{R})$

2.3 马尔可夫不等式与切比雪夫不等式

2.3.1 马尔可夫不等式

设 Y 为 $(\Theta, \mathcal{T}, P)$ 上的正实随机变量，平均值 $EY>0$，对 $\forall \varepsilon>0$，有

$$P\{Y \geqslant \varepsilon\} \leqslant \frac{EY}{\varepsilon} \tag{2.39}$$

例 2.1 设 $\boldsymbol{X}$ 为 $(\Theta, \mathcal{T}, P)$ 上的 n 维实随机变量，$\boldsymbol{x} \to h(\boldsymbol{x})$ 为从 $\mathbf{R}^n$ 到 $\mathbf{R}$ 的函数，设 $Y=|h(\boldsymbol{X})|$，则

$$P\{|h(\boldsymbol{X})| \geqslant \varepsilon\} \leqslant \frac{1}{\varepsilon} \int_{\mathbf{R}^n} |h(\boldsymbol{x})| P_{\boldsymbol{X}}(\mathrm{d}\boldsymbol{x}) \tag{2.40}$$

例 2.2 设 Z 为 $(\Theta, \mathcal{T}, P)$ 上的随机变量，取值在 $\mathbf{R}$ 上，$y \to f(y)$ 为单调不减函数，$f(y) \in \mathbf{R}^+$，则对 $\forall \varepsilon>0$，有

$$P\{|Z| \geqslant \varepsilon\} \leqslant \frac{E\{f(|Z|)\}}{f(\varepsilon)} \tag{2.41}$$

2.3.2 切比雪夫不等式

根据式(2.41)可推导出切比雪夫不等式。

设 X 为 $(\Theta, \mathcal{T}, P)$ 上的二阶实随机变量，平均值为 m_X，方差为 σ_X^2，则

$$P\{|X-m_X| \geqslant \varepsilon\} \leqslant \frac{\sigma_X^2}{\varepsilon^2} (\forall \varepsilon>0) \tag{2.42}$$

当 $m_X \neq 0$ 时，有

$$P\{|X-m_X| \geqslant k|m_X|\} \leqslant \frac{\sigma_X^2}{k^2}, \forall k>0$$

设 $\boldsymbol{X}$ 为 $(\Theta, \mathcal{T}, P)$ 上的二阶实随机变量，平均值为 $\boldsymbol{m}_X$，协方差矩阵为 $\boldsymbol{C}_X$，则

$$P\{\boldsymbol{X}-\boldsymbol{m}_X \geqslant \varepsilon\} \leqslant \frac{\mathrm{tr}(\boldsymbol{C}_X)}{\varepsilon^2} (\forall \varepsilon>0) \tag{2.43}$$

通过式(2.43)可以得到一个重要结论：对于 $n \geqslant 1$ 及二阶随机变量 $\boldsymbol{X}$ 的任意概率分布，如果

$$\sum_{j=1}^{n} \sigma_{X_j}^2 \to 0$$

则 $\boldsymbol{X}$ 依概率收敛于 $\boldsymbol{m}_X$。

2.4 常见概率分布

2.4.1 参数为 $\boldsymbol{\lambda} \in \mathbf{R}^+$ 的泊松分布

对于取值在 $\mathbf{N}$ 上的离散型随机变量 X,其概率不为零,概率分布为 $\mathbf{R}$ 上参数为 $\lambda \in \mathbf{R}^+$ 的泊松分布:

$$P_X(\mathrm{d}x) = \sum_{k=0}^{+\infty} (k!)^{-1} \lambda^k \mathrm{e}^{-\lambda} \delta_k(x) \tag{2.44}$$

当 $\lambda = 4$ 时,泊松分布如图 2.1 所示。特征函数为 $\Phi_X(u) = \exp\{\lambda(\mathrm{e}^{\mathrm{i}u} - 1)\}$,平均值 $m_X = \lambda$,二阶矩 $E\{X^2\} = \lambda(\lambda + 1)$,方差 $\sigma_X^2 = \lambda$。对于 $B_k \cap \mathbf{N} = \{k\}$,有

$$P_X(B_k) = \int_{B_k} P_X(\mathrm{d}x) = \frac{\lambda^k}{k!}\mathrm{e}^{-\lambda}$$

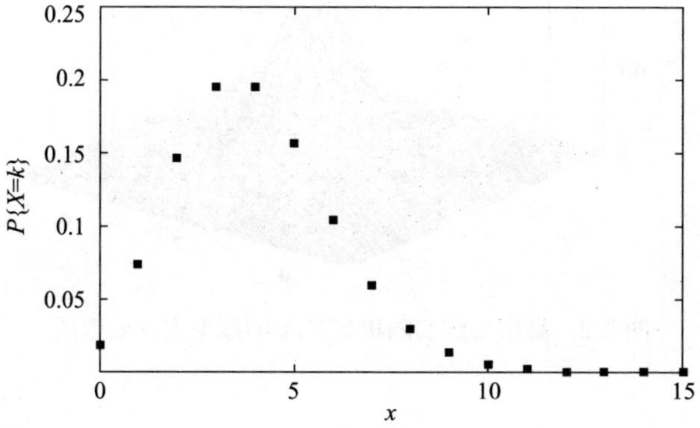

图 2.1 泊松分布($\lambda = 4$)

2.4.2 n 维高斯分布(正态分布)

用 n 维特征函数描述高斯二阶 n 维实随机变量 $\boldsymbol{X}$ 的概率分布 $P_X(\mathrm{d}\boldsymbol{x})$:

$$\Phi_X(\boldsymbol{u}) = \exp\left\{\mathrm{i} < \boldsymbol{m}_X, \boldsymbol{u} > - \frac{1}{2} < \boldsymbol{C}_X \boldsymbol{u}, \boldsymbol{u} >\right\} \tag{2.45}$$

其平均值为 $\boldsymbol{m}_X \in \mathbf{R}^n$,协方差矩阵 $\boldsymbol{C}_X \in \mathbf{M}_n^{+0}(\mathbf{R})$。

正定协方差矩阵。如果 $\boldsymbol{C}_X \in \mathbf{M}_n^+(\mathbf{R})$，则 $P_X(\mathrm{d}\boldsymbol{x}) = p_X(\boldsymbol{x})\mathrm{d}\boldsymbol{x}$ 可由以下概率密度函数进行描述：

$$p_X(\boldsymbol{x}) = (2\pi)^{-n/2}(\det(\boldsymbol{C}_X))^{-1/2}\exp\left(-\frac{1}{2}<\boldsymbol{C}_X{}^{-1}(\boldsymbol{x}-\boldsymbol{m}_X),(\boldsymbol{x}-\boldsymbol{m}_X)>\right) \tag{2.46}$$

标准高斯概率分布（也称为正则高斯测度），即 $\boldsymbol{m}_X = 0, \boldsymbol{C}_X = \boldsymbol{I}_n$，而 $P_X(\mathrm{d}\boldsymbol{x}) = p_X(\boldsymbol{x})\mathrm{d}\boldsymbol{x}$ 可由以下标准高斯概率密度函数进行描述：

$$p_X(\boldsymbol{x}) = (2\pi)^{-n/2}\exp\left\{-\frac{1}{2}\|\boldsymbol{x}\|^2\right\} \tag{2.47}$$

当 $n = 1$ 时，标准高斯分布用标准高斯概率密度函数 $p_X(x) = (2\pi)^{-1/2}\exp(-x^2/2)$ 来描述，即

$$\boldsymbol{m}_X = (2,1), \boldsymbol{C}_X = \begin{bmatrix} 0.4 & 0.2 \\ 0.2 & 1.5 \end{bmatrix} \tag{2.48}$$

图 2.2 为高斯二维实随机变量 $\boldsymbol{X}$ 的概率密度函数图。

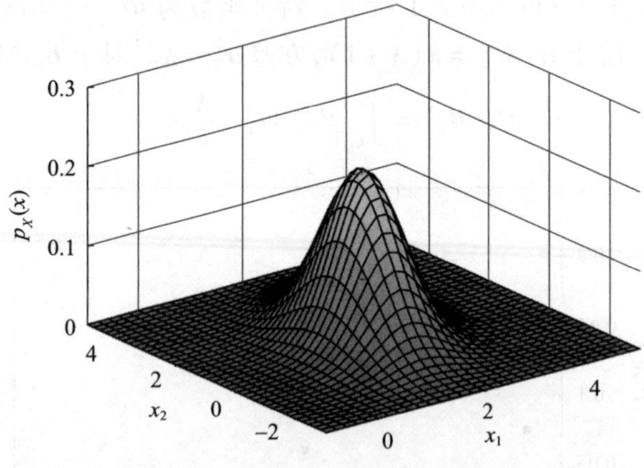

图 2.2　高斯二维实随机变量 $\boldsymbol{X}$ 的概率密度函数图

2.5　随机变量的线性与非线性变换

2.5.1　非线性双目标映射法

设 $\boldsymbol{x}\to\boldsymbol{y} = \boldsymbol{h}(\boldsymbol{x}) = (h_1(\boldsymbol{x}), h_2(\boldsymbol{x}), \cdots, h_n(\boldsymbol{x}))$ 为从 Ω_n 到 Ω'_n（两个任意 n 维开子集）的双目标映射（一对一映射），则逆映射 $\boldsymbol{y}\to\boldsymbol{x} = \boldsymbol{h}^{-1}(\boldsymbol{y})$ 从 Ω_n 到 Ω'_n 连续可微，使 $\forall\, \boldsymbol{y} \in \Omega'_n$，雅可比矩阵

$$(\boldsymbol{J}(\boldsymbol{y}))_{jk} = \frac{\partial}{\partial y_k} h_j^{-1}(\boldsymbol{y})$$

为可逆矩阵。

设 $\boldsymbol{X}=(X_1,X_2,\cdots,X_n)$ 为一个 n 维实随机向量，其概率密度函数 $p_X(\boldsymbol{x})$ 为 Ω_n 上的连续函数，则 n 维实随机变量 $\boldsymbol{Y}=\boldsymbol{h}(\boldsymbol{X})$ 在 Ω'_n 上的概率分布密度为

$$p_{\boldsymbol{Y}}(\boldsymbol{y}) = p_{\boldsymbol{X}}(\boldsymbol{h}^{-1}(\boldsymbol{y}))\,|\det(\boldsymbol{J}(\boldsymbol{y}))| \tag{2.49}$$

例 2.3 正交变换。$\boldsymbol{Y}=\boldsymbol{h}(\boldsymbol{X})=\boldsymbol{HX}$ 的概率密度函数记为

$$p_{\boldsymbol{Y}}(\boldsymbol{y}) = p_{\boldsymbol{X}}(\boldsymbol{H}^{\mathrm{T}}\boldsymbol{y}) \tag{2.50}$$

例 2.4 两个随机变量的和。设 $\boldsymbol{X}=(X_1,X_2)$ 为一个二维实随机向量，其概率密度函数为 $p_{X_1X_2}(x_1x_2)$，则实随机变量 $Y_1=X_1+X_2$ 的概率密度函数 $P_{Y_1}(y_1)$ 为

$$p_{Y_1}(y_1) = \int_{\mathbf{R}} p_{X_1X_2}(y_1-y_2,y_2)\,\mathrm{d}y_2 \tag{2.51}$$

如果 X_1 与 X_2 相互独立，则 $p_{Y_1}=p_{X_1} * p_{X_2}$。

2.5.2 特征函数法

m 维实随机变量 $\boldsymbol{Y}$ 为

$$\boldsymbol{Y}=\boldsymbol{h}(\boldsymbol{X}) \tag{2.52}$$

令 $\boldsymbol{x}\to\boldsymbol{y}=\boldsymbol{h}(\boldsymbol{x})$ 为从 n 维到 m 维的给定可测映射，$\boldsymbol{Y}$ 的特征函数为

$$\Phi_{\boldsymbol{Y}}(\boldsymbol{v}) = E\{\exp(\mathrm{i}<\boldsymbol{v},\boldsymbol{h}(\boldsymbol{x})>)\} = \int_{\mathbf{R}^n} \mathrm{e}^{\mathrm{i}<\boldsymbol{v},\boldsymbol{h}(\boldsymbol{x})>} P_{\boldsymbol{X}}(\mathrm{d}\boldsymbol{x}) \tag{2.53}$$

式中：$P_{\boldsymbol{X}}(\mathrm{d}\boldsymbol{x})$ 为 n 维实随机变量 $\boldsymbol{X}$ 的概率分布。

例 2.5 从 n 维到 m 维的仿射变换。m 维随机变量

$$\boldsymbol{Y}=\boldsymbol{AX}+\boldsymbol{b} \tag{2.54}$$

式中：$\boldsymbol{b}\in\mathbf{R}^m$；$\boldsymbol{A}\in\mathbf{M}_{m,n}(\mathbf{R})$。

特征函数为

$$\Phi_{\boldsymbol{Y}}(\boldsymbol{v}) = \mathrm{e}^{\mathrm{i}<\boldsymbol{v},\boldsymbol{b}>}\Phi_{\boldsymbol{X}}(\boldsymbol{A}^{\mathrm{T}}\boldsymbol{v}) \tag{2.55}$$

式中：$\boldsymbol{u}\to\Phi_{\boldsymbol{X}}(\boldsymbol{u})$ 为 $\boldsymbol{X}$ 的 n 维特征函数。

例 2.6 n 维实高斯随机变量的放射变换。设 $\boldsymbol{X}$ 为高斯二阶 n 维随机变量，平均值 $\boldsymbol{m}_X\in\mathbf{R}^n$，协方差矩阵 $\boldsymbol{C}_X\in\mathbf{M}_n^{+0}(\mathbf{R})$。$m$ 维实随机变量

$$\boldsymbol{Y}=\boldsymbol{AX}+\boldsymbol{b} \tag{2.56}$$

式中：$\boldsymbol{b}\in\mathbf{R}^m$；$\boldsymbol{A}\in\mathbf{M}_{m,n}(\mathbf{R})$。

特征函数为

$$\Phi_{\boldsymbol{Y}}(\boldsymbol{v}) = \exp\{\mathrm{i}<\boldsymbol{m}_Y,\boldsymbol{v}> - \frac{1}{2}<\boldsymbol{C}_Y\boldsymbol{v},\boldsymbol{v}>\} \tag{2.57}$$

其中

$$\boldsymbol{m}_Y=\boldsymbol{A}\boldsymbol{m}_X+\boldsymbol{b}\in\mathbf{R}^m, \boldsymbol{C}_Y=\boldsymbol{A}\boldsymbol{C}_X\boldsymbol{A}^{\mathrm{T}}\in\mathbf{M}_m^{+0}(\mathbf{R}) \tag{2.58}$$

在有限维上证明的以下定理，在无限维上也同样适用。

定理 2.1 向量值高斯随机变量的任意向量值放射变换是一个向量值高斯随机变量。

2.5.3 小结：用于不确定性量化的数学方法

本节介绍了非线性双映射法（其应用需要有严格的假设）和特征函数法（通用的先验方法）。虽然两种方法对理解并得到线性或仿射变换的基本理论结果很重要，但这两种方法并不适用于非线性变换。其原因是：对于非线性双映射法，通常非线性变换不是双目标变换，如果是双射，则无法计算 $\boldsymbol{h}^{1}$ 及其导数（尤其是高维情况）；对于特征函数法，需要在 $\mathbf{R}^{n}$ 上进行积分，且通常无显式解（这一方法仅适用于一维及二维的情况）。

第 4 章将利用第 3 章的理论方法介绍关于不确定性量化问题的统计计算方法。

2.6 二阶计算

设 $\boldsymbol{X}$ 为二阶随机变量，$\boldsymbol{X}\in\mathbf{R}^{n}$，其均值为 $\boldsymbol{m}_{X}$，相关矩阵为 $\boldsymbol{R}_{X}$，协方差矩阵为 $\boldsymbol{C}_{X}$。设 $\boldsymbol{h}$ 为 $\mathbf{R}^{n}$ 到 $\mathbf{R}^{m}$ 的可测映射，则随机变量

$$\boldsymbol{Y}=\boldsymbol{A}\boldsymbol{X}+\boldsymbol{b} \tag{2.59}$$

的二阶量为

$$\boldsymbol{m}_{Y}=E\{\boldsymbol{Y}\}=\boldsymbol{A}\boldsymbol{m}_{X}+\boldsymbol{b} \tag{2.60}$$

$$\boldsymbol{R}_{Y}=E\{\boldsymbol{Y}\boldsymbol{Y}^{\mathrm{T}}\}=\boldsymbol{A}\boldsymbol{R}_{X}\boldsymbol{A}^{\mathrm{T}}+\boldsymbol{A}\boldsymbol{m}_{X}\boldsymbol{b}^{\mathrm{T}}+\boldsymbol{b}\boldsymbol{m}_{X}{}^{\mathrm{T}}\boldsymbol{A}^{\mathrm{T}}+\boldsymbol{b}\boldsymbol{b}^{\mathrm{T}} \tag{2.61}$$

$$\boldsymbol{C}_{Y}=\boldsymbol{R}_{Y}-\boldsymbol{m}_{Y}\boldsymbol{m}_{Y}{}^{\mathrm{T}}=\boldsymbol{A}\boldsymbol{C}_{X}\boldsymbol{A}^{\mathrm{T}} \tag{2.62}$$

式中：$\boldsymbol{b}\in\mathbf{R}^{m}$；$\boldsymbol{A}\in\mathbf{M}_{m,n}(\mathbf{R})$。

对于这种仿射变换，可在没有随机变量概率分布的情况下计算二阶量，但无法用于非线性变换。

2.7 随机变量序列收敛性

设 $\boldsymbol{X}$ 及 $\{\boldsymbol{X}_{m}\}_{m\in\mathbf{N}}$ 为 $(\Theta,\mathcal{T},P)$ 上的 n 维随机变量。

2.7.1 均方收敛或 $L^{2}(\Theta,\mathbf{R}^{n})$ 收敛

如果 $L^{2}(\Theta,\mathbf{R}^{n})$ 上的随机变量序列 $\{\boldsymbol{X}_{m}\}_{m\in\mathbf{N}}$ 满足

$$\lim_{m\to+\infty}\|X_m - X\|_\theta = 0 \tag{2.63}$$

则$\{X_m\}_{m\in\mathbf{N}}$收敛于二阶随机变量$X\in L^2(\Theta,\mathbf{R}^n)$。

由于$L^2(\Theta,\mathbf{R}^n)$为希尔伯特空间，因此$L^2(\Theta,\mathbf{R}^n)$上的任意柯西序列都收敛于$L^2(\Theta,\mathbf{R}^n)$。通过以下引理可对此进行证明。

引理 当且仅当$L^2(\Theta,\mathbf{R}^n)$上的随机变量序列$\{X_m\}_{m\in\mathbf{N}}$满足

$$\lim_{m,m'\to+\infty} < X_m, X_{m'} >_\theta = x \tag{2.64}$$

时，$\{X_m\}_{m\in\mathbf{N}}$均方收敛于随机变量$X\in L^2(\Theta,\mathbf{R}^n)$，且$\|X\|_\theta^2 = x$。

2.7.2 依概率收敛或随机收敛

如果对$\forall\varepsilon>0$，有

$$\lim_{m,m'\to+\infty} P\{\|X_m - X\|\geqslant\varepsilon\} = 0 \tag{2.65}$$

则随机向量序列$\{X_m\}_{m\in\mathbf{N}}\in L^2(\Theta,\mathbf{R}^n)$依概率收敛于随机变量$X\in\mathbf{R}^n$。

依概率收敛也称为随机收敛或依测度收敛。

2.7.3 几乎处处收敛

对于随机向量序列$\{X_m\}_{m\in\mathbf{N}}\in L^0(\Theta,\mathbf{R}^n)$，如果满足

$$P\{\lim_{m\to+\infty} X_m \neq X\} = 0 \tag{2.66}$$

则$\{X_m\}_{m\in\mathbf{N}}$几乎处处收敛于随机变量$X\in\mathbf{R}^n$。这意味着，子集$A_0=\{\theta\in\Theta \mid \lim_{m\to+\infty} X_m(\theta)\neq X(\theta)\}$可依概率忽略不计，即$P(A_0)=0$。

2.7.4 依概率分布收敛

对于随机向量序列$\{X_m\}_{m\in\mathbf{N}}\in L^0(\Theta,\mathbf{R}^n)$，如果其概率分布$\{P_{X_m}(\mathrm{d}x)\}_{m\in\mathbf{N}}$弱收敛于$P_X(\mathrm{d}x)$，也就是说当$\|x\|\to+\infty$时，任意实连续函数$f\in\mathbf{R}^n$使$f(x)\to 0$，有

$$\lim_{m\to+\infty}\int_{\mathbf{R}^n} f(x) P_{X_m}(\mathrm{d}x) = \int_{\mathbf{R}^n} f(x) P_X(\mathrm{d}x) \tag{2.67}$$

那么序列$\{X_m\}_{m\in\mathbf{N}}$依概率分布收敛于随机变量X，其概率分布为$P_X(\mathrm{d}x)$。

2.7.5 小结：四种收敛类型的关系

四种收敛类型的关系如图2.3所示。

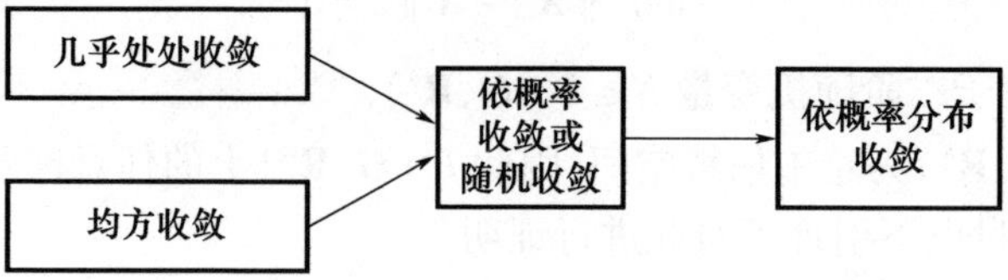

图 2.3　四种收敛类型的关系

对收敛方式的理解有助于分析不确定性量化中引入的随机模型表示的收敛性，以及分析随机解的收敛性。

2.8　中心极限定理及蒙特卡罗法高维积分计算

2.8.1　中心极限定理

中心极限定理属于大数定律，反映独立随机变量和的行为。有以下两个定理。第一个定理针对的是独立同分布的随机变量，第二个定理针对的是独立不同分布的随机变量。

中心极限定理是数理统计的重要工具，有助于学习随机估计序列收敛性，因此也是计算统计学中用于不确定性量化的重要工具。

定理 2.2　设$\{\boldsymbol{X}_\ell\}_{\ell\geqslant 1}\in L^2(\Theta,\mathbf{R}^n)$为一个独立同分布随机变量序列，其均值$\boldsymbol{m}=E\boldsymbol{X}_\ell$，协方差矩阵$\boldsymbol{C}=E\{(\boldsymbol{X}_\ell-\boldsymbol{m})(\boldsymbol{X}_\ell-\boldsymbol{m})^{\mathrm{T}}\}$。设$\boldsymbol{Y}_v$为$n$维随机变量：

$$\boldsymbol{Y}_v=\frac{1}{\sqrt{v}}\sum_{\ell=1}^{v}(\boldsymbol{X}_\ell-\boldsymbol{m}) \tag{2.68}$$

则当$v\to+\infty$时，随机变量序列$\{\boldsymbol{Y}_v\}_v$依概率分布收敛于协方差矩阵为$\boldsymbol{C}$的n维高斯二阶中心随机变量。

定理 2.2 表明，当维数$n=1$时，随机变量序列$\{Z_v\}_{v\geqslant 1}$

$$Z_v=\frac{1}{\sqrt{v}}\left(\frac{X_1+X_2+\cdots+X_v-vm}{\sigma}\right) \tag{2.69}$$

依概率分布收敛于方差为 1 的高斯二阶中心随机变量Z，其中$m=EX_\ell$，$\sigma^2=E\{(X_\ell-m)^2\}$。

定理 2.3　设$\{X_\ell\}_{\ell\geqslant 1}\in L^2(\Theta,\mathbf{R})$为一个独立实随机变量序列，其均值$m_\ell=EX_\ell$，方差$\sigma_\ell^2=E\{(X_\ell-m_\ell)^2\}$，其累积分布函数$F_\ell(x)=P\{X_\ell\leqslant x\}$可能不同。设$s_v^2=\sum_{\ell=1}^{v}\sigma_\ell^2$，如果随机变量$(X_\ell-m_\ell)/s_v$大概率为一致小量（林德伯格条件），也就

是说，对任意 $\varepsilon>0$，若

$$\lim_{v\to+\infty}\left\{\frac{1}{s_v^2}\sum_{\ell=1}^{v}\int_{|x-m_l|>\varepsilon s_v}(x-m_\ell)^2\mathrm{d}F_\ell(x)\right\}=0 \tag{2.70}$$

则随机变量序列

$$Y_v=\frac{1}{s_v}\sum_{\ell=1}^{v}(x_\ell-m_\ell) \tag{2.71}$$

依概率分布收敛于一个具有单位方差的正态高斯实随机变量。

2.8.2 蒙特卡罗法高维积分计算

确定性高维积分的概率表达。这一问题相当于计算下式：

$$\tilde{\boldsymbol{j}}=\int_\Omega h(\boldsymbol{x})\mathrm{d}\boldsymbol{x}(\Omega\subset\mathbf{R}^n) \tag{2.72}$$

式中：$\boldsymbol{x}\to h(\boldsymbol{x})$ 为 $\mathbf{R}^n$ 到 $\mathbf{R}$ 的平方可积函数，其紧支集 $\Omega=[a_1,b_1][a_2,b_2]\cdots[a_n,b_n]\subset\mathbf{R}^n$（对任意 $\boldsymbol{x}\notin\Omega$，有 $h(\boldsymbol{x})=0$；由于 Ω 为紧集，$L^2(\Omega,\mathbf{R})\subset L^1(\Omega,\mathbf{R})$，因此 h 是可积的）。

积分 $\tilde{\boldsymbol{j}}$ 可表示（概率表达）为

$$\tilde{\boldsymbol{j}}=|\Omega|E\{h(\boldsymbol{X})\}=|\Omega|\int_{\mathbf{R}^n}h(\boldsymbol{x})P_{\boldsymbol{X}}(\mathrm{d}\boldsymbol{x}) \tag{2.73}$$

式中：$|\Omega|=(b_1-a_1)(b_2-a_2)\cdots(b_n-a_n)$；$\boldsymbol{X}\in\mathbf{R}^n$ 为均匀分布随机变量，有

$$P_{\boldsymbol{X}}(\mathrm{d}\boldsymbol{x})=\frac{1}{|\Omega|}\mathbb{1}_\Omega(\boldsymbol{x})\mathrm{d}\boldsymbol{x} \tag{2.74}$$

引入 $\tilde{\boldsymbol{j}}$（蒙特卡罗法）的统计估计量。设 $\{\boldsymbol{J}_v\}_{v\geqslant1}$ 为随机估计量序列，有

$$\boldsymbol{J}_v=|\Omega|\frac{1}{v}\sum_{\ell=1}^{v}h(\boldsymbol{X}^{(\ell)}) \tag{2.75}$$

$\boldsymbol{X}^{(1)},\boldsymbol{X}^{(2)},\cdots,\boldsymbol{X}^{(v)}$ 为 X 的 v 个独立随机量（$\boldsymbol{X}^{(1)},\boldsymbol{X}^{(2)},\cdots,\boldsymbol{X}^{(v)}$ 为与 $\boldsymbol{X}$ 独立同分布的随机变量）。$\boldsymbol{J}_v$ 的平均向量 $\boldsymbol{m}_{\boldsymbol{J}_v}=E\{\boldsymbol{J}_v\}$，方差 $\boldsymbol{\sigma}_{\boldsymbol{J}_v}^2\approx E\{(\boldsymbol{J}_v-\boldsymbol{m}_{\boldsymbol{J}_v})^2\}$，满足

$$\boldsymbol{m}_{\boldsymbol{J}_v}=\tilde{\boldsymbol{j}},\sigma_{\boldsymbol{J}_v}=\frac{|\Omega|}{\sqrt{v}}\sigma_{h(\boldsymbol{X})} \tag{2.76}$$

且 $\boldsymbol{\sigma}_{h(\boldsymbol{X})}^2=E\{(h(\boldsymbol{X})-E\{h(\boldsymbol{X})\})^2\}$。由于 $h\in L^2(\Omega,\mathbf{R})$，因此 $\boldsymbol{\sigma}_{h(\boldsymbol{X})}^2<+\infty$。当 $\boldsymbol{\sigma}_{\boldsymbol{J}_v}^2\to0$ 时，$v\to+\infty$。随机变量 $h(\boldsymbol{X}^{(1)}),h(\boldsymbol{X}^{(2)}),\cdots,h(\boldsymbol{X}^{(v)})$ 相互独立，因此定理 2.2 可用于分析序列 $\{\boldsymbol{J}_v\}_{v\geqslant1}$ 的收敛性。

利用定理 2.2 进行收敛性分析。$\{\boldsymbol{J}_v\}_v$ 依概率收敛于 $\tilde{\boldsymbol{j}}$，也就是说，对 $\forall\varepsilon>0$，有

$$\lim_{v\to+\infty}P\{|\boldsymbol{J}_v-\tilde{j}|\geqslant\varepsilon\}=0 \tag{2.77}$$

对任意 $\eta>0$,有

$$\lim_{v\to+\infty} P\{|J_v-\tilde{j}|\leqslant\frac{\eta|\Omega|}{\sqrt{v}}\sigma_{h(X)}\}=F_G(\eta) \tag{2.78}$$

式中:$F_G(\eta)$ 为高斯正态随机变量 G 的累积分布函数,$F_G(\eta)=(2\pi)^{-1/2}\int_{-\infty}^{\eta} e^{-g^2/2}dg$。

构建概率水平为 P_c 的置信区间。设 $F_G(\eta_c)=P_c$(如当 $\eta_c=3$ 时,$P_c=0.955$)。对任意给定的 $\varepsilon_c>0$,当 $v\geqslant(|\Omega|\sigma_{h(X)}\eta_c/\varepsilon_c)^2$ 时,有

$$P\{|J_v-\tilde{j}|\leqslant\varepsilon_c\}\geqslant P_c \tag{2.79}$$

当计算过程中不知道 $\tilde{j}$ 的确切值时,对任意的 v,可通过对 $\sigma_{h(X)}$ 的估计 $\hat{\sigma}_{h(X)}^{(v)}$ 来控制置信区间的精度水平:

$$\hat{\sigma}_{h(X)}^{(v)}=\frac{1}{v}\sum_{\ell=1}^{v}h(x^{(\ell)})^2-\left(\frac{1}{v}\sum_{\ell=1}^{v}h(x^{(\ell)})\right)^2 \tag{2.80}$$

式中:$x^{(1)},x^{(2)},\cdots,x^{(v)}$ 为 v 个 X 的独立随机量,用于计算 J_v 的估计量 $\tilde{j}_v=|\Omega|v^{-1}\sum_{\ell=1}^{v}h(x^{(\ell)})$。

2.9 随机过程

2.9.1 连续参数随机过程的定义

概率空间$(\Theta,\mathcal{T},P)$上的一个连续参数随机过程(简称随机过程)是从 T 到 $L^0(\Theta,\mathbf{R}^n)$ 的映射 $t\to X(t)$。$X(t)$ 是随着 $\mathbf{R}$ 上的任意有限或无限子集 T 而推移的,其取值为 n 维实数。

对 $\forall t\in T$,$X(t)$ 为$(\Theta,\mathcal{T},P)$上的 n 维随机变量,因此随机过程为不可数随机变量集$\{X(t),t\in T\}$。

对任意 $\theta\in\Theta$,T 到 $\mathbf{R}^n$ 的映射 $t\to X(t,\theta)$ 为随机过程 X 的轨迹或样本路径。

2.9.2 边缘分布族与边缘特征函数族

设 J 为 T 的有限非空无序子集的集合,对任意 $j=\{t_1,t_2,\cdots,t_m\}\in J$,映射

$$\theta\to\tilde{X}^j(\theta)=(X(t_1,\theta),X(t_2,\theta),\cdots,X(t_m,\theta)) \tag{2.81}$$

为随机变量,其取值在$(\mathbf{R}^n)^m$上。设 $\tilde{x}^j=(x^1,x^2,\cdots,x^m)\in(\mathbf{R}^n)^m$,$\tilde{x}^j$ 在$(\mathbf{R}^n)^m$上的概率分布为

$$P_{\tilde{X}^j}(j;\mathrm{d}\tilde{\boldsymbol{x}}^j)=P_{\boldsymbol{X}(t_1)\boldsymbol{X}(t_2)\cdots\boldsymbol{X}(t_m)}(t_1,\mathrm{d}\boldsymbol{x}^1;t_2,\mathrm{d}\boldsymbol{x}^2;\cdots;t_m,\mathrm{d}\boldsymbol{x}^m) \tag{2.82}$$

当 j 穿过 J 时，概率分布集 $\{P_{\tilde{X}^j}(j;\mathrm{d}\tilde{\boldsymbol{x}}^j)\}_{j\in J}$ 称为随机过程 $\boldsymbol{X}$ 的边缘分布。

对 $\forall j\in J$，设 $\tilde{\boldsymbol{u}}^j=(\boldsymbol{u}^1,\boldsymbol{u}^2,\cdots,\boldsymbol{u}^m)\in(\mathbf{R}^n)^m$，随机过程 $\boldsymbol{X}$ 的边缘特征函数族 $\{\boldsymbol{\Phi}_{\tilde{X}^j}(j;\tilde{\boldsymbol{u}}^j)\}_{j\in J}$ 与边缘分布有关，为

$$\boldsymbol{\Phi}_{\tilde{X}^j}(j;\tilde{\boldsymbol{u}}^j)=E\{\exp(i\sum_{k=1}^{m}<\boldsymbol{u}^j,\boldsymbol{X}(t_k)>)\} \tag{2.83}$$

定义 2.1 随机过程 $\boldsymbol{X}$ 的概率分布由其边缘分布定义，或等价地由其边缘特征函数定义。

2.9.3 平稳随机过程

$\mathbf{R}$ 上的平稳随机过程。如果对 $\forall j=\{t_1,t_2,\cdots,t_m\}\in J$ 及 $u\in\mathbf{R}$，有

$$\begin{aligned}&P_{\boldsymbol{X}(t_1)\boldsymbol{X}(t_2)\cdots\boldsymbol{X}(t_m)}(t_1,\mathrm{d}\boldsymbol{x}^1;t_2,\mathrm{d}\boldsymbol{x}^2;\cdots;t_m,\mathrm{d}\boldsymbol{x}^m)\\&=P_{\boldsymbol{X}(t_1+u)\boldsymbol{X}(t_2+u)\cdots\boldsymbol{X}(t_m+u)}(t_1+u,\mathrm{d}\boldsymbol{x}^1;t_2+u,\mathrm{d}\boldsymbol{x}^2;\cdots;t_m+u,\mathrm{d}\boldsymbol{x}^m)\end{aligned} \tag{2.84}$$

则随机过程 $\boldsymbol{X}$ 随时间 $T=\mathbf{R}$ 的推移（移位算子 $t\to t+u,u\in\mathbf{R}$）是平稳的。

特别地，对 $\forall t,t'\in\mathbf{R}$，有

$$P_{\boldsymbol{X}(t)}(t,\mathrm{d}\boldsymbol{x})=P_{\boldsymbol{X}(t)}(\mathrm{d}\boldsymbol{x}) \tag{2.85}$$

$$P_{\boldsymbol{X}(t_1)\boldsymbol{X}(t')}(t_1,\mathrm{d}\boldsymbol{x};t',\mathrm{d}\boldsymbol{x}')=P_{\boldsymbol{X}(t_1)\boldsymbol{X}(t')}(t-t';\mathrm{d}\boldsymbol{x},\mathrm{d}\boldsymbol{x}') \tag{2.86}$$

$\mathbf{R}^+$ 上的平稳随机过程。当 $T=\mathbf{R}^+$ 时，$\mathbf{R}^+$ 上的右移位算子平稳性用正移位 $t\to t+u,(u\geqslant 0)$ 定义。

2.9.4 随机过程的基本例子

独立增量随机过程的定义。如果对 T 的任意有限有序子集 $t_I<t_1<t_2<\cdots<t_m<t_S$，增量

$$\boldsymbol{X}(t_I),\boldsymbol{X}(t_1)-\boldsymbol{X}(t_I),\cdots,\boldsymbol{X}(t_m)-\boldsymbol{X}(t_{m-1}) \tag{2.87}$$

为相互独立的随机变量，则随时间 $T=[t_I,t_S]\subset\mathbf{R}$ 推移的随机过程 $\boldsymbol{X}\in\mathbf{R}^n$ 为独立增量随机过程。

n 维高斯随机过程的定义。如果 $\forall j=\{t_1,t_2,\cdots,t_m\}\in J$，随机变量 $\tilde{\boldsymbol{X}}^j=(\boldsymbol{X}(t_1),\boldsymbol{X}(t_2),\cdots,\boldsymbol{X}(t_m))$ 为高斯随机变量，则随时间 T 推移的随机过程 $\{\boldsymbol{X}(t),t\in T\}\in\mathbf{R}^n$ 为高斯随机过程。因此，对任意 $\tilde{\boldsymbol{u}}^j=(\boldsymbol{u}^1,\boldsymbol{u}^2,\cdots,\boldsymbol{u}^m)\in(\mathbf{R}^n)^m$，式(2.83)描述的边缘特征函数族 $\{\boldsymbol{\Phi}_{\tilde{X}^j}(j;\tilde{\boldsymbol{u}}^j)\}_{j\in J}$ 可写为（见式(2.45)）

$$\boldsymbol{\Phi}_{\tilde{X}^j}(j;\tilde{\boldsymbol{u}}^j)=\exp\left\{i<\boldsymbol{m}_{\tilde{X}^j},\tilde{\boldsymbol{u}}^j>-\frac{1}{2}<\boldsymbol{C}_{\tilde{X}^j}\tilde{\boldsymbol{u}}^j,\tilde{\boldsymbol{u}}^j>\right\} \tag{2.88}$$

2.9.5 随机过程的连续性

随机过程的连续类型。设$\{\boldsymbol{X}(t), t \in T\} \in \mathbf{R}^n$为$(\Theta, \mathcal{T}, P)$上随$T$推移的随机过程,其连续类型与2.7节介绍的随机变量序列收敛类型有关。因此$\boldsymbol{X}$的连续类型有以下三种:

(1)均方连续;

(2)依概率连续或随机连续;

(3)几乎处处连续。

均方连续的例子。如果映射$t \to \boldsymbol{X}(t)$从T到$L^2(\Theta, \mathbf{R}^n)$连续,即

$$\lim_{t' \to t} \| \boldsymbol{X}(t') - \boldsymbol{X}(t) \|_{\Theta} = 0, \ \forall t \in T \tag{2.89}$$

则随机过程$\boldsymbol{X}$在T上均方连续。

具有几乎处处连续轨迹的随机过程。如果满足

$$P(A_1) = 1, A_1 = \{\theta \in \Theta \mid t \to \boldsymbol{X}(t, \theta) \in C^0(T, \mathbf{R}^n)\} \tag{2.90}$$

则随机过程$\{\boldsymbol{X}(t), t \in T\}$的轨迹(或样本路径)几乎处处连续。

柯尔莫哥洛夫(Kolmogorov)定理 如果对T的任意紧子集$\boldsymbol{\kappa}$存在3个正实常量,$\alpha > 0, \beta > 0, c_\kappa > 0$,使

$$E\{ \| \boldsymbol{X}(t) - \boldsymbol{X}(t') \|^{\alpha} \} \leqslant c_\kappa \| t - t' \|^{1+\beta}, \ \forall t \in \boldsymbol{\kappa}, \ \forall t' \in \boldsymbol{\kappa} \tag{2.91}$$

则$\boldsymbol{X}$的轨迹几乎处处连续。

2.9.6 二阶n维随机过程

设$\{\boldsymbol{X}(t), t \in T\}$为概率空间$(\Theta, \mathcal{T}, P)$上随$T$推移的随机过程,其取值在$\mathbf{R}^n$上。

二阶随机过程的定义。如果$t \to \boldsymbol{X}(t)$从T到$L^2(\Theta, \mathbf{R}^n)$的映射满足

$$\| \boldsymbol{X}(t) \|_{\Theta} = (E\{ \| \boldsymbol{X}(t) \|^2 \})^{1/2} < +\infty, \ \forall t \in T \tag{2.92}$$

则随机过程$\boldsymbol{X}$为二阶随机过程。

均值函数。随机过程$\boldsymbol{X}$的均值函数为从T到$\mathbf{R}^n$的映射$t \to \boldsymbol{m}_X(t)$,使得对$\forall t \in T$,有

$$\boldsymbol{m}_X(t) = E\{\boldsymbol{X}(t)\} = \int_{\mathbf{R}^n} \boldsymbol{x} P_{X(t)}(t, \mathrm{d}\boldsymbol{x}) \tag{2.93}$$

如果对$\forall t \in T$,有$\boldsymbol{m}_X(t) = 0$,则$\boldsymbol{X}$为中心随机过程。

自相关函数。随机过程$\boldsymbol{X}$的自相关函数为从$T \times T$到$\mathbf{M}_n(\mathbf{R})$的映射$(t, t') \to \boldsymbol{R}_X(t, t')$,使得对$\forall t, t' \in T$,有

$$\boldsymbol{R}_X(t, t') = E\{\boldsymbol{X}(t) \boldsymbol{X}(t')^{\mathrm{T}}\} = \int_{\mathbf{R}^n} \int_{\mathbf{R}^n} \boldsymbol{x} \boldsymbol{y}^{\mathrm{T}} P_{X(t)X(t')}(t, \mathrm{d}\boldsymbol{x}; t', \mathrm{d}\boldsymbol{y}) \tag{2.94}$$

对 $\forall t \in T$，有

$$\mathrm{tr}(\boldsymbol{R}_X(t,t')) = E\{\|\boldsymbol{X}(t)\|^2\} < +\infty \tag{2.95}$$

协方差函数。随机过程 $\boldsymbol{X}$ 的协方差函数为从 $T \times T$ 到 $\mathbf{M}_n(\mathbf{R})$ 的映射 $(t,t') \to \boldsymbol{C}_X(t,t')$，为中心随机过程 $\boldsymbol{Y}(t) = \boldsymbol{X}(t) - \boldsymbol{m}_X(t)$ 的自相关函数。对 $\forall t,t' \in T$，有

$$\boldsymbol{C}_X(t,t') = E\{(\boldsymbol{X}(t) - \boldsymbol{m}_X(t))(\boldsymbol{X}(t') - \boldsymbol{m}_X(t'))^{\mathrm{T}}\} = \boldsymbol{R}_X(t,t') - \boldsymbol{m}_X(t)\boldsymbol{m}_X(t')^{\mathrm{T}} \tag{2.96}$$

均方平稳。如果随时间 $T = \mathbf{R}$ 推移的随机过程 $\boldsymbol{X}$ 为二阶平稳随机过程，则对 $\forall t \in \mathbf{R}$，有

$$\boldsymbol{m}_X(t) = \boldsymbol{m}_1 \tag{2.97}$$

式中：$\boldsymbol{m}_1$ 为常数向量，$\boldsymbol{m}_1 \in \mathbf{R}$。

对 $\forall t,u \in \mathbf{R}$，有

$$\boldsymbol{R}_X(t+u,t) = E\{\boldsymbol{X}(t+u)\boldsymbol{X}(t)^{\mathrm{T}}\} = \boldsymbol{R}_X(u) \tag{2.98}$$

这表明自相关函数仅与 u 有关而与 t 无关。

如果一个随时间 $T = \mathbf{R}$ 推移的二阶 n 维随机过程 $\boldsymbol{X}$ 满足式(2.97)与式(2.98)，则 $\boldsymbol{X}$ 是均方平稳的。均方平稳随机过程通常是不平稳随机过程（除了高斯随机过程）。

均方平稳和均方连续的 n 维随机过程的谱密度函数矩阵。如果 $\{\boldsymbol{X}(t), t \in \mathbf{R}\}$ 为随 $T = \mathbf{R}$ 推移的二阶 n 维中心随机过程，且是均方平稳与均方连续的（$u \to \boldsymbol{R}_X(u)$ 为连续有界函数），那么当 $|u| \to +\infty$ 时，有 $\boldsymbol{R}_X(u) \to 0$，则存在从 $\mathbf{R}$ 到 $\mathbf{M}_n^{+0}(\mathbf{C})$（厄米特正矩阵）的可积谱密度函数矩阵 $\omega \to \boldsymbol{S}_X(\omega)$，使得对 $\forall u \in \mathbf{R}$，有

$$\boldsymbol{R}_X(u) = E\{\boldsymbol{X}(t+u)\boldsymbol{X}(t)^{\mathrm{T}}\} = \int_{\mathbf{R}} \mathrm{e}^{\mathrm{i}\omega u} \boldsymbol{S}_X(\omega)\,\mathrm{d}\omega \tag{2.99}$$

$$E\{\|\boldsymbol{X}(t)\|^2\} = \int_{\mathbf{R}} \mathrm{tr}(\boldsymbol{S}_X(\omega))\,\mathrm{d}\omega \tag{2.100}$$

对 $\forall k = 1,2,\cdots,n$，$\omega \to (\boldsymbol{S}_X(\omega))_{kk}$ 为从 $\mathbf{R}$ 到 $\mathbf{R}^+$ 的函数，称为随机过程 $\{\boldsymbol{X}_k(t), t \in \mathbf{R}\}$ 的功率谱密度函数，$E\{\boldsymbol{X}_k(t)^2\} = \int_{\mathbf{R}} (\boldsymbol{S}_X(\omega))_{kk}\mathrm{d}\omega$。另外，如果函数 $u \to \boldsymbol{R}_X(u) \in L^1(\mathbf{R}, \mathbf{M}_n(\mathbf{R}))$ 或 $L^2(\mathbf{R}, \mathbf{M}_n(\mathbf{R}))$，则对 $\forall \omega \in \mathbf{R}$，有

$$\boldsymbol{S}_X(\omega) = \frac{1}{2\pi}\int_{\mathbf{R}} \mathrm{e}^{-\mathrm{i}\omega u} \boldsymbol{R}_X(u)\,\mathrm{d}u \tag{2.101}$$

2.9.7 小结与应避免的错误

(1) 对于 $t \in T$，随机过程 $\{\boldsymbol{X}(t), t \in T\}$ 的概率分布并不是用概率分布族 $P_{X(t)}(t, \mathrm{d}\boldsymbol{x})$ 来定义的，而是用 J 的全部子集 $j = (t_1, t_2, \cdots, t_m)$ 的概率分布族 $P_{X(t_1)X(t_2)\cdots X(t_m)}(t_1, \mathrm{d}\boldsymbol{x}^1; t_2, \mathrm{d}\boldsymbol{x}^2; \cdots; t_m, \mathrm{d}\boldsymbol{x}^m)$ 定义的。

(2) 如果$\{\boldsymbol{X}(t), t \in T\}$为二阶 n 维随机过程，则二阶矩如下：

①均值函数：从 T 到 $\mathbf{R}^n$ 的映射 $t \to \boldsymbol{m}_X(t)$；

②自相关函数：从 $T \times T$ 到 $\mathbf{M}_n(\mathbf{R})$ 的映射 $(t,t') \to \boldsymbol{R}_X(t,t')$；

③协方差函数：从 $T \times T$ 到 $\mathbf{M}_n(\mathbf{R})$ 的映射 $(t,t') \to \boldsymbol{C}_X(t,t')$。

(3) 如果$\{\boldsymbol{X}(t) \in \mathbf{R}\}$为二阶均方平稳 n 维随机过程，则 $\boldsymbol{m}_X(t)$ 与 t 无关，且 $\boldsymbol{R}_X(t,t')$ 仅与 $t-t'$ 有关。在适当条件下，存在从 $\mathbf{R}$ 到 $(n \times n)$ 的厄米特正复矩阵集的可积函数 $\omega \to \boldsymbol{S}_X(\omega)$，使

$$\boldsymbol{R}_X(u) = \int_{\mathbf{R}} \mathrm{e}^{\mathrm{i}\omega u} \boldsymbol{S}_X(\omega)\,\mathrm{d}\omega, \boldsymbol{S}_X(\omega) = \frac{1}{2\pi}\int_{\mathbf{R}} \mathrm{e}^{-\mathrm{i}\omega u} \boldsymbol{R}_X(u)\,\mathrm{d}u \tag{2.102}$$

第3章 马尔可夫过程与随机微分方程

本章主要介绍有助于理解不确定性量化的一些重要基础数学工具,尤其是第4章所用的马尔可夫链蒙特卡罗(MCMC)法,其是利用概率分布进行随机模拟的算法。

3.1 马尔可夫过程

设 $\boldsymbol{X}(t)=(X_1(t),X_2(t),\cdots,X_n(t))\in\mathbf{R}^n$ 为概率空间$(\Theta,\mathcal{T},P)$上随 $T=\mathbf{R}^+=[0,+\infty)$推移的随机过程。

3.1.1 概念

(1)条件概率。对 $\forall B\in\mathcal{B}_n$($n$ 维欧几里得空间 $\mathbf{R}^n$ 上的波莱尔 σ-代数)及 $\forall 0\leqslant s<t<+\infty$,在 $\boldsymbol{X}(s)=\boldsymbol{x}$ 情况下事件$\{\boldsymbol{X}(t)\in\mathcal{B}\}$的条件概率为

$$P(s,\boldsymbol{x};t,B)=P\{\boldsymbol{X}(t)\in B\mid \boldsymbol{X}(s)=\boldsymbol{x}\}=\int_{\boldsymbol{y}\in B}P(s,\boldsymbol{x};t,\mathrm{d}\boldsymbol{y}) \tag{3.1}$$

概率测度 $P(s,\boldsymbol{x};t,\mathrm{d}\boldsymbol{y})$定义为条件概率分布。

(2)概率密度。如果存在条件概率分布对 $\mathrm{d}\boldsymbol{y}$ 的密度,则

$$P(s,\boldsymbol{x};t,\mathrm{d}\boldsymbol{y})=\rho(s,\boldsymbol{x};t,\boldsymbol{y})\mathrm{d}\boldsymbol{y} \tag{3.2}$$

式中:$\boldsymbol{y}\to\rho(s,\boldsymbol{x};t,\boldsymbol{y})$为条件概率密度函数。

3.1.2 马尔可夫性质

马尔可夫性质的概念。随机过程 $\boldsymbol{X}$ 无后作用或无记忆时,具有马尔可夫性质。也就是说,在 $t+\mathrm{d}t$ 时刻的状态仅与 t 有关,而与 $s<t$ 时刻的状态无关。

马尔可夫性质的数学表述。如果对 $\forall B\in\mathcal{B}_n$、任意有限整数 K 及任意

$$0\leqslant t_1<t_2<\cdots<t_K<s<t \tag{3.3}$$

有

$$P\{\boldsymbol{X}(t)\in B|\boldsymbol{X}(t_1)=x^1,\boldsymbol{X}(t_2)=x^2,\cdots,\boldsymbol{X}(t_K)=\boldsymbol{x}^K,\boldsymbol{X}(s)=\boldsymbol{x}\} \\ =P\{\boldsymbol{X}(t)\in B|\boldsymbol{X}(s)=\boldsymbol{x}\}=P(s,\boldsymbol{x};t,B) \tag{3.4}$$

则随机过程 $\boldsymbol{X}$ 具有马尔可夫性质。在式(3.4)中,$\boldsymbol{x}^1,\boldsymbol{x}^2,\cdots,\boldsymbol{x}^K,\boldsymbol{x}\in\mathbf{R}^n$ 为任意向量。

3.1.3 查普曼－柯尔莫哥洛夫方程

如果随机过程 $\boldsymbol{X}$ 具有马尔可夫性质,则对任意 $0\leqslant s<u<t<+\infty$、$\forall B\in\mathcal{B}_n$ 及 $\forall\boldsymbol{x}\in\mathbf{R}^n$,有如下查普曼－柯尔莫哥洛夫(Chapman－Kolmogorov)方程:

$$P(s,\boldsymbol{x};t,B)=\int_{z\in\mathbf{R}^n}P(s,\boldsymbol{x};u,\mathrm{d}z)P(u,z;t,B) \tag{3.5}$$

如果存在密度 ρ,使 $P(s,\boldsymbol{x};t,\mathrm{d}\boldsymbol{y})=\rho(s,\boldsymbol{x};t,\boldsymbol{y})\mathrm{d}\boldsymbol{y}$,则对 $\forall\boldsymbol{y}\in\mathbf{R}^n$,式(3.5)可写为

$$\rho(s,\boldsymbol{x};t,\boldsymbol{y})=\int_{z\in\mathbf{R}^n}\rho(s,\boldsymbol{x};u,z)\rho(u,z;t,y)\mathrm{d}z \tag{3.6}$$

3.1.4 转移概率

转移概率的定义。对 $0\leqslant s<u<t<+\infty$,$x\in\mathbf{R}^n$ 及 $B\in\mathcal{B}_n$,如果满足以下三个条件。

(1)$B\to P(s,\boldsymbol{x};t,B)$为概率分布,$\int_{\boldsymbol{y}\in\mathbf{R}^n}P(s,\boldsymbol{x};t,\mathrm{d}\boldsymbol{y})=1$;

(2)从 $\mathbf{R}^n$ 到$[0,1]$的映射 $\boldsymbol{x}\to P(s,\boldsymbol{x};t,B)$可测;

(3)P 满足查普曼－柯尔莫哥洛夫方程。

则条件概率 $P(s,\boldsymbol{x};t,B)$为转移概率。

齐次转移概率与齐次查普曼－柯尔莫哥洛夫方程。如果满足

$$P(s,\boldsymbol{x};t,B)=P(0,\boldsymbol{x};t-s,B)$$

则转移概率 $P(s,\boldsymbol{x};t,B)$为齐次转移概率。此时,$P(0,\boldsymbol{x};t-s,B)$可简记为 $P(\boldsymbol{x};t-s,B)$。因此,如果

$$P(s,\boldsymbol{x};t,B)=P(\boldsymbol{x};t-s,B) \tag{3.7}$$

$$P\{\boldsymbol{X}(t)\in B|\boldsymbol{X}(s)=\boldsymbol{x}\}=\int_{\boldsymbol{y}\in B}P(\boldsymbol{x};t-s,\mathrm{d}\boldsymbol{y}) \tag{3.8}$$

则转移概率 $P(s,\boldsymbol{x};t,B)$为齐次转移概率。

针对齐次转移概率,将式(3.5)描述的查普曼－柯尔莫哥洛夫方程变为以下形式:

对任意 $0 \leqslant s < u < t < +\infty$，$\forall B \in \mathcal{B}_n$，及 $\forall x \in \mathbf{R}^n$，查普曼－柯尔莫哥洛夫方程为

$$P(\boldsymbol{x};t-s,B) = \int_{z \in \mathbf{R}^n} P(\boldsymbol{x};u-s,\mathrm{d}z)P(z;t-u,B) \tag{3.9}$$

3.1.5 马尔可夫过程的定义

如果满足以下三个条件。

(1) $\boldsymbol{X}(0)$ 为随机变量，在 $\mathbf{R}^n$ 上具有任意概率分布；

(2) 随机过程 $\boldsymbol{X}$ 满足式(3.3)及式(3.4)描述的马尔可夫性质；

(3) 条件概率 $\{B \to P(s,\boldsymbol{x};t,B), 0 \leqslant s < t < +\infty, \boldsymbol{x} \in \mathbf{R}^n\}$ 为转移概率族(见3.1.4节)。

则随机过程 $\boldsymbol{X}$ 为马尔可夫过程。

3.1.6 关于马尔可夫过程的重要结果

对于马尔可夫过程，只要知道转移概率族就可构建边缘概率分布族。

对任意 $0 \leqslant t_1 < \cdots < t_K \in \mathbf{R}^+$ 及任意波莱尔集合 $B_1, B_2, \cdots, B_K \in \mathcal{B}_n$，有

$$\begin{aligned} & P\{\boldsymbol{X}(t_1) \in B_1, \boldsymbol{X}(t_2) \in B_2, \cdots, \boldsymbol{X}(t_K) \in B_K\} \\ & = \int_{B_1}\int_{B_2}\cdots\int_{B_K} P_{\boldsymbol{X}(t_1)\boldsymbol{X}(t_2)\cdots\boldsymbol{X}(t_K)}(t_1,\mathrm{d}\boldsymbol{x}^1;t_2,\mathrm{d}\boldsymbol{x}^2;\cdots;t_K,\mathrm{d}\boldsymbol{x}^K) \\ & = \int_{B_1}\int_{B_2}\cdots\int_{B_K} P_{\boldsymbol{X}(t_1)}(t_1,\mathrm{d}\boldsymbol{x}^1)P(t_1,\mathrm{d}\boldsymbol{x}^1 t_2,\mathrm{d}\boldsymbol{x}^2)\cdots P(t_{K-1},\mathrm{d}\boldsymbol{x}^{K-1};t_K,\mathrm{d}\boldsymbol{x}^K) \end{aligned} \tag{3.10}$$

式中：$\boldsymbol{x}^K = (x_1^K, x_2^K, \cdots, x_n^K)$；$\mathrm{d}\boldsymbol{x}^K = \mathrm{d}x_1^K \mathrm{d}x_2^K \cdots \mathrm{d}x_n^K$；$P_{\boldsymbol{X}(t_1)}(t_1,\mathrm{d}\boldsymbol{x}^1)$ 为 $\mathbf{R}^n$ 上随机变量 $\boldsymbol{X}(t_1)$ 的概率分布；$P(s,\boldsymbol{x};t,\mathrm{d}\boldsymbol{y})$ 为 $\boldsymbol{X}$ 的转移概率。

3.2 平稳马尔可夫过程、不变测度与遍历平均

设 $\boldsymbol{X}(t) = (X_1(t),(X_2(t),\cdots,X_n(t)) \in \mathbf{R}^n$ 为概率空间 $(\Theta,\mathcal{T},P)$ 上随 $T = \mathbf{R}^+ = [0,+\infty)$ 推移的马尔可夫过程。

3.2.1 平稳马尔可夫过程

在2.9.3节提到，如果对任意有限整数 K，任意 $0 \leqslant t_1 < \cdots < t_K \in \mathbf{R}^+$，任意波莱

尔集 $B_1, B_2, \cdots, B_K \in \mathcal{B}_n$ 及任意 $u \geqslant 0$，有

$$\begin{aligned} &P\{\boldsymbol{X}(t_1+u) \in B_1, \boldsymbol{X}(t_2+u) \in B_2, \cdots, \boldsymbol{X}(t_K+u) \in B_K\} \\ &= P\{\boldsymbol{X}(t_1) \in B_1, \boldsymbol{X}(t_2) \in B_2, \cdots, \boldsymbol{X}(t_K) \in B_K\} \end{aligned} \tag{3.11}$$

则随机过程 $\boldsymbol{X}$ 为平稳随机过程。

由于随机过程 $\boldsymbol{X}$ 为马尔可夫过程，因此 $\boldsymbol{X}$ 为平稳随机过程的充要条件如下。

(1)概率分布 $P_{\boldsymbol{X}(t)}(t, \mathrm{d}\boldsymbol{x})$ 与时间 t 无关；

(2)转移概率是齐次的，即对任意 $0 \leqslant s < t < +\infty$，有

$$P\{\boldsymbol{X}(t) \in B \mid \boldsymbol{X}(s) = \boldsymbol{x}\} = P(\boldsymbol{x}; t-s, B) = \int_{\boldsymbol{y} \in B} P(\boldsymbol{x}; t-s, \mathrm{d}\boldsymbol{y}) \tag{3.12}$$

3.2.2 不变测度

马尔可夫过程 $\boldsymbol{X}$ 的不变测度定义。如果 $\mathbf{R}^n$ 上存在与时间无关的独立概率分布 $P_S(\mathrm{d}\boldsymbol{x})$，且 $P_S(\mathrm{d}\boldsymbol{x})$ 为积分方程式(3.9)的解，即

$$P_S(\mathrm{d}\boldsymbol{y}) = \int_{\boldsymbol{x} \in \mathbf{R}^n} P_S(\mathrm{d}\boldsymbol{x}) P(\boldsymbol{x}; t, \mathrm{d}\boldsymbol{y}), \forall t > 0 \tag{3.13}$$

则 $P_S(\mathrm{d}\boldsymbol{x})$ 称为不变测度。

不变测度与马尔可夫过程 $\boldsymbol{X}$ 的平稳性。假设马尔可夫过程 $\boldsymbol{X}$ 有一个齐次转移概率族及相应的不变测度 $P_S(\mathrm{d}\boldsymbol{x})$，如果取 $P_{\boldsymbol{X}(0)}(0, \mathrm{d}\boldsymbol{x}) = P_S(\mathrm{d}\boldsymbol{x})$，则随机过程 $\boldsymbol{X}$ 在 $\mathbf{R}^+$ 上是平稳的，且对 $\forall t \geqslant 0$，有 $P_{\boldsymbol{X}(t)}(t, \mathrm{d}\boldsymbol{x}) = P_S(\mathrm{d}\boldsymbol{x})$。另外，对 $\forall x \in \mathbf{R}^n$ 及 $\forall B \in \mathcal{B}_n$，有

$$\lim_{t \to +\infty} P\{\boldsymbol{X}(t) \in B \mid \boldsymbol{X}(0) = \boldsymbol{x}\} = \lim_{t \to +\infty} P(\boldsymbol{x}; t, B) = P_S(B) \tag{3.14}$$

3.2.3 遍历平均

设 $\mathbf{Z}$ 为 n 维随机变量，其概率分布 $P_{\mathbf{Z}}(\mathrm{d}z) = P_S(\mathrm{d}z)$ 为平稳马尔可夫过程 $\boldsymbol{X}$ 的不变测度。设 $\boldsymbol{f}$ 为从 $\mathbf{R}^n$ 到 $\mathbf{R}^m$ 的任意函数，满足

$$E\{\|\boldsymbol{f}(\mathbf{Z})\|\} = \int_{\mathbf{R}^n} \|\boldsymbol{f}(z)\| P_S(\mathrm{d}z) < +\infty \tag{3.15}$$

设 $\{\boldsymbol{x}(t), t \in \mathbf{R}^+\}$ 为随机过程 $\{\boldsymbol{X}(t), t \in \mathbf{R}^+\}$ 的任意随机变量，则计算 $E\{\boldsymbol{f}(\mathbf{Z})\}$ 的遍历公式为

$$E\{\boldsymbol{f}(\mathbf{Z})\} = \int_{\mathbf{R}^n} \boldsymbol{f}(z) P_S(\mathrm{d}z) = \lim_{\tau \to +\infty} \frac{1}{\tau} \int_0^{\tau} \boldsymbol{f}(\boldsymbol{x}(t)) \mathrm{d}t \tag{3.16}$$

当 Δt 充分小，且 K 充分大时，可用下式进行近似计算：

$$E\{\boldsymbol{f}(\mathbf{Z})\} \approx \frac{1}{K} \sum_{k=0}^{K} \boldsymbol{f}(\boldsymbol{x}(k\Delta t)) \tag{3.17}$$

3.3 马尔可夫过程的重要例子

3.3.1 独立增量过程

独立增量随机过程的定义。如果对于 T 的任意有限有序子集 $t_I < t_1 < t_2 < \cdots < t_K < t_S$，增量

$$\boldsymbol{X}(t_I),\boldsymbol{X}(t_1)-\boldsymbol{X}(t_I),\cdots,\boldsymbol{X}(t_K)-\boldsymbol{X}(t_{K-1}) \tag{3.18}$$

为相互独立的随机变量，则随 $T=[t_I,t_S)\subset\mathbf{R}$ 推移的随机过程 $\{\boldsymbol{X}(t),t\in T\}\in\mathbf{R}^n$ 称为独立增量过程。

独立增量随机过程是马尔可夫过程。设 $\{\boldsymbol{X}(t),t\in\mathbf{R}^+\}\in\mathbf{R}^n$ 为独立增量随机过程，使 $\boldsymbol{X}(0)=0$ 几乎处处成立，则对任意 $0\leqslant s<t<+\infty$，n 维随机变量 $\Delta\boldsymbol{X}_{st}=\boldsymbol{X}(t)-\boldsymbol{X}(s)$ 及 $\Delta\boldsymbol{X}_{0s}=\boldsymbol{X}(s)-\boldsymbol{X}(0)=\boldsymbol{X}(s)$ 相互独立，且

$$\boldsymbol{X}(t)=\Delta\boldsymbol{X}_{st}+\boldsymbol{X}(s),0\leqslant s<t<+\infty \tag{3.19}$$

式中：$\Delta\boldsymbol{X}_{st}$ 及 $\boldsymbol{X}(s)$ 为 n 维随机变量。

由于 $\{\boldsymbol{X}(t),t\in\mathbf{R}^+\}\in\mathbf{R}^n$ 具有马尔可夫性质，转移概率 $P(s,\boldsymbol{x};t,B)=P\{\boldsymbol{X}(t)\in B\mid\boldsymbol{X}(s)=\boldsymbol{x}\}$ 可写为

$$P(s,\boldsymbol{x};t,B)=P\{\Delta\boldsymbol{X}_{st}+\boldsymbol{x}\in B\}\ (0\leqslant s<t<+\infty;\boldsymbol{x}\in\mathbf{R}^n) \tag{3.20}$$

因此，$\{\boldsymbol{X}(t),t\in\mathbf{R}^+\}\in\mathbf{R}^n$ 为马尔可夫过程。

3.3.2 均值函数为 $\boldsymbol{\lambda}(t)$ 的泊松过程

均值函数为 $\boldsymbol{\lambda}(t)$ 的泊松过程的定义。设 $\{X(t),t\in\mathbf{R}^+\}\in\mathbf{N}$ 为随机过程，$t\to\lambda(t)\in\mathbf{R}^+$ 为递增可测正函数。如果满足以下三个条件：

(1) $\{X(t),t\in\mathbf{R}^+\}\in\mathbf{N}$ 为独立增量随机过程；

(2) $X(0)=0$ 几乎处处成立；

(3) 增量 $\Delta X_{st}=X(t)-X(s)$ 为泊松实随机变量，均值为 $\boldsymbol{\lambda}(t)-\boldsymbol{\lambda}(s)$（见 2.4.1 节），对 $\forall 0\leqslant s<t$，有

$$P\{\Delta X_{st}=k\}=(k!)^{-1}(\boldsymbol{\lambda}(t)-\boldsymbol{\lambda}(s))^k\mathrm{e}^{-[\boldsymbol{\lambda}(t)-\boldsymbol{\lambda}(s)]},\ \forall k\in\mathbf{N} \tag{3.21}$$

则 $\{X(t),t\in\mathbf{R}^+\}\in\mathbf{N}$ 为泊松过程，其均值函数为 $t\to\boldsymbol{\lambda}(t)=E\{X(t)\}$。

考虑条件 $X(0)=0$ 及 $\boldsymbol{\lambda}(0)=0$，式(3.21)变为

$$P\{X(t)=k\}=(k!)^{-1}\boldsymbol{\lambda}(t)^k\mathrm{e}^{-\boldsymbol{\lambda}(t)},\ \forall k\in\mathbf{N} \tag{3.22}$$

当 $\boldsymbol{\lambda}(t)=at\ (a>0)$ 时可得到一般泊松过程。

泊松过程的轨迹是不连续的。均值函数 $\lambda(t) = at^{1/2}$，时间样本为集合 $\{t_k = k\Delta t, k = 0, \cdots, K\}$ 的反常泊松过程($\lambda(t) \neq at$)的轨迹如图 3.1 所示。

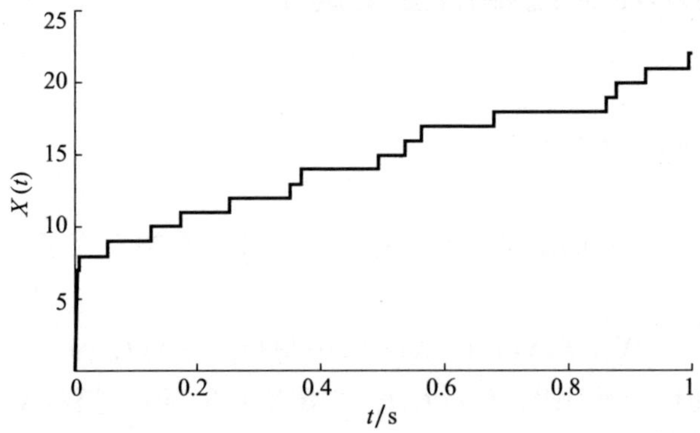

图 3.1　反常泊松过程的轨迹图($\Delta t = 0.0005, a = 20, K = 2000$)

泊松过程为马尔可夫过程。随机过程 $\{X(t), t \in \mathbf{R}^+\}$ 满足马尔可夫性质，具有非齐次转移概率，对 $0 \leqslant s < t < +\infty$ 及任意整数 $j \leqslant k$，有

$$P(s,j;t,k) = P\{X(t) = k \mid X(s) = j\} = P\{\Delta X_{st} + j = k\} \tag{3.23}$$

因此，$\{X(t), t \in \mathbf{R}^+\}$ 为非平稳马尔可夫过程。

对于一般泊松过程，$\lambda(t) = at$，有 $\lambda(t) - \lambda(s) = a(t-s)$。因此，转移概率族是齐次的，且 $\{X(t), t \in \mathbf{R}^+\}$ 为平稳马尔可夫过程。

3.3.3　向量归一化维纳过程

n 维归一化维纳过程的定义。如果满足以下四个条件：

(1) 随机过程 $W_1(t), W_2(t), \cdots, W_n(t) \in \mathbf{R}$ 相互独立；

(2) $\boldsymbol{W}(0) = 0$ 几乎处处成立；

(3) $\{\boldsymbol{W}(t), t \in \mathbf{R}^+\}$ 为独立增量过程；

(4) 对任意 $0 \leqslant s < t < +\infty$，增量 $\Delta \boldsymbol{X}_{st} = \boldsymbol{X}(t) - \boldsymbol{X}(s)$ 为 n 维二阶高斯中心实随机变量，其协方差矩阵 $\boldsymbol{C}_{\Delta \boldsymbol{W}_{st}} \in \mathbf{M}_n^+(\mathbf{R})$ 记为

$$\boldsymbol{C}_{\Delta \boldsymbol{W}_{st}} = E\{\Delta \boldsymbol{W}_{st} \Delta \boldsymbol{W}_{st}^{\mathrm{T}}\} = (t-s)\boldsymbol{I}_n \tag{3.24}$$

则 n 维随机过程 $\{\boldsymbol{W}(t) = (W_1(t), W_2(t), \cdots, W_n(t)), t \in \mathbf{R}^+\}$ 为归一化维纳过程。

n 维归一化维纳过程的性质。n 维归一化维纳过程 $\{\boldsymbol{W}(t), t \in \mathbf{R}^+\}$ 为高斯二阶随机过程：

$$\boldsymbol{m}_{\boldsymbol{W}}(t) = E\{\boldsymbol{W}(t)\} = \boldsymbol{0}, E\{\|\boldsymbol{W}(t)\|^2\} < +\infty \ (\forall t \in \mathbf{R}^+) \tag{3.25}$$

这一过程是非平稳的，在 $\mathbf{R}^+ \times \mathbf{R}^+$ 上的协方差函数 $\boldsymbol{C}_{\boldsymbol{W}}(t,s) \in \mathbf{M}_n^{+0}(\mathbf{R})$ 可表示为

$$C_W(t,s)=E\{W(t)W(s)^{\mathrm{T}}\}=\min(t,s)I_n \tag{3.26}$$

当 $s=0$ 或 $t=0$ 时，$C_W(t,s)$ 为 n 维零矩阵，因此，$C_W(t,s)\notin \mathbf{M}_n^+(\mathbf{R})$。当 $0<s<t$ 时，矩阵 $C_W(t,s)\in \mathbf{M}_n^+(\mathbf{R})$。

n 维归一化维纳过程的轨迹是连续的。时间采样为集合 $\{t_k=k\Delta t,k=0,1,\cdots,K\}$，$\Delta t=0.0005$，$K=2000$ 的实归一化维纳过程的轨迹如图 3.2 所示。

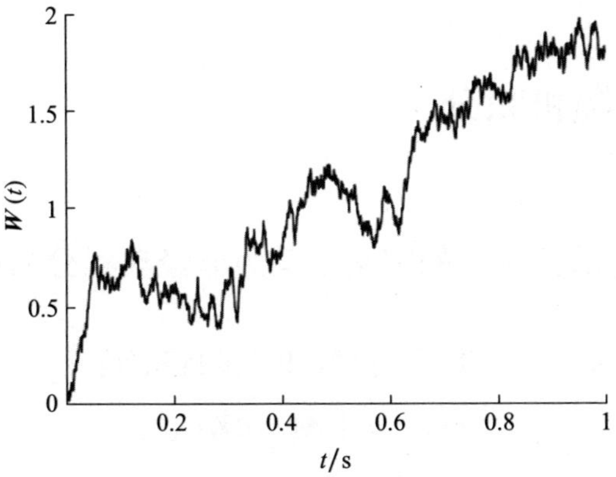

图 3.2　实归一化维纳过程的轨迹图（$\Delta t=0.0005$，$K=2000$）

n 维归一化维纳过程的连续但不可微性。$\{W(t),t\in\mathbf{R}^+\}$ 的轨迹是连续的，也是不可微的。二阶随机过程 $\{W(t),t\in\mathbf{R}^+\}$ 在 $\mathbf{R}^+$ 上不是均方可微的，W 关于 t 的广义导数 D_tW[118] 为随 $T=\mathbf{R}^+$ 推移的 n 维广义随机过程。该广义导数在 $\mathbf{R}$ 上的延伸形式也通常表示为 D_tW，为归一化高斯白噪声 N_∞，记为 $D_tW=N_\infty$。

n 维归一化高斯白噪声的定义。归一化高斯白噪声 N_∞ 是广义平稳中心随机过程，但不是典型的二阶随机过程[118]。其矩阵谱密度函数（见式(2.99)与式(2.101)的类比）可写为

$$S_{N_\infty}(\omega)=\frac{1}{2\pi}I_n,\ (\forall\,\omega\in\mathbf{R}) \tag{3.27}$$

$$R_{N_\infty}(\tau)=\int_{\mathbf{R}}\mathrm{e}^{\mathrm{i}\omega\tau}S_{N_\infty}(\omega)\mathrm{d}\omega=\delta_0(\tau)I_n,\ (\forall\,\tau\in\mathbf{R}) \tag{3.28}$$

式中：$\delta_0(\tau)$ 为实数范围内 0 点处的广义狄拉克函数；$E\{\|N_\infty(t)\|^2\}=\int_{\mathbf{R}}\mathrm{tr}(S_{N_\infty}(\omega))\mathrm{d}\omega=+\infty$。

因此，归一化高斯白噪声不是一个经典的二阶随机过程，其矩阵自相关函数为广义函数。

n 维归一化维纳过程是马尔可夫过程。随机过程 $\{W(t),t\in\mathbf{R}^+\}$ 为马尔可夫过程，其转移概率族是齐次的，即对任意 $0\leqslant s<t<+\infty$ 及 $x\in\mathbf{R}^n$，有

$$P(s,x;t,\mathrm{d}y)=P(x;t-s,\mathrm{d}y)=\rho(x;t-s,y)\mathrm{d}y \tag{3.29}$$

$$\rho(\boldsymbol{x};t-s,\boldsymbol{y}) = \{2\pi(t-s)\}^{-n/2}\exp\left\{-\frac{\|\boldsymbol{y}-\boldsymbol{x}\|^2}{2(t-s)}\right\} \tag{3.30}$$

当 $t>0$ 时，随机向量 $\boldsymbol{W}(t)$ 的概率分布 $P_{\boldsymbol{W}(t)}(t,\mathrm{d}\boldsymbol{w}) = p_{\boldsymbol{W}(t)}(t,\boldsymbol{w})\mathrm{d}\boldsymbol{w}$：

$$p_{\boldsymbol{W}(t)}(t,\boldsymbol{w}) = (2\pi t)^{-n/2}\exp\left\{-\frac{\|\boldsymbol{w}\|^2}{2t}\right\} \tag{3.31}$$

式中：$p_{\boldsymbol{W}(t)}(t,\boldsymbol{w})$ 与时间 t 有关。因此，马尔可夫过程 $\{\boldsymbol{W}(t),t\in\mathbf{R}^+\}$ 不是平稳过程。

3.4 伊藤随机积分

3.4.1 伊藤随机积分的定义及其为非经典积分的原因

n 维随机过程 $\{\boldsymbol{Z}(t),t\in\mathbf{R}^+\}$ 为伊藤（Itô）随机积分：

$$\boldsymbol{Z}(t) = \int_0^t \boldsymbol{A}(s)\mathrm{d}\boldsymbol{W}(s) \tag{3.32}$$

式中：$\{\boldsymbol{A}(s),s\geqslant 0\}$ 为 $\mathbf{M}_{m,n}(\mathbf{R})$ 维非预期随机过程（见 3.4.2 节）；$\{\boldsymbol{W}(s),s\in\mathbf{R}^+\}$ 为 m 维归一化维纳过程。

式(3.32)所示积分无法解释为均方积分（因为 $\boldsymbol{W}$ 处处不可微），也不能解释为对每个路径（样本路径）的黎曼－斯蒂尔杰斯（Riemann－Stieltjies）积分，因为 $\boldsymbol{W}$ 的连续轨迹在任意有界时间间隔内并非有界变化。但如果 $\boldsymbol{A}(s)$ 为常量矩阵 $\boldsymbol{a}$，则对任意 $0\leqslant t_0\leqslant t_1<+\infty$，需要满足

$$\boldsymbol{Z} = \int_{t_0}^{t_1}\boldsymbol{a}\mathrm{d}\boldsymbol{W}(s) = \boldsymbol{a}(\boldsymbol{W}(t_1)-\boldsymbol{W}(t_0)) \tag{3.33}$$

3.4.2 关于 m 维归一化维纳过程的非预期随机过程定义

概率空间 $(\Theta,\mathcal{T},P)$ 上随 $T=[0,t_1)\subset\mathbf{R}^+$ 推移的 n 维或 $\mathbf{M}_{m,n}(\mathbf{R})$ 维随机过程 $\{\boldsymbol{B}(t),t\in T\}$（或 $\{\boldsymbol{A}(t),t\in T\}$），如果对任意 $t\in T$，随机变量族

$$\{\boldsymbol{B}(s),0\leqslant s\leqslant t\}\ (\text{或}\ \{\boldsymbol{A}(s),0\leqslant s\leqslant t\}) \tag{3.34}$$

为随机变量 $\{\Delta\boldsymbol{W}_{t\tau}\}$ 的族的随机独立量，则 $\{\boldsymbol{B}(t),t\in T\}$ 关于 m 维归一化维纳过程 $\{\boldsymbol{W}(t),t\in\mathbf{R}^+\}$ 是非预期的。$\{\Delta\boldsymbol{W}_{t\tau}\}$ 可表示为

$$\{\Delta\boldsymbol{W}_{t\tau}=\boldsymbol{W}(\tau)-\boldsymbol{W}(t),\tau>t\} \tag{3.35}$$

3.4.3 空间 $M_W^2(n,m)$ 的定义

空间 $M_W^2(n,m)$ 是 $(\Theta,\mathcal{T},P)$ 上随 $T=[0,t_1)\subset\mathbf{R}^+$ 推移的 $\mathbf{M}_{m,n}(\mathbf{R})$ 维全部二阶

随机过程$\{\boldsymbol{A}(t),t\in T\}$的集合，这些随机过程与 m 维维纳过程 $\boldsymbol{W}$ 相比是非预期的，且满足 $E\left\{\int_T \|\boldsymbol{A}(s)\|_F^2 \mathrm{d}s\right\} < +\infty$。

3.4.4 阶跃过程逼近 $M_W^2(n,m)$ 中的过程

阶跃过程的定义。对任意给定的 $t\in T$，如果$[0,t]$上存在 $0=t_1<t_2<\cdots<t_K<t_{K+1}=t$，使当 $t_k\leqslant s<t_{k+1}$时，对 $\forall k\in\{1,2,\cdots,K\}$，有

$$\boldsymbol{A}_K(s)=\boldsymbol{A}_K(t_k) \tag{3.36}$$

则概率空间$(\Theta,\mathcal{T},P)$上的 $\mathbf{M}_{m,n}(\mathbf{R})$维随机过程$\{\boldsymbol{A}_K(s),s\in[0,t]\}$为阶跃过程。

阶跃过程逼近 $M_W^2(n,m)$ 中的过程。设$\{\boldsymbol{A}(t),t\in T\}$为 $M_W^2(n,m)$ 中一个随机过程，对任意 $t\in T$，$M_W^2(n,m)$ 中存在一个阶跃过程$\{\boldsymbol{A}_K\}_K$ 的序列使

$$\lim_{K\to+\infty} E\left\{\int_0^t \|\boldsymbol{A}(s)-\boldsymbol{A}_K(s)\|_F^2 \mathrm{d}s\right\}=0 \tag{3.37}$$

3.4.5 $M_W^2(n,m)$ 中随机过程伊藤随机积分的定义

设$\{\boldsymbol{A}(t),t\in T\}$为 $M_W^2(n,m)$ 中一个随机过程，$\{\boldsymbol{W}(s),s\in\mathbf{R}^+\}$为 m 维归一化维纳过程，$\{\boldsymbol{A}_K\}_K$ 为 $M_W^2(n,m)$ 中阶跃过程的一个随时间$[0,t]$推移的序列，$t\in T$，在$[0,t]$上逼近 $\boldsymbol{A}$，则 $\boldsymbol{A}$ 在$[0,t]$上的伊藤随机积分为

$$\boldsymbol{Z}(t)=\int_0^t \boldsymbol{A}(s)\mathrm{d}\boldsymbol{W}(s)=\underset{K\to+\infty}{\mathrm{l.i.m}}\sum_{k=1}^{K}\boldsymbol{A}_K(t_k)(\boldsymbol{W}(t_{k+1})-\boldsymbol{W}(t_k)) \tag{3.38}$$

式中：l. i. m 为 n 维二阶随机变量序列的均方极限。对任意 t，有 $E\{\|\boldsymbol{Z}(t)\|^2\}<+\infty$。由于均方收敛意味着依概率收敛，因此式(3.38)也依概率收敛。

3.4.6 $M_W^2(n,m)$ 中随机过程伊藤随机积分的性质

$M_W^2(n,m)$ 中随机过程的伊藤随机积分具有如下重要性质。

映射 $\boldsymbol{A}\to\int_0^t \boldsymbol{A}(s)\mathrm{d}\boldsymbol{W}(s)$ 从 $M_W^2(n,m)$ 到 $L^2(\Theta,\mathbf{R}^n)$是线性的，则

$$E\left\{\int_0^t \boldsymbol{A}(s)\mathrm{d}\boldsymbol{W}(s)\right\}=\boldsymbol{0} \tag{3.39}$$

$$E\{\|\boldsymbol{Z}(t)\|^2\}=E\left\{\left\|\int_0^t \boldsymbol{A}(s)\mathrm{d}\boldsymbol{W}(s)\right\|^2\right\}=E\left\{\int_0^t \|\boldsymbol{A}(s)\|_F^2\mathrm{d}s\right\} \tag{3.40}$$

对任意 t，随 T 推移的 n 维二阶随机过程 $t\to\boldsymbol{Z}(t)=\int_0^t \boldsymbol{A}(s)\mathrm{d}\boldsymbol{W}(s)$具有几乎处处连续的轨迹。

如果随机过程 $\boldsymbol{A}\in M_W^2(n,m)$ 在 T 上具有几乎处处连续的轨迹，则需要引入阶跃过程 $\{\boldsymbol{A}_K\}_K$ 的一个序列。则 $\boldsymbol{A}$ 在 $[0,t]$ 上的伊藤随机积分为

$$\int_0^t \boldsymbol{A}(s)\mathrm{d}\boldsymbol{W}(s) = \underset{K\to+\infty}{\mathrm{l.\,i.\,m}}\sum_{k=1}^{K}\boldsymbol{A}(t_k)(\boldsymbol{W}(t_{k+1})-\boldsymbol{W}(t_k)) \tag{3.41}$$

3.5 伊藤随机微分方程及福克-普朗克方程

3.5.1 伊藤随机微分方程的定义

伊藤随机微分方程(ISDE)为

$$\mathrm{d}\boldsymbol{X}(t)=\boldsymbol{b}(\boldsymbol{X}(t),t)\mathrm{d}t+\boldsymbol{a}(\boldsymbol{X}(t),t)\mathrm{d}\boldsymbol{W}(t)\quad (t\in(0,t_1]) \tag{3.42}$$

初始条件为

$$\boldsymbol{X}(0)=\boldsymbol{X}_0,\mathrm{a.\,s.} \tag{3.43}$$

式中：$\{\boldsymbol{X}(t),t\in T\}$ 为随时间 $T=[0,t_1]$ 推移的 n 维随机过程；$\{\boldsymbol{W}(s),s\in\mathbf{R}^+\}$ 为 m 维归一化维纳过程；$\boldsymbol{X}_0$ 为 $\{\boldsymbol{W}(s),s\in\mathbf{R}^+\}$ 的 n 维独立随机变量；$(\boldsymbol{x},t)\to\boldsymbol{b}(\boldsymbol{x},t)$ 为从 $\mathbf{R}^n\times T$ 到 $\mathbf{R}^n$ 的函数；$(\boldsymbol{x},t)\to\boldsymbol{a}(\boldsymbol{x},t)$ 为从 $\mathbf{R}^n\times T$ 到 $\mathbf{M}_{n,m}(\mathbf{R})$ 的函数；$\boldsymbol{A}(t)=\boldsymbol{a}(\boldsymbol{X}(t),t)\in M_{\boldsymbol{W}}^2(n,m)$。

初始条件为式(3.43)，由式(3.42)定义的伊藤随机微分方程可写为

$$\boldsymbol{X}(t) = \boldsymbol{X}_0+\int_0^t\boldsymbol{b}(\boldsymbol{X}(s),s)\mathrm{d}s+\int_0^t\boldsymbol{a}(\boldsymbol{X}(s),s)\mathrm{d}\boldsymbol{W}(s),(\forall t\in[0,t_1]) \tag{3.44}$$

式中：等号右边第二个积分为伊藤随机积分。

3.5.2 扩散过程伊藤随机微分方程解的存在性

对 $\boldsymbol{b}(\boldsymbol{x},t)$ 及 $\boldsymbol{a}(\boldsymbol{x},t)$ 进行适当假设[110,115,183]，则 ISDE 在 $M_W^2(n,m)$ 中存在唯一解 $\{\boldsymbol{X}(t),t\in T\}$。

(1) $\{\boldsymbol{X}(t),t\in T\}$ 具有几乎处处连续的轨迹。

(2) $\{\boldsymbol{X}(t),t\in T\}$ 为马尔可夫过程，对 $\forall 0\leqslant s<t<t_1$，转移概率族 $P(s,\boldsymbol{x};t,B)=P\{\boldsymbol{X}(t)\in B|\boldsymbol{X}(s)=\boldsymbol{x}\}$。

(3) 如果 $\boldsymbol{b}(\boldsymbol{x},t)$ 及 $\boldsymbol{a}(\boldsymbol{x},t)$ 为 T 上对 t 的连续函数，则 $\{\boldsymbol{X}(t),t\in T\}$ 为扩散过程，其漂移向量 $\boldsymbol{b}(\boldsymbol{x},t)\in\mathbf{R}^n$，扩散矩阵 $\sigma(\boldsymbol{x},t)\in\mathbf{M}_n^{+0}(\mathbf{R})$。对 $\forall 0\leqslant t<t+h$ 及 $\varepsilon>0$，有

$$\boldsymbol{b}(\boldsymbol{x},t) = \lim_{h\to 0^+}\frac{1}{h}\int_{\|\boldsymbol{y}-\boldsymbol{x}\|<\varepsilon}(\boldsymbol{y}-\boldsymbol{x})P(t,\boldsymbol{x};t+h,\mathrm{d}\boldsymbol{y}) \tag{3.45}$$

$$\boldsymbol{\sigma}(\boldsymbol{x},t) = \lim_{h\to 0^+}\frac{1}{h}\int_{\|\boldsymbol{y}-\boldsymbol{x}\|<\varepsilon}(\boldsymbol{y}-\boldsymbol{x})(\boldsymbol{y}-\boldsymbol{x})^{\mathrm{T}}P(t,\boldsymbol{x};t+h,\mathrm{d}\boldsymbol{y}) \tag{3.46}$$

式中：$h\to 0^+$表示$h\to 0$，且$h>0$。

对$\forall \boldsymbol{x}$及t，扩散矩阵$\boldsymbol{\sigma}(\boldsymbol{x},t)$可表示为

$$\boldsymbol{\sigma}(\boldsymbol{x},t)=\boldsymbol{a}(\boldsymbol{x},t)\boldsymbol{a}(\boldsymbol{x},t)^{\mathrm{T}} \tag{3.47}$$

$\boldsymbol{\sigma}(\boldsymbol{x},t)$为对称正矩阵，但不一定为对称正定矩阵。

3.5.3 扩散过程的福克－普朗克方程

如果对$\forall 0\leqslant s<t<t_1$，转移概率$P(s,\boldsymbol{x};t,\mathrm{d}\boldsymbol{y})$的密度$\rho(s,\boldsymbol{x};t,\boldsymbol{y})$使

$$P(s,\boldsymbol{x};t,\mathrm{d}\boldsymbol{y})=\rho(s,\boldsymbol{x};t,\boldsymbol{y})\mathrm{d}\boldsymbol{y} \tag{3.48}$$

则对任意$\boldsymbol{x},\boldsymbol{y}\in\mathbf{R}^n$，密度$\rho(s,\boldsymbol{x};t,\boldsymbol{y})$满足福克－普朗克（FKP）方程：

$$\frac{\partial}{\partial t}\rho(s,\boldsymbol{x};t,\boldsymbol{y})+\sum_{j=1}^{n}\frac{\partial}{\partial y_j}(b_j(\boldsymbol{y},t)\rho(s,\boldsymbol{x};t,\boldsymbol{y}))-\frac{1}{2}\sum_{j,k=1}^{n}\frac{\partial^2}{\partial y_j\partial y_k}(\sigma_{jk}(\boldsymbol{y},t)\rho(s,\boldsymbol{x};t,\boldsymbol{y}))=0\quad(t\in(s,t_1)) \tag{3.49}$$

对于$t=s$，初始条件为

$$\lim_{t\to s^+}\rho(s,\boldsymbol{x};t,\boldsymbol{y})\mathrm{d}\boldsymbol{y}=\delta_0(\boldsymbol{y}-\boldsymbol{x}) \tag{3.50}$$

式中：$\delta_0(\boldsymbol{y})$为在n维空间原点的狄拉克测度；$t\to s^+$表示$t\to s$，且$t>s$。

3.5.4 随机微分的伊藤公式

设$\{\boldsymbol{X}(t),t\in T\}$为$n$维随机过程，且可进行伊藤随机微分：

$$\mathrm{d}\boldsymbol{X}(t)=\boldsymbol{b}(\boldsymbol{X}(t),t)\mathrm{d}t+\boldsymbol{a}(\boldsymbol{X}(t),t)\mathrm{d}\boldsymbol{W}(t) \tag{3.51}$$

令$(\boldsymbol{x},t)\to u(\boldsymbol{x},t)$为从$\mathbf{R}^n\times T$到$\mathbf{R}$的连续函数，有连续偏导$\partial u/\partial t$，$\{\nabla_X u\}_j=\partial u/\partial x_j$，$[\partial_X^2 u]_{jk}=\partial u^2/\partial x_j\partial x_k$，则随机过程$U(t)=u(\boldsymbol{X}(t),t)$可用伊藤公式进行随机微分：

$$\mathrm{d}U(t)=\frac{\partial u}{\partial t}(\boldsymbol{X}(t),t)\mathrm{d}t+<\nabla_X u(\boldsymbol{X}(t),t),\mathrm{d}\boldsymbol{X}(t)>+\frac{1}{2}\mathrm{tr}\{[\partial_X^2 u(\boldsymbol{X}(t),t)]\boldsymbol{A}(t)\boldsymbol{A}(t)^{\mathrm{T}}\}\mathrm{d}t \tag{3.52}$$

式中：$\boldsymbol{A}(t)=\boldsymbol{a}(\boldsymbol{X}(t),t)$。

需要注意的是：随机微分在微分$\mathrm{d}U$的表达式中存在一个常微分补充项，见式（3.52）。

例如，当整数$q\geqslant 2$时，有

$$d(W(t)^q)=qW(t)^{q-1}dW(t)+(q(q-1)W(t)^{q-2}dt)/2。$$

3.6 伊藤随机微分方程的不变测度

3.6.1 具有与时间无关系数的伊藤随机微分方程

考虑式(3.42)~式(3.44)所示的随机微分方程及初始条件,其漂移向量、扩散矩阵与$t(t\geqslant 0)$无关。因此,ISDE 可写为

$$d\boldsymbol{X}(t)=\boldsymbol{b}(\boldsymbol{X}(t))dt+\boldsymbol{a}(\boldsymbol{X}(t))d\boldsymbol{W}(t)\ (t>0) \tag{3.53}$$

其初始条件为

$$\boldsymbol{X}(0)=\boldsymbol{X}_0,\ \text{a. s.} \tag{3.54}$$

式中:$\{\boldsymbol{X}(t),t\geqslant 0\}$为随时间$T=\mathbf{R}^+$推移的$n$维随机过程;$\{\boldsymbol{W}(s),s\geqslant 0\}$为$m$维归一化维纳过程;$\boldsymbol{X}_0$为$\{\boldsymbol{W}(s),s\geqslant 0\}$的$n$维独立随机变量;$\boldsymbol{x}\to\boldsymbol{b}(\boldsymbol{x})$为从$\mathbf{R}^n$到$\mathbf{R}^n$的函数;$\boldsymbol{x}\to\boldsymbol{a}(\boldsymbol{x})$为从$\mathbf{R}^n$到$\mathbf{M}_{n,m}(\mathbf{R})$的函数;$\boldsymbol{A}(t)=\boldsymbol{a}(\boldsymbol{X}(t))\in M_W^2(n,m)$。

初始条件为式(3.54),由式(3.53)定义的伊藤随机微分方程可写为

$$\boldsymbol{X}(t)=\boldsymbol{X}_0+\int_0^t\boldsymbol{b}(\boldsymbol{X}(s))ds+\int_0^t\boldsymbol{a}(\boldsymbol{X}(s))d\boldsymbol{W}(s)\ (\forall t\geqslant 0) \tag{3.55}$$

式中:等号右边第二个积分为伊藤随机积分。

3.6.2 解的存在与唯一性

如果对$\boldsymbol{b}(\boldsymbol{x})$及$\boldsymbol{a}(\boldsymbol{x})$进行合适的假设[115,183],则 ISDE 的唯一解$\{\boldsymbol{X}(t),t\geqslant 0\}$具有以下性质:

(1)对$\forall t\geqslant 0$几乎处处成立(解不发散)。

(2)$\{\boldsymbol{X}(t),t\geqslant 0\}$具有在$\mathbf{R}^+$上几乎处处连续的轨迹。

(3)$\{\boldsymbol{X}(t),t\geqslant 0\}$为马尔可夫过程,具有齐次转移概率,即

$$P(\boldsymbol{x};t-s,B)=P\{\boldsymbol{X}(t)\in B|\boldsymbol{X}(s)=\boldsymbol{x}\}\ (0\leqslant s<t<+\infty) \tag{3.56}$$

(4)$\{\boldsymbol{X}(t),t\geqslant 0\}$为扩散过程,其漂移向量为$\boldsymbol{b}(\boldsymbol{x})$,扩散矩阵为$\boldsymbol{\sigma}(\boldsymbol{x})\in\boldsymbol{a}(\boldsymbol{x})\boldsymbol{a}(\boldsymbol{x})^{\mathrm{T}}$。

3.6.3 不变测度及稳态福克-普朗克方程

如果存在不变测度$P_S(d\boldsymbol{x})$,也就是说$\mathbf{R}^n$上存在与时间t无关的概率分布满足式(3.9),则有

$$P_S(\mathrm{d}\boldsymbol{y}) = \int_{x\in\mathbf{R}^n} P_S(\mathrm{d}\boldsymbol{x})P(\boldsymbol{x};t,\mathrm{d}\boldsymbol{y})\ (\forall t > 0) \tag{3.57}$$

如果 $P_S(\mathrm{d}\boldsymbol{y}) = \rho(\boldsymbol{y})\mathrm{d}\boldsymbol{y}$，则对任意 $\boldsymbol{y}\in\mathbf{R}^n$，密度 $\rho(\boldsymbol{y})$ 满足以下稳态 FKP 方程：

$$\sum_{j=1}^{n}\frac{\partial}{\partial y_j}(b_j(\boldsymbol{y})\rho(\boldsymbol{y})) - \frac{1}{2}\sum_{j,k=1}^{n}\frac{\partial^2}{\partial y_j\partial y_k}(\sigma_{jk}(\boldsymbol{y})\rho(\boldsymbol{y})) = 0 \tag{3.58}$$

归一化条件为

$$\int_{\mathbf{R}^n}\rho(\boldsymbol{y})\mathrm{d}\boldsymbol{y} = 1 \tag{3.59}$$

不变测度存在性的充分条件参见文献[115,183]。

3.6.4 平稳解

如果 $\{\boldsymbol{X}(t),t\geqslant 0\}$ 是平稳随机过程，则将其记为 $\{\boldsymbol{X}_S(t),t\geqslant 0\}$。如果存在不变测度 $P_S(\mathrm{d}\boldsymbol{x})$，且初始条件 $\boldsymbol{X}_S(0)$ 的概率分布为

$$P_{\boldsymbol{X}_S(0)}(\mathrm{d}\boldsymbol{x}) = P_S(\mathrm{d}\boldsymbol{x}) \tag{3.60}$$

则对右移算子 $t\to t+u$ 及 $u\geqslant 0$，下式在 $\mathbf{R}^+$ 上的唯一解 $\{\boldsymbol{X}_S(t),t\in\mathbf{R}^+\}$ 是平稳的：

$$P_{\boldsymbol{X}_S(t)}(\mathrm{d}\boldsymbol{x}) = P_S(\mathrm{d}\boldsymbol{x}),\ \forall t>0 \tag{3.61}$$

式中：$P_{\boldsymbol{X}_S(t)}(\mathrm{d}\boldsymbol{x})$ 为随机向量 $\boldsymbol{X}_S(t)$ 的概率分布(与 t 无关)。

3.6.5 渐进平稳解

如果存在不变测度 $P_S(\mathrm{d}\boldsymbol{x})$，且初始条件 $\boldsymbol{X}(0)$ 的概率分布为

$$P_{\boldsymbol{X}(0)}(0,\mathrm{d}\boldsymbol{x}) \neq P_S(\mathrm{d}\boldsymbol{x}) \tag{3.62}$$

则唯一解 $\{\boldsymbol{X}(t),t\geqslant 0\}$ 是不平稳的。但对 $t_0\to+\infty$，不平稳随机过程 $\{\boldsymbol{X}(t),t\geqslant t_0\}$ 随机等价(或等价)于平稳过程 $\{\boldsymbol{X}_S(t),t\geqslant 0\}$，即同边缘分布族(见 2.9.2 节)，有

$$\lim_{t\to+\infty}P_{X(t)}(t,\mathrm{d}\boldsymbol{x}) = P_S(\mathrm{d}\boldsymbol{x}) \tag{3.63}$$

式中：$P_{\boldsymbol{X}(t)}(t,\mathrm{d}\boldsymbol{x})$ 为随机向量 $\boldsymbol{X}(t)$ 的概率分布。

3.6.6 遍历平均：马尔可夫链蒙特卡罗法计算统计量的公式

本节介绍一些马尔可夫链蒙特卡罗(MCMC)法计算统计量的重要结论。设 $\{\boldsymbol{X}_S(t),t\geqslant 0\}$ 为平稳解，$\{\boldsymbol{x}_S(t),t\geqslant 0\}$ 为相应的随机解；设 $\boldsymbol{Z}$ 为 n 维随机变量，其概率分布为不变测度 P_S，即 $P_{\boldsymbol{Z}}(\mathrm{d}\boldsymbol{z}) = P_S(\mathrm{d}\boldsymbol{z})$；设 $\{\boldsymbol{X}(t),t\geqslant 0\}$ 为渐进平稳解，$\{\boldsymbol{x}(t),t\geqslant 0\}$ 为相应的随机解；设 $\boldsymbol{f}$ 为从 $\mathbf{R}^n$ 到 $\mathbf{R}^m$ 的函数，满足 $E\{\|\boldsymbol{f}(\boldsymbol{Z})\|\} =$

$\int_{\mathbf{R}^n} \| \boldsymbol{f}(z) \| P_S(\mathrm{d}z) < +\infty$。

公式一: 利用平稳解进行计算。这一公式适用于可计算随机量 $\boldsymbol{X}_S(0)$ 的概率分布 $P_S(\mathrm{d}z)$ 的情况:当 Δt 充分小、K 充分大时,有

$$E\{\boldsymbol{f}(\boldsymbol{Z})\} = \lim_{\tau \to +\infty} \frac{1}{\tau} \int_0^{\tau} \boldsymbol{f}(\boldsymbol{x}_S(t))\,\mathrm{d}t \approx \frac{1}{K} \sum_{k=0}^{K} \boldsymbol{f}(\boldsymbol{x}_S(k\Delta t)) \tag{3.64}$$

公式二: 利用渐进平稳解进行计算。这一公式即使在无法计算随机量 $\boldsymbol{X}_S(0) \sim P_S(\mathrm{d}z)$ 的情况下也适用

$$E\{\boldsymbol{f}(\boldsymbol{Z})\} = \lim_{\tau \to +\infty} \frac{1}{\tau} \int_{t_0}^{t_0+\tau} \boldsymbol{f}(\boldsymbol{x}(t))\,\mathrm{d}t \approx \frac{1}{K} \sum_{k=k_0}^{k_0+K} \boldsymbol{f}(\boldsymbol{x}(k\Delta t)) \tag{3.65}$$

式中:$t_0 = k_0\Delta t, t_0 > 0$。因此,对 $t \geqslant t_0$, $\{\boldsymbol{X}(t), t \geqslant t_0\}$ 随机等价于 $\{\boldsymbol{X}_S(t), t \geqslant 0\}$。

3.7 马尔可夫链

马尔可夫链是马尔可夫过程的离散化形式,可用于计算及数字信号处理。

3.7.1 马尔可夫链与马尔可夫过程的联系

n 维马尔可夫链是随机向量 $\boldsymbol{X}^0, \boldsymbol{X}^1, \boldsymbol{X}^2, \cdots \in \mathbf{R}^n$ 的一个有序集 $\{\boldsymbol{X}^j, j \in \mathbf{N}\}$,可视为 n 维马尔可夫过程 $\{\boldsymbol{X}(t), t \in \mathbf{R}^+\}$ 的时间样本。如 $\boldsymbol{X}^j = \boldsymbol{X}(t_j)$, j 取值为 $j = 0, 1, 2, \cdots$,其中 $t_0 = 0 < t_1 < t_2 < \cdots$ 为采样时间点。因此,前面所有结果可用于定义及分析马尔可夫链的性质。受篇幅限制,在此仅介绍时间齐次马尔可夫链。

3.7.2 时间齐次马尔可夫链的定义

时间齐次 n 维马尔可夫链是概率空间 $(\Theta, \mathcal{T}, P)$ 上随机向量 $\boldsymbol{X}^0, \boldsymbol{X}^1, \boldsymbol{X}^2, \cdots \in \mathbf{R}^n$ 的一个有序集 $\{\boldsymbol{X}^k, k \in \mathbf{N}\}$,满足马尔可夫链的性质:

$$P\{\boldsymbol{X}^{k+1} \in B^{k+1} \mid \boldsymbol{X}^0 = \boldsymbol{x}^0, \cdots, \boldsymbol{X}^k = \boldsymbol{x}^k\} = P\{\boldsymbol{X}^{k+1} \in B^{k+1} \mid \boldsymbol{X}^k = \boldsymbol{x}^k\} \tag{3.66}$$

其转移概率(或转移核)是齐次的,记为

$$P\{\boldsymbol{X}^k \in B^{k+1} \mid \boldsymbol{X}^j = \boldsymbol{x}^j\} = P(\boldsymbol{x}^j; k-j, B^k) = \int_{\boldsymbol{y} \in B^k} P(\boldsymbol{x}^j; k-j, \mathrm{d}\boldsymbol{y}) \quad (\boldsymbol{x}^j \in \mathbf{R}^n, B^k \in \mathcal{B}_n \text{ 及 } 0 \leqslant j < k) \tag{3.67}$$

如果齐次转移核 $P(\boldsymbol{x}; k, \mathrm{d}\boldsymbol{y})$ 存在密度,则

$$P(\boldsymbol{x}^j; k-j, \mathrm{d}\boldsymbol{y}) = \rho(\boldsymbol{x}^j; k-j, \boldsymbol{y})\,\mathrm{d}\boldsymbol{y} \tag{3.68}$$

3.7.3 齐次转移核的性质及齐次查普曼－柯尔莫哥洛夫方程

对于 $\boldsymbol{x}^j \in \mathbf{R}^n, B^k \in \mathcal{B}_n$ 及 $0 \leqslant j < k$，齐次转移核 $P(\boldsymbol{x};k,\mathrm{d}\boldsymbol{y})$ 具有如下性质：

(1) $B^k \to P(\boldsymbol{x}^j;k-j,B^k)$ 为概率分布，即 $\int_{\boldsymbol{y}\in\mathbf{R}^n} P(\boldsymbol{x}^j;k-j,\mathrm{d}\boldsymbol{y}) = 1$。

(2) $\boldsymbol{x}^j \to P(\boldsymbol{x}^j;k-j,B^k)$ 从 $\mathbf{R}^n$ 到 $[0,1]$ 是可测的。

(3) 齐次转移核满足齐次查普曼－柯尔莫哥洛夫方程。对任意 $j \geqslant 0$、$k \geqslant 2$、$B^{j+k} \in \mathcal{B}_n$ 及 $\boldsymbol{x}^j \in \mathbf{R}^n$，有

$$P(\boldsymbol{x}^j;k,B^{j+k}) = \int_{\boldsymbol{x}^{j+k-1}\in\mathbf{R}^n} P(\boldsymbol{x}^j;k-1,\mathrm{d}\boldsymbol{x}^{j+k-1})P(\boldsymbol{x}^{j+k-1};1,B^{j+k}) \tag{3.69}$$

(4) 条件概率 $P(\boldsymbol{x}^j;1,B^{j+1})$ 记为 $P(\boldsymbol{x}^j,B^{j+1})$。如果 $P_S(B^{j+1})$ 满足

$$P_S(B^{j+1}) = \int_{\boldsymbol{x}^j\in\mathbf{R}^n} P_S(\mathrm{d}\boldsymbol{x}^j)P(\boldsymbol{x}^j,B^{j+1}) \tag{3.70}$$

则 n 维概率分布 $P_S(\mathrm{d}\boldsymbol{x}^j)$ 为齐次转移核的不变测度，即

$$B^{j+1} \to P(\boldsymbol{x}^j,B^{j+1}) \tag{3.71}$$

3.7.4 时间齐次马尔可夫链的渐进平稳性

设 $\{\boldsymbol{X}^k, k\in\mathbf{N}\}$ 为 n 维时间齐次马尔可夫链，具有不变测度 $B \to P_S(B)$，其齐次转移核

$$P(\boldsymbol{x}^0;k,B) = P\{\boldsymbol{X}^k \in B \mid \boldsymbol{X}^0 = \boldsymbol{x}^0\} \quad (k \geqslant 1, \boldsymbol{x}^0 \in \mathbf{R}^n, B \in \mathcal{B}_n) \tag{3.72}$$

不具有周期性，也不可简化，即对任意 $\boldsymbol{x}^0 \in \mathbf{R}^n$ 及 $B \in \mathcal{B}_n$，如果满足 $P_S(B) > 0$，则存在 $k \geqslant 1$ 使 $P(\boldsymbol{x}^0;k,B) > 0$。

(1) 平稳性。如果 $P_{\boldsymbol{X}^0}(\mathrm{d}\boldsymbol{x}^0) = P_S(\mathrm{d}\boldsymbol{x}^0)$，则 $\{\boldsymbol{X}^k, k\in\mathbf{N}\}$ 是平稳的，且

$$P_{\boldsymbol{X}^k}(\mathrm{d}\boldsymbol{x}^k) = P_S(\mathrm{d}\boldsymbol{x}^k) \quad (\forall k \geqslant 0) \tag{3.73}$$

表明 $P_{\boldsymbol{X}^k}(\mathrm{d}\boldsymbol{x}^k)$ 与 k 无关。

(2) 渐进平稳性。如果 $P_{\boldsymbol{X}^0}(\mathrm{d}\boldsymbol{x}^0) \neq P_S(\mathrm{d}\boldsymbol{x}^0)$，则 $\{\boldsymbol{X}^k, k\in\mathbf{N}\}$ 是不平稳的，但渐进平稳。对任意 $\boldsymbol{x}^0 \in \mathbf{R}^n$ 及 $B \in \mathcal{B}_n$，有

$$\lim_{k\to+\infty} P\{\boldsymbol{X}^k \in B \mid \boldsymbol{X}^0 = \boldsymbol{x}^0\} = \lim_{k\to+\infty} P(\boldsymbol{x}^0;k,B) = P_S(B) \tag{3.74}$$

3.7.5 时间齐次马尔可夫链的遍历平均：蒙特卡罗法计算统计量

设 $\{\boldsymbol{X}^k, k\in\mathbf{N}\}$ 为 n 维时间齐次马尔可夫链，具有不变测度 $B \to P_S(B)$，其齐次转移核不可简化，也不具有周期性。假设 $P_{\boldsymbol{X}^0}(\mathrm{d}\boldsymbol{x}^0) \neq P_S(\mathrm{d}\boldsymbol{x}^0)$，$\{\boldsymbol{x}^k, k\in\mathbf{N}\}$ 为 $\{\boldsymbol{X}^k$，

$k \in \mathbf{N}\}$的一个随机量;$\mathbf{Z}$为n维随机变量,其概率分布为$P_{\mathbf{Z}}(\mathrm{d}z) = P_S(\mathrm{d}z)$;$\boldsymbol{f}$为从$\mathbf{R}^n$到$\mathbf{R}^m$的非线性映射,满足

$$E\{\|\boldsymbol{f}(\mathbf{Z})\|\} = \int_{\mathbf{R}^n} \|\boldsymbol{f}(z)\| P_S(\mathrm{d}z) < +\infty \tag{3.75}$$

则对$\forall k_0 \geqslant 0$,有

$$E\{\boldsymbol{f}(\mathbf{Z})\} = \lim_{K \to +\infty} \frac{1}{K} \sum_{k=k_0}^{k_0+K} \boldsymbol{f}(\boldsymbol{x}^k) \tag{3.76}$$

且当$k_0 > 0$、K充分大时,有

$$E\{\boldsymbol{f}(\mathbf{Z})\} \approx \frac{1}{K} \sum_{k=k_0}^{k_0+K} \boldsymbol{f}(\boldsymbol{x}^k) \tag{3.77}$$

第4章 马尔可夫链蒙特卡罗法模拟随机向量及估算非线性映射数学期望

马尔可夫链蒙特卡罗(MCMC)法是用于不确定性量化(UQ)的重要数学工具，可对已知概率密度函数(pdf)的随机向量进行随机模拟，也可用于计算随机向量非线性映射的数学期望。第3章已经介绍了MCMC法的理论基础。

4.1 马尔可夫链蒙特卡罗法所解决的数学问题

4.1.1 任意维数尤其是高维积分计算

设 $\mathbf{Z}$ 为 n 维随机向量，概率分布为

$$P_{\mathbf{Z}}(\mathrm{d}z)=p_{\mathbf{Z}}(z)\,\mathrm{d}z \tag{4.1}$$

式中：$z \to p_{\mathbf{Z}}(z)$ 为 n 维概率密度函数，设 $\boldsymbol{h}$ 为从 $\mathbf{R}^n$ 到 $\mathbf{R}^m$ 的非线性映射，使 m 维随机变量满足 $E\{\|\boldsymbol{h}(\mathbf{Z})\|\}<+\infty$。高维积分需要解决的问题是利用任意一个大的正整数(如 $n=101001000$)对

$$E\{\boldsymbol{h}(\mathbf{Z})\}=\int_{\mathbf{R}^n}\boldsymbol{h}(z)p_{\mathbf{Z}}(z)\,\mathrm{d}z \tag{4.2}$$

的估计值进行计算。

4.1.2 一般确定性方法的适用性

采用一般数值积分法，利用所定义的点集 $z^1,z^2,\cdots,z^K\in\mathbf{R}^n$ 及所对应的权重 $w_1,w_2,\cdots,w_K$ 计算以下近似量：

$$\int_{\mathbf{R}^n}\boldsymbol{h}(z)p_{\mathbf{Z}}(z)\,\mathrm{d}z \approx \sum_{k=1}^{K}w_k\boldsymbol{h}(z^k) \tag{4.3}$$

数值法无法扩展至高维情况。因为如果有 m 项为 n 维坐标，则相乘后会得到 $K=m^n$ 维正交网格，维数的急剧增加将导致这一方法失效，所以这种情况下必须采用统计方法。

4.1.3 计算统计学：处理高维问题的有效方法

统计法包括蒙特卡罗法及马尔可夫链蒙特卡罗法。

1. 蒙特卡罗法

2.8.2 节介绍了用于高维（n 取值较大）积分计算的蒙特卡罗法：

$$\int_{\mathbf{R}^n} \boldsymbol{h}(z) p_{\mathbf{Z}}(z) \mathrm{d}z \approx \frac{1}{K} \sum_{k=1}^{K} \boldsymbol{h}(z^k) \tag{4.4}$$

式中：$z^1, z^2, \cdots, z^K$ 为随机变量 $\boldsymbol{Z}$ 的 K 个独立随机量，其概率分布为 $P_{\mathbf{Z}}(\mathrm{d}z) = p_z(z)\mathrm{d}z$。这一方法需要对独立随机量进行模拟。

可以看出，收敛速度与维数 n 无关，虽然仅是 $K^{-1/2}$ 阶收敛，但收敛性质并不受维数的影响。

2. 马尔可夫链蒙特卡罗法

马尔可夫链蒙特卡罗法的基础是 3.6.6 节及 3.7.5 节遍历平均的理论结果。这种方法是计算渐进平稳时间齐次马尔可夫链 $\{\boldsymbol{X}^k, k \in \mathbf{N}\}$ 自 $\boldsymbol{X}^0 = \boldsymbol{x}^0 \in \mathbf{R}^n$ 开始的前 $k_0 + K + 1$ 项的随机模拟量 $\{\boldsymbol{x}^k, k = 0, 1, \cdots, k_0 + K\}$，概率 $P_{\mathbf{Z}}(\mathrm{d}z) = p_{\mathbf{Z}}(z)\mathrm{d}z$ 为不变测度 $P_S(\mathrm{d}z)$。对任意 $k_0 \geqslant 0$，遍历平均为

$$\int_{\mathbf{R}^n} \boldsymbol{h}(z) p_{\mathbf{Z}}(z) \mathrm{d}z \approx \frac{1}{K} \sum_{k=k_0}^{k_0+K} \boldsymbol{h}(\boldsymbol{x}^k) \tag{4.5}$$

式中：$\{\boldsymbol{x}^k, k = 0, 1, \cdots, k_0 + K\}$ 为独立随机向量 $\{\boldsymbol{X}^k, k = 0, 1, \cdots, k_0 + K\}$ 的模拟量所对应的向量集。选取的整数 k_0，需要使 $\{\boldsymbol{x}^k, k = 0, 1, \cdots, k_0 + K\}$ 为马尔可夫链渐进平稳部分的一个随机模拟量。

4.1.4 马尔可夫链蒙特卡罗算法

Metropolis - Hastings 算法（见 4.2 节）。Metropolis - Hastings 算法是常用的一种算法，但是在高维情况下，特别是当存在与不变测度 $P_{\mathbf{Z}}(\mathrm{d}z) = p_{\mathbf{Z}}(z)\mathrm{d}z$ 不一致的吸引区域时，采用这一方法有一定的困难。

吉布斯（Gibbs）采样法[89]。Gibbs 采样法与 Metropolis - Hastings 算法略有不同，更适用于多维情况。另外，这一算法需要构建边缘分布 $P_{\mathbf{Z}}(\mathrm{d}z)$ 所对应的单变量或多变量条件概率分布的随机模拟器，这会为高维情况带来一定的

困难。

Langevin Metropolis - Hastings 算法。这种算法由 Metropolis - Hastings 算法演变而来，使用时间离散的 Langevin 随机微分方程构建合理分布的随机模拟器，该方程是随机高斯白噪声驱动的一阶非线性动力系统的 ISDE。

基于哈密顿(Hamiltonian)ISDE 的算法。该算法适用于高维随机哈密顿动力学系统[192,206]（见 4.3 节）。这种新算法是在高维情况下发展而来的，是基于随机高斯白噪声驱动的二阶非线性动力系统（耗散哈密顿系统）ISDE 的时间离散化的一种算法。

4.2 Metropolis - Hastings 算法

Metropolis - Hastings[136-137,105]算法是常用的马尔可夫链蒙特卡罗算法，是从概率测度为已知概率分布的渐进平稳时间齐次马尔可夫链理论发展而来的，这一理论已在 3.7 节进行了介绍。采用这种算法时，需要专门构建关于马尔可夫链转移核的合理分布或构建核。

这种算法与步长参数 σ 有关。

(1)如果 σ 较小，则拒绝率较小，但收敛速度较慢。

(2)如果 σ 较大，则收敛速度较快，但拒绝率较高。

4.2.1 Metropolis - Hastings 算法

设 $\boldsymbol{Z}$ 为 n 维随机变量，其概率分布为 $P_{\boldsymbol{Z}}(\mathrm{d}z)=p_{\boldsymbol{Z}}(z)\,\mathrm{d}z$，Metropolis - Hastings 算法可以构建渐进平稳时间齐次马尔可夫链 $\{\boldsymbol{X}^k, k\in\mathbf{N}\}$。从 $\boldsymbol{X}^0=\boldsymbol{x}^0\in\mathbf{R}^n$ 开始的不变测度 $P_S(\mathrm{d}z)=p_{\boldsymbol{Z}}(z)\,\mathrm{d}z$，且 $\{\boldsymbol{X}^k, k\in\mathbf{N}\}$ 为已知随机量。

用合理的分布 $\rho(\boldsymbol{x}^k,\boldsymbol{y})$ 构建齐次转移核 $P(\boldsymbol{x}^k,B)=P\{\boldsymbol{X}^{k+1}\in B\mid \boldsymbol{X}^k=\boldsymbol{x}^k\}$，$\rho(\boldsymbol{x}^k,\boldsymbol{y})$ 为 n 维随机变量 $\boldsymbol{Y}$ 在 $\boldsymbol{X}^k=\boldsymbol{x}^k$（因此有 $\int_{\mathbf{R}^n}\rho(\boldsymbol{x}^k,\boldsymbol{y})\,\mathrm{d}\boldsymbol{y}=1$）时的条件概率密度函数。

如果 $\boldsymbol{h}$ 为从 $\mathbf{R}^n$ 到 $\mathbf{R}^m$ 的非线性映射，使 $E\{\|\boldsymbol{h}(\boldsymbol{Z})\|\}<+\infty$，则对任意 $k_0\geqslant 0$ 及充分大的 K，使用遍历平均得

$$E\{\boldsymbol{h}(\boldsymbol{Z})\}=\int_{\mathbf{R}^n}\boldsymbol{h}(z)p_{\boldsymbol{Z}}(z)\,\mathrm{d}z\approx\frac{1}{K}\sum_{k=k_0}^{k_0+K}\boldsymbol{h}(\boldsymbol{x}^k)\tag{4.6}$$

以下算法可对 $\boldsymbol{X}^k$ 的随机量 $\boldsymbol{x}^k$ 进行模拟（$k=0,1,\cdots,K$）。

算法程序的步骤如下。

(1)选择初始值 $\boldsymbol{x}^0\in\mathbf{R}^n$，设置 $k=1$。

(2)用概率分布 $\rho(\boldsymbol{x}^k,\boldsymbol{y})\mathrm{d}\boldsymbol{y}$ 计算 $\boldsymbol{Y}$ 的模拟随机量 $\boldsymbol{y}$。

(3)计算接受率：

$$a(\boldsymbol{x}^k,\boldsymbol{y}) = \min\left\{1,\frac{p_Z(\boldsymbol{y})\rho(\boldsymbol{y},\boldsymbol{x}^k)}{p_Z(\boldsymbol{x}^k)\rho(\boldsymbol{x}^k,\boldsymbol{y})}\right\}$$

(4)计算[0,1]上的单随机变量 U 的独立随机模拟量 u。

(5)If $a(\boldsymbol{x}^k,\boldsymbol{y}) \geqslant u$

```
  set x^(k+1) = y
      k = k + 1
      go to step 2
  else
      reject y
      go to step 2
  end
```

算法程序结束。

4.2.2 Metropolis – Hastings 算法分析与算例

利用马尔可夫链蒙特卡罗法给定 $\mathbf{Z}$ 的二维概率密度函数 $p_{\mathbf{Z}}$：

$$p_Z(z) = c_0\exp\{-15\,(z_1^3 - z_2)^2 - (z_2 - 0.3)^4\}\,(z = (z_1,z_2) \in \mathbf{R}^2) \qquad (4.7)$$

二维概率密度函数 $p_{\mathbf{Z}}$ 如图 4.1 所示。

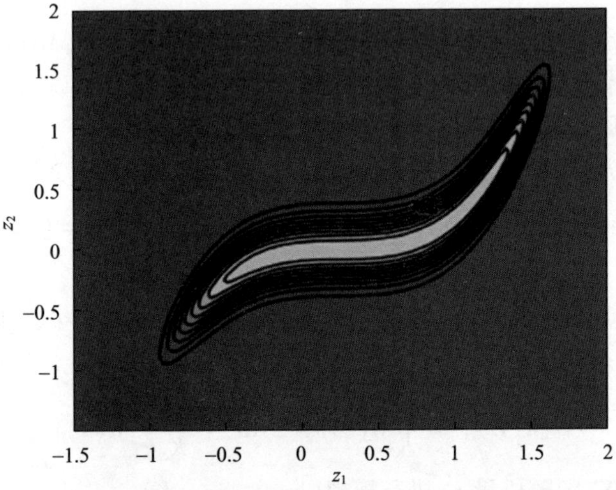

图 4.1 采用马尔可夫链蒙特卡罗法得到的二维概率密度函数 $p_{\mathbf{Z}}$

构建合理的分布$\rho(\boldsymbol{x}^j,\boldsymbol{y})$。为了应用 Metropolis - Hastings 算法,需要构建合理的分布。

(1)通过"专用方法"(与4.3节方法不同,这里没有通用的方法)构建合理的分布$\rho(\boldsymbol{x}^j,\boldsymbol{y})$(条件概率密度函数)。

(2)例如,可以通过以下 ISDE(见3.5.1节)的时间离散化构建合理的分布:

$$\mathrm{d}\boldsymbol{Y}(t)=\mathrm{d}\boldsymbol{W}(t)(t>0) \tag{4.8}$$

式中:初始条件为$\boldsymbol{Y}(0)=\boldsymbol{x}^0\in\mathbf{R}^2$;$\{\boldsymbol{W}(t),t\in\mathbf{R}^+\}$为二维归一化维纳过程(见3.3.3节),因此,$\{\boldsymbol{Y}(t),t\in\mathbf{R}^+\}$为具有齐次转移概率的马尔可夫过程。时间样本$\{\boldsymbol{Y}(j\Delta t),j\in\mathbf{N}\}$可产生时间齐次马尔可夫链$\{\boldsymbol{Y}^j,j\in\mathbf{N}\}$,且几乎处处有$\boldsymbol{Y}^0=\boldsymbol{x}^0$。

(3)对$\mathrm{d}\boldsymbol{Y}(t)=\mathrm{d}\boldsymbol{W}(t)$进行时间离散化,得

$$\boldsymbol{Y}^{k+1}-\boldsymbol{Y}^k=\Delta\boldsymbol{W}_{t_k,t_{k+1}}=\boldsymbol{W}(t_{k+1})-\boldsymbol{W}(t_k)=\sigma\boldsymbol{N}^{k+1} \tag{4.9}$$

式中:$\sigma=\sqrt{\Delta t}$为控制步长的参数;$\boldsymbol{N}^1,\boldsymbol{N}^2,\cdots$为独立二维归一化高斯向量序列。

(4)当$\boldsymbol{Y}^k=\boldsymbol{x}^k$时,根据条件概率密度函数$\rho(\boldsymbol{x}^k,\boldsymbol{y})$(合理的分布)对随机向量$\boldsymbol{Y}$的随机量$\boldsymbol{y}$进行模拟的随机模拟器可记为

$$\boldsymbol{Y}=\boldsymbol{x}^k+\sigma\boldsymbol{N}^{k+1} \tag{4.10}$$

随机模拟器对应的$\boldsymbol{Y}$的高斯概率密度函数为

$$\rho(\boldsymbol{x}^k,\boldsymbol{y})=c_g\times\exp\left\{\frac{1}{2\sigma^2}\|\boldsymbol{y}-\boldsymbol{x}^k\|^2\right\} \tag{4.11}$$

其均值为$\boldsymbol{x}^k$,协方差矩阵为$\sigma^2\boldsymbol{I}_2$。由于$\rho(\boldsymbol{x}^k,\boldsymbol{y})=\rho(\boldsymbol{y},\boldsymbol{x}^k)$,因此$\rho(\boldsymbol{x}^k,\boldsymbol{y})$是对称的。

Metropolis - Hastings 算法数值模拟。算例初始条件为$\boldsymbol{x}^0=(1.4,-0.75)$,抽样次数为$v_{\mathrm{draw}}=10000$。数值模拟与步长参数$\sigma$有关。图4.2是$\sigma$分别为0.02、0.05、0.1及0.25时的模拟结果。

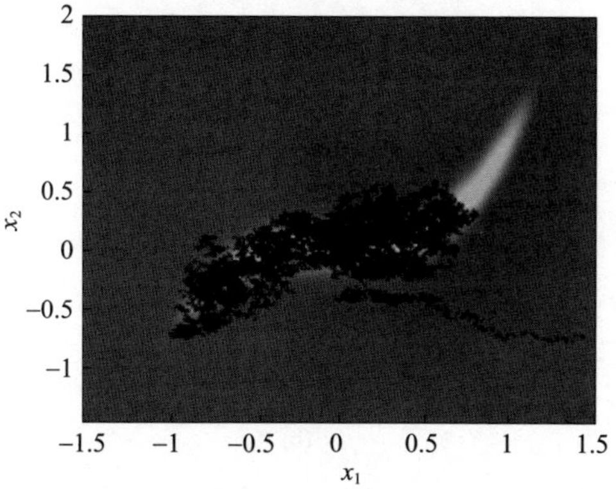

(a)

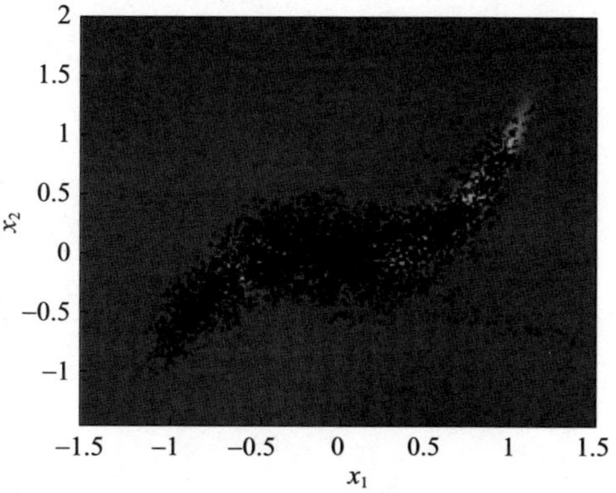

(b)

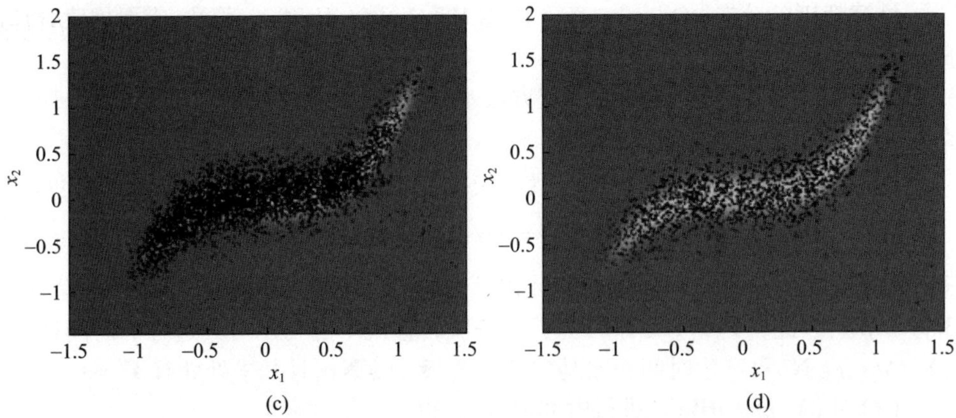

图 4.2 （见彩图）不同 σ 取值时的 Metropolis - Hastings 算法数值模拟（概率密度函数及抽样）结果

(a)拒绝率为 5%，$K=9532$，$\sigma=0.02$；(b)拒绝率为 13%，$K=8697$，$\sigma=0.05$；

(c)拒绝率为 25%，$K=7532$，$\sigma=0.10$；(d)拒绝率为 51%，$K=4884$，$\sigma=0.25$。

随机模拟次数与拒绝率对步长参数 σ 的函数。对给定的 σ，表 4.1 给出了随机模拟次数 K（未拒绝）及拒绝率（用百分数表示）：$T_{\text{reject}}=100\% \times (1-K/v_{\text{draw}})$。图 4.3 为随机模拟次数 K 及拒绝率 T_{reject} 与步长参数 σ 的函数关系图。

表 4.1 K 及 T_{reject} 与 σ 的函数关系

σ	T_{reject}/%	K
0.02	5	9532
0.05	13	8697
0.1	25	7532
0.25	51	4884

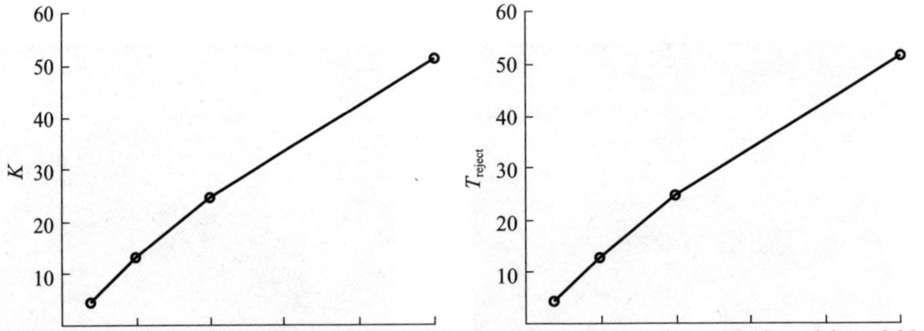

图 4.3 随机模拟次数 K 及拒绝率 T_{reject} 与步长参数 σ 的函数关系图

(a) K 与 σ 的函数关系；(b) T_{reject} 与 σ 的函数关系。

计算随机向量二阶矩 m_2 的遍历平均。步长参数 $\sigma=0.02$，对随机向量 $\mathbf{Z}$ 二阶矩的收敛性与随机模拟次数 K 的函数关系进行分析，图 4.4 为随机序列 $\{X_1^k, k=1,2,\cdots,K\}$ 及 $\{X_2^k, k=1,2,\cdots,K\}$ 的样本路径 $\{x_1^k, k=1,2,\cdots,K\}$ 及 $\{x_2^k, k=1,2,\cdots,K\}$，$K=944863$。利用遍历平均与 k 的函数关系计算 $m_2(K)$：

$$m_2(K) = \frac{1}{K}\sum_{k=1}^{K} \| \boldsymbol{x}^k \|^2 \tag{4.12}$$

并用 $m_2(K)$ 估计随机向量 $\mathbf{Z}$ 的二阶矩 $E\{\|\mathbf{Z}\|^2\}$。

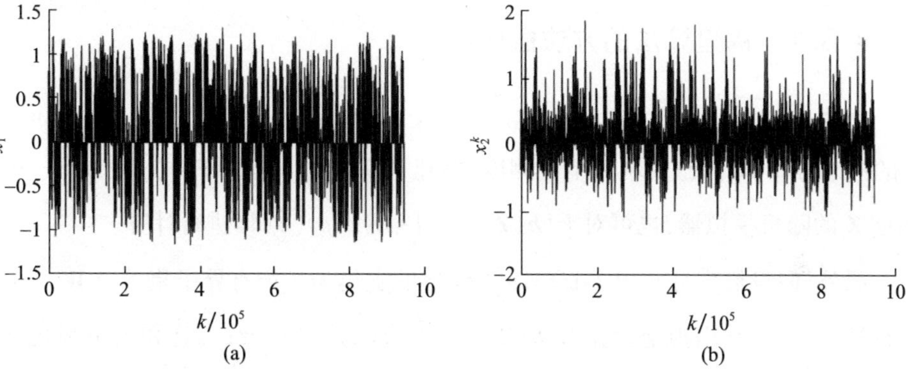

图 4.4　样本路径（拒绝率为 5%，$K=944863$，$\sigma=0.02$）

(a) 样本路径 $\{x_1^k, k=1,2,\cdots,K\}$；(b) 样本路径 $\{x_2^k, k=1,2,\cdots,K\}$。

图 4.5 所示为 $K \to m_2(K)$ 函数图。可以看出，当 $K=900000$ 时函数收敛。

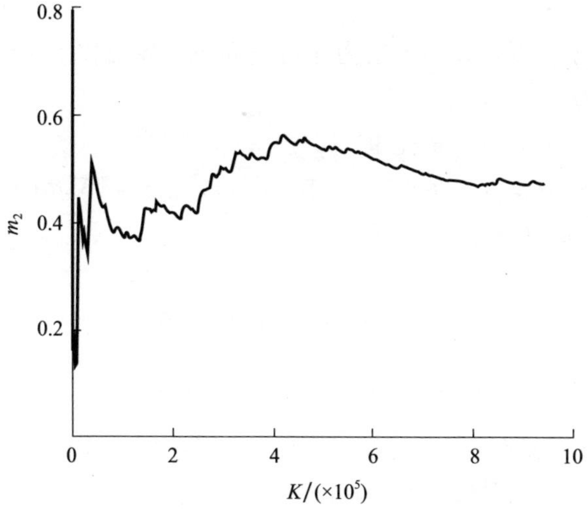

图 4.5　二阶矩收敛性函数 $K \to m_2(K)$（$\sigma=0.02$）

4.3 基于高维伊藤随机微分方程的算法

基于随机高斯白噪声驱动[192,100,206-207]的随机耗散哈密顿动力学系统 ISDE 的算法适用于高维情况,其阻尼参数能够用于控制得到平稳解。这是在 3.6 节述理论结果的基础上进一步发展而得到的理论。

4.3.1 构建算法的方法概述

假设概率分布 $P_{\mathbf{Z}}(\mathrm{d}z)=p_{\mathbf{Z}}(z)\mathrm{d}z$ 的支集为完备空间 $\mathbf{R}^n$,为了使 n 维随机变量 $\mathbf{Z}$ 的概率分布 $P_{\mathbf{Z}}(\mathrm{d}z)$ 为唯一不变测度,构建 ISDE。引入一种时间离散方法,用于构建 $\mathbf{Z}$ 的随机模拟器,也可对 $E\{\boldsymbol{h}(\boldsymbol{Z})\}=\int_{\mathbf{R}^n}\boldsymbol{h}(z)p_{\mathbf{Z}}(z)\mathrm{d}z$ 进行计算。

另外,假设概率分布 $P_{\mathbf{Z}}(\mathrm{d}z)=p_{\mathbf{Z}}(z)\mathrm{d}z$ 的支集为一个有界子集 $S_n\subset\mathbf{R}^n$。介绍两种情况:一是利用拒绝计算 $E\{\boldsymbol{h}(\boldsymbol{Z})\}=\int_{S_n}\boldsymbol{h}(z)p_{\mathbf{Z}}(z)\mathrm{d}z$;二是利用正则化计算 $E\{\boldsymbol{h}(\boldsymbol{Z})\}=\int_{S_n}\boldsymbol{h}(z)p_{\mathbf{Z}}(z)\mathrm{d}z$。

4.3.2 支集为完备空间 $\mathbf{R}^n$ 情况下的算法

假设 n 维概率密度函数的支集为完备空间 $\mathbf{R}^n$,势函数 $z\to\Phi(z)$ 及有限常数 $c_n>0$使 $p_{\mathbf{Z}}$ 可写为

$$\forall z\in\mathbf{R}^n,p_{\mathbf{Z}}(z)=c_n\mathrm{e}^{-\Phi(z)}\tag{4.13}$$

假设 $z\to\Phi(z)$满足三个条件:①在 $\mathbf{R}^n$ 上连续;②$z\to\|\nabla_{\mathbf{Z}}\Phi(z)\|$ 在 $\mathbf{R}^n$ 上为局部有界函数;③满足 $R\to+\infty$ 时,有

$$\inf_{\|\mathbf{Z}\|>R}\Phi(z)\to+\infty\tag{4.14}$$

$$\inf_{\mathbf{Z}\in\mathbf{R}^n}\Phi(z)=\Phi_{\min}(\Phi_{\min}\in\mathbf{R})\tag{4.15}$$

$$\int_{\mathbf{R}^n}\|\nabla_{\mathbf{Z}}\Phi(z)\|\mathrm{e}^{-\Phi(z)}\mathrm{d}z<+\infty\tag{4.16}$$

命题(后面给出证明要素)。设$\{(\boldsymbol{U}(t),\boldsymbol{V}(t)),t\in\mathbf{R}^+\}$为概率空间$(\Theta,\mathcal{T},P)$上 $\mathbf{R}^n\times\mathbf{R}^n$ 的随机过程,则对任意 $t>0$,有

$$\mathrm{d}\boldsymbol{U}(t)=\boldsymbol{V}(t)\mathrm{d}t$$

$$\boldsymbol{V}(t)=-\nabla_{\boldsymbol{u}}\Phi(\boldsymbol{U}(t))\mathrm{d}t-\frac{1}{2}f_0\boldsymbol{V}(t)\mathrm{d}t+\sqrt{f_0}\,\mathrm{d}\boldsymbol{W}(t)\tag{4.17}$$

初始条件为 $\boldsymbol{U}(0)=\boldsymbol{u}_0\in\mathbf{R}^n$ 及 $\boldsymbol{V}(0)=\boldsymbol{v}_0\in\mathbf{R}^n$。其中：$\boldsymbol{W}$ 为 $(\Theta,\mathcal{T},P)$ 上的 n 维归一化维纳过程；$f_0>0$ 及 $\boldsymbol{u}\to\Phi(\boldsymbol{u})$ 满足前面的假设。唯一渐进平稳解为一个二阶扩散马尔可夫过程，不变测度 $P_S(\mathrm{d}\boldsymbol{u},\mathrm{d}\boldsymbol{v})=\rho_S(\boldsymbol{u},\boldsymbol{v})\mathrm{d}\boldsymbol{u}\mathrm{d}\boldsymbol{v}$ 满足

$$\rho_S(\boldsymbol{u},\boldsymbol{v})=c_{2n}\exp\left\{-\frac{1}{2}\|\boldsymbol{v}\|^2-\Phi(\boldsymbol{u})\right\} \tag{4.18}$$

式中：$c_{2n}>0$ 为归一化常数，使

$$\lim_{t\to+\infty}P_{\boldsymbol{U}(t),\boldsymbol{V}(t)}(t,\mathrm{d}\boldsymbol{u},\mathrm{d}\boldsymbol{v})=P_S(\mathrm{d}\boldsymbol{u},\mathrm{d}\boldsymbol{v}) \tag{4.19}$$

因此

$$\lim_{t\to+\infty}P_{\boldsymbol{U}(t)}(t,\mathrm{d}\boldsymbol{u})=P_{\mathbf{Z}}(\boldsymbol{u})\mathrm{d}\boldsymbol{u} \tag{4.20}$$

计算 $E\{\boldsymbol{h}(\mathbf{Z})\}$ 的遍历平均。根据 3.6.6 节的理论，对任意 $t_0\geqslant 0$，有

$$E\{\boldsymbol{h}(\mathbf{Z})\}=\lim_{\tau\to+\infty}\frac{1}{\tau}\int_{t_0}^{t_0+\tau}\boldsymbol{h}(\boldsymbol{U}(t,\theta))\mathrm{d}t \tag{4.21}$$

式中：对任意 $\theta\in\Theta$，$\{\boldsymbol{U}(t,\theta),t\in\mathbf{R}^+\}$ 为随机过程 $\{\boldsymbol{U}(t),t\in\mathbf{R}^+\}$ 的一个随机模拟量，用于求解 ISDE

$$\mathrm{d}\boldsymbol{U}(t,\theta)=\boldsymbol{V}(t,\theta)\mathrm{d}t \tag{4.22}$$

$$\mathrm{d}\boldsymbol{V}(t,\theta)=-\nabla_{\boldsymbol{u}}\Phi(\boldsymbol{U}(t,\theta))\mathrm{d}t-\frac{1}{2}f_0\boldsymbol{V}(t,\theta)\mathrm{d}t+\sqrt{f_0}\mathrm{d}\boldsymbol{W}(t,\theta) \tag{4.23}$$

初始条件为

$$\boldsymbol{U}(0,\theta)=\boldsymbol{u}_0\in\mathbf{R}^n,\boldsymbol{V}(0,\theta)=\boldsymbol{v}_0\in\mathbf{R}^n \tag{4.24}$$

式中：$\{\boldsymbol{W}(t,\theta),t\in\mathbf{R}^+\}$ 为 n 维归一化维纳过程 $\{\boldsymbol{W}(t),t\in\mathbf{R}^+\}$ 的随机模拟量。

参数 f_0 和选取初始条件的作用。为了消除初始条件引起的响应的瞬态部分，自由参数 $f_0>0$ 可在二阶非线性动力系统（耗散哈密顿动力系统）中引入耗散项：

$$\ddot{\boldsymbol{U}}(t)+\frac{1}{2}f_0\dot{\boldsymbol{U}}(t)+\nabla_{\boldsymbol{u}}\Phi(\boldsymbol{U}(t))=\sqrt{f_0}\boldsymbol{N}_\infty(t) \tag{4.25}$$

这样可以更快地得到不变测度的平稳解。关于初始条件，一般情况下并没有选取 $\boldsymbol{u}_0=0$ 的信息，但 $\boldsymbol{v}_0$ 可以作为 n 维归一化高斯随机向量的随机模拟量。

用 $\mathbf{Z}$ 的随机模拟器及蒙特卡罗法计算 $E\{\boldsymbol{h}(\mathbf{Z})\}$。设 $\theta_1,\theta_2,\cdots,\theta_v\in\Theta$，使当 $\ell=1,2,\cdots,v$ 时，$\{\boldsymbol{W}(t,\theta_\ell),t\in\mathbf{R}^+\}$ 为 $\boldsymbol{W}$ 的 v 个独立随机模拟量的集合，$\boldsymbol{v}_0^\ell$ 为 n 维归一化高斯随机向量（也和 $\boldsymbol{W}$ 相互独立）独立随机量的集合。当 $\ell=1,2,\cdots,v$ 时，设 $\{\boldsymbol{U}(t,\theta_\ell),t\in\mathbf{R}^+\}$ 为随机过程 $\{\boldsymbol{U}(t),t\in\mathbf{R}^+\}$ 的 v 个独立随机量的集合，通过求解下式可得到 $\{\boldsymbol{U}(t),t\in\mathbf{R}^+\}$：

$$\mathrm{d}\boldsymbol{U}(t,\theta_\ell)=\boldsymbol{V}(t,\theta_\ell)\mathrm{d}t \tag{4.26}$$

$$\mathrm{d}\boldsymbol{V}(t,\theta_\ell)=-\nabla_{\boldsymbol{u}}\Phi(\boldsymbol{U}(t,\theta_\ell))\mathrm{d}t-\frac{1}{2}f_0\boldsymbol{V}(t,\theta_\ell)\mathrm{d}t+\sqrt{f_0}\mathrm{d}\boldsymbol{W}(t,\theta_\ell) \tag{4.27}$$

初始条件为

$$\boldsymbol{U}(0,\theta)=0,\boldsymbol{V}(0,\theta_\ell)=\boldsymbol{v}_0^\ell \tag{4.28}$$

$\boldsymbol{Z}$ 的独立随机量 $\boldsymbol{Z}(\theta_1),\boldsymbol{Z}(\theta_2),\cdots,\boldsymbol{Z}(\theta_v)$ 依概率分布收敛，即

$$\boldsymbol{Z}(\theta_\ell) = \lim_{t\to+\infty} \boldsymbol{U}(t,\theta_\ell) \tag{4.29}$$

采用蒙特卡罗法计算 $E\{\boldsymbol{h}(\boldsymbol{Z})\}$：

$$E\{\boldsymbol{h}(\boldsymbol{Z})\} = \lim_{v\to+\infty} \frac{1}{v}\sum_{\ell=1}^{v} \boldsymbol{h}(\boldsymbol{Z}(\theta_\ell)) \tag{4.30}$$

证明要素。在这一假设下，哈密顿量取为 $H(\boldsymbol{u},\boldsymbol{v}) = \|\boldsymbol{v}\|^2/2 + \Phi(\boldsymbol{u})$，可推导出存在的唯一解为渐进平稳二阶扩散马尔可夫过程[183]，其不变测度 $P_S(\mathrm{d}\boldsymbol{u},\mathrm{d}\boldsymbol{v})$ 的密度 $\rho_S(\boldsymbol{u},\boldsymbol{v})$ 为如下福克－普朗克方程的唯一稳态解：

$$\sum_{j=1}^{n} \frac{\partial}{\partial u_j}\{v_j\rho_S\} + \sum_{j=1}^{n} \frac{\partial}{\partial v_j}\left\{\left(-\frac{\partial\Phi(\boldsymbol{u})}{\partial u_j} - \frac{f_0}{2}v_j\right)\rho_S\right\} - \frac{f_0}{2}\sum_{j=1}^{n} \frac{\partial^2\rho_S}{\partial v_j^2} = 0$$

其归一化条件为 $\int_{\mathbf{R}^n}\int_{\mathbf{R}^n} \rho_S(\boldsymbol{u},\boldsymbol{v})\,\mathrm{d}\boldsymbol{u}\mathrm{d}\boldsymbol{v} = 1$。利用文献[183]的结论，可以证明稳态 KFP 具有在假设中给定的唯一解 $\rho_S(\boldsymbol{u},\boldsymbol{v})$。

ISDE 的离散化。采用维持非耗散哈密顿动力学系统能量的 Störmer－Verlet 法，设 Δt 为采样间隔，$t_k = (k-1)\Delta t\,(k=1,2,\cdots,K)$，$\boldsymbol{U}^k = \boldsymbol{U}(t_k)$，$\boldsymbol{V}^k = \boldsymbol{V}(t_k)$，$\boldsymbol{W}^k = \boldsymbol{W}(t_k)$，$\boldsymbol{U}^1 = 0$，$\boldsymbol{V}^1 = \boldsymbol{v}_0$，$\boldsymbol{W}^1 = 0$。对于 $k=1,2,\cdots,K-1$，根据 Störmer－Verlet 法得

$$\boldsymbol{U}^{k+\frac{1}{2}} = \boldsymbol{U}^k + \frac{\Delta t}{2}\boldsymbol{V}^k \tag{4.31}$$

$$\boldsymbol{V}^{k+1} = \frac{1-b}{1+b}\boldsymbol{V}^k + \frac{\Delta t}{1+b}\boldsymbol{L}^{k+\frac{1}{2}} + \frac{\sqrt{f_0}}{1+b}\Delta\boldsymbol{W}^{k+1} \tag{4.32}$$

$$\boldsymbol{U}^{k+1} = \boldsymbol{U}^{k+\frac{1}{2}} + \frac{\Delta t}{2}\boldsymbol{V}^{k+1} \tag{4.33}$$

式中：$\Delta\boldsymbol{W}^{k+1} = \boldsymbol{W}^{k+1} - \boldsymbol{W}^k$；$b = f_0\Delta t/4$；$\boldsymbol{L}^{k+1/2} = -\{\nabla_{\boldsymbol{u}}\Phi(\boldsymbol{u})\}_{\boldsymbol{u}=\boldsymbol{U}^{k+1/2}}$。

支集为完备空间 $\mathbf{R}^2$ 时，基于 ISDE 算法的示例及分析。示例参考 4.2.2 节的 Metropolis－Hastings 算法，$\mathbf{R}^2$ 上的概率密度函数(pdf)为

$$p_{\boldsymbol{Z}}(\boldsymbol{z}) = c_0\exp\{-15\,(z_1^3 - z_2)^2 - (z_2 - 0.3)^4\} \quad (\boldsymbol{z} = (z_1,z_2) \in \mathbf{R}^2) \tag{4.34}$$

$$\Phi(\boldsymbol{z}) = 15\,(z_1^3 - z_2)^2 + (z_2 - 0.3)^4 \tag{4.35}$$

图 4.1 为 $\mathbf{R}^2$ 上的概率密度函数 $p_{\boldsymbol{Z}}$。图 4.6 为 $\Delta t = 0.025$，$f_0 = 1.5$ 时基于 ISDE 算法的数值模拟结果，时间步数 K 分别为 1000、5000、10000 及 15000。图 4.7 为随机序列 $\{U_1^k, k=1,2,\cdots,K\}$ 的样本路径 $\{u_1^k, k=1,2,\cdots,K\}$ 及随机序列 $\{U_2^k, k=1,2,\cdots,K\}$ 的样本路径 $\{u_2^k, k=1,2,\cdots,K\}$，时间步数 K 为 15000。采用遍历平均计算随机向量 $\boldsymbol{Z}$ 的二阶矩 $E\{\|\boldsymbol{Z}\|^2\}$ 的估计值 $m_2(K)$ 关于时间步数 K 的函数：

$$m_2(K) = \frac{1}{K}\sum_{k=1}^{K} \|\boldsymbol{x}^k\|^2 \tag{4.36}$$

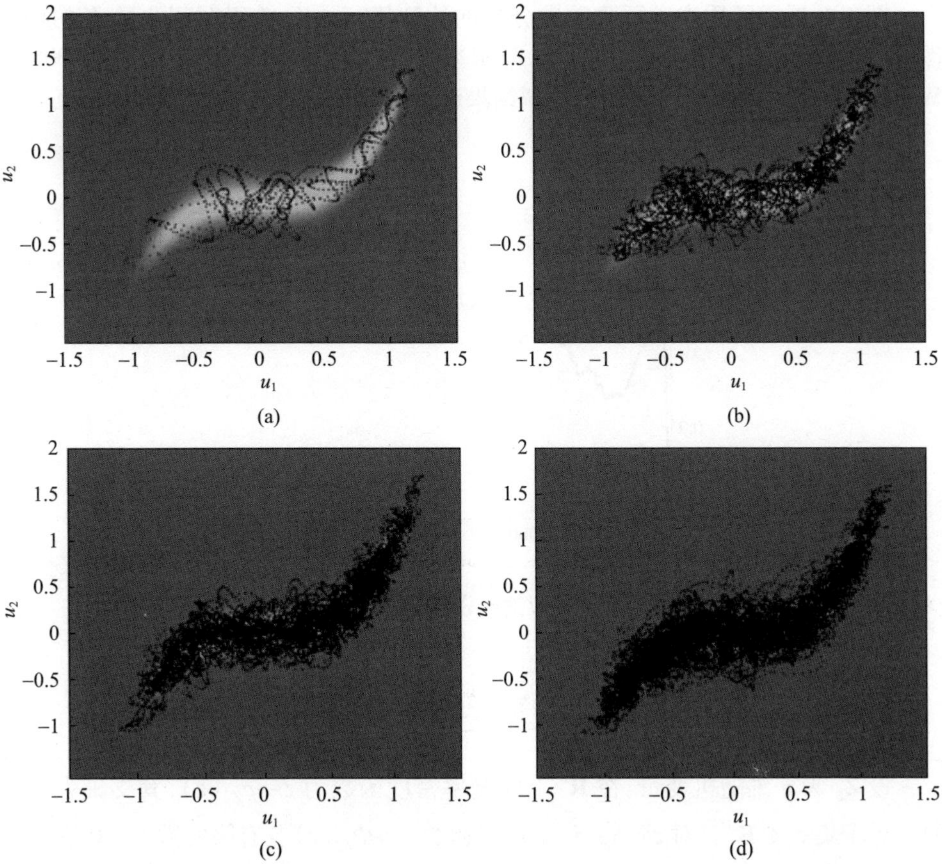

图 4.6 （见彩图）基于 ISDE 算法的数值模拟结果（$\Delta t = 0.025, f_0 = 1.5$）

（a）概率密度函数，$K = 1000$；（b）概率密度函数，$K = 5000$；

（c）概率密度函数，$K = 10000$；（d）概率密度函数，$K = 15000$。

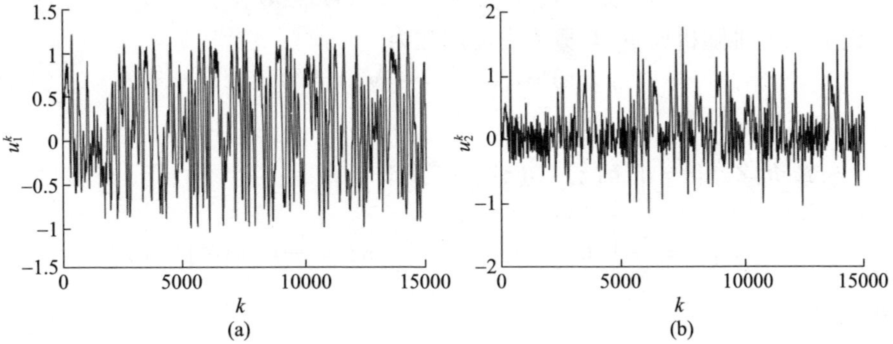

图 4.7 随机序列样本路径$\{u_1^k, k = 1,2,\cdots,K\}$及$\{u_2^k, k = 1,2,\cdots,K\}$（$K = 15000, \Delta t = 0.025, f_0 = 1.5$）

（a）样本路径$\{u_1^k, k = 1,2,\cdots,K\}$；（b）样本路径$\{u_2^k, k = 1,2,\cdots,K\}$。

图 4.8 展示了用来进行收敛性分析的估计值 $m_2(K)$ 关于时间步数 K 的函数图 $K \to m_2(K)$。时间步数达到 9000 时函数收敛，这需要与抽样次数为 900000 时 Metropolis - Hastings 算法的随机模拟结果进行比较，以便得到较准确的 m_2 值。

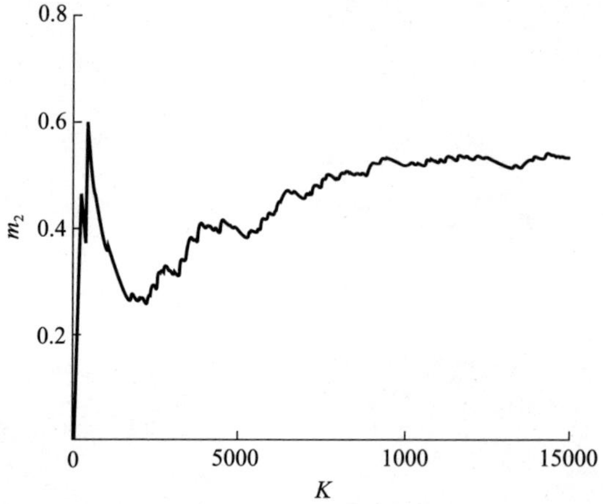

图 4.8 随机向量的二阶矩的收敛性分析，$K \to m_2(K)$（$\Delta t = 0.025, f_0 = 1.5$）

4.3.3 支集为 $\mathbf{R}^n$ 上的已知有界子集情况下的算法（拒绝法）

设 $\mathbf{Z}_b$ 为 n 维随机变量，在 $\mathbf{R}^n$ 上的概率密度函数为 $z \to p_{\mathbf{Z}_b}(z)$，其支集为已知的有界子集 $S_n \subset \mathbf{R}^n$。对 $z \in S_n$，S_n 上的势函数 $z \to \Phi_{S_n}(z)$ 及有限常数 $c_b > 0$ 满足

$$p_{\mathbf{Z}_b}(z) = c_b \mathrm{e}^{-\Phi_{S_n}(z)} \quad (\forall z \in S_n \subset \mathbf{R}^n) \tag{4.37}$$

假设 S_n 上的势函数 $z \to \Phi_{S_n}(z)$ 可扩展为完备空间 $\mathbf{R}^n$ 上的函数 $z \to \Phi(z)$，满足 4.3.2 节的假设。概率密度函数可表示为

$$p_{\mathbf{Z}_b}(z) = c_b \mathbb{1}_{S_n}(z) \mathrm{e}^{-\Phi(z)} \quad (\forall z \in \mathbf{R}^n) \tag{4.38}$$

设 $\mathbf{Z}$ 为 n 维随机向量，其概率密度函数为

$$p_{\mathbf{Z}}(z) = c_n \mathrm{e}^{-\Phi(z)} \quad (\forall z \in \mathbf{R}^n) \tag{4.39}$$

其支集为完备空间 $\mathbf{R}^n$，有

$$\begin{aligned} E\{\boldsymbol{h}(\mathbf{Z}_b)\} &= \int_{\mathbf{R}^n} \boldsymbol{h}(z) \mathbb{1}_{S_n}(z) c_b \mathrm{e}^{-\Phi(z)} \mathrm{d}z \\ &= \frac{c_b}{c_n} \int_{\mathbf{R}^n} \boldsymbol{h}(z) \mathbb{1}_{S_n}(z) c_n \mathrm{e}^{-\Phi(z)} \mathrm{d}z = \frac{c_b}{c_n} E\{\boldsymbol{h}(\mathbf{Z}) \mathbb{1}_{S_n}(\mathbf{Z})\} \end{aligned} \tag{4.40}$$

取 $\boldsymbol{h}(z) = 1$，则

$$\frac{c_b}{c_n} = \frac{1}{E\{\mathbb{1}_{S_n}(\mathbf{Z})\}} \tag{4.41}$$

从而可得拒绝法的公式：

$$E\{\boldsymbol{h}(\mathbf{Z}_b)\} = \frac{E\{\boldsymbol{h}(\mathbf{Z})\mathbb{1}_{S_n}(\mathbf{Z})\}}{E\{\mathbb{1}_{S_n}(\mathbf{Z})\}} \tag{4.42}$$

采用4.3.2节的方法可计算出 $E\{\mathbb{1}_{S_n}(\mathbf{Z})\}$ 及 $E\{\boldsymbol{h}(\mathbf{Z})\mathbb{1}_{S_n}(\mathbf{Z})\}$。

4.3.4 支集为 $\mathbf{R}^n$ 的有界子集情况下的算法(正则化法)

文献[100]详细介绍了正则化方法。设 $\mathbf{Z}_b$ 为 n 维随机变量,在 $\mathbf{R}^n$ 上的概率密度函数为 $z \to p_{\mathbf{Z}_b}(z)$,其支集为已知的有界子集 $S_n \subset \mathbf{R}^n$。对 $z \in S_n$,S_n 上的势函数 $z \to \Phi_{S_n}(z)$ 及有限常数 $c_b > 0$ 满足

$$p_{\mathbf{Z}_b}(z) = c_b\, \mathbb{1}_{S_n}(z)\mathrm{e}^{-\Phi_{S_n}(z)} \quad (\forall z \in S_n \subset \mathbf{R}^n) \tag{4.43}$$

假设 S_n 上的势函数 $z \to \Phi_{S_n}(z)$ 可扩展为完备空间 $\mathbf{R}^n$ 上的函数 $z \to \Phi(z)$,概率密度函数可表示为

$$p_{\mathbf{Z}_b}(z) = c_b\, \mathbb{1}_{S_n}(z)\mathrm{e}^{-\Phi(z)} = c_b \mathrm{e}^{\log(\mathbb{1}_{S_n}(z)) - \Phi(z)} \quad (\forall z \in \mathbf{R}^n) \tag{4.44}$$

设 $\mathbf{Z}$ 为 n 维随机向量,其概率密度函数为

$$p_{\mathbf{Z}_\varepsilon}(z) = c_\varepsilon \mathrm{e}^{-\Phi_\varepsilon(z)} \quad (\forall z \in \mathbf{R}^n) \tag{4.45}$$

式中:$z \to \Phi_\varepsilon(z)$ 为完备空间 $\mathbf{R}^n$ 上的函数,满足4.3.2节的假设,表示为

$$\Phi_\varepsilon(z) = -\ln(\mathbb{1}_{S_n}^{\varepsilon}(z)) + \Phi(z) \tag{4.46}$$

式中:$\mathbb{1}_{S_n}^{\varepsilon}$ 为 $\mathbb{1}_{S_n}$ 的正则化,是采用协方差矩阵为 $\varepsilon^2 \boldsymbol{I}_n$ 的 n 维正态高斯核通过 $\mathbf{R}^n$ 上卷积滤波得到的。根据4.3.2节的方法,$\mathbf{Z}$ 及 $\Phi(z)$ 可分别替换为 $\mathbf{Z}_\varepsilon$ 及 $\Phi_\varepsilon(z)$。

4.3.5 支集未知而某一随机集已知情况下的高维算法

文献[206]针对这一方法进行了详细介绍。

数据描述。设 $\mathbf{Z}$ 为 n 维二阶随机变量,则在 $\mathbf{R}^n$ 上的未知概率密度函数为 $z \to p_{\mathbf{Z}}(z)$,因此其支集是未知的。数据为 v_r 个采用 PCA(见5.7.1节)进行统计简化的 $\mathbf{Z}$ 的独立随机量 $z^{r,1}, z^{r,2}, \cdots, z^{r,v}$,因此,$\boldsymbol{m}_{\mathbf{Z}}$ 的经验统计估计值 $\hat{\boldsymbol{m}}_{\mathbf{Z}}$ 及相关矩阵 $\boldsymbol{R}_{\mathbf{Z}}$ 的估计值 $\hat{\boldsymbol{R}}_{\mathbf{Z}}$ 分别为

$$\hat{\boldsymbol{m}}_{\mathbf{Z}} = \frac{1}{v_r}\sum_{\ell=1}^{v_r} z^{r,\ell} = \mathbf{0}, \hat{R}_Z = \frac{1}{v_r - 1}\sum_{\ell=1}^{v_r} z^{r,\ell}(z^{r,\ell})^{\mathrm{T}} = \boldsymbol{I}_n \tag{4.47}$$

需要解决的问题及方法。需要解决的问题是构建 $\mathbf{Z}$ 的独立随机量模拟器。方法如下。

(1)利用非参数统计的多元核密度估计(见7.2节)构建概率密度函数 $p_{\mathbf{Z}}$ 的表示形式。

(2)在完备空间 $\mathbf{R}^n$ 情况下(见4.3.2节),采用基于高维 ISDE 的算法构建随机模拟器。

多元核密度估计。根据 ν_r 个独立随机量 $\boldsymbol{z}^{r,1}, \boldsymbol{z}^{r,2}, \cdots, \boldsymbol{z}^{r,\nu}$（见 7.2 节），利用多元高斯核密度估计法[25]对概率密度函数 $p_{\mathbf{Z}}$ 进行估计。这里引入经典多元高斯核密度估计的改进方法，以便保留式(4.47)的形式[206]（式(7.10)表示的 Silverman 带宽修正法）：

$$p_{\mathbf{Z}}(\boldsymbol{z}) = c_n q(\boldsymbol{z}) \tag{4.48}$$

$$c_n = \frac{1}{(\sqrt{2\pi}\hat{S}_n)^n}, q(\boldsymbol{z}) = \frac{1}{\nu_r}\sum_{\ell=1}^{\nu_r}\exp\left\{-\frac{1}{2\hat{S}_n^2}\left\|\frac{\hat{S}_n}{S_n}\boldsymbol{z}^{r,\ell} - \boldsymbol{z}\right\|^2\right\} \tag{4.49}$$

$$S_n = \left\{\frac{4}{\nu(2+n)}\right\}^{\frac{1}{n+4}}, \hat{S}_n = \frac{S_n}{\sqrt{S_n^2 + \frac{\nu-1}{\nu}}} \tag{4.50}$$

因此，有

$$E\{\mathbf{Z}\} = \int_{\mathbf{R}^n} \boldsymbol{z} p_{\mathbf{Z}}(\boldsymbol{z})\,\mathrm{d}\boldsymbol{z} = \frac{\hat{S}_n}{S_n}\hat{\boldsymbol{m}}_{\mathbf{Z}} = \mathbf{0} \tag{4.51}$$

$$\mathrm{E}\{\mathbf{Z}\mathbf{Z}^{\mathrm{T}}\} = \int_{\mathbf{R}^n} \boldsymbol{z}\boldsymbol{z}^{\mathrm{T}} p_{\mathbf{Z}}(\boldsymbol{z})\,\mathrm{d}\boldsymbol{z} = \hat{S}_n^2 \boldsymbol{I}_n + \left(\frac{\hat{S}_n}{S_n}\right)^2 \frac{\nu-1}{\nu}\hat{\boldsymbol{R}}_{\mathbf{Z}} = \boldsymbol{I}_n \tag{4.52}$$

利用 ISDE 构建模拟器。采用 4.3.2 节介绍的基于高维 ISDE 的算法进行模拟。$p_{\mathbf{Z}}$ 的支集为完备空间 $\mathbf{R}^n$，概率密度函数为

$$p_{\mathbf{Z}}(\boldsymbol{z}) = c_n \mathrm{e}^{-\Phi(\boldsymbol{z})} \quad (\forall \boldsymbol{z} \in \mathbf{R}^n) \tag{4.53}$$

式中：势函数 $\boldsymbol{z} \to \Phi(\boldsymbol{z})$ 可表示为

$$\Phi(\boldsymbol{\eta}) = -\ln\{q(\boldsymbol{\eta})\} \tag{4.54}$$

流形上数据驱动的概率集中与抽样方法的扩展。上述方法已扩展至更加一般的情况：用数据估计的概率分布集中在流形上，这一概率分布可以利用扩散映射[49]进行构建。

第5章 不确定性随机建模的重要概率工具

本章为重点内容,将介绍主要的概率工具,这些工具可用于建立不确定性的随机模型,并研究不确定性在计算模型中的传播。

5.1 随机建模时的概率分布选取

5.1.1 用不确定性参数随机方法说明问题

为了解释随机向量 $\boldsymbol{X}$ 的概率分布不能任意选取的原因,在此回顾 1.6 节提出的需要解决的问题,如图 5.1 所示。随机参数 $\boldsymbol{X}$ 的概率分布 $P_{\boldsymbol{X}}$ 是未知的,系统随机观测量为随机向量 $\boldsymbol{U}$,并假设已知确定性映射 $\boldsymbol{h}$ 满足 $\boldsymbol{U}=\boldsymbol{h}(\boldsymbol{X})$(通常该映射不是已知的,因此需要构建计算模型的解)。首先需要构建 $\boldsymbol{X}$ 的随机模型(使用直接法或间接法,见 5.2 节),然后通过研究计算模型中不确定性的传播来完成对 $P_{\boldsymbol{X}}$ 的构建,即构建 $\boldsymbol{U}$ 的概率分布 $P_{\boldsymbol{U}}$。

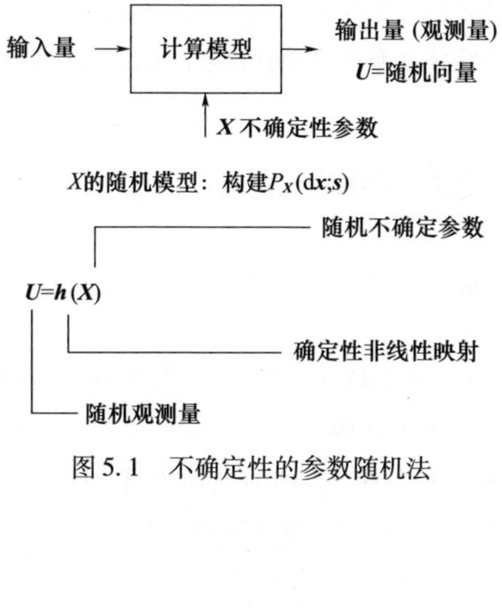

图 5.1 不确定性的参数随机法

5.1.2 不确定向量参数 X 任意随机建模的影响

不确定性量化的前两个主要步骤如下。

(1)构建不确定向量参数 $\boldsymbol{X}$ 的随机模型,即构建随机向量 $\boldsymbol{X}$ 的概率分布 $P_{\boldsymbol{X}}(\mathrm{d}\boldsymbol{x};\boldsymbol{s})$(采用直接法或间接法)。

(2)用随机观测向量 $\boldsymbol{U}=\boldsymbol{h}(\boldsymbol{X})$ 的概率分布 $P_{\boldsymbol{U}}(\mathrm{d}\boldsymbol{u};\boldsymbol{s})$ 的随机求解器做不确定性传播分析,其中,$\boldsymbol{h}$ 是给定的确定性映射(一般是未知的,但可通过求解计算模型来构建)。

任意随机建模的影响:即使(在计算 $\boldsymbol{h}$ 时)确定性求解器是完美的,如果任意选取 $P_{\boldsymbol{X}}$(可能是错误的),在经过非线性变换 $\boldsymbol{h}$ 后,所得随机观测量 $\boldsymbol{U}$ 的概率分布 $P_{\boldsymbol{U}}$ 也将是任意的(因此可能也是错误的)。

5.1.3 不确定性量化的重要内容

(1)无可利用的实验数据时,不确定性量化对预测结果的稳健分析、稳健优化及稳健设计都是非常重要的,因此 5.1.2 节所述的步骤(1)是重要的。

(2)有可利用的实验数据时,如果有大量实验数据,可采用非参数统计法,如果只有一部分可利用的数据,可采用参数统计法,因此步骤(1)是构建不确定性参数 $\boldsymbol{X}$ 的先验概率分布 $P_{\boldsymbol{X}}^{\mathrm{prior}}(\mathrm{d}\boldsymbol{x};\boldsymbol{s})$ 的重要步骤。即使贝叶斯推论(见 7.3.4 节)可用于构建不确定性参数 $\boldsymbol{X}$ 的后验概率分布 $P_{\boldsymbol{X}}^{\mathrm{post}}(\mathrm{d}\boldsymbol{x})$,在高随机维数情况下也需要高质量的先验模型(见第 10 章),这同样说明了步骤(1)是重要步骤。

5.1.4 本章的目标

本章的目标是介绍构建不确定性随机模型所需的主要概率或统计工具。

5.2 随机建模的表示类型

下面概述一个随机向量的表示形式,它适用于任何随机量,如随机矩阵、随机场等。

设 $\theta\rightarrow\boldsymbol{X}(\theta)=(X_1(\theta),X_2(\theta),\cdots,X_n(\theta))$ 为概率空间$(\Theta,\mathcal{T},P)$上的 n 维随机变量,在 $\mathbf{R}^n$ 上的概率分布为 $P_{\boldsymbol{X}}(\mathrm{d}\boldsymbol{x})$。

根据 2.1.4 节可知,$L^2(\Theta,\mathbf{R}^n)$为所有二阶 n 维随机变量 $\boldsymbol{X}$ 的希尔伯特空间,$\boldsymbol{X}$ 满足

$$E\{\|\boldsymbol{X}\|^2\} = \int_{\mathbf{R}^n} \|\boldsymbol{x}\|^2 P_{\boldsymbol{X}}(\mathrm{d}\boldsymbol{x}) < +\infty \tag{5.1}$$

式中：E 为数学期望；$\boldsymbol{x}=(x_1,x_2,\cdots,x_n)$；$\mathrm{d}\boldsymbol{x}=\mathrm{d}x_1\mathrm{d}x_2\cdots\mathrm{d}x_n$；$\|\boldsymbol{x}\|^2=x_1^2+x_2^2+\cdots+x_n^2$ 为向量 $\boldsymbol{x}$ 的欧几里得范数的平方。

用于构建 $\boldsymbol{X}$ 先验概率分布的主要方法分直接法和间接法。

5.2.1 直接法

直接法是用非参数统计法或参数统计法来直接构建或估计概率分布 $P_{\boldsymbol{X}}(\mathrm{d}\boldsymbol{x})$ 的概率密度函数 $p_{\boldsymbol{X}}(\boldsymbol{x})$（$\mathbf{R}^n$ 上关于 $\mathrm{d}\boldsymbol{x}$ 的函数），其中非参数统计法适用于有大量可用数据的情况，参数统计法适用于没有大量可用数据的情况。

有大量可用数据的非参数统计。如果能够利用大量数据（实验数据或数值模拟数据），可采用多元核密度估计法（如高斯核密度估计）对 $p_{\boldsymbol{X}}$ 进行估计（见 7.2 节）。

参数统计与信息先验模型。最大熵（MaxEnt）原理是构建任意集合中随机变量、随机向量、随机矩阵、随机过程和随机场概率分布的一个有效工具，采用最大熵原理构建概率密度函数的参数表示形式 $\boldsymbol{x}\to p_{\boldsymbol{X}}(\boldsymbol{x};\boldsymbol{s})$（$\boldsymbol{s}$ 为向量超参数）。超参数 $\boldsymbol{s}$ 与可用信息有关，这些信息是使用 MaxEnt 的约束条件；如果只有部分数据可用，则可通过求解统计反问题的方法来估计 $\boldsymbol{s}$（见 7.3 节）；如果无数据可用，则 $\boldsymbol{s}$ 可用作不确定性统计特性（如不确定性水平）敏感性分析的参数。

5.2.2 间接法

间接法是引入随机向量 $\boldsymbol{X}$ 的表示形式 $\boldsymbol{X}=\boldsymbol{f}(\boldsymbol{\Xi};\boldsymbol{s})$，其中，$\boldsymbol{\Xi}$ 为给定的 $\mathbf{R}^{Ng}$ 维随机变量，其概率密度函数 $p_{\boldsymbol{\Xi}}(\xi)$ 是给定且已知的，$\xi\to\boldsymbol{f}(\xi;\boldsymbol{s})$ 为确定性非线性（可测）映射，$\boldsymbol{s}$ 为向量超参数。$p_{\boldsymbol{X}}(\boldsymbol{x};\boldsymbol{s})$ 是映射 $\boldsymbol{f}(.\,;\boldsymbol{s})$ 对 $p_{\boldsymbol{\Xi}}$ 的变换。

构建映射 $\boldsymbol{f}$ 的方法主要有两种：

（1）$\boldsymbol{X}$ 的多项式混沌展开，即构建 $\boldsymbol{X}$ 的 PCE（见 5.5 节）：

$$\boldsymbol{X} = \sum_{k=0}^{K} \boldsymbol{y}^k \psi_{\alpha^{(k)}}(\boldsymbol{\Xi})$$

式中：超参数为 $\boldsymbol{s}=\{\boldsymbol{y}^0,\boldsymbol{y}^1,\cdots,\boldsymbol{y}^K\}$。

（2）$\boldsymbol{X}$ 的先验代数表示，即表示 $\boldsymbol{X}$ 的先验概率模型 $\boldsymbol{X}^{\mathrm{prior}}$：

$$\boldsymbol{X}^{\mathrm{prior}} = \boldsymbol{f}(\boldsymbol{\Xi};\boldsymbol{s})$$

式中：$\boldsymbol{s}$ 为向量超参数，具有较小的维数；$\xi\to\boldsymbol{f}(\boldsymbol{\xi};\boldsymbol{s})$ 为给定的非线性映射（见第 10 章）。

5.3 最大熵原理:直接法构建随机向量先验随机模型

这种构建随机向量的方法同样适用于任意随机量(如 5.4 节所述的随机矩阵),本节内容包括以下几点。

(1)问题的定义。

(2)熵:向量值随机变量不确定性的度量。

(3)香农熵的性质。

(4)最大熵原理。

(5)使用拉格朗日乘子重新构建优化问题,并构建解的表示形式。

(6)最大熵解的存在唯一性。

(7)根据最大熵原理推导经典概率分布的解析例子。

(8)构建任意维数概率分布的最大熵法。

(9)任意高维概率分布的计算算例。

5.3.1 问题定义

目标。利用已知信息在概率空间$(\Theta,\mathcal{T},P)$上构建 n 维随机变量 $\boldsymbol{X}$ 的概率密度函数 $\boldsymbol{x}\rightarrow p_{\boldsymbol{X}}(\boldsymbol{x};\boldsymbol{s})$,其中:$\boldsymbol{s}$ 为明确定义的向量超参数。

工具及方法。Shannon[179] 于 1948 年提出了信息论,在此基础上,Jaynes[112] 于 1957 年提出了最大熵原理[112],这一理论现已成为概率论的一个重要组成部分。

下面通过一个简单例子对可用信息进行说明。这部分内容对不确定性量化(UQ)中的随机建模比较重要,这里考虑 1.6.1 节的简单机械系统,所需解决的问题是求解随机方程 $KU=f$,其中:不确定参数为名义刚度,用随机刚度 $K=\bar{k}X$ 来建模;X 为实随机变量,在 $\mathbf{R}$ 上的概率密度函数 p_X 需要进行构建;力 f 满足 $0<|f|<+\infty$。名义刚度 $\bar{k}$ 满足 $0<\bar{k}<+\infty$,随机刚度近似为正数(为稳定系统的刚度)。由此可知,X 为随机变量,$X\in\mathbf{R}^+$,因此需要利用以下两类信息:

(1)与随机变量 X 有直接关系的可用信息。

(C1)由于 X 为随机变量,$X\in\mathbf{R}^+$,概率密度函数 p_X 的支集必定为 $\mathbf{R}^+$,根据 X 取值的集合可得到关于 p_X 的支集的信息。

(C2)通常希望 K 的均值 $E\{K\}$ 等于名义值 $\bar{k}$,因此 $E\{K\}=\bar{x}=1$,这是 X 的统计性质。

(2)与随机解 U 的性质有直接关系的可用信息。

(C3)由于上述机械系统为稳定系统,且外力是有限的,因此随机解 U 的统计波动性必定是有限的,这意味着 U 必定为二阶随机变量,$E\{U^2\}<+\infty$。根据随机

解 U 的这一不等式性质，可得到 X 的统计性质：$E\{X^{-2}\}=c(0<c<+\infty)$。

利用可用信息可得到用于构建 X 概率密度函数的上述三个约束条件。

这里回顾一下任意选取概率密度函数 p_X 的后果（利用 1.6.1 节给出的简单机械系统示例进行说明）：

如果将 X 的概率密度函数任意选为高斯概率密度函数（图 5.2 中的细线），可得 $E\{U^2\}=+\infty$，因此并不满足约束条件（C1）与（C3）。

如果将 X 的概率密度函数任意选为指数概率密度函数（图 5.2 中的虚线），可得 $E\{U^2\}<+\infty$，因此并不满足约束条件（C3）。

如果在约束条件（C1）、（C2）、（C3）下根据最大熵原理构建 X 的概率密度函数，可得到［见式（5.23）］伽马概率密度函数，即 p_X^{MaxEnt}（图 5.2 中的粗线）。

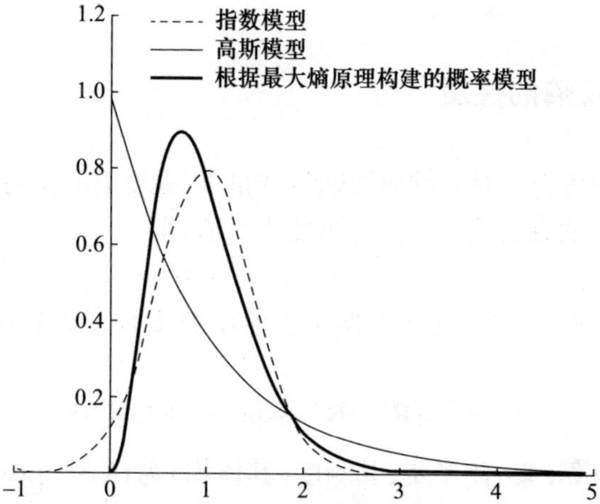

图 5.2　高斯模型、指数模型及根据最大熵原理构建的概率模型的概率密度函数

重新参数化及可用信息和超参数间的关系（用简单的机械系统示例来解释）。在约束条件（C1）、（C2）、（C3）下，由于根据最大熵原理所构建的概率密度函数 $p_X^{\mathrm{MaxEnt}}(x;c)$ 与未知参数 c 有关，因此便存在一个是否可以把 $s=c$ 作为超参数的疑问。实际上这是不可以的，原因是引入参数 c 的目的是表示约束条件（C3），但该参数并没有实际物理或统计意义。在这种情况下可重新参数化。

重新参数化的原理。如果 $E\{X^2\}<+\infty$（根据 MaxEnt，将概率密度函数 p_X 选为概率密度函数 p_X^{MaxEnt}），则 X 的变异系数 δ 可以作为 c 的函数进行计算，即

$$\delta=\sigma_X/m_X=\bar{x}^{-1}(E\{X^2\}-\bar{x}^2)^{1/2} \tag{5.2}$$

$$E\{X^2\}=\int_{\mathbf{R}}x^2p_X^{\mathrm{MaxEnt}}(x;c)\,\mathrm{d}x \tag{5.3}$$

因此，有 $\delta=g(c)$。如果反函数 $\delta\to g^{-1}(\delta)$ 存在，则重新参数化是将 $c=g^{-1}(\delta)$ 考虑为 δ 的函数，此时将超参数选为 $s=\delta$（而并不是选为 $s=c$）。

5.3.2 熵:向量值随机变量不确定性的度量

设 $\boldsymbol{X}=(X_1,X_2,\cdots,X_n)$为随机变量,其取值在 $\mathbf{R}^n$ 的任意给定或已知的子集 S_n(可能为 $S_n=\mathbf{R}^n$)上,其概率分布 $P_{\boldsymbol{X}}(\mathrm{d}\boldsymbol{x})$是 $\mathbf{R}^n$ 上的未知概率密度函数($\mathrm{d}\boldsymbol{x}=\mathrm{d}x_1\cdots\mathrm{d}x_n$),$\mathbf{R}^n$ 的支集为 S_n:

$$S_n=\mathrm{supp}\ p_{\boldsymbol{X}}\subset\mathbf{R}^n\Rightarrow 当\ \boldsymbol{x}\notin S_n\ 时, p_{\boldsymbol{X}}(\boldsymbol{x})=0 \tag{5.4}$$

用概率密度函数 $P_{\boldsymbol{X}}$ 的香农(Shannon)熵 $\varepsilon(p_{\boldsymbol{X}})$描述随机变量 $\boldsymbol{X}$ 不确定性的测度:

$$\varepsilon(p_{\boldsymbol{X}})=-\int_{\mathbf{R}^n}p_{\boldsymbol{X}}(\boldsymbol{x})\ln(p_{\boldsymbol{X}}(\boldsymbol{x}))\mathrm{d}\boldsymbol{x}=-E\{\ln(p_{\boldsymbol{X}}(\boldsymbol{X}))\} \tag{5.5}$$

5.3.3 香农熵的性质

香农熵取值的集合。对 n 维离散随机变量 $\boldsymbol{X}$,香农熵取值的集合并不是 $\mathbf{R}^+$ 而是 $\mathbf{R}$,也就是说 $P_{\boldsymbol{X}}$ 的香农熵 $\varepsilon(p_{\boldsymbol{X}})$有可能为负值,即

$$-\infty<\varepsilon(p_{\boldsymbol{X}})<+\infty \tag{5.6}$$

具有相同紧支集 $K\subset\mathbf{R}^n$ 的 n 维概率密度函数集合上香农熵的最大值。这一集合为

$$C_K=\{p:\mathbf{R}^n\to\mathbf{R}^+,\mathrm{supp}\ p=K\subset\mathbf{R}^n\} \tag{5.7}$$

式中:K 为 $\mathbf{R}^n$ 的有界(紧)闭子集,其测度(其体积)为$|K|=\int_K\mathrm{d}\boldsymbol{x}$。

容易证明,当 C_K 上香农熵最大时,$\mathbf{R}^n$ 上的概率密度函数 p_K 为均匀概率密度函数,具有紧支集 K:

$$p_K=\arg\max_{p\in C_K}\varepsilon(p) \tag{5.8}$$

$$p_K(\boldsymbol{x})=\frac{1}{|K|}\mathbb{1}_K(\boldsymbol{x}) \tag{5.9}$$

香农熵值为

$$\varepsilon_{\max}=\varepsilon(p_K)=\ln|K| \tag{5.10}$$

均匀分布情况下香农熵的量化。设$\{K_\ell\}_{\ell\in N}$为 $\mathbf{R}^n$ 上紧子集的一个序列,p_{K_ℓ}为 $\mathbf{R}^n$ 上的均匀概率密度函数,支集为 K_ℓ,记为

$$p_{K_\ell}(\boldsymbol{x})=\frac{1}{|K_\ell|}\mathbb{1}_{K\ell}(\boldsymbol{x})$$

式中:当$|K_\ell|=1$ 时,$\varepsilon(p_{K_\ell})=0$;当$|K_\ell|\to+\infty$ 时,$\varepsilon(p_{K_\ell})\to+\infty$。

设 $\boldsymbol{x}_0$ 为 $\mathbf{R}^n$ 上的一个固定点,对任意 ℓ,$\boldsymbol{x}_0\in K_\ell$。当$|K_\ell|\to0$ 时,$\varepsilon(p_{K_\ell})\to-\infty$。由于序列

$$\left\{\frac{1}{|K_\ell|}\mathbb{1}_{K\ell}(\boldsymbol{x})\,\mathrm{d}\boldsymbol{x}\right\}_\ell$$

为 $\mathbf{R}^n$ 上点 $\boldsymbol{x}_0$ 处的狄拉克测度 $\delta\boldsymbol{x}_0(\boldsymbol{x})$，因此序列 $\{\boldsymbol{X}_\ell\}_\ell$（概率分布为 $p_{K_\ell}(\boldsymbol{x})\mathrm{d}\boldsymbol{x}$）收敛（依概率分布）于确定值 $\boldsymbol{x}_0$。

当香农熵 ε 最大时，不确定度最大。ε 越大，不确定性程度越高；ε 越小，不确定性程度越低。极限 $\varepsilon=-\infty$ 对应无不确定性（确定性情况）。

5.3.4 最大熵原理

最大熵原理的定义。根据信息论中的香农熵（Shannon[179]），Jaynes[112]引入了最大熵原理，该理论能够用于根据仅有的可用信息来构建随机变量 $\boldsymbol{X}$ 的概率密度函数 $p_{\boldsymbol{X}}$。

最大熵原理。概率密度函数 $p_{\boldsymbol{X}}$（需要构建）是满足由可用信息所定义约束条件的概率密度函数集合中最大不确定性对应的概率密度函数。

建立可用信息的数学模型。可用信息包括两方面。

（1）支集的性质：

$$\operatorname{supp} p_{\boldsymbol{X}} = S_n \in \mathbf{R}^n \tag{5.11}$$

式中：S_n 为 $\mathbf{R}^n$ 的任意子集。

（2）$\boldsymbol{X}$ 的统计性质或计算模型随机解的性质：

$$E\{\boldsymbol{g}(\boldsymbol{X})\} = \int_{\mathbf{R}^n} \boldsymbol{g}(\boldsymbol{x})p_{\boldsymbol{X}}(\boldsymbol{x})\,\mathrm{d}\boldsymbol{x} = \boldsymbol{b} \in \mathbf{R}^\mu \tag{5.12}$$

式中：$\boldsymbol{x}\to\boldsymbol{g}=(g_1(\boldsymbol{x}),g_2(\boldsymbol{x}),\cdots,g_m(\boldsymbol{x}))$ 为从 $\mathbf{R}^n$ 到 $\mathbf{R}^\mu$ 的已知映射，$\boldsymbol{b}=(b_1,b_2,\cdots,b_m)$ 为 $\mathbf{R}^\mu$ 上的已知向量。

以前面介绍的简单机械系统为例进行说明。$n=1$，$X\in\mathbf{R}^+$ 为变量，$E\{X\}=x=1$，$E\{X^{-2}\}=c$。与可用信息有关的约束条件：$n=1$，$\mu=2$，$\operatorname{supp} p_X = S_1 = \mathbf{R}^+ \subset \mathbf{R}$，$\boldsymbol{g}(x)=(x,x^{-2})$，$\boldsymbol{b}=(x,c)$。

概率密度函数 $p_{\boldsymbol{X}}$ 容许集的定义及优化问题。设 C_{free} 为 $\mathbf{R}^n$ 上可积正函数的子空间，支集为 $\mathbf{R}^n$ 的子集 S_n：

$$C_{\text{free}} = \{p \in L^1(\mathbf{R}^n,\mathbf{R}^+),\ \operatorname{supp} p = S_n\} \tag{5.13}$$

容许集 C_{free} 满足

$$C_{\text{ad}} = \left\{p \in C_{\text{free}},\ \int_{\mathbf{R}^n} p(\boldsymbol{x})\,\mathrm{d}\boldsymbol{x} = 1,\ \int_{\mathbf{R}^n} \boldsymbol{g}(\boldsymbol{x})p(\boldsymbol{x})\,\mathrm{d}\boldsymbol{x} = \boldsymbol{b}\right\} \tag{5.14}$$

在 $\mathbf{R}^n$ 上，根据可用信息定义的约束条件及最大熵原理构建的概率密度函数 $p_{\boldsymbol{X}}$ 是以下优化问题的解（如果存在唯一解）：

$$p_{\boldsymbol{X}} = \arg\max_{p\in C_{\text{ad}}} \varepsilon(p) \tag{5.15}$$

5.3.5 拉格朗日乘子对优化问题的重新表述及解的构建

通过引入拉格朗日乘子,在集合 C_{free} 上表示(不在 C_{ad} 上表示)式(5.15)定义的优化问题,将解构建为拉格朗日乘子的函数。

关于约束条件的拉格朗日乘子。将拉格朗日乘子引入每个约束条件中。

(1)$\lambda_0 \in \mathbf{R}^+$ 与约束条件 $\int_{\mathbf{R}^n} p(\boldsymbol{x})\mathrm{d}\boldsymbol{x} - 1 = 0$ 有关。

(2)$\lambda \in C_\lambda \subset \mathbf{R}^\mu$ 与约束条件 $\int_{\mathbf{R}^n} \boldsymbol{g}(\boldsymbol{x})p(\boldsymbol{x})\mathrm{d}\boldsymbol{x} - \boldsymbol{b} = 0$ 有关。容许集为

$$C_\lambda = \left\{\lambda \in \mathbf{R}^\mu, \int_{\mathbf{R}^n} \exp(-<\lambda, \boldsymbol{g}(\boldsymbol{x})>)\mathrm{d}\boldsymbol{x} < +\infty\right\} \tag{5.16}$$

拉格朗日表达式。对 $\lambda_0 \in \mathbf{R}^+, \lambda \in C_\lambda$,任意 $p \in C_{\text{free}}$,拉格朗日表达式为

$$\mathcal{L}(p;\lambda_0, \boldsymbol{\lambda}) = \varepsilon(p) - (\lambda_0 - 1)\left(\int_{\mathbf{R}^n} p(\boldsymbol{y})\mathrm{d}\boldsymbol{y} - 1\right) - <\boldsymbol{\lambda}, \int_{\mathbf{R}^n} \boldsymbol{g}(\boldsymbol{x})p(\boldsymbol{x})\mathrm{d}\boldsymbol{x} - \boldsymbol{b}> \tag{5.17}$$

优化问题的重新表示形式及解的构建。如果优化问题 $\max\limits_{p \in C_{\text{ad}}} \varepsilon(p)$ 存在唯一解 p_X,则存在$(\lambda_0^{\text{sol}}, \lambda^{\text{sol}}) \in \mathbf{R}^+ \times C_\lambda$,使 $\lambda_0 = \lambda_0^{\text{sol}}$ 及 $\lambda = \lambda^{\text{sol}}$,$p_X$ 为泛函$(p, \lambda_0, \boldsymbol{\lambda}) \to \mathcal{L}(p, \lambda_0, \boldsymbol{\lambda})$的平稳点,并记为

$$p_X(\boldsymbol{x}) = \mathbb{1}_{S_n}(\boldsymbol{x})c_0^{\text{sol}}\exp(-<\boldsymbol{\lambda}^{\text{sol}}, \boldsymbol{g}(\boldsymbol{x})>)(\forall \boldsymbol{x} \in \mathbf{R}^n) \tag{5.18}$$

式中:c_0^{sol} 为归一化常数,$c_0^{\text{sol}} = \exp(-\lambda_0^{\text{sol}})$。

5.3.6 最大熵解的存在唯一性

如果约束是代数独立的,即如果 S_n 存在有界子集 B, $\int_B \mathrm{d}\boldsymbol{x} > 0$,则对任意非零向量 $\boldsymbol{v} \in \mathbf{R}^{1+\mu}$,有

$$\int_B <\boldsymbol{v}, \tilde{\boldsymbol{g}}(\boldsymbol{x})>^2 \mathrm{d}\boldsymbol{x} > 0(\tilde{\boldsymbol{g}}(\boldsymbol{x}) = (1, \boldsymbol{g}(x)) \in \mathbf{R}^{1+\mu}) \tag{5.19}$$

文献[99]在附加弱假设情况下证明了存在唯一解(但这一完整的数学证明是非常困难的),记为

$$p_X(\boldsymbol{x}) = \mathbb{1}_{S_n}(\boldsymbol{x})c_0^{\text{sol}}\exp(-<\lambda^{\text{sol}}, \boldsymbol{g}(\boldsymbol{x})>)(\forall \boldsymbol{x} \in \mathbf{R}^n) \tag{5.20}$$

式中:$(\lambda_0^{\text{sol}}, \boldsymbol{\lambda}^{\text{sol}})$是如下非线性方程组在 $\mathbf{R}^+ \times C_\lambda$ 上的解:

$$\int_{S_n} \exp(-\lambda_0 - <\boldsymbol{\lambda}, \boldsymbol{g}(\boldsymbol{x})>)\mathrm{d}\boldsymbol{x} = 1 \tag{5.21}$$

$$\int_{S_n} \boldsymbol{g}(\boldsymbol{x})\exp(-\lambda_0 - <\boldsymbol{\lambda}, \boldsymbol{g}(\boldsymbol{x})>)\mathrm{d}\boldsymbol{x} = \boldsymbol{b} \tag{5.22}$$

5.3.7 由最大熵原理推导出的经典概率分布的解析例子

下面介绍四个关于有界支集的例子：前三个例子为实随机变量，其取值分别在有界区间$[a,b]$、$[0,+\infty)$及$(-\infty,+\infty)$上；第四个例子为 n 维实随机变量。

例 5.1 取值为有界区间的实随机变量的概率分布。考虑一个实随机变量 X，其取值在$[a,b]$上，概率密度函数 $p_X(x)$ 未知，无其他可利用的信息。

可用信息：$\mathrm{supp}\ p_X = S_1 = [a,b]$。

由最大熵原理得

$$p_X(x) = \mathbb{1}_{[a,b]}(x)\frac{1}{b-a}$$

结论：p_X 为$[a,b]$上的均匀分布。

更一般地说，如果一个随机变量的值在 $\mathbf{R}^n$ 的紧集 S_n 上，且唯一可用信息为 $S_n \subset \mathbf{R}^n$，则最大熵原理能够给出 X 在 S_n 上的均匀分布（见 5.3.3 节，$K=S_n$）。

例 5.2 重新参数化的正随机变量的概率分布。随机变量 X 的取值在$[0,+\infty)$上，其均值 m_X 在$[0,+\infty)$上，并假设$|E\{\ln(X)\}|<+\infty$。X 的概率密度函数 p_X 未知，无其他可利用的信息。

可用信息：$\mathrm{supp}\ p_X = S_1 = [0,+\infty)$，$E\{X\} = m_X > 0$，$E\{\ln(X)\} = c$，$|c| < +\infty$。

由最大熵原理得

$$p_X(x) = \mathbb{1}_{[0,+\infty)}(x)\frac{(\delta^{-2})^{1/\delta^2}}{\Gamma(\delta^{-2})m_X}\left(\frac{x}{m_X}\right)^{1/\delta^2-1} \cdot \exp\left\{-\frac{x}{\delta^2 m_X}\right\} \tag{5.23}$$

式中：$\delta = \sigma_X/m_X$，满足 $0<\delta<2^{0.5}$；$\Gamma(\alpha)$为伽马函数；c 满足 $\int_0^{+\infty}\ln(x)p_X(x)\mathrm{d}x = c$。为了重新参数化，式中用 δ 来表示，而不用 c 表示。

结论：p_X 为$[0,+\infty)$上的伽马概率密度函数。

例 5.3 给定前两阶矩的实随机变量的概率分布。考虑一个二阶实随机变量 X，已知其均值 m_X 和标准差 σ_X，X 的概率密度函数 p_X 未知，无其他可利用的信息。

可用信息：$\mathrm{supp}\ p_X = S_1 = (-\infty,+\infty)$，平均值 $E\{X\} = m_X$，标准差$\{E\{X^2\} - {m_X}^2\}^{1/2} = \sigma_X$，$E\{X^2\} = {\sigma_X}^2 + {m_X}^2$。

由最大熵原理可得

$$p_X(x) = \frac{1}{\sqrt{2\pi}\sigma_X}\exp\left\{-\frac{1}{2\delta_X^2}(x-m_X)^2\right\} \tag{5.24}$$

结论：p_X 为高斯概率密度函数。

这是一个重要的结论，它表明在信息论中，高斯实随机变量是一个假定均值和标准差都已知的实随机变量。

例 5.4 给定平均向量的随机向量的概率分布。设 $\boldsymbol{X}=(X_1,X_2,\cdots,X_n)$ 为一个随机变量，其取值在 $(0,+\infty)(0,+\infty)\cdots(0,+\infty)\subset\mathbf{R}^n$ 上，在 $(0,+\infty)(0,+\infty)\cdots(0,+\infty)$ 上给定其均值 $\boldsymbol{m}_{\boldsymbol{X}}=E\{\boldsymbol{X}\}=(m_{X1},m_{X2},\cdots,m_{X_n})$。$\boldsymbol{X}$ 的概率密度函数 $p_{\boldsymbol{X}}$ 未知，无其他可利用的信息。

可用信息：$\text{supp}\ p_{\boldsymbol{X}}=S_n=(0,+\infty)(0,+\infty)\cdots(0,+\infty)\subset\mathbf{R}^n,\boldsymbol{m}_{\boldsymbol{X}}\in S_n\subset\mathbf{R}^n$。

由最大熵原理得

$$p_{\boldsymbol{X}}(\boldsymbol{x})=p_{X_1}(x_1)p_{X_2}(x_2)\cdots p_{X_n}(x_n) \tag{5.25}$$

正随机变量的概率密度函数 $p_{X_j}(x_j)$ 可表示为

$$p_{X_j}(x_j)=\mathbb{1}_{(0,+\infty)}(x_j)\frac{1}{m_{X_j}}\exp\left(-\frac{x_j}{m_{X_j}}\right) \tag{5.26}$$

结论：实随机变量 $X_1,X_2,\cdots,X_n$ 相互独立，对于 j，正随机变量 X_j 具有指数概率密度函数。另外，尽管随机变量 X_j^{-1} 存在，但由于 $E\{X_j^{-2}\}=+\infty$，因此该随机变量不是二阶随机变量。还应注意的是，由于并没有关于耦合 $X_1,X_2,\cdots,X_n$ 这些分量的某些统计矩的信息可用，因此最大熵得到的 $X_1,X_2,\cdots,X_n$ 是独立的随机变量。

例 5.5 给定前二阶矩的随机向量的概率分布。设 $\boldsymbol{X}$ 为一个二阶 n 维随机变量，已知其均值 $\boldsymbol{m}_{\boldsymbol{X}}\in\mathbf{R}^n$，给定协方差矩阵 $\boldsymbol{C}_{\boldsymbol{X}}=E\{(\boldsymbol{X}-\boldsymbol{m}_{\boldsymbol{X}})(\boldsymbol{X}-\boldsymbol{m}_{\boldsymbol{X}})^{\mathrm{T}}\}\in\mathbf{M}_n^+(\mathbf{R})$（因此矩阵 $\boldsymbol{C}_{\boldsymbol{X}}$ 是可逆矩阵），其相关矩阵［见式(2.31)和式(2.34)］为 $E\{\boldsymbol{X}\boldsymbol{X}^{\mathrm{T}}\}=\boldsymbol{C}_{\boldsymbol{X}}+\boldsymbol{m}_{\boldsymbol{X}}\boldsymbol{m}_{\boldsymbol{X}}^{\mathrm{T}}$。$\boldsymbol{X}$ 的概率密度函数 $p_{\boldsymbol{X}}$ 未知，无其他可利用的信息。

可用信息：$\text{supp}\ p_{\boldsymbol{X}}=S_n=\mathbf{R}^n,E\{\boldsymbol{X}\}=\boldsymbol{m}_{\boldsymbol{X}}\in\mathbf{R}^n,E\{\boldsymbol{X}\boldsymbol{X}^{\mathrm{T}}\}=\boldsymbol{C}_{\boldsymbol{X}}+\boldsymbol{m}_{\boldsymbol{X}}\boldsymbol{m}_{\boldsymbol{X}}^{\mathrm{T}}\in\mathbf{M}_n^+(\mathbf{R})$。

由最大熵原理可得

$$p_{\boldsymbol{X}}(\boldsymbol{x})=\frac{1}{\sqrt{(2\pi)^n\det(\boldsymbol{C}_{\boldsymbol{X}})}}\exp\left\{-\frac{1}{2}<\boldsymbol{C}_{\boldsymbol{X}}^{-1}(\boldsymbol{x}-\boldsymbol{m}_{\boldsymbol{X}}),(\boldsymbol{x}-\boldsymbol{m}_{\boldsymbol{X}})>\right\} \tag{5.27}$$

结论：$\boldsymbol{X}$ 为高斯随机向量。如果协方差矩阵不是单位矩阵，则实随机变量 $X_1,X_2,\cdots,X_n$ 是相关的（见 2.4.2 节）。

5.3.8 最大熵原理：构建任意维数概率分布的数值工具

需要解决的难题。在由可用信息定义的任意约束条件下，针对高维情况使用最大熵原理是一个难题，其原因如下。

(1) 归一化常数 $c_0=\exp(-\lambda_0)$（归零为 R^{-n}，"半径"R 为 S_n）直接涉及数值计算，因此高维情况不具有稳健性。

(2)与高维积分的数值计算有关,包括拉格朗日乘子的计算及 $E\{\boldsymbol{h}(\boldsymbol{X})\}$ 的计算,其中 $\boldsymbol{h}$ 为从 $\mathbf{R}^n$ 到 $\mathbf{R}^m$ 的给定映射。

为此,本节提出改进的稳健算法,可用于任意维数问题尤其是高维情况的数值求解。

任意维数拉格朗日乘子的数值计算。下面提出的数值方法[19]源于凸目标函数[1]的最小化,前面构建的解为

$$p_{\boldsymbol{X}} = \arg \max_{p \in C_{\mathrm{ad}}} \varepsilon(p)$$

可以表示为

$$p_{\boldsymbol{X}}(\boldsymbol{x}) = \mathbb{1}_{S_n}(\boldsymbol{x}) c_0(\boldsymbol{\lambda}^{\mathrm{sol}}) \exp(-<\boldsymbol{\lambda}^{\mathrm{sol}}, \boldsymbol{g}(\boldsymbol{x})>) (\forall \boldsymbol{x} \in \mathbf{R}^n) \tag{5.28}$$

式中:归一化约束可写为关于 $\boldsymbol{\lambda}$ 的方程,即

$$c_0(\boldsymbol{\lambda}) = \left\{\int_{S_n} \exp(-<\boldsymbol{\lambda}, \boldsymbol{g}(\boldsymbol{x})>) \mathrm{d}\boldsymbol{x}\right\}^{-1} \tag{5.29}$$

由于 $\exp(-\lambda_0) = c_0(\lambda_0)$,因此约束方程 $E\{\boldsymbol{h}(\boldsymbol{X})\} = \boldsymbol{b}$ 可表示为

$$\int_{S_n} \boldsymbol{g}(\boldsymbol{x}) c_0(\boldsymbol{\lambda}) \exp(-<\boldsymbol{\lambda}, \boldsymbol{g}(\boldsymbol{x})>) \mathrm{d}\boldsymbol{x} = \boldsymbol{b} \tag{5.30}$$

在 $C_{\boldsymbol{\lambda}}$ 上计算 $\boldsymbol{\lambda}^{\mathrm{sol}}$ 的优化问题可写为

$$\boldsymbol{\lambda}^{\mathrm{sol}} = \arg \min_{\boldsymbol{\lambda} \in C_{\boldsymbol{\lambda}} \subset \mathbf{R}^{\mu}} \boldsymbol{\Gamma}(\lambda) \tag{5.31}$$

式中:目标函数为

$$\boldsymbol{\Gamma}(\boldsymbol{\lambda}) = <\boldsymbol{\lambda}, \boldsymbol{b}> - \ln(c_0(\boldsymbol{\lambda})) \tag{5.32}$$

可以看出,这一计算并不涉及常数 $c_0(\boldsymbol{\lambda})$,而是涉及纳皮尔对数(Neperian logarithm)$\ln(\mathrm{c}_0(\boldsymbol{\lambda}))$。计算出 $\boldsymbol{\lambda}^{\mathrm{sol}}$ 后,根据 $\boldsymbol{c}_0^{\mathrm{sol}} = \mathrm{c}_0(\boldsymbol{\lambda}^{\mathrm{sol}})$ 可得 c_0^{sol}。

由于采用马尔可夫链蒙特卡罗法计算 $E\{\boldsymbol{h}(\boldsymbol{X})\}$ 时没有用到常数 c_0^{sol},因此 c_0^{sol} 的数值计算并不是强制性的。

现在可以证明目标函数 $\boldsymbol{\Gamma}$ 在 $C_{\boldsymbol{\lambda}} \subset \mathbf{R}^{\mu}$ 上是严格的凸函数。设 $\{\boldsymbol{X}_{\boldsymbol{\lambda}}\}_{\lambda \in C_{\boldsymbol{\lambda}}}$ 为 n 维随机变量族,随机变量 $\boldsymbol{X}_{\boldsymbol{\lambda}}$ 的概率密度函数为

$$p_{\boldsymbol{X}_{\boldsymbol{\lambda}}}(\boldsymbol{x}) = c_0(\boldsymbol{\lambda}) \exp(-<\boldsymbol{\lambda}, \boldsymbol{g}(\boldsymbol{x})>) (\forall \boldsymbol{x} \in \mathbf{R}^n) \tag{5.33}$$

在 $\boldsymbol{\lambda}$ 点处的梯度及海森矩阵为

$$\nabla \boldsymbol{\Gamma}(\boldsymbol{\lambda}) = \boldsymbol{b} - E\{\boldsymbol{g}(\boldsymbol{X}_{\boldsymbol{\lambda}})\} \tag{5.34}$$

$$\boldsymbol{\Gamma}''(\boldsymbol{\lambda}) = E\{\boldsymbol{g}(\boldsymbol{X}_{\boldsymbol{\lambda}}) \boldsymbol{g}(\boldsymbol{X}_{\boldsymbol{\lambda}})^{\mathrm{T}}\} - E\{\boldsymbol{g}(\boldsymbol{X}_{\boldsymbol{\lambda}})\} E\{\boldsymbol{g}(\boldsymbol{X}_{\boldsymbol{\lambda}})\}^{\mathrm{T}} \tag{5.35}$$

由于已假设约束是代数独立的,因此海森矩阵 $\boldsymbol{\Gamma}''(\boldsymbol{\lambda})$ 为正定矩阵,即随机向量 $\boldsymbol{g}(\boldsymbol{X}_{\boldsymbol{\lambda}})$ 的协方差矩阵。因此,函数 $\boldsymbol{\lambda} \to \boldsymbol{\Gamma}(\boldsymbol{\lambda})$ 是严格凸函数,并在 $\boldsymbol{\lambda}^{\mathrm{sol}}$ 处达到其最小值,即 $\nabla \boldsymbol{\Gamma}(\boldsymbol{\lambda}^{\mathrm{sol}}) = 0$。

计算 $C_{\boldsymbol{\lambda}} \subset \mathbf{R}^{\mu}$ 上 $\boldsymbol{\lambda}^{\mathrm{sol}}$ 的方法。采用任意一种最小化算法,求解以下优化问题可得 $\boldsymbol{\lambda}^{\mathrm{sol}}$:

$$\boldsymbol{\lambda}^{\mathrm{sol}} = \arg \min_{\boldsymbol{\lambda} \in C_{\boldsymbol{\lambda}} \subset \mathbf{R}^{\mu}} \boldsymbol{\Gamma}(\boldsymbol{\lambda})$$

由于函数 $\boldsymbol{\Gamma}$ 是严格凸函数,因此针对函数 $\boldsymbol{\lambda}\rightarrow\nabla\boldsymbol{\Gamma}(\boldsymbol{\lambda})$,可以使用牛顿迭代法,即寻找满足 $\nabla\boldsymbol{\Gamma}(\boldsymbol{\lambda}^{\text{sol}})=0$ 的 $\boldsymbol{\lambda}^{\text{sol}}$。为了保证收敛,在牛顿迭代算法中引入一种欠松弛算法,记为

$$\boldsymbol{\lambda}^{i+1}=\boldsymbol{\lambda}^{i}-\alpha\boldsymbol{\Gamma}''(\boldsymbol{\lambda}^{i})^{-1}\nabla\boldsymbol{\Gamma}(\boldsymbol{\lambda}^{i})\,(\alpha\in(0,1)) \tag{5.36}$$

为了控制收敛性,在每 i 次迭代时,通过下式计算误差:

$$e(i)=\frac{\|\boldsymbol{b}-E\{\boldsymbol{g}(\boldsymbol{X}_{\boldsymbol{\lambda}^i})\}\|}{\|\boldsymbol{b}\|}=\frac{\|\nabla\boldsymbol{\Gamma}(\boldsymbol{\lambda}^{i})\|}{\|\boldsymbol{b}\|} \tag{5.37}$$

在迭代过程中,对于每个 $\boldsymbol{\lambda}^{i}\in C_{\boldsymbol{\lambda}}\subset\mathbf{R}^{\mu}$,需要计算以下量:

$$E\{\boldsymbol{g}(\boldsymbol{X}_{\boldsymbol{\lambda}^i})\},E\{\boldsymbol{g}(\boldsymbol{X}_{\boldsymbol{\lambda}^i})\boldsymbol{g}(\boldsymbol{X}_{\boldsymbol{\lambda}^i})^{\mathrm{T}}\} \tag{5.38}$$

式中:数学期望的计算与 n 维实随机变量 $\boldsymbol{X}_{\boldsymbol{\lambda}^i}$ 有关,其概率密度函数为

$$p_{\boldsymbol{X}_{\boldsymbol{\lambda}^i}}(\boldsymbol{x})=\mathbb{1}_{S_n}(\boldsymbol{x})c_0(\boldsymbol{\lambda}^{i})\exp(-<\boldsymbol{\lambda}^{i},\boldsymbol{g}(\boldsymbol{x})>) \tag{5.39}$$

采用马尔可夫链蒙特卡罗法可计算式(5.38)所示的数学期望。

对于 n 维(高维)情况,可采用基于 4.3 节关于随机微分方程的算法进行计算。

随机向量模拟器及数学期望的估计。如果计算出 $\boldsymbol{\lambda}^{\text{sol}}\in \boldsymbol{C}_{\boldsymbol{\lambda}}\subset\mathbf{R}^{\mu}$,则 $\boldsymbol{X}$ 的概率密度函数为

$$p_{\boldsymbol{X}}(\boldsymbol{x})=\mathbb{1}_{S_n}(\boldsymbol{x})c_0^{\text{sol}}\exp(-<\boldsymbol{\lambda}^{\text{sol}},\boldsymbol{g}(\boldsymbol{x})>) \tag{5.40}$$

式中:$c_0^{\text{sol}}=c_0(\boldsymbol{\lambda}^{\text{sol}})$,但由于未使用马尔可夫链蒙特卡罗法,因此未对 c_0^{sol} 进行计算。如第 4 章所述,可以使用马尔可夫链蒙特卡罗法构建独立变量 $\boldsymbol{X}(\theta_1)$,$\boldsymbol{X}(\theta_2),\cdots,\boldsymbol{X}(\theta_v)$ 的模拟器;对 $E\{\boldsymbol{h}(\boldsymbol{X})\}$ 的计算也可以采用马尔可夫链蒙特卡罗法及遍历平均法或蒙特卡罗法(见第 4 章)来完成。

下面给出一个高维情况的例子[19]。这一例子的目标是构建一个非高斯非平稳中心随机过程 $\{A(t),t\in T\}$[198] 的模拟器,对于该随机过程,其时间采样的时间序列为 $\{X_1,X_2,\cdots,X_n\}$,$X_k=A(k\Delta t)$。现在需要解决的问题是构建 n 维实随机变量 $\boldsymbol{X}=(X_1,X_2,\cdots,X_n)$(其支集为 $S_n=\mathbf{R}^n$)的概率密度函数 $p_{\boldsymbol{X}}(\boldsymbol{x})$,并构建非高斯随机向量 $\boldsymbol{X}$ 的模拟器。

用前面的数值方法计算拉格朗日乘子,$S_n=\mathbf{R}^n$。对于概率密度函数的支集为整个空间 $\mathbf{R}^n$ 的情况,可利用 4.3.2 节的马尔可夫链蒙特卡罗法导出的蒙特卡罗法得到独立随机变量模拟器和高维积分。

以下可用信息定义了 $\mu=n+\kappa+3$ 个约束方程,根据最大熵原理,可以利用这些约束方程构建随机向量 $\boldsymbol{X}=(X_1,X_2,\cdots,X_n)$ 的概率密度函数:

(1) $\operatorname{supp} p_{\boldsymbol{X}}=S_n=\mathbf{R}^n$。

(2) 对 $j\in\{1,2,\cdots,n\}$,满足

$$E\{X_j^2\}=\sigma_j^2<+\infty$$

式中:σ_j 为标准差的指标。

(3) $E\left\{\left(\sum_{k=1}^{n} X_k\right)^2\right\}=0$，即在均方意义上满足终点速度 $V_n=\sum_{k=1}^{n} X_k$ 为零。

(4) $E\left\{\left(\sum_{k=1}^{n} kX_k\right)^2\right\}=0$，即在均方意义上满足终点位移 $D_n=\sum_{k=1}^{n}(n-k+1)X_j$ 为零。

(5) $E\left\{\left(\sum_{k=1}^{n} k^2X_k\right)^2\right\}=0$，即在均方意义上满足位移时间序列的时间平均值为零，意味着 $\boldsymbol{X}$ 是中心随机变量。

(6) 对 $k\in\{1,2,\cdots,\kappa\}$，满足 $E\{s_k(\boldsymbol{X})\}=\bar{s}_k$，即给定速度响应谱(VRS)统计平均值。其中：从 $\mathbf{R}^n$ 到 $\mathbf{R}$ 的非线性映射 $\boldsymbol{x}\to s_k(\boldsymbol{x})$ 满足 $s_k(\boldsymbol{x})=\omega_k\max\{|y_1^k(\boldsymbol{x})|,|y_2^k(\boldsymbol{x})|,\cdots,|y_n^k(\boldsymbol{x})|\}$，$y_j^k(\boldsymbol{x})=\{\boldsymbol{B}^j\boldsymbol{x}\}_j$。

具体数据分别如下：

$n=1600$（概率密度函数在 $\mathbf{R}^{1600}$ 上属于高维问题）。

$k=20$（非线性函数数 s_j）。

$\mu=1623$（约束方程数）。

$v=600$（马尔可夫链蒙特卡罗法中对 ISDE 的积分步数）。

$\alpha=0.3$（带欠松弛参数的牛顿迭代法）。

在迭代方法的每次迭代中，进行 900 次蒙特卡罗模拟。

$j\to\sigma_j$ 图为标准差的指标，$k\to s_k$ 为 VRS 统计平均值的指标。

对于 $\theta\in\Theta$，图 5.3 展示了用非高斯时间序列发生器构建的轨迹的加速度 $\boldsymbol{X}(\theta)$、速度 $\boldsymbol{V}(\theta)$（通过对 $\boldsymbol{X}(\theta)$ 进行数值积分得到）及位移 $\boldsymbol{D}(\theta)$（通过对 $\boldsymbol{V}(\theta)$ 进行数值积分得到）图像，可以看出终点速度和位移实际上等于零。

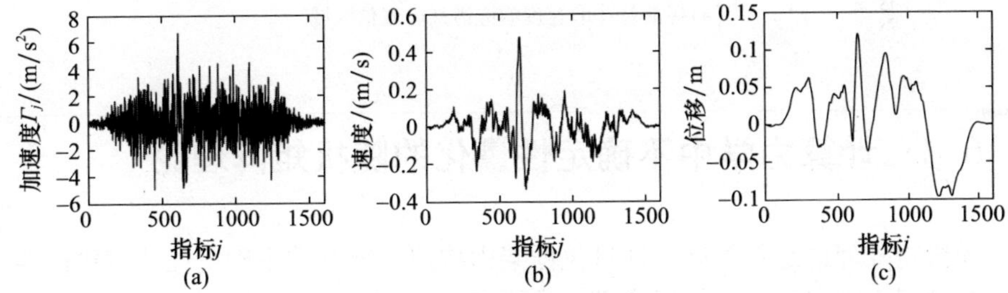

图 5.3　时间序列的样本路径图[19]

(a)加速度；(b)速度；(c)位移。

图 5.4 为模拟器的模拟结果，展示了指标与标准差及平均 VRS 预测结果的对比情况。此外，针对平均 VRS，采用任意高斯模型计算了预测结果，可以看出这一高斯预测结果并不好。从图 5.4 中还可以看出，随机 VRS 置信区域的预测结果更好，且非高斯建模与任意高斯建模相比，其影响是显著的。

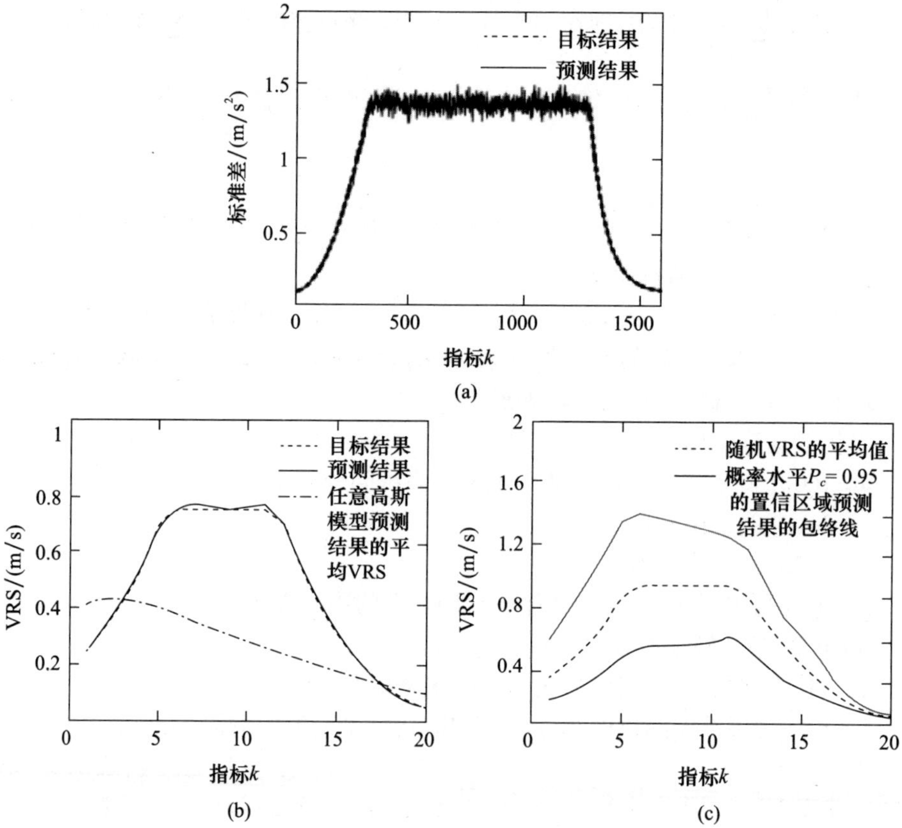

图 5.4　标准差及平均 VRS 的目标与预测结果对比图[19]

(a)标准差;(b)速度响应谱;(c)置信区域。

5.4　计算力学中不确定性量化的随机矩阵理论

随机矩阵理论是在不确定性量化框架内构建系统参数不确定性及对建模误差引起的模型不确定性进行随机建模的重要工具。本节将介绍以下内容。

(1)随机矩阵理论基础的说明;

(2)线性代数符号;

(3)随机矩阵的体积元素及概率密度函数;

(4)香农熵:对称实随机矩阵不确定性的度量;

(5)对称实随机矩阵的最大熵原理;

(6)以单位矩阵为平均值的对称实随机矩阵的基本系综;

(7)正定对称实随机矩阵的基本系综；
(8)不确定性量化中非参数方法的随机矩阵系综；
(9)系综 SE_ε^+ 的使用：流固多层膜中瞬态波的传播；
(10)最大熵：构建随机矩阵系综的数值工具。

5.4.1 随机矩阵理论基础的说明

随机矩阵理论最早由 Wigner 在 20 世纪 50 年代提出[219]。20 世纪 60 年代，Wigner(1962)[220]、Dyson(1963)[73]、Mehtaand 及其他学者也在这一方面做出了重要贡献。1967 年，Mehta[133]出版了一部关于随机矩阵理论综合的优秀著作(1991 年第 2 版[134]，2014 年第 3 版[135])。

在物理应用方面，最重要的系综是高斯正交系综(GOE)，它满足以下几点。

(1)GOE 中任何随机矩阵都是实对称随机矩阵；
(2)GOE 中任何随机矩阵的元素都是相互独立的；
(3)GOE 中任何矩阵在正交线性变换下都是不变的；
系综 GOE 是高斯实随机变量实对称矩阵的推广。

5.4.2 线性代数符号

为了增强可读性，在此列出各个代数符号及其对应的解释。

(1)向量：
$\boldsymbol{x}=(x_1,x_2,\cdots,x_n)$：$\mathbf{R}^n$ 上的向量。
$\|\boldsymbol{x}\|$：$\mathbf{R}^n$ 上 $\boldsymbol{x}$ 的欧几里得范数。
$<\boldsymbol{x},\boldsymbol{y}> = \sum_{j=1}^{n} x_j y_j$：$\mathbf{R}^n$ 上的欧几里得内积。
(2)矩阵集：
$\mathbf{M}_n(\mathbf{R})$：n 维实矩阵集。
$\mathbf{M}_n^S(\mathbf{R})$：$n$ 维实对称矩阵集。
$\mathbf{M}_n^+(\mathbf{R})$：$nv$ 维实对称正定矩阵集。
$\mathbf{M}_n^{+0}(\mathbf{R})$：$n$ 维实对称半正定矩阵集，可表示为

$$\mathbf{M}_n^+(\mathbf{R})\subset\mathbf{M}_n^{+0}(\mathbf{R})\subset\mathbf{M}_n^S(\mathbf{R})\subset\mathbf{M}_n(\mathbf{R})$$

矩阵的算子范数。矩阵 $\boldsymbol{A}\in\mathbf{M}_n(\mathbf{R})$ 的算子范数为

$$\|\boldsymbol{A}\| = \sup_{\|\boldsymbol{x}\|\leqslant 1}\|\boldsymbol{A}\boldsymbol{x}\| \quad (\boldsymbol{x}\in\mathbf{R}^n)$$

矩阵的弗罗贝尼乌斯范数(Frobenius norm)。矩阵 $\boldsymbol{A}\in\mathbf{M}_n(\mathbf{R})$ 的弗罗贝尼乌斯范数(或希尔伯特-施密特范数(Hilbert-Schmidtnorm))为

$$\| \boldsymbol{A} \|_F^2 = \mathrm{tr}\{\boldsymbol{A}^{\mathrm{T}}\boldsymbol{A}\} = \sum_{j=1}^{n}\sum_{k=1}^{n} a_{jk}^2$$

且满足 $\| \boldsymbol{A} \| \leqslant \| \boldsymbol{A} \|_F \leqslant n^{1/2} \| \boldsymbol{A} \|$。

5.4.3 随机矩阵的体积元素及概率密度函数

欧几里得空间 $\mathbf{M}_n(\mathbf{R})$ 中含有内积及相关范数：

$$\ll \boldsymbol{G},\boldsymbol{H} \gg = \mathrm{tr}\{\boldsymbol{G}^{\mathrm{T}}\boldsymbol{H}\}, \| \boldsymbol{G} \|_F = \ll \boldsymbol{G},\boldsymbol{G} \gg^{1/2}$$

任意矩阵 $\boldsymbol{G} \in \mathbf{M}_n(\mathbf{R})$ 的元素表示为 $g_{jk} = (\boldsymbol{G})_{jk}$。

体积元素。欧几里得空间 $\mathbf{M}_n(\mathbf{R})$ 上的体积元素 $\mathrm{d}G$ 及欧几里得空间 $\mathbf{M}_n^S(\mathbf{R})$ 上的体积元素 $\mathrm{d}^S G$[185,207] 为

$$\mathrm{d}G = \prod_{j,k=1}^{n} \mathrm{d}g_{jk}, \mathrm{d}^S G = 2^{n(n-1)/4} \prod_{1 \leqslant j \leqslant k \leqslant n} \mathrm{d}g_{jk} \tag{5.41}$$

对称实随机矩阵的概率密度函数。设 $\boldsymbol{G}_r$ 为 $(\Theta, \mathcal{T}, P)$ 上的随机矩阵，其取值在 $\mathbf{M}_n^S(\mathbf{R})$ 上，用 $\mathbf{M}_n^S(\mathbf{R})$ 到 $\mathbf{R}^+ = [0, +\infty)$ 的概率密度函数 $\boldsymbol{G} \to p_{\boldsymbol{G}_r}(\boldsymbol{G})$ 来定义其概率分布 $P_{\boldsymbol{G}_r} = p_{\boldsymbol{G}_r}(\boldsymbol{G})\mathrm{d}^S G$，$\boldsymbol{G}$ 是 $\mathbf{M}_n^S(\mathbf{R})$ 上关于 $\mathrm{d}^S G$ 的函数。概率密度函数满足归一化条件：

$$\int_{\mathbf{M}_n^S(\mathbf{R})} p_{\boldsymbol{G}_r}(\boldsymbol{G})\mathrm{d}^S G = 1 \tag{5.42}$$

概率密度函数的支集。概率密度函数 $P_{\boldsymbol{G}_r}$ 的支集是 $\mathbf{M}_n^S(\mathbf{R})$ 的任意子集 $\tilde{S}_n$，表示为 $\mathrm{supp}\, P_{\boldsymbol{G}_r}$，$\tilde{S}_n$ 可能满足 $\tilde{S}_n = \mathbf{M}_n^S(\mathbf{R})$（如 $\tilde{S}_n = \mathbf{M}_n^+(\mathbf{R}) \in \mathbf{M}_n^S(\mathbf{R})$）。因此，当 $\boldsymbol{G} \notin \tilde{S}_n$ 时，$p_{\boldsymbol{G}_r}(\boldsymbol{G}) = 0$，有

$$\int_{\tilde{S}_n} p_{\boldsymbol{G}_r}(\boldsymbol{G})\mathrm{d}^S \boldsymbol{G} = 1 \tag{5.43}$$

5.4.4 香农熵：对称实随机矩阵不确定性的度量

与随机向量类似[见式(5.5)]，对称实随机矩阵 $\boldsymbol{G}_r$ 的不确定性的香农测度用支集为 $\tilde{S}_n = \mathbf{M}_n^S(\mathbf{R})$ 的概率密度函数 $p_{\boldsymbol{G}_r}$ 的信息熵定义：

$$\varepsilon(p_{\boldsymbol{G}_r}) = -\int_{\tilde{S}_n} p_{\boldsymbol{G}_r}(\boldsymbol{G})\ln(p_{\boldsymbol{G}_r}(\boldsymbol{G}))\mathrm{d}^S \boldsymbol{G} = -E\{\ln(p_{\boldsymbol{G}_r}(\boldsymbol{G}_r))\} \tag{5.44}$$

5.4.5 对称实随机矩阵的最大熵原理

设 $\boldsymbol{G}_r$ 为 $\mathbf{M}_n^S(\mathbf{R})$ 上的随机矩阵，需要构建其概率密度函数 $p_{\boldsymbol{G}_r}$（给定支集 $\tilde{S}_n$，但

p_{G_r}未知)。

可用信息的数学建模。可用信息包括以下几点:

(1)支集性质。

$$\operatorname{supp} p_{G_r} = \tilde{S}_n \subset \mathbf{M}_n^S(\mathbf{R}) \tag{5.45}$$

式中:$\tilde{S}_n$ 在 $\mathbf{M}_n^S(\mathbf{R})$的任意子集内,如 $\tilde{S}_n$ 可能为 $\mathbf{M}_n^+(\mathbf{R})$。

(2)$\boldsymbol{G}_r$ 的统计性质或计算模型随机解的性质。在 $\mathbf{R}^\mu$ 上,有

$$\boldsymbol{h}(p_{G_r}) = \mathbf{0} \tag{5.46}$$

式中:$p_{G_r} \to \boldsymbol{h}(p_{G_r})$为给定的函数,其值在 $\mathbf{R}^\mu$ 上。

例 如果平均值 $E\{\boldsymbol{G}_r\} = \bar{\boldsymbol{G}}$ 为 $\tilde{S}_n$ 上给定的矩阵,则

$$h_\alpha(p_{G_r}) = \int_{\tilde{S}_n} \boldsymbol{G}_{jk} p_{G_r}(\boldsymbol{G}) \mathrm{d}^S G - \bar{\boldsymbol{G}}_{jk} (\alpha = 1,2,\cdots,\mu) \tag{5.47}$$

式中:α 与(j,k)有关,如 $1 \leqslant j \leqslant k \leqslant n$;整数 μ 满足 $\mu = n(n+1)/2$。

概率密度函数 p_{G_r}容许集的定义及优化问题。设 C_{free}为 $\mathbf{M}_n^S(\mathbf{R})$上可积正函数的子空间,其支集为 $\mathbf{M}_n^S(\mathbf{R})$的子空间 $\tilde{S}_n$:

$$C_{\text{free}} = \{p \in L^1(\mathbf{M}_n^S(\mathbf{R}), \mathbf{R}^+), \operatorname{supp} p = \tilde{S}_n, p(\boldsymbol{G}) \mathrm{d}^S G = 1\} \tag{5.48}$$

定义容许集 C_{ad},满足

$$C_{\text{ad}} = \{p \in C_{\text{free}}, \boldsymbol{h}(p) = \mathbf{0}\} \tag{5.49}$$

根据最大熵原理,通过求解如下优化问题可构建随机矩阵 $\boldsymbol{G}_r$ 的 p_{G_r}:

$$p_{G_r} = \arg \max_{p \in C_{\text{ad}}} \varepsilon(p) \tag{5.50}$$

与 5.3 节对随机向量 $\boldsymbol{X}$ 的分析情况类似,通过引入与约束相关的拉格朗日乘子,将集合 C_{ad}上的优化问题转化为集合 C_{free}上的另一个优化问题。

5.4.6 以单位矩阵为平均值的对称实随机矩阵的基本系综

高斯正交系综(GOE_δ)的定义。高斯正交系综是在$(\Theta,\mathcal{T},P)$上的随机矩阵 $\boldsymbol{G}_r$ 的集合,其取值在 $\mathbf{M}_n^S(\mathbf{R})$上。定义在 $\mathbf{M}_n^S(\mathbf{R})$上的概率密度函数 p_{G_r}是关于 $\mathrm{d}^S G$ 的函数:

$$p_{G_r}(\boldsymbol{G}) = c_G \exp\left\{-\frac{n+1}{4\delta^2}\operatorname{tr}(\boldsymbol{G}^2)\right\}, g_{kj} = g_{jk} (1 \leqslant j \leqslant k \leqslant n) \tag{5.51}$$

式中:c_G 为归一化常数;δ 为超参数。用式(5.51)来定义对称实随机矩阵系综的概率密度函数,该系综用 GOE_δ 表示。

属于系综 GOE_δ 的对称实随机矩阵的性质。属于系综 GOE_δ 的随机矩阵的基本性质如下。

(1)概率分布在任何实正交变换下都不变。

(2)实随机变量$\{g_{r,jk}, 1 \leqslant j \leqslant k \leqslant n\}$(元素)是相互独立的。

(3)每个实随机变量 $g_{r,jk}$都是一个高斯二阶中心随机变量,其方差为

$$\sigma_{jk}^2=(1+\delta_{kj})\delta^2/(n+1) \tag{5.52}$$

在 $\mathbf{R}$ 上,关于 $\mathrm{d}g$ 的概率密度函数为

$$p_{g_{r,jk}}(g)=(\sqrt{2\pi}\sigma_{jk})^{-1}\exp\{-g^2/(2\sigma_{jk}^2)\} \tag{5.53}$$

超参数 δ 的去中心性质。以下具体的构建方法可参见文献[186]。设 $\boldsymbol{G}^{\mathrm{GOE}}$ 为取值在 $\mathbf{M}_n^S(\mathbf{R})$ 上的随机矩阵,满足

$$\boldsymbol{G}^{\mathrm{GOE}}=\boldsymbol{I}_n+\boldsymbol{G}_r(\boldsymbol{G}_r\in \mathrm{GOE}_\delta) \tag{5.54}$$

因此,$E(\boldsymbol{G}^{\mathrm{GOE}})=\boldsymbol{I}_n$,$\boldsymbol{G}^{\mathrm{GOE}}$的变异系数为

$$\delta_{\mathrm{GOE}}=\left\{\frac{E\{\|\boldsymbol{G}^{\mathrm{GOE}}-E(\boldsymbol{G}^{\mathrm{GOE}})\|_F^2\}}{\|E(\boldsymbol{G}^{\mathrm{GOE}})\|_F^2}\right\}^{1/2}=\left\{\frac{1}{n}E\{\|\boldsymbol{G}^{\mathrm{GOE}}-\boldsymbol{I}_n\|_F^2\}\right\}^{1/2} \tag{5.55}$$

可以证明 $\delta_{\mathrm{GOE}}=\delta$。参数 $2\delta(n+1)^{1/2}$可用于指定范围。

随机模拟器。对 $\theta\in\boldsymbol{\Theta}$,有

$$\boldsymbol{G}^{\mathrm{GOE}}(\theta)=\boldsymbol{I}_n+\boldsymbol{G}_r(\theta),g_{r,kj}(\theta)=g_{r,jk}(\theta),g_{r,jk}(\theta)=\sigma_{jk}U_{jk}(\theta)$$

式中:$\{U_{jk}(\theta)\}_{1\leqslant j\leqslant k\leqslant n}$为归一化(中心的且具有单位方差的)高斯实随机变量的 $n(n+1)/2$个独立随机模拟量。

对矩阵有正性要求时,GOE 系综不能用于不确定性量化的原因是:GOE 可以看作高斯实随机变量到高斯对称实随机矩阵的推广,属于系综 GOE_δ 的矩阵 $\boldsymbol{G}^{\mathrm{GOE}}$ 几乎不是正的或负的(无识别标志)。此外,有

$$E\{\|(\boldsymbol{G}^{\mathrm{GOE}})^{-1}\|_F^2\}=+\infty \tag{5.56}$$

因此,该系综不能用于对称实矩阵的随机建模,因为对称实矩阵的逆矩阵具有正性和可积性。这种情况类似于在 5.3.1 节介绍的情况。

计算力学中不确定性量化所需要的新随机矩阵系综。计算固体力学和计算流体力学中,考虑由建模误差引起的模型不确定性的非参数概率法需要新的随机矩阵系综,这不同于 GOE 和其他已知的源于随机矩阵理论的系综。文献[140,184-185,190,203,207]对这些随机矩阵系综进行了介绍,本章也将在 5.4.7 节和 5.4.8 节进行说明。

构建任意高维随机矩阵系综需要新的数值工具,正定对称实随机矩阵的基本系综概率分布和相关模拟器可以显式地构建(见 5.4.7 节和 5.4.8 节),但除了正定对称实随机矩阵系综外,还需要一种新的数值工具,以便利用最大熵原理(拉格朗日乘子的显式计算是无法实现的)构建任意高维随机矩阵系综,文献[98,192,207]介绍了这种用于高维情况的数值工具,后面将在 5.4.10 节给予说明。

5.4.7 正定对称实随机矩阵的基本系综

下面将详细介绍 $\mathbf{M}_n^+(\mathbf{R})$ 上随机矩阵的基本系综。

(1)系综 SG_0^+:平均值为单位矩阵,下界为零矩阵(也称中心系综,是其他随机矩阵系综的随机起源)。

(2)系综 SG_ε^+:平均值为单位矩阵,有任意正定下界。

(3)系综 SG_b^+:平均值未给定或等于单位矩阵,有正定的上下界。

(4)系综 SG_λ^+:平均值是单位矩阵,下界是零矩阵,对角元二阶矩为随机特征值的方差。

5.4.7.1 均值为单位矩阵的正定随机矩阵系综 SG_0^+

采用最大熵原理构建系综 SG_0^+。$\boldsymbol{G}_0 \in SG_0^+$ 为概率空间$(\Theta, \mathcal{T}, P)$上的随机矩阵,其取值在 $\mathbf{M}_n^+(\mathbf{R}) \subset \mathbf{M}_n^S(\mathbf{R})$上,可利用以下信息并根据最大熵原理来构建 $\boldsymbol{G}_0$:

$$E(\boldsymbol{G}_0)=\boldsymbol{I}_n, E\{\ln(\det(\boldsymbol{G}_0))\}=v_{\boldsymbol{G}_0} \quad (|v_{\boldsymbol{G}_0}|<+\infty) \tag{5.57}$$

支集为 $\tilde{S}_n=\mathbf{M}_n^+(\mathbf{R})$的概率密度函数(关于 $\mathrm{d}^S G$ 的函数)为

$$p_{\boldsymbol{G}_0}(\boldsymbol{G})=\mathbb{1}_{S_n}(\boldsymbol{G})c_{\boldsymbol{G}_0}(\det(\boldsymbol{G}))^{(n+1)\frac{(1-\delta^2)}{2\delta^2}}\exp\left\{-\frac{n+1}{2\delta^2}\mathrm{tr}(\boldsymbol{G})\right\} \tag{5.58}$$

式中:超参数 δ(满足 $0<\delta<(n+1)^{1/2}(n+5)^{-1/2}$)可用于控制 $\boldsymbol{G}_0$ 的统计波动水平,δ 为

$$\delta=\left\{\frac{E\{\|\boldsymbol{G}_0-E(\boldsymbol{G}_0)\|_F^2\}}{\|E(\boldsymbol{G}_0)\|_F^2}\right\}^{1/2}=\left\{\frac{1}{n}E\{\|\boldsymbol{G}_0-\boldsymbol{I}_n\|_F^2\}\right\}^{1/2} \tag{5.59}$$

归一化正常数为

$$c_{\boldsymbol{G}_0}=(2\pi)^{-n(n-1)/4}\left(\frac{n+1}{2\delta^2}\right)^{\frac{n(n+1)}{2\delta^2}}\left\{\prod_{j=1}^{n}\Gamma\left(\frac{n+1}{2\delta^2}+\frac{1-j}{2}\right)\right\}^{-1} \tag{5.60}$$

式中:对任意 $z>0$,有 $\Gamma(z)=\int_0^{+\infty}t^{z-1}\mathrm{e}^{-t}\mathrm{d}t$。

评价 1:随机矩阵 $\boldsymbol{G}_0$ 满足 $\boldsymbol{G}_0 \in SG_0^+$,且有以下性质。

(1)$\{g_{0,jk}, 1 \leqslant j \leqslant k \leqslant n\}$为相关非高斯随机变量(与高斯系综 GOE_δ 相反)。

(2)当$(n+1)/\delta^2$ 为整数时,概率密度函数与 Wishart 概率分布相吻合。

(3)当$(n+1)/\delta^2$ 不是整数时,概率密度函数可以看作随机过程的无限维 Wishart 分布的一个特例[182]。

系综 SG_0^+ 内随机矩阵的二阶矩。随机矩阵 $\boldsymbol{G}_0 \in SG_0^+$ 为二阶随机变量,也就是说,$\boldsymbol{G}_0$ 满足 $E\{\|\boldsymbol{G}_0\|^2\} \leqslant E\{\|\boldsymbol{G}_0\|_F^2\}<+\infty$。

(1)随机矩阵 $\boldsymbol{G}_0$ 的均值为单位矩阵,$E(\boldsymbol{G}_0)=\boldsymbol{I}_n$。

(2)随机矩阵 $\boldsymbol{G}_0$ 的协方差张量的分量为

$$C_{jk,j'k'}=E\{(g_{0,jk}-i_{n,jk})(g_{0,j'k'}-i_{n,j'k'})\}$$

$C_{jk,j'k'}$满足

$$C_{jk,j'k'} = \delta^2 (n+1)^{-1} \{\delta_{j'k}\delta_{jk'} + \delta_{jj'}\delta_{kk'}\} \tag{5.61}$$

(3)随机变量 $g_{0,jk}$ 的方差为

$$\delta_{jk}^2 = C_{jk,jk} = \delta^2 (n+1)^{-1}(1+\delta_{jk}) \tag{5.62}$$

维数无穷大时的可逆性和收敛性。可以证明 $\boldsymbol{G}_0$ 具有以下性质：

$$E\{\|(\boldsymbol{G}_0)^{-1}\|^2\} \leqslant E\{\|(\boldsymbol{G}_0)^{-1}\|_F^2\} < +\infty \tag{5.63}$$

$$E\{\|(\boldsymbol{G}_0)^{-1}\|^2\} \leqslant C_\delta < +\infty\ (\forall n \geqslant 2) \tag{5.64}$$

式中：C_δ 为正有限常数，与 n 无关，但与 δ 有关。

评价 2：

(1)可逆性与约束条件 $E\{\ln(\det(\boldsymbol{G}_0))\} = v_{\boldsymbol{G}_0}$ 及 $|v_{\boldsymbol{G}_0}| < +\infty$ 有关。

(2)这是局限于 $\mathbf{M}_n^+(\mathbf{R})$ 的截断高斯分布(系综 GOE)不满足这种可逆性条件的原因，而这种可逆性条件在许多情况下是不确定性随机建模所必需的。

(3)式(5.63)表示的性质对于证明"对 $\mathbf{R}^n$ 上的任意 $\boldsymbol{f}$，随机方程 $\boldsymbol{G}_0\boldsymbol{U} = \boldsymbol{f}$ 都有一个二阶解 $\boldsymbol{U}$"非常重要。

(4)式(5.64)表示的性质对于解释维数 $n \to \infty$ 时的系综 SG_0^+ 非常重要。例如，在证明随机椭圆偏微分方程唯一解的存在性时，有限近似的过程便引入了属于 SG_0^+ 的随机矩阵[185](见 5.4.7.2 节评价 5)。

属于系综 SG_0^+ 的随机矩阵的随机特征值的概率密度函数。SG_0^+ 中 $\boldsymbol{G}_0$ 的正随机特征值组成的随机向量 $\boldsymbol{\Lambda} = (\Lambda_1, \Lambda_2, \cdots, \Lambda_n)$ 满足 $\boldsymbol{G}_0\boldsymbol{\Phi}^j = \Lambda_j\boldsymbol{\Phi}^j$，$\boldsymbol{\Lambda}$ 的概率密度函数[184]为

$$p_{\boldsymbol{\Lambda}}(\boldsymbol{\lambda}) = \mathbb{1}_{[0,+\infty)^n}(\boldsymbol{\lambda})\, c_{\boldsymbol{\Lambda}} \left\{\prod_{j=1}^{n} \lambda_j^{(n+1)(1-\delta^2)/2\delta^2}\right\} \times \left\{\prod_{\alpha<\beta} |\lambda_\beta - \lambda_\alpha|\right\} \exp\left\{-\frac{n+1}{2\delta^2}\sum_{k=1}^{n}\lambda_k\right\} \tag{5.65}$$

式中：$c_{\boldsymbol{\Lambda}}$ 为归一化常数，用下式来定义，即

$$\int_0^{+\infty} \cdots \int_0^{+\infty} p_{\boldsymbol{\Lambda}}(\boldsymbol{\lambda})\,\mathrm{d}\boldsymbol{\lambda} = 1 \tag{5.66}$$

评价 3：

(1)SG_0^+ 中随机矩阵 $\boldsymbol{G}_0$ 的所有随机特征值 $\Lambda_1, \Lambda_2, \cdots, \Lambda_n$ 几乎是正数，而对于随机矩阵 $\boldsymbol{G}^{\mathrm{GOE}} = \boldsymbol{I}_n + \boldsymbol{G}$($\boldsymbol{G}$ 是属于系综 GOE_δ 的随机矩阵)的随机特征值 Λ_1^{GOE}，$\Lambda_2^{\mathrm{GOE}}, \cdots, \Lambda_n^{\mathrm{GOE}}$，这一说法并不成立。

(2)SG_0^+ 和 GOE_δ 中随机矩阵随机特征值的对比情况见文献[186]。

属于系综 SG_0^+ 的随机矩阵的代数表示和随机模拟器。下面的代数表示[184-185,190]形式给出属于系综 SG_0^+ 的任意随机矩阵 $\boldsymbol{G}_0$ 的显式随机模拟器，其概率密度函数由式(5.58)定义，有

$$\boldsymbol{G}_0 = \boldsymbol{L}^{\mathrm{T}}\boldsymbol{L} \tag{5.67}$$

式中：$\boldsymbol{L}$ 为上三角随机矩阵。其取值在 $\mathbf{M}_n(\mathbf{R})$ 上，满足以下三个条件：

①随机变量$\{L_{jj'},j<j'\}$相互独立。

②对$j<j'$，有$L_{jj'}=\sigma U_{jj'}$，其中，$\sigma=\delta(n+1)^{-1/2}$，$U_{jj'}$为实高斯随机变量，其均值为0、方差为1。

③对$j=j'$，有$L_{jj}=\sigma(2V_j)^{1/2}$，其中，$V_j$为正伽马随机变量，d$v$的概率密度函数为

$$p_{V_j}(v)=\mathbb{1}_{\mathbf{R}^+}(v)\frac{1}{\Gamma\left(\frac{n+1}{2\delta^2}+\frac{1-j}{2}\right)}v^{\frac{n+1}{2\delta^2}-\frac{1+j}{2}}\mathrm{e}^{-v} \tag{5.68}$$

评价4：

(1)式(5.67)定义的代数表示表明，虽然L的元素$\{L_{jj'},j<j'\}$是无关的，但G_0的元素$\{g_{0,jj'},j\leqslant j'\}$是相关的。

(2)随机矩阵L的对角元素$L_{jj}(j=1,2,\cdots,n)$与j有关。

5.4.7.2 以单位矩阵为均值的具有任意正定下界的正定随机矩阵的系综$\mathrm{SG}_\varepsilon^+$

系综$\mathrm{SG}_\varepsilon^+$的构建及定义[203,207]。系综$\mathrm{SG}_\varepsilon^+$为$\mathrm{SG}_0^+$的子集，$\mathrm{SG}_\varepsilon^+$的均值为单位矩阵，存在任意下界，即由任意正数$\varepsilon$控制的正定矩阵，$G$为

$$G=\frac{1}{1+\varepsilon}(G_0+\varepsilon I_n)(G_0\in\mathrm{SG}_0^+,\varepsilon>0) \tag{5.69}$$

$$0<G_\ell<G(\mathrm{a.s.}) \tag{5.70}$$

式中：下界为正定矩阵，即

$$G_\ell=c_\varepsilon I_n,c_\varepsilon=\varepsilon/(1+\varepsilon) \tag{5.71}$$

当$\varepsilon=0$时，$\mathrm{SG}_\varepsilon^+=\mathrm{SG}_0^+$。因此，$G=G_0$。

$\mathrm{SG}_\varepsilon^+$中随机矩阵的性质。对任意$\varepsilon>0$，有

$$E(G)=I_n,E\{\ln(\det(G-G_\ell))\}=v_{G_\varepsilon} \tag{5.72}$$

式中：$v_{G_\varepsilon}=v_{G_0}-n\ln(1+\varepsilon)$。

随机矩阵G的变异系数。变异系数为

$$\delta_G=\left\{\frac{E\{\|G-E(G)\|_F^2\}}{\|E(G)\|_F^2}\right\}^{1/2}=\left\{\frac{1}{n}E\{\|G-I_n\|_F^2\}\right\}^{1/2} \tag{5.73}$$

记为

$$\delta_G=\delta/(1+\varepsilon) \tag{5.74}$$

式中：δ为系综SG_0^+的超参数[见式(5.59)]。

随机矩阵G的下界与可逆性。设$L^2(\Theta,\mathbf{R}^n)$为n维随机变量的希尔伯特空间，具有内积$<X,Y>_\Theta=E\{<X,Y>\}$及范数$\|X\|_\Theta$。对任意$\varepsilon>0$，$L^2(\Theta,\mathbf{R}^n)\times L^2(\Theta,\mathbf{R}^n)$上的双线性范数$b(X,Y)=<GX,Y>_\Theta$满足

$$b(\boldsymbol{X},\boldsymbol{X}) \geqslant c_\varepsilon \|\boldsymbol{X}\|_\Theta^2 \tag{5.75}$$

随机矩阵 $\boldsymbol{G}$ 几乎是可逆的，且 $\boldsymbol{G}^{-1}$ 为二阶随机变量，即

$$E\{\|\boldsymbol{G}^{-1}\|_F^2\} < +\infty \tag{5.76}$$

评价 5：系综 $\mathrm{SG}_\varepsilon^+$ 有助于椭圆算子的随机建模[152,203,208]（见 5.4.7.1 节评价 2 的(3)）。

5.4.7.3 具有给定正定上下界和均值的正定随机矩阵系综 SG_b^+

采用最大熵原理构建 SG_b^+ 的可用信息[96,207]。系综 $\mathrm{SG}_b^+ \subset \mathrm{SG}_0^+$ 由随机矩阵 $\boldsymbol{G}_b$ 组成，对给定的 $\mathbf{0} < \boldsymbol{G}_\ell < \boldsymbol{G}_u \in \mathbf{M}_n^+(\mathbf{R})$，满足

$$\mathbf{0} < \boldsymbol{G}_\ell < \boldsymbol{G}_b < \boldsymbol{G}_u \tag{5.77}$$

可用信息包括以下几点：

(1) $\mathrm{supp}\ p_{\boldsymbol{G}_b} = \tilde{S}_n = \{\boldsymbol{G} \in \mathbf{M}_n^+(\mathbf{R}) \mid \boldsymbol{G}_\ell < \boldsymbol{G} < \boldsymbol{G}_u\} \subset \mathbf{M}_n^+(\mathbf{R})$。

(2) $\overline{\boldsymbol{G}}_b = E(\boldsymbol{G}_b)$，已知 $\overline{G}_b$ 满足 $\boldsymbol{G}_\ell < \overline{G}_b < \boldsymbol{G}_u$。

(3) $E\{\ln(\det(\boldsymbol{G}_b - \boldsymbol{G}_\ell))\} = v_\ell, E\{\ln(\det(\boldsymbol{G}_u - \boldsymbol{G}_b))\} = v_u$，且 $|v_\ell| < +\infty$，$|v_u| \ll +\infty$。

采用最大熵原理构建 SG_b^+。在由可用信息定义的约束条件下，根据最大熵原理可得以下结果：随机矩阵 $\boldsymbol{A}_0$ 取值在 $\mathbf{M}_n^+(\mathbf{R})$ 上，为

$$\boldsymbol{A}_0 = (\boldsymbol{G}_b - \boldsymbol{G}_\ell)^{-1} - \boldsymbol{G}_{\ell u}^{-1} \tag{5.78}$$

式中：$\boldsymbol{G}_{\ell u} = \boldsymbol{G}_u - \boldsymbol{G}_\ell \in \mathbf{M}_n^+(\mathbf{R})$；$\boldsymbol{A}_0$ 可表示为

$$\boldsymbol{A}_0 = \overline{\boldsymbol{L}}_0^{\mathrm{T}} \boldsymbol{G}_0 \overline{\boldsymbol{L}}_0 \tag{5.79}$$

其中：$\boldsymbol{G}_0 \in \mathrm{SG}_0^+$（与超参数 δ 有关，$\overline{\boldsymbol{L}}_0 \in \mathbf{M}_n(\mathbf{R})$）为上三角矩阵，满足 $\overline{\boldsymbol{A}}_0 = E(\boldsymbol{A}_0) = \overline{\boldsymbol{L}}_0^{\mathrm{T}} \overline{\boldsymbol{L}}_0$。因此有

$$\boldsymbol{G}_b = \boldsymbol{G}_\ell + (\overline{\boldsymbol{L}}_0^{\mathrm{T}} \boldsymbol{G}_0 \overline{\boldsymbol{L}}_0 + \boldsymbol{G}_{\ell u}^{-1})^{-1} \tag{5.80}$$

对任意小的量 $\varepsilon_0 > 0$（如 $\varepsilon_0 = 10^{-6}$），有

$$\|E\{(\boldsymbol{A}_0 + \boldsymbol{G}_{\ell u}^{-1})^{-1}\} + \boldsymbol{G}_\ell - \overline{\boldsymbol{G}}_b\|_F \leqslant \varepsilon_0 \|\overline{\boldsymbol{G}}_b\|_F \tag{5.81}$$

为了满足 $E(\boldsymbol{G}_b) = \overline{\boldsymbol{G}}_b$，下面给出一个有效的算法，以便构建 $\overline{\boldsymbol{L}}_0$。

构建 $\overline{\boldsymbol{L}}_0$ 的算法。设 $\mathbf{M}_n^U(\mathbf{R})$ 为 n 维上三角实矩阵集，其对角元为正数。因此 $\overline{\boldsymbol{L}}_0 \in \mathbf{M}_n^U(\mathbf{R})$，对固定的 δ 及给定 $\overline{\boldsymbol{G}}_b$ 的目标值，通过求解以下优化问题可计算出 $\overline{\boldsymbol{L}}_0$ 的值 $\overline{\boldsymbol{L}}_0^{\mathrm{opt}}$：

$$\overline{\boldsymbol{L}}_0^{\mathrm{opt}} = \arg \min_{L_0 \in \mathbf{M}_n^U(\mathbf{R})} \mathcal{F}(\overline{\boldsymbol{L}}_0) \tag{5.82}$$

$$\mathcal{F}(\overline{\boldsymbol{L}}_0) = \|E\{(\overline{\boldsymbol{L}}_0^{\mathrm{T}} \boldsymbol{G}_0 \overline{\boldsymbol{L}}_0 + \boldsymbol{G}_{\ell u}^{-1})^{-1}\} + \boldsymbol{G}_\ell - \overline{\boldsymbol{G}}_b\|_F / \|\overline{\boldsymbol{G}}_b\|_F \tag{5.83}$$

控制 $\boldsymbol{G}_b$ 统计波动水平的变异系数 δ_b。变异系数定义为

$$\delta_b = \left\{\frac{E\{\|\boldsymbol{G}_b - \overline{\boldsymbol{G}}_b\|_F^2\}}{\|\overline{\boldsymbol{G}}_b\|_F^2}\right\}^{1/2} \tag{5.84}$$

5.4.7.4 正定随机矩阵系综 SG_λ^+（均值为单位矩阵且下界为零，已知二阶矩）

可用信息。随机矩阵系综 SG_λ^+ 是 SG_0^+ 的子集，是在以下可用信息所定义的约束条件下利用最大熵原理来定义的。

(1) $\mathrm{supp}\ p_{G_\lambda}=\widetilde{S}_n=\mathbf{M}_n^+(\mathbf{R})$。

(2) $E(\boldsymbol{G}_\lambda)=\boldsymbol{I}_n$。

(3) $E\{\ln(\det(\boldsymbol{G}_\lambda))\}=v_{G_\lambda},|v_{G_\lambda}|<+\infty$。

(4) $E\{g_{\lambda,jj}{}^2\}=s_j^2(j=1,2,\cdots,m,m<n,s_1^2,s_2^2,\cdots,s_m^2)$为已知正常数。

采用最大熵法构建 SG_λ^+。支集为 $\widetilde{S}_n=\mathbf{M}_n^+(\mathbf{R})$的概率密度函数 p_{G_λ}为

$$p_{G_\lambda}(\boldsymbol{G})=\mathbb{1}_{\widetilde{S}_n}(\boldsymbol{G})C_{G_\lambda}(\det(\boldsymbol{G}))^{\alpha-1}\exp\left\{-\mathrm{tr}\{\boldsymbol{\mu}^{\mathrm{T}}\boldsymbol{G}\}-\sum_{j=1}^{m}\Gamma_j g_{jj}^2\right\} \tag{5.85}$$

式中：C_{G_λ}为归一化常数；参数 α 满足 $n+2\alpha-1>0$；$\boldsymbol{\mu}$ 为 n 维实对角矩阵，且对 $j>m$，有 $\mu_{jj}=(n+2\alpha-1)/2$，$\mu_{11},\mu_{22},\cdots,\mu_{mm}$及 $\tau_1,\tau_2,\cdots,\tau_m$ 为 $2m$ 个正参数，为 α 及 $s_1^2,s_2^2,\cdots,s_m^2$ 的函数。

变异系数 δ（用于控制 $\boldsymbol{G}_\lambda$ 的全局统计波动水平）的表示形式。变异系数定义为

$$\delta=\left\{\frac{E\{\|\boldsymbol{G}_\lambda-E(\boldsymbol{G}_\lambda)\|_F^2\}}{\|E(\boldsymbol{G}_\lambda)\|_F^2}\right\}^{1/2}=\left\{\frac{1}{n}E\{\|\boldsymbol{G}_\lambda-\boldsymbol{I}_n\|_F^2\}\right\}^{1/2} \tag{5.86}$$

δ 可写为

$$\delta^2=\frac{1}{n}\sum_{j=1}^{m}s_j^2+\frac{n+1-(m/n)(n+2\alpha-1)}{n+2\alpha-1} \tag{5.87}$$

5.4.8 不确定性量化中非参数方法的随机矩阵系综

本节主要是介绍随机矩阵系综 SE_0^+、SE_ε^+、SE^{+0}、SE^{rect}和 SE^{HT}的构建，在许多应用领域中对计算模型进行不确定性量化时，这些系综有助于对矩阵的随机建模。其应用于以下领域。

(1)结构动力学、声学、振动声学、流体－结构相互作用、非定常气动弹性学、土壤－结构相互作用等领域。

(2)弹性固体力学（随机弹性连续介质的弹性张量、非均匀微结构的矩阵随机场等）。

(3)热学（热导张量）、电磁学（电介质张量）等。

这些随机矩阵系综是由 5.4.7 节介绍的基本系综经过变换得到的。简单地说，这些随机矩阵系综具有以下特征。

(1)系综 SE_0^+:类似于系综 SG_0^+,但给定的平均值不是单位矩阵。

(2)系综 SE_ε^+:类似于系综 SG_ε^+,但给定的平均值不是单位矩阵,且具有正定下界。

(3)系综 SE^{+0}:类似于系综 SG_0^+,但由 m 维半正定实随机矩阵组成,其均值为任意给定的半正定矩阵。

(4)系综 SE^{rect}:该系综由矩形随机矩阵组成,其均值为给定的矩形矩阵,SE^{rect} 是利用系综 SE_ε^+ 构建的。

(5)系综 SE^{HT}:随机函数集,其值在复矩阵集中,实部和虚部均为正定随机矩阵(受因果关系引入潜在的希尔伯特变换的约束)。

5.4.8.1 已知均值的正定随机矩阵系综 SE_0^+

系综 SE_0^+ 的定义。设 $\boldsymbol{A}_m$ 为 $\mathbf{M}_n^+(\mathbf{R})$ 上已知的确定性矩阵,表示不等于单位矩阵的已知的均值矩阵,SE_0^+ 上的任意随机矩阵 $\boldsymbol{A}_0$ 取值在 $\mathbf{M}_n^+(\mathbf{R})$上,且满足

$$E(\boldsymbol{A}_0)=\boldsymbol{A}_m\in\mathbf{M}_n^+(\mathbf{R}),E\{\ln(\det(\boldsymbol{A}_0))\}=v_{\boldsymbol{A}_0},(|v_{\boldsymbol{A}_0}|<+\infty) \tag{5.88}$$

随机矩阵 $\boldsymbol{A}_0$ 可以写为

$$\boldsymbol{A}_0=\boldsymbol{L}_{\boldsymbol{A}_m}{}^{\mathrm{T}}\boldsymbol{G}_0\boldsymbol{L}_{\boldsymbol{A}_m},(\boldsymbol{G}_0\in SG_0^+) \tag{5.89}$$

式中:$\boldsymbol{A}_m=\boldsymbol{L}_{\boldsymbol{A}_m}{}^{\mathrm{T}}\boldsymbol{L}_{\boldsymbol{A}_m}$($\boldsymbol{A}_m\in\mathbf{M}_n^+(\mathbf{R})$的 Cholesky 分解)。

需要注意的是,矩阵 $\boldsymbol{A}_m$ 也可以写成 $\boldsymbol{A}_m=\boldsymbol{A}_m^{1/2}\boldsymbol{A}_m^{1/2}$,因此,矩阵 $\boldsymbol{A}_0$ 也可以写为

$$\boldsymbol{A}_0=\boldsymbol{A}_m^{1/2}\boldsymbol{G}_0\boldsymbol{A}_m^{1/2} \tag{5.90}$$

矩阵 $\boldsymbol{A}_0$ 及其逆矩阵的性质。矩阵 $\boldsymbol{A}_0$ 及 $\boldsymbol{A}_0^{-1}$ 的二阶矩是有限的,即

$$E\{\|\boldsymbol{A}_0\|^2\}\leqslant E\{\|\boldsymbol{A}_0\|_F^2\}<+\infty \tag{5.91}$$

$$E\{\|\boldsymbol{A}_0^{-1}\|^2\}\leqslant E\{\|\boldsymbol{A}_0^{-1}\|_F^2\}<+\infty \tag{5.92}$$

随机矩阵 $\boldsymbol{A}_0$ 的协方差张量的分量定义为 $C_{jk,j'k'}=E\{(a_{0,jk}-a_{jk})(a_{0,j'k'}-a_{j'k'})\}$,满足

$$C_{jk,j'k'}=\frac{\delta^2}{n+1}\{a_{j'k}a_{jk'}+a_{jj'}a_{kk'}\} \tag{5.93}$$

随机变量 $a_{0,jk}$的方差 $\sigma_{jk}^2=C_{jk,jk}$为

$$\sigma_{jk}^2=\frac{\delta^2}{n+1}\{a_{jk}^2+a_{jj}a_{kk}\} \tag{5.94}$$

变异系数。随机矩阵 $\boldsymbol{A}_0$ 的变异系数定义为

$$\delta_{A_0}=\left\{\frac{E\{\|\boldsymbol{A}_0-\boldsymbol{A}_m\|_F^2\}}{\|\boldsymbol{A}_m\|_F^2}\right\}^{1/2} \tag{5.95}$$

由于 $E\{\|\boldsymbol{A}_0-\boldsymbol{A}_m\|_F^2\}=\sum\limits_{j=1}^{n}\sum\limits_{k=1}^{n}\sigma_{jk}^2$,因此 δ_{A_0} 可表示为

$$\delta_{A_0} = \frac{\delta}{\sqrt{n+1}}\left\{1 + \frac{(\mathrm{tr}(\boldsymbol{A}_{\mathrm{m}}))^2}{\|\boldsymbol{A}_{\mathrm{m}}\|_F^2}\right\}^{1/2} \tag{5.96}$$

5.4.8.2 正定随机矩阵系综 $\mathrm{SE}_{\varepsilon}^{+}$（已知均值及正定下界）

系综 $\mathrm{SE}_{\varepsilon}^{+}$ 的定义。设 $\boldsymbol{A}_{\mathrm{m}}$ 为 $\mathbf{M}_n^{+}(\mathbf{R})$ 上的已知确定性矩阵，表示给定的平均值，$\boldsymbol{A}_{\mathrm{m}}$ 可以等于或不等于单位矩阵。对固定的 $\varepsilon>0$，$\mathrm{SE}_{\varepsilon}^{+}$ 上任意随机矩阵 $\boldsymbol{A}$ 的取值均在 $\mathbf{M}_n^{+}(\mathbf{R})$ 上，记为

$$\boldsymbol{A} = \boldsymbol{L}_{A_{\mathrm{m}}}{}^{\mathrm{T}}\boldsymbol{G}\boldsymbol{L}_{A_{\mathrm{m}}},\ \boldsymbol{G} \in \mathrm{SG}_{\varepsilon}^{+} \tag{5.97}$$

式中：$\boldsymbol{A}_{\mathrm{m}} = \boldsymbol{L}_{A_{\mathrm{m}}}{}^{\mathrm{T}}\boldsymbol{L}_{A_{\mathrm{m}}}$（$\boldsymbol{A}_{\mathrm{m}} \in \mathbf{M}_n^{+}(\mathbf{R})$ 的 Cholesky 分解）。

因此，任意随机矩阵 $\boldsymbol{A} \in \mathrm{SE}_{\varepsilon}^{+}$ 可表示为

$$\boldsymbol{A} - \boldsymbol{A}_{\ell} = \boldsymbol{A}_0/(1+\varepsilon)\ (\mathrm{a.s.}),\ \boldsymbol{A}_0 \in \mathrm{SE}_0^{+} \tag{5.98}$$

式中：$\boldsymbol{A}_{\ell} \in \mathbf{M}_n^{+}(\mathbf{R})$ 为正定下界，即

$$\boldsymbol{A}_{\ell} = c_{\varepsilon}\boldsymbol{A}_{\mathrm{m}},\ c_{\varepsilon} = \varepsilon/(1+\varepsilon) \tag{5.99}$$

当 $\varepsilon=0$ 时，系综 $\mathrm{SE}_{\varepsilon}^{+}$ 与 SE_0^{+} 吻合；当 $\varepsilon>0$ 时，系综 $\mathrm{SE}_{\varepsilon}^{+}$ 能够引入一个正定的下界 $\boldsymbol{A}_{\ell}$。在已知存在下界但又缺乏能够用于识别下界的信息的情况下，$\boldsymbol{A}_{\ell}$ 是任意构建的。

随机矩阵 $\boldsymbol{A}$ 及其逆矩阵的性质。任意属于 $\mathrm{SE}_{\varepsilon}^{+}$ 的随机矩阵 $\boldsymbol{A}$ 具有以下性质。

（1）不等式 $0<\boldsymbol{A}_{\ell}<\boldsymbol{A}$ 成立。

（2）存在二阶矩，即 $E\{\|\boldsymbol{A}\|^2\} \leqslant E\{\|\boldsymbol{A}\|_F^2\} < +\infty$。

（3）均值矩阵为 $\boldsymbol{A}_{\mathrm{m}}$，是 $\mathbf{M}_n^{+}(\mathbf{R})$ 上的已知量，$E(\boldsymbol{A}) = \boldsymbol{A}_{\mathrm{m}}$。

（4）当 $\boldsymbol{A}_{\mathrm{m}} - \boldsymbol{A}_{\ell} \to [0_{+}]$ 时，随机矩阵 $\boldsymbol{A}$ 的概率密度函数趋于 0，有 $E\{\ln(\det(\boldsymbol{A}-\boldsymbol{A}_{\ell}))\} = v_{A_{\mathrm{m}}},\ |v_{A_{\mathrm{m}}}| < +\infty,\ v_{A_{\mathrm{m}}} = v_{A_0} - n\ln(1+\varepsilon)$。

（5）对 $L^2(\Theta,\mathbf{R}^n)$ 上的任意随机向量 $\boldsymbol{X}$，有 $b_{A_{\mathrm{m}}}(\boldsymbol{X},\boldsymbol{X}) \geqslant c_{\varepsilon} < \boldsymbol{A}\boldsymbol{X},\boldsymbol{X} >_{\Theta} = c_{\varepsilon}\|\boldsymbol{L}_{A_{\mathrm{m}}}\boldsymbol{X}\|_{\Theta}^2$。因此，随机矩阵 $\boldsymbol{A}$ 可逆，且 $\boldsymbol{A}^{-1}$ 为二阶随机矩阵，即

$$E\{\|\boldsymbol{A}^{-1}\|^2\} \leqslant E\{\|\boldsymbol{A}^{-1}\|_F^2\} < +\infty \tag{5.100}$$

变异系数。随机矩阵 $\boldsymbol{A}$ 的变异系数定义为

$$\delta_A = \left\{\frac{E\{\|\boldsymbol{A}-\boldsymbol{A}_{\mathrm{m}}\|_F^2\}}{\|\boldsymbol{A}_{\mathrm{m}}\|_F^2}\right\}^{1/2} \tag{5.101}$$

其中

$$\delta_A = \delta_{A_0}/(1+\varepsilon) \tag{5.102}$$

式中：δ_{A_0} 为随机矩阵 $\boldsymbol{A}_0 \in \mathrm{SE}_0^{+}$ 的变异系数。

5.4.8.3 半正定随机矩阵系综 SE^{+0}（已知半正定均值）

系综 SE^{+0} 上随机矩阵的代数结构。系综 SE^{+0} 由取值在 $\mathbf{M}_m^{+0}(\mathbf{R})$（$m$ 维半正

定实矩阵）上的随机矩阵构成，均值 $\boldsymbol{A}_{\mathrm{m}}=E(\boldsymbol{A})$ 为 $\mathbf{M}_{m}^{+0}(\mathbf{R})$ 上的确定性矩阵。矩阵 $\boldsymbol{A}_{\mathrm{m}}$ 的空空间 $\mathrm{null}(\boldsymbol{A}_{\mathrm{m}})$ 的维数 μ_{null} 满足 $1<\mu_{\mathrm{null}}<m$。$\mathbf{M}_{m,n}(\mathbf{R})$（$n=m-\mu_{\mathrm{null}}$）上存在矩形矩阵 $\boldsymbol{R}_{\boldsymbol{A}_{\mathrm{m}}}$，使

$$\boldsymbol{A}_{\mathrm{m}}=\boldsymbol{R}_{\boldsymbol{A}_{\mathrm{m}}}{}^{\mathrm{T}}\boldsymbol{R}_{\boldsymbol{A}_{\mathrm{m}}} \tag{5.103}$$

这一分解采用了经典的算法，对 SE^{+0} 做以下定义：在系综 SE^{+0} 上，任意随机矩阵 $\boldsymbol{A}$ 的空空间与 $\boldsymbol{A}_{\mathrm{m}}$ 的空空间重合，即 $\mathrm{null}(\boldsymbol{A})=\mathrm{null}(\boldsymbol{A}_{\mathrm{m}})$。也就是说 $\mathrm{null}(\boldsymbol{A})$ 是 $\mathbf{R}^{m}$ 上的确定性子空间，其固定维数为 $\mu_{\mathrm{null}}<m$。

系综 SE^{+0} 的构建及定义。系综 SE^{+0} 为二阶随机矩阵 $\boldsymbol{A}$ 的子集，取值在 $\mathbf{M}_{m}^{+0}(\mathbf{R})$ 上，$\boldsymbol{A}$ 满足

$$\boldsymbol{A}=\boldsymbol{R}_{\boldsymbol{A}_{\mathrm{m}}}{}^{\mathrm{T}}\boldsymbol{G}\boldsymbol{R}_{\boldsymbol{A}_{m}},\boldsymbol{G}\in SG_{\varepsilon}^{+} \tag{5.104}$$

式中：$\boldsymbol{G}$（$\mathrm{SG}_{\varepsilon}^{+}$ 上的随机矩阵）取值在 $\mathbf{M}_{n}^{+}(\mathbf{R})$ 上，$n=m-\mu_{\mathrm{null}}$。用式（5.74）定义随机矩阵 $\boldsymbol{G}$ 的变异系数 δ_{G}，δ_{G} 为超参数 δ 的函数，δ 由式（5.59）定义，可用于控制随机矩阵 $\boldsymbol{A}$ 的统计波动水平。

5.4.8.4 矩形随机矩阵系综 $\mathrm{SE}^{\mathrm{rect}}$（已知均值）

$\mathrm{SE}^{\mathrm{rect}}$ 上随机矩阵均值的分解。$\mathrm{SE}^{\mathrm{rect}}$ 上任意随机矩形矩阵 $\boldsymbol{A}$ 均为二阶随机矩阵，取值在 $\mathbf{M}_{m,n}(\mathbf{R})$ 上，其给定的均值 $\boldsymbol{A}_{\mathrm{m}}=E(\boldsymbol{A})$ 在 $\mathbf{M}_{m,n}(\mathbf{R})$ 上，空空间减缩为 $\{0\}$（由 $\boldsymbol{A}_{\mathrm{m}}\boldsymbol{x}=\boldsymbol{0}$ 得 $\boldsymbol{x}=\boldsymbol{0}$）。矩形矩阵 $\boldsymbol{A}_{\mathrm{m}}$ 可进行以下分解[90]：

$$\boldsymbol{A}_{\mathrm{m}}=\boldsymbol{U}\boldsymbol{T} \tag{5.105}$$

式中：$\boldsymbol{T}$ 和 $\boldsymbol{U}$ 分别为方阵及矩形矩阵，可表示为

$$\boldsymbol{T}\in\mathbf{M}_{n}^{+}(\mathbf{R}),\boldsymbol{U}\in\mathbf{M}_{m,n}(\mathbf{R}),\boldsymbol{U}^{\mathrm{T}}\boldsymbol{U}=\boldsymbol{I}_{n} \tag{5.106}$$

这种分解可直接由 $\boldsymbol{A}_{\mathrm{m}}$ 的奇异值分解导出。

系综 $\mathrm{SE}^{\mathrm{rect}}$ 的定义。对固定的 $\varepsilon>0$，$\mathbf{M}_{m,n}(\mathbf{R})$ 上任意随机矩阵 $\boldsymbol{A}\in\mathrm{SE}^{\mathrm{rect}}$ 可分解为

$$\boldsymbol{A}=\boldsymbol{U}\boldsymbol{T} \tag{5.107}$$

式中：$\boldsymbol{T}$ 为 n 维随机矩阵，属于 $\mathrm{SE}_{\varepsilon}^{+}$，可表示为

$$\boldsymbol{T}=\boldsymbol{L}_{\boldsymbol{T}}{}^{\mathrm{T}}\boldsymbol{G}\boldsymbol{L}_{\boldsymbol{T}},\boldsymbol{G}\in\mathrm{SG}_{\varepsilon}^{+} \tag{5.108}$$

式中：$\boldsymbol{L}_{\boldsymbol{T}}$ 为 n 维上三角实矩阵，通过对矩阵 $\boldsymbol{T}\in\mathbf{M}_{n}^{+}(\mathbf{R})$ 进行 Cholesky 分解得到，即 $\boldsymbol{T}=\boldsymbol{L}_{\boldsymbol{T}}{}^{\mathrm{T}}\boldsymbol{L}_{\boldsymbol{T}}$。随机矩阵 $\boldsymbol{G}$ 的变异系数 $\delta_{\boldsymbol{G}}$ 由式（5.74）定义，$\delta_{\boldsymbol{G}}$ 为超参数 δ 的函数，δ 由式（5.59）定义，可用于控制随机矩阵 $\boldsymbol{T}$ 的统计波动水平，从而控制随机矩阵 $\boldsymbol{A}$ 的统计波动水平。

5.4.8.5 与希尔伯特变换相关的双正定矩阵值随机函数系综 $\mathrm{SE}^{\mathrm{HT}}$

在频域建立降阶计算模型的许多问题中，如在线性结构动力学和线性振动声学中，存在与频率相关的复矩阵，即 $\boldsymbol{Z}_{\mathrm{m}}(\omega)=\boldsymbol{K}_{\mathrm{m}}(\omega)+\mathrm{i}\omega\boldsymbol{D}_{\mathrm{m}}(\omega)$，其中 $\boldsymbol{D}_{\mathrm{m}}(\omega)$ 是

正定实矩阵,$\boldsymbol{K}_{\mathrm{m}}(\omega)$是对称实矩阵。例如:

(1)在线性黏弹性结构动力学[154-156]中,$\boldsymbol{D}_{\mathrm{m}}(\omega)$是减缩阻尼矩阵,$\boldsymbol{K}_{\mathrm{m}}(\omega)$是减缩刚度矩阵,也是正定矩阵(如果忽略可能存在的刚性位移)。

(2)在振动声学中,对于无界域[154,156]中与亥姆霍兹方程有关的外区域纽曼问题,$(\mathrm{i}\omega)^{-1}\boldsymbol{Z}_{\mathrm{m}}(\omega)$是与外区域流体-结构界面声阻抗边界算子有关的边界单元矩阵。$\boldsymbol{D}_{\mathrm{m}}(\omega)$是由无限远处的声辐射引起的减缩阻尼矩阵(索末菲(Sommerfeld)辐射)。$\boldsymbol{K}_{\mathrm{m}}(\omega)$是对称矩阵,但通常不是正矩阵。

系综 $\mathrm{SE}^{\mathrm{HT}}$ 为随 $\mathbf{R}$ 变化的随机函数(随机过程)集,其取值在 $\mathbf{M}_n(\mathbf{C})$(n 维复随机矩阵)的子集上[37,204,207]。与频率有关的随机矩阵 $\mathbf{Z}(\omega)\in\mathrm{SE}^{\mathrm{HT}}$可表示为

$$\omega\rightarrow\boldsymbol{Z}(\omega)=\boldsymbol{K}(\omega)+\mathrm{i}\omega\boldsymbol{D}(\omega) \tag{5.109}$$

式中:$\boldsymbol{K}(\omega)\in\mathbf{M}_n^S(\mathbf{R})$;$\boldsymbol{D}(\omega)\in\mathbf{M}_n^+(\mathbf{R})$。

假设 $\boldsymbol{K}(\omega)$和 $\boldsymbol{D}(\omega)$之间受隐含希尔伯特变换(由因果关系引起)的约束,因此随机过程 $\boldsymbol{K}$ 和 $\boldsymbol{D}$ 不能独立建模,而是统计相关的随机过程。为了简化表示,假设与频率有关的矩阵 $\boldsymbol{K}(\omega)$是正定矩阵(如线性黏弹性结构动力学中的 $\boldsymbol{K}(\omega)$)。这种建模方法不难扩展到仅具有对称性但不具有正定性的 $\boldsymbol{K}(\omega)$。

确定性矩阵问题的定义。考虑以下情况:

对任意 $\omega\in\mathbf{R}$,复矩阵 $\mathbf{Z}_{\mathrm{m}}(\omega)=\boldsymbol{K}_{\mathrm{m}}(\omega)+\mathrm{i}\omega\boldsymbol{D}_{\mathrm{m}}(\omega)\in\mathbf{M}_n(\mathbf{C})$满足以下条件。

(1)与频率有关的矩阵 $\boldsymbol{D}_{\mathrm{m}}(\omega)$及 $\boldsymbol{K}_{\mathrm{m}}(\omega)$属于 $\mathbf{M}_n^+(\mathbf{R})$。

(2)对任意 $\omega\in\mathbf{R}$,满足 $\boldsymbol{D}_{\mathrm{m}}(-\omega)=\boldsymbol{D}_{\mathrm{m}}(\omega)$,$\boldsymbol{K}_{\mathrm{m}}(-\omega)=\boldsymbol{K}_{\mathrm{m}}(\omega)$。

(3)对任意 $\omega\geqslant 0$,$\omega\boldsymbol{D}_{\mathrm{m}}(\omega)$为

$$\omega\boldsymbol{D}_{\mathrm{m}}(\omega)=\hat{\boldsymbol{N}}^{\mathrm{I}}(\omega),\boldsymbol{K}_{\mathrm{m}}(\omega)=\boldsymbol{K}_0+\hat{\boldsymbol{N}}^{\mathrm{R}}(\omega) \tag{5.110}$$

式中:$\boldsymbol{K}_0$ 为 $\mathbf{M}_n^+(\mathbf{R})$上给定的矩阵,实矩阵 $\hat{\boldsymbol{N}}^{\mathrm{R}}(\omega)$及 $\hat{\boldsymbol{N}}^{\mathrm{I}}(\omega)$为

$$\hat{\boldsymbol{N}}^{\mathrm{R}}(\omega)=\mathrm{Re}\{\hat{\boldsymbol{N}}(\omega)\},\hat{\boldsymbol{N}}^{\mathrm{I}}(\omega)=\mathrm{Im}\{\hat{\boldsymbol{N}}(\omega)\} \tag{5.111}$$

从 $\mathbf{R}$ 到 $\mathbf{M}_n(\mathbf{C})$的函数 $\omega\rightarrow\hat{\boldsymbol{N}}(\omega)$为从 $\mathbf{R}$ 到 $\mathbf{M}_n(\mathbf{R})$的可积因果函数 $t\rightarrow\boldsymbol{N}(t)$的傅里叶变换:

$$\hat{\boldsymbol{N}}(\omega)=\int_{\mathbf{R}}\mathrm{e}^{-\mathrm{i}\omega t}\boldsymbol{N}(t)\,\mathrm{d}t(\ \forall\omega\in\mathbf{R}) \tag{5.112}$$

满足

$$\{t\rightarrow\boldsymbol{N}(t)\}\in L^1(\mathbf{R},\mathbf{M}_n(\mathbf{R})),\boldsymbol{N}(t)=\mathbf{0}(\ \forall t<0) \tag{5.113}$$

因此,$\omega\rightarrow\hat{\boldsymbol{N}}^{\mathrm{R}}(\omega)$及 $\omega\rightarrow\hat{\boldsymbol{N}}^{\mathrm{I}}(\omega)$为 $\mathbf{R}$ 上的连续函数,当$|\omega|\rightarrow+\infty$时趋于 $\mathbf{0}$;函数 $\hat{\boldsymbol{N}}^{\mathrm{R}}(\omega)$及 $\hat{\boldsymbol{N}}^{\mathrm{I}}(\omega)$通过希尔伯特变换相互关联:

$$\hat{\boldsymbol{N}}^{\mathrm{R}}(\omega)=\frac{1}{\pi}\mathrm{p.\,v}\int_{-\infty}^{+\infty}\frac{1}{\omega-\omega'}\hat{\boldsymbol{N}}^{\mathrm{I}}(\omega')\,\mathrm{d}\omega' \tag{5.114}$$

式中:p. v 为柯西主值。

实矩阵 $\boldsymbol{K}_0\in\mathbf{M}_n^+(\mathbf{R})$可表示为

$$\boldsymbol{K}_0 = \boldsymbol{K}(0) + \frac{2}{\pi}\int_0^{+\infty} \boldsymbol{D}_{\mathrm{m}}(\omega)\,\mathrm{d}\omega \tag{5.115}$$

因此,对任意 $\omega \geqslant 0$,有

$$\boldsymbol{K}_{\mathrm{m}}(\omega) = \boldsymbol{K}(0) + \frac{\omega}{\pi}\mathrm{p.\,v}\int_{-\infty}^{+\infty} \frac{1}{\omega - \omega'}\boldsymbol{D}_{\mathrm{m}}(\omega')\,\mathrm{d}\omega' \tag{5.116}$$

等价表示为

$$\boldsymbol{K}_{\mathrm{m}}(\omega) = \boldsymbol{K}(0) + \frac{2\omega^2}{\pi}\mathrm{p.\,v}\int_0^{+\infty} \frac{1}{\omega^2 - \omega'^2}\boldsymbol{D}_{\mathrm{m}}(\omega')\,\mathrm{d}\omega' \tag{5.117}$$

用非参数随机法构建随机过程系综 $\mathrm{SE}^{\mathrm{HT}}$。利用第 8 章模型不确定性非参数随机建模的随机建模原理,构建随机过程 $\{\boldsymbol{Z}(\omega), \omega \in \mathbf{R}\}$ 的系综 $\mathrm{SE}^{\mathrm{HT}}$,即对任意实数 ω,用随机矩阵 $\boldsymbol{D}(\omega)$ 和 $\boldsymbol{K}(\omega)$ 对 $\boldsymbol{D}_{\mathrm{m}}(\omega)$ 和 $\boldsymbol{K}_{\mathrm{m}}(\omega)$ 进行建模,使对任意 $\omega \in \mathbf{R}$,有

$$\boldsymbol{D}(-\omega) = \boldsymbol{D}(\omega), \boldsymbol{K}(-\omega) = \boldsymbol{K}(\omega)\,(\mathrm{a.\,s.}) \tag{5.118}$$

式中:随机矩阵 $\boldsymbol{D}(\omega)$ 和 $\boldsymbol{K}(\omega)$ 的均值为确定性矩阵,即

$$E\{\boldsymbol{D}(\omega)\} = \boldsymbol{D}_{\mathrm{m}}(\omega), E\{\boldsymbol{K}(\omega)\} = \boldsymbol{K}_{\mathrm{m}}(\omega) \tag{5.119}$$

对任意 $\omega \geqslant 0$,按照以下方法构建上述随机矩阵:

随机矩阵 $\boldsymbol{D}(\omega)$ 的随机建模。对于任意给定的 $\omega \geqslant 0$,$\mathbf{M}_n^+(\mathbf{R})$ 上的均值矩阵 $\boldsymbol{D}_{\mathrm{m}}(\omega)$ 可进行以下 Cholesky 分解:

$$\boldsymbol{D}_{\mathrm{m}}(\omega) = \boldsymbol{L}_{\boldsymbol{D}}(\omega)^{\mathrm{T}}\boldsymbol{L}_{\boldsymbol{D}}(\omega) \tag{5.120}$$

则 $\mathrm{SE}_\varepsilon^+$ 上的随机矩阵 $\boldsymbol{D}(\omega)$ 可以构建为

$$\boldsymbol{D}(\omega) = \boldsymbol{L}_{\boldsymbol{D}}(\omega)^{\mathrm{T}}\boldsymbol{G}_{\boldsymbol{D}}\boldsymbol{L}_{\boldsymbol{D}}(\omega), \boldsymbol{G}_{\boldsymbol{D}} \in \mathrm{SG}_\varepsilon^+ \tag{5.121}$$

随机矩阵 $\boldsymbol{G}_{\boldsymbol{D}}$ 的超参数 $\delta_{\boldsymbol{G}_{\boldsymbol{D}}}$ 能够控制不确定性水平,$\delta_{\boldsymbol{G}_{\boldsymbol{D}}} = \delta_{\boldsymbol{D}}/(1+\varepsilon)$(见式(5.74))。

随机矩阵 $\boldsymbol{K}(0)$ 的随机建模。用随机矩阵 $\boldsymbol{K}(0)$ 替换 $\mathbf{M}_n^+(\mathbf{R})$ 上给定的确定性矩阵 $\boldsymbol{K}_{\mathrm{m}}(0)$,$\boldsymbol{K}(0)$ 的取值同样在 $\mathbf{M}_n^+(\mathbf{R})$ 上,且满足 $E\{\boldsymbol{K}(0)\} = \boldsymbol{K}_{\mathrm{m}}(0)$。对 $\boldsymbol{K}_{\mathrm{m}}(0)$ 进行 Cholesky 分解:

$$\boldsymbol{K}_{\mathrm{m}}(0) = \boldsymbol{L}_{\boldsymbol{K}_{\mathrm{m}}(0)}{}^{\mathrm{T}}\boldsymbol{L}_{\boldsymbol{K}_{\mathrm{m}}(0)} \tag{5.122}$$

在随机矩阵系综 $\mathrm{SE}_\varepsilon^+$ 上构建 $\boldsymbol{K}(0)$,使

$$\boldsymbol{K}(0) = \boldsymbol{L}_{\boldsymbol{K}_{\mathrm{m}}(0)}{}^{\mathrm{T}}\boldsymbol{G}_{\boldsymbol{K}_{\mathrm{m}}(0)}\boldsymbol{L}_{\boldsymbol{K}_{\mathrm{m}}(0)}, \boldsymbol{G}_{\boldsymbol{K}_{\mathrm{m}}(0)} \in \mathrm{SG}_\varepsilon^+ \tag{5.123}$$

随机矩阵 $\boldsymbol{G}_{\boldsymbol{K}_{\mathrm{m}}(0)}$ 的超参数 $\delta_{\boldsymbol{G}_{\boldsymbol{K}_{\mathrm{m}}(0)}}$ 能够控制不确定性水平,$\delta_{\boldsymbol{G}_{\boldsymbol{K}_{\mathrm{m}}(0)}} = \delta_K/(1+\varepsilon)$(见式(5.74))。

随机矩阵 $\boldsymbol{K}(\omega)$ 的随机建模。根据式(5.117),对固定的 $\omega \geqslant 0$,随机矩阵 $\boldsymbol{K}(\omega)$ 可构建为

$$\boldsymbol{K}(\omega) = \boldsymbol{K}(0) + \frac{2\omega^2}{\pi}\mathrm{p.\,v}\int_0^{+\infty} \frac{1}{\omega^2 - \omega'^2}\boldsymbol{D}(\omega')\,\mathrm{d}\omega' \tag{5.124}$$

也可表示为(建议采用这种表示方法进行计算,因为在奇点 $u=1$ 处与 ω 无关)

$$
\boldsymbol{K}(\omega)=\boldsymbol{K}(0)+\frac{2\omega}{\pi}\mathrm{p.\,v}\int_{0}^{+\infty}\frac{1}{1-u^{2}}\boldsymbol{D}(\omega u)\,\mathrm{d}u=\boldsymbol{K}(0)+\frac{2\omega}{\pi}\lim_{\eta\to 0}\left\{\int_{0}^{1-\eta}+\int_{1+\eta}^{+\infty}\right\}
\tag{5.125}
$$

式中:等号右侧积分的计算可参见文献[37]。

随机矩阵 $\boldsymbol{K}(\omega)$ 正性的充分条件。通常情况下,即使 $\boldsymbol{K}(0)$ 正定,且即使对任意 ω,$\boldsymbol{D}(\omega)$ 正定,这些性质也并不能够表明 $\boldsymbol{K}(\omega)$ 对任意 ω 都是正定的。但是有一个关于 $\boldsymbol{D}(\omega)$ 的充分的条件能够证明该性质成立:如果对任意实向量 $\boldsymbol{y}=(y_1,y_2,\cdots,y_n)$,当 $\omega\geqslant 0$ 时,关于 ω 的随机函数 $\omega\to\langle\boldsymbol{D}(\omega)\boldsymbol{y},\boldsymbol{y}\rangle$ 递减,则对任意 $\omega\geqslant 0$,$\boldsymbol{K}(\omega)$ 是正定随机矩阵(证明过程见文献[204])。

5.4.9 系综 $\mathrm{SE}_{\varepsilon}^{+}$ 的使用:流固多层膜中瞬态波的传播

本节使用轴向传输技术来识别皮质骨的力学性能。发射器在超声范围内发射脉冲信号,接收器采集信号。第一个接收的信号是由皮质骨中的导波引起的,通过求解一个关于不确定性计算模型(以便考虑测量值的变异性)的反问题来估计其速度,并推导皮质骨的力学性能,"声流体"-"弹性固体"多层系统的几何模型及物理性质,如图 5.5 所示。上层代表耦合凝胶、皮肤和肌肉的耦合层,将其建模为确定性声流体层;中心层代表皮质骨,将其建模为随机均匀各向异性弹性固体层,均匀各向异性弹性固体随机层的四阶弹性张量用一个平均值为均匀横向各向同性弹性介质的六维随机矩阵来模拟,该随机矩阵属于系综 $\mathrm{SE}_{\varepsilon}^{+}$(各向异性统计波动);下层代表骨髓,并将其建模为确定性声流体层。利用计算随机模型对采集到的第一个信号的随机波速概率密度函数进行预测,图 5.6 为预测的概率密度函数结果与通过 600 次活体测量所估计的概率密度函数结果对比,对比结果表明预测结果比较理想。

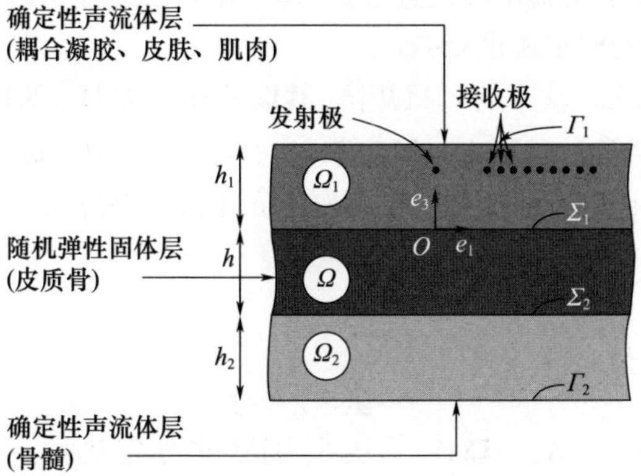

图 5.5 "声流体"-"弹性固体"多层系统的几何模型及物理性质

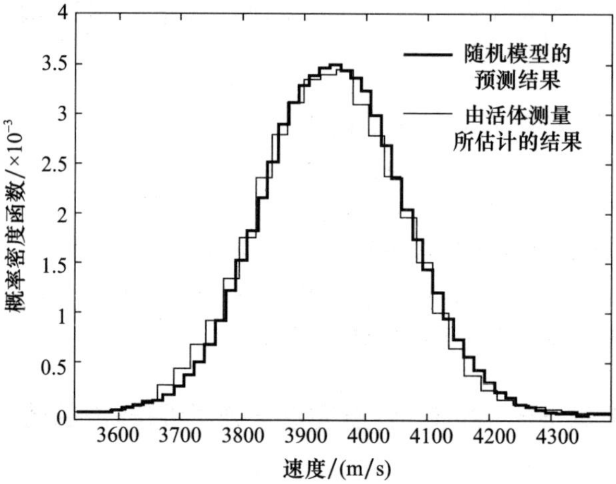

图 5.6　随机模型预测的概率密度函数与通过 600 次活体测量所估计的概率密度函数的对比图

5.4.10　最大熵：构建随机矩阵系综的数值工具

针对前面利用最大熵原理构建的各个随机矩阵系综及 5.4.7 节和 5.4.8 节介绍的随机矩阵系综，(通过复杂的但并未在此给出的数学计算)得到用于计算概率密度函数和构建相关模拟器的显式解。

对于某些可用信息，无法显式地计算拉格朗日乘子。如第 10 章的示例，其具有由弹性结构材料对称性形成的对称类正定矩阵的情况，这在具有高维数的情况下是难以计算的。下文提出的方法[192,207]是在构建随机矩阵时引入自适应参数化，以便使用 5.3.8 节所提出的改进方法，即使用最大熵原理作为数值工具来构建任意维数随机向量的概率密度函数。

构建的随机矩阵。设 $\boldsymbol{A}$ 为随机矩阵，其取值在 $\widetilde{S}_n \subset \mathbf{M}_n^S(\mathbf{R})$ 上，$\widetilde{S}_n$ 可能为 $\widetilde{S}_n = \mathbf{M}_n^S(\mathbf{R})$，比如，$\widetilde{S}_n$ 可能为集合 $\widetilde{S}_n = \mathbf{M}_n^+(\mathbf{R})$。且设 $p_{\boldsymbol{A}}$ 为 $\mathbf{M}_n^S(\mathbf{R})$ 上 $\boldsymbol{A}$ 对 $\mathrm{d}^S A$ 的概率密度函数，满足 $\mathrm{supp}\ p_{\boldsymbol{A}} = \widetilde{S}_n$(因此，对不属于 $\widetilde{S}_n$ 的 $\boldsymbol{A}_{\mathrm{m}}$，有 $p_{\boldsymbol{A}}(\boldsymbol{A}_{\mathrm{m}}) = 0$)。归一化条件为 $\int_{\widetilde{S}_n} p_{\boldsymbol{A}}(\boldsymbol{A}_{\mathrm{m}})\,\mathrm{d}^S A = 1$。

可用信息。在 $\mathbf{R}^{\mu}$ 上，可用信息为

$$E\{\mathcal{G}(\boldsymbol{A})\} = \boldsymbol{f} \tag{5.126}$$

式中：已知 $\boldsymbol{f} \in \mathbf{R}^{\mu}$，$\mu \geqslant 1$；$\boldsymbol{A}_{\mathrm{m}} \to \mathcal{G}(\boldsymbol{A})$ 为从 $\widetilde{S}_n$ 到 $\mathbf{R}^{\mu}$ 的给定映射。

例　可通过平均值 $E(\boldsymbol{A}) = \overline{\boldsymbol{A}}$ 及条件 $E\{\|\boldsymbol{A}^{-1}\|^2\} = c_{\boldsymbol{A}}$ 来定义 $\mathcal{G}$，其中 $\overline{\boldsymbol{A}}$ 为 $\widetilde{S}_n$ 上给定的矩阵，$|c_{\boldsymbol{A}}| < +\infty$。

参数化。引入系综 $\tilde{S}_n$ 的参数化,属于 $\tilde{S}_n \subset \mathbf{M}_n^S(\mathbf{R})$ 的任意矩阵为

$$\boldsymbol{A}_{\mathrm{m}} = \boldsymbol{\mathcal{A}}(\boldsymbol{x}), \boldsymbol{x} \in S_N \subset \mathbf{R}^N, \ (N \leqslant n(n+1)/2) \tag{5.127}$$

式中:$\boldsymbol{x} \to \boldsymbol{\mathcal{A}}(\boldsymbol{x})$ 为从 S_N 到 $\tilde{S}_n$ 的给定映射。

设 $\boldsymbol{x} \to \boldsymbol{g}(\boldsymbol{x})$ 为从 $S_N \subset \mathbf{R}^N$ 到 $\mathbf{R}^\mu$ 的给定映射,满足

$$\boldsymbol{g}(\boldsymbol{x}) = \boldsymbol{\mathcal{G}}(\boldsymbol{A}_{\mathrm{m}}(\boldsymbol{x})), \ (\boldsymbol{x} \in S_N) \tag{5.128}$$

例 针对 $n \times n$ 的正定对称实矩阵,用 $\mathbf{M}_n^+(\mathbf{R})$ 的子集 $\mathbf{M}_n^{\mathrm{sym}}(\mathbf{R})$ 定义对称类矩阵见文献[97]。设 $\tilde{S}_n = \mathbf{M}_n^{\mathrm{sym}}(\mathbf{R}) \subset \mathbf{M}_n^+(\mathbf{R})$ 使对任意 $\boldsymbol{A}_{\mathrm{m}} \in \tilde{S}_n$,有

$$\boldsymbol{A}_{\mathrm{m}} = \exp_{\mathbf{M}}\left(\sum_{j=1}^{N} x_j \boldsymbol{E}_j^{\mathrm{sym}}\right), \ \boldsymbol{E}_j^{\mathrm{sym}} \in \mathbf{M}_n^S(\mathbf{R}) \tag{5.129}$$

式中:$\exp_{\mathbf{M}}$ 为对称实矩阵的指数;$\boldsymbol{x} = (x_1, x_2, \cdots, x_N) \in \mathbf{R}^N$;$\{\boldsymbol{E}_j^{\mathrm{sym}}, j = 1, 2, \cdots, N\}$ 为 $\mathbf{M}_n^{\mathrm{sym}}(\mathbf{R})$ 的矩阵代数基[如弹性力学中的沃波尔(Walpole)张量基],$S_N = \mathbf{R}^N$。

采用参数化进行随机表示。设 $\boldsymbol{X}$ 为取值在 $\mathbf{R}^N$ 上的二阶随机变量,其在 $\mathbf{R}^N$ 上的概率分布用从 $\mathbf{R}^N$ 到 $\mathbf{R}^+ = [0, +\infty)$ 的概率密度函数 $\boldsymbol{x} \to p_{\boldsymbol{X}}(\boldsymbol{x})$ 表示,$\mathrm{d}\boldsymbol{x} = \mathrm{d}x_1 \mathrm{d}x_2 \cdots \mathrm{d}x_N$。函数 $p_{\boldsymbol{X}}$ 的支集为 S_N(可能与上一个例子一样,$S_N = \mathbf{R}^N$),函数 $p_{\boldsymbol{X}}$ 满足归一化条件:

$$\int_{S_N} p_{\boldsymbol{X}}(\boldsymbol{x}) \, \mathrm{d}\boldsymbol{x} = 1 \tag{5.130}$$

对于随机向量 $\boldsymbol{X}$,可用信息记为

$$E\{\boldsymbol{g}(\boldsymbol{X})\} = \boldsymbol{f} \tag{5.131}$$

可直接使用 5.3.8 节介绍的改进的计算工具进行计算。

5.5 多项式混沌表示:构建二阶随机向量先验概率分布的间接方法

多项式混沌展开是不确定性量化的一个重要工具,特别是采用间接方法构建随机模型、构建非高斯随机场的随机模型(见 10.1 节、10.3 节、10.4 节和 10.7.6 节)及用伽辽金方法构建边界值问题的随机求解器(见 6.3 节)。

本节将介绍以下四个方面内容。

(1)二阶随机向量的多项式混沌展开。

(2)具有确定系数的多项式混沌(PC)展开[85,123,188,206,222]。

(3)针对具有可分离或不可分离概率密度函数的任意概率分布,介绍高次多项式混沌法构建随机量的计算方法[162,199]。

(4)随机系数多项式混沌展开[196]。

5.5.1 二阶随机向量的多项式混沌展开

引入随机源。设 $N_g \geqslant 1$ 为给定的整数，$\boldsymbol{\xi} = (\xi_1, \xi_2, \cdots, \xi_{N_g})$ 在 $\mathbf{R}^{N_g}$ 上，$\mathrm{d}\boldsymbol{\xi} = \mathrm{d}\xi_1 \mathrm{d}\xi_2 \cdots \mathrm{d}\xi_{N_g}$ 为勒贝格(Lebesgue)测度，$\boldsymbol{\varXi} = (\varXi_1, \varXi_2, \cdots, \varXi_{N_g})$ 为定义在概率空间 $(\Theta, \mathcal{T}, P)$ 上的 N_g 维实随机变量，其给定的关于 $\mathrm{d}\boldsymbol{\xi}$ 的概率密度函数为 $p_{\boldsymbol{\varXi}}(\boldsymbol{\xi})$，支集为 $\operatorname{supp} p_{\boldsymbol{\varXi}} = s_g \subset \mathbf{R}^{N_g}$ (可能为 $s_g = \mathbf{R}^{N_g}$)，且满足

$$\int_{\mathbf{R}^{N_g}} \| \boldsymbol{\xi} \|^m p_{\boldsymbol{\varXi}}(\boldsymbol{\xi}) \mathrm{d}\boldsymbol{\xi} < +\infty \ (\forall m \in \mathbf{N}) \tag{5.132}$$

随机变量 $\boldsymbol{\varXi}$ 称为随机源。

例 5.6 $\mathbf{R}^{N_g}$ 上的经典高斯概率密度函数[$s_g = \mathbf{R}^{N_g}$，见式(2.47)]为

$$p_{\boldsymbol{\varXi}}(\boldsymbol{\xi}) = \frac{1}{(2\pi)^{N_g/2}} \exp\left\{ -\frac{1}{2} \| \boldsymbol{\xi} \|^2 \right\} \tag{5.133}$$

且满足式(5.132)。

例 5.7 $\mathbf{R}^{N_g}$ 上具有紧支集 $s_g = [-1, 1]^{N_g}$ 的一致概率密度函数为

$$p_{\boldsymbol{\varXi}}(\boldsymbol{\xi}) = \frac{1}{|s_g|} \mathbb{1}_{s_g}(\boldsymbol{\xi}) \tag{5.134}$$

且满足式(5.132)。

引入随机向量 $\boldsymbol{X}$：随机源 $\boldsymbol{\varXi}$ 的确定性非线性映射。设 $\boldsymbol{\xi} \to \boldsymbol{f}(\boldsymbol{\xi})$ 为从 $\mathbf{R}^{N_g}$ 到 $\mathbf{R}^n$ 的确定性非线性映射，使 $\boldsymbol{X} = \boldsymbol{f}(\boldsymbol{\varXi})$ 为二阶 n 维随机变量，即 $\boldsymbol{X} \in L^2(\Theta, \mathbf{R}^n)$。

多项式混沌展开的代数表示形式。$\boldsymbol{X} = \boldsymbol{f}(\boldsymbol{\varXi})$ 的多项式混沌展开(PCE)为

$$\boldsymbol{X} = \sum_{k=0}^{+\infty} \boldsymbol{y}^k \Psi_{\boldsymbol{\alpha}^{(k)}}(\boldsymbol{\varXi}) \tag{5.135}$$

式中：$\{\Psi_{\boldsymbol{\alpha}^{(k)}}(\boldsymbol{\varXi}), k \in \mathbf{N}\}$ 为多元多项式混沌；$\{\boldsymbol{y}^k \in \mathbf{R}^n, k \in \mathbf{N}\}$ 为映射 $\boldsymbol{f}$ 的向量系数；等号右侧的级数在 $L^2(\Theta, \mathbf{R}^n)$ 上收敛(均方收敛)。

5.5.2 确定系数的多项式混沌展开

由于 $\boldsymbol{X} = \boldsymbol{f}(\boldsymbol{\varXi}) = (f_1(\boldsymbol{\varXi}), f_2(\boldsymbol{\varXi}), \cdots, f_n(\boldsymbol{\varXi})) \in L^2(\Theta, \mathbf{R}^n)$，因此对任意 j，有 $X_j = f_j(\boldsymbol{\varXi}) \in L^2(\Theta, \mathbf{R}^n)$，则

$$E(X_j^2) = E\{f_j(\boldsymbol{\varXi})^2\} = \int_{\mathbf{R}^{N_g}} f_j(\boldsymbol{\xi})^2 p_{\boldsymbol{\varXi}}(\boldsymbol{\xi}) \mathrm{d}\boldsymbol{\xi} < +\infty \tag{5.136}$$

式(5.136)表明从 $\mathbf{R}^{N_g}$ 到 $\mathbf{R}$ 的函数 $\boldsymbol{\xi} \to f_j(\boldsymbol{\xi})$ 是均方可积的，对应的概率分布为 $p_{\boldsymbol{\varXi}}(\boldsymbol{\xi}) \mathrm{d}\boldsymbol{\xi}$。

希尔伯特空间 $\mathbf{H}$。引入 $\mathbf{R}^{N_g}$ 上关于概率分布 $p_{\boldsymbol{\varXi}}(\boldsymbol{\xi}) \mathrm{d}\boldsymbol{\xi}$ 均方可积且取值在 $\mathbf{R}$ 上的全体函数的希尔伯特空间 $\mathbf{H}$，这些函数具有内积和相关范数，使对 $\mathbf{H}$ 上的任意

函数 g 和 h,有

$$< g,h >_{\mathbf{H}} = \int_{\mathbf{R}^{N_g}} g(\boldsymbol{\xi})h(\boldsymbol{\xi})p_{\boldsymbol{\Xi}}(\boldsymbol{\xi})\,\mathrm{d}\boldsymbol{\xi} = E\{g(\boldsymbol{\Xi})h(\boldsymbol{\Xi})\} \tag{5.137}$$

$$\| g \|_{\mathbf{H}} = < g,g >_{\mathbf{H}}^{1/2} = \{E\{g(\boldsymbol{\Xi})^2\}\}^{1/2} \tag{5.138}$$

多元指标。设 $\boldsymbol{\alpha} = (\alpha_1,\alpha_2,\cdots,\alpha_{N_g}) \in \mathcal{A} = \mathbf{N}^{N_g}$ 为多元指标,$|\boldsymbol{\alpha}| = \alpha_1 + \alpha_2 + \cdots + \alpha_{N_g}$ 为 $\boldsymbol{\alpha}$ 的长度。

H 的希尔伯特基。设 $\{\boldsymbol{\Psi}_{\boldsymbol{\alpha}}, \boldsymbol{\alpha} \in \mathcal{A}\}$ 为 **H** 的一个希尔伯特基,满足以下几点:

(1)对任意 $\boldsymbol{\alpha} \in \mathcal{A}$,函数 $\boldsymbol{\xi} \rightarrow \boldsymbol{\Psi}_{\boldsymbol{\alpha}}(\boldsymbol{\xi}) \in \mathbf{H}$。

(2)$\{\boldsymbol{\Psi}_{\boldsymbol{\alpha}}, \boldsymbol{\alpha} \in \mathcal{A}\}$ 为 **H** 上的正交族,这表明 $< \boldsymbol{\Psi}_{\boldsymbol{\alpha}}, \boldsymbol{\Psi}_{\boldsymbol{\beta}} >_{\mathbf{H}} = \delta_{\boldsymbol{\alpha\beta}}$,则

$$E\{\boldsymbol{\Psi}_{\boldsymbol{\alpha}}(\boldsymbol{\Xi})\boldsymbol{\Psi}_{\boldsymbol{\beta}}(\boldsymbol{\Xi})\} = \delta_{\boldsymbol{\alpha\beta}} \tag{5.139}$$

(3)如果 $< g, \boldsymbol{\Psi}_{\boldsymbol{\alpha}} >_{\mathbf{H}} = 0$,则对任意 $\boldsymbol{\alpha} \in \mathcal{A}$,有 $g = 0$,表明这一正交族完全在 **H** 上。

希尔伯特基定理的使用。对任意 $j = 1,2,\cdots,n$,函数 $\boldsymbol{x} \rightarrow f_j(\boldsymbol{\xi}) \in \mathbf{H}$,因此 $f_j(\boldsymbol{\xi})$ 可表示为

$$f_j(\boldsymbol{\xi}) = \sum_{\boldsymbol{\alpha} \in \mathcal{A}} y_j^{(\boldsymbol{\alpha})} \boldsymbol{\Psi}_{\boldsymbol{\alpha}}(\boldsymbol{\xi}) \tag{5.140}$$

式中

$$y_j^{(\boldsymbol{\alpha})} = < f_j, \boldsymbol{\Psi}_{\boldsymbol{\alpha}} >_{\mathbf{H}} = \int_{\mathbf{R}^{N_g}} f_j(\boldsymbol{\xi})\boldsymbol{\Psi}_{\boldsymbol{\alpha}}(\boldsymbol{\xi})p_{\boldsymbol{\Xi}}(\boldsymbol{\xi})\,\mathrm{d}\boldsymbol{\xi} = E\{f_j(\boldsymbol{\Xi})\boldsymbol{\Psi}_{\boldsymbol{\alpha}}(\boldsymbol{\Xi})\} = E\{X_j \boldsymbol{\Psi}_{\boldsymbol{\alpha}}(\boldsymbol{\Xi})\} \tag{5.141}$$

等号右侧的级数在 **H** 上收敛(对范数),即

$$E(X_j^2) = \| f_j \|_{\mathbf{H}}^2 = E\{f_j(\boldsymbol{\Xi})^2\} = \sum_{\boldsymbol{\alpha} \in \mathcal{A}} (y_j^{(\boldsymbol{\alpha})})^2 < +\infty \tag{5.142}$$

随机向量 $\boldsymbol{X} = \boldsymbol{f}(\boldsymbol{\Xi})$ 的展开。随机向量 $\boldsymbol{X} = \boldsymbol{f}(\boldsymbol{\Xi}) \in L^2(\boldsymbol{\Theta}, \mathbf{R}^n)$ 的展开式可推导出来,即

$$\boldsymbol{X} = \boldsymbol{f}(\boldsymbol{\Xi}) = \sum_{\boldsymbol{\alpha} \in \mathcal{A}} \boldsymbol{y}^{(\boldsymbol{\alpha})} \boldsymbol{\Psi}_{\boldsymbol{\alpha}}(\boldsymbol{\Xi}) \tag{5.143}$$

式中:取值在 $\mathbf{R}^n$ 上的系数为

$$\boldsymbol{y}^{(\boldsymbol{\alpha})} = \int_{\mathbf{R}^{N_g}} \boldsymbol{f}(\boldsymbol{\xi})\boldsymbol{\Psi}_{\boldsymbol{\alpha}}(\boldsymbol{\xi})p_{\boldsymbol{\Xi}}(\boldsymbol{\xi})\,\mathrm{d}\boldsymbol{\xi} = E\{\boldsymbol{f}(\boldsymbol{\Xi})\boldsymbol{\Psi}_{\boldsymbol{\alpha}}(\boldsymbol{\Xi})\} = E\{\boldsymbol{X}\boldsymbol{\Psi}_{\boldsymbol{\alpha}}(\boldsymbol{\Xi})\} \tag{5.144}$$

且 $\boldsymbol{X}$ 的均方范数为

$$E\{\|\boldsymbol{X}\|^2\} = E\{\|\boldsymbol{f}(\boldsymbol{\Xi})\|^2\} = \sum_{\boldsymbol{\alpha} \in \mathcal{A}} \|\boldsymbol{y}^{(\boldsymbol{\alpha})}\|^2 < +\infty \tag{5.145}$$

随机向量 $\boldsymbol{X} = \boldsymbol{f}(\boldsymbol{\Xi})$ 展开式的有限近似。对 $N_d \geqslant 1$,设 $\mathcal{A}_{N_d} \subset \mathcal{A}$ 为多指标有限子集:

$$\mathcal{A}_{N_d} = \{\boldsymbol{\alpha} = (\alpha_1,\alpha_2,\cdots,\alpha_{N_g}) \in \mathbf{N}^{N_g} | 0 \leqslant \alpha_1 + \alpha_2 + \cdots + \alpha_{N_g} \leqslant N_d\} \tag{5.146}$$

$\mathcal{A}_{N_d}$ 的 $1 + K_{N_d}$ 个元素用 $\boldsymbol{\alpha}^{(0)}, \boldsymbol{\alpha}^{(1)}, \cdots, \boldsymbol{\alpha}^{(K_{N_d})}$ 表示,$\boldsymbol{\alpha}^{(0)} = (0,\cdots,0)$,整数 K_{N_d} 定

义为 N_d 的函数，即

$$K_{N_d}=\frac{(N_g+N_d)!}{N_g!\ N_d!}-1 \tag{5.147}$$

从而可推导出

$$X=\lim_{N_d\to+\infty}X^{(K_{N_d})} \tag{5.148}$$

X 在 $L^2(\Theta,\mathbf{R}^n)$ 上收敛，对每个整数 K_{N_d}，取值在 $\mathbf{R}^n$ 上的随机变量 $X^{(K_{N_d})}$ 为

$$X^{(K_{N_d})}=\sum_{k=0}^{K_{N_d}}y^k\Psi_{\alpha^{(k)}}(\Xi),\ y^k=E\{X\Psi_{\alpha^{(k)}}(\Xi)\}\in\mathbf{R}^n \tag{5.149}$$

对给定的 K_{N_d}，计算由 $X^{(K_{N_d})}$ 替换 X 所产生的误差：

$$E\{\|X-X^{(K_{N_d})}\|^2\}=E\{\|X\|^2\}-\sum_{k=0}^{K_{N_d}}\|y^k\|^2 \tag{5.150}$$

可分离概率密度函数随机向量 $X=f(\Xi)$ 的多项式混沌展开。设 p_{Ξ} 的支集 s_g 为 $s_g=s_1\times s_2\times\cdots\times s_{N_g}$，其中 s_j 是 $\mathbf{R}$ 的子集（可能为 $s_j=\mathbf{R}$），$j=1,2,\cdots,N_g$。另假设 p_{Ξ} 为 $p_{\Xi}(\xi)=p_1(\xi_1)\times p_2(\xi_2)\times\cdots\times p_{N_g}(\xi_{N_g})$，其中，对任意 $j=1,2,\cdots,N_g$，p_j 是 $\mathbf{R}$ 上的概率密度函数，其支集为 s_j。这意味着概率密度函数是可分离的，因此，实值随机变量 $\Xi_1,\Xi_2,\cdots,\Xi_{N_g}$ 是相互独立的。对任意 $j=1,2,\cdots,N_g$，设 $\{\psi_m^j(\xi_j),m\in\mathbf{N}\}$ 为正交多项式族，使

$$\int_{s_j}\psi_m^j(\xi_j)\psi_{m'}^j(\xi_j)p_j(\xi_j)\mathrm{d}\xi_j=\delta_{mm'} \tag{5.151}$$

则多元多项式族 $\{\Psi_{\alpha},\alpha\in\mathcal{A}\}$ 可定义为

$$\Psi_{\alpha}(\xi)=\psi_{\alpha_1}^1(\xi_1)\times\psi_{\alpha_2}^2(\xi_2)\times\cdots\times\psi_{\alpha_{N_g}}^{N_g}(\xi_{N_g}) \tag{5.152}$$

式中：$\{\Psi_{\alpha},\alpha\in\mathcal{A}\}$ 为 $\mathbf{H}$ 的希尔伯特基，式(5.148)～式(5.150)组成了 X 的多项式混沌展开。可以看出，多元多项式 $\{\Psi_{\alpha}(\xi)\}$ 的阶数为 $|\alpha|$，且对任意 $\alpha\in\mathcal{A}_{N_d}$，多项式的最大阶数为 N_d。

这里给出一个重要的例子：高斯多项式混沌展开。设 $p(\xi)=(2\pi)^{-1/2}\exp\{\xi^2/2\}$ 为 $\mathbf{R}$ 上的规范高斯概率密度函数，$\{\psi_m(\xi),m\in\mathbf{N}\}$ 为规范厄米特（Hermite）多项式族，且 $\{\psi_m(\xi),m\in\mathbf{N}\}$ 由式(5.153)得到：

$$\psi_{n+1}(\xi)=\frac{1}{\sqrt{n+1}}\left(\xi\psi_n(\xi)-\frac{\mathrm{d}\psi_n(\xi)}{\mathrm{d}\xi}\right)(n\geqslant 0) \tag{5.153}$$

其中

$\psi_0(\xi)=1$

$\psi_1(\xi)=\xi$

$\psi_2(\xi)=(\xi^2-1)/\sqrt{2}$

$\psi_3(\xi)=(\xi^3-3\xi)/\sqrt{3!}$

$\psi_4(\xi)=(\xi^4-6\xi^2+3)/\sqrt{4!}$

$\psi_5(\xi)=(\xi^5-10\xi^3+15\xi)/\sqrt{5!}$

……

设$p_{\boldsymbol{\Xi}}=p(\xi_1)\times p(\xi_2)\times\cdots\times p(\xi_{N_g})$为$\boldsymbol{\Xi}$的概率密度函数，$\{\boldsymbol{\Psi}_{\boldsymbol{\alpha}},\boldsymbol{\alpha}\in\mathcal{A}\}$为多元规范埃尔米特多项式族，用$\boldsymbol{\Psi}_{\boldsymbol{\alpha}}(\boldsymbol{\xi})=\psi_{\alpha_1}(\xi_1)\times\cdots\times\psi_{\alpha_{N_g}}(\xi_{N_g})$来定义。式(5.148)~式(5.150)定义的多项式混沌展开(多元多项式为多元规范厄米特多项式)称为n维二阶随机变量$\boldsymbol{X}=\boldsymbol{f}(\boldsymbol{\Xi})$的高斯多项式混沌展开。

不可分离概率密度函数的随机向量$\boldsymbol{X}=\boldsymbol{f}(\boldsymbol{\Xi})$的多项式混沌展开。现在假设$\boldsymbol{\Xi}$的概率密度函数$p_{\boldsymbol{\Xi}}$是不可分离的，则分量$\Xi_1,\Xi_2,\cdots,\Xi_{N_g}$是相关的，且多元正交多项式$\{\boldsymbol{\Psi}_{\boldsymbol{\alpha}},\boldsymbol{\alpha}\in\mathcal{A}\}$不能写成$\boldsymbol{\Psi}_{\boldsymbol{\alpha}}(\boldsymbol{\xi})=\psi_{\alpha_1}(\xi_1)\times\psi_{\alpha_2}(\xi_2)\times\cdots\times\psi_{\alpha_{N_g}}(\xi_{N_g})$。但值得注意的是，概率密度函数可写为$p_{\boldsymbol{\Xi}}(\boldsymbol{\xi})=\mathbb{1}_{s_g}(\xi)\times q_1(\xi_1)\times\cdots\times q_{N_g}(\xi_{N_g})$，其支集$s_g\subset\mathbf{R}^{N_g}$是不可分的，也就是说不能写为$s_g=s_1\times s_2\times\cdots\times s_{N_g}$，因此$\boldsymbol{\Xi}$的分量$\Xi_1,\Xi_2,\cdots,\Xi_{N_g}$是相关的。

从理论上讲，对$\boldsymbol{\alpha}=(\alpha_1,\alpha_2,\cdots,\alpha_n)\in\mathcal{A}_{N_d}$及$\boldsymbol{\xi}=(\xi_1,\xi_2,\cdots,\xi_{N_g})\in s_g\subset\mathbf{R}^{N_g}$，正交多项式族$\{\boldsymbol{\Psi}_{\boldsymbol{\alpha}},\boldsymbol{\alpha}\in\mathcal{A}_{N_d}\}$是用下式表示的多元单项式 Gram - Schmidt 正交化算法构建的，但如 5.5.3 节所述，Gram - Schmidt 算法并不能直接用于多元正交多项式的模拟计算：

$$\mathcal{M}_{\boldsymbol{\alpha}}(\boldsymbol{\xi})=\xi_1^{\alpha_1}\times\xi_2^{\alpha_2}\times\cdots\times\xi_{N_g}^{\alpha_{N_g}}\tag{5.154}$$

5.5.3 构建高次多项式混沌模拟的计算(针对具有可分离或不可分离概率密度函数的任意概率分布)

计算目的。考虑高维情况下的K个多元多项式混沌$\{\boldsymbol{\Psi}_{\boldsymbol{\alpha}^{(k)}}(\boldsymbol{\Xi}),k=1,2,\cdots,K\}$。其中：$\boldsymbol{\Xi}$在$\mathbf{R}^{N_g}$上具有可分离的或不可分离的概率密度函数$p_{\boldsymbol{\Xi}}(\boldsymbol{\xi})$。

假设$K\leqslant v$。本节目标是计算$\mathbf{M}_{K,v}(\mathbf{R})$上多元多项式混沌$\{\boldsymbol{\Psi}_{\boldsymbol{\alpha}^{(k)}}(\boldsymbol{\Xi}),k=1,2,\cdots,K\}$的$v$个独立随机量$\{\boldsymbol{\Psi}_{\boldsymbol{\alpha}^{(k)}}(\boldsymbol{\Xi}(\theta_\ell)),k=1,2,\cdots,K;\ell=1,2,\cdots,v\}(\theta_1,\theta_2,\cdots,\theta_v\in\Theta)$的矩阵$\boldsymbol{\Psi}_v$，以便保证式(5.139)定义的正交性质。矩阵$\boldsymbol{\Psi}_v$为

$$\boldsymbol{\Psi}_v=\begin{bmatrix}\boldsymbol{\Psi}_{\boldsymbol{\alpha}^{(1)}}(\boldsymbol{\Xi}(\theta_1)) & \cdots & \boldsymbol{\Psi}_{\boldsymbol{\alpha}^{(1)}}(\boldsymbol{\Xi}(\theta_v))\\ \vdots & & \vdots\\ \boldsymbol{\Psi}_{\boldsymbol{\alpha}^{(K)}}(\boldsymbol{\Xi}(\theta_1)) & \cdots & \boldsymbol{\Psi}_{\boldsymbol{\alpha}^{(K)}}(\boldsymbol{\Xi}(\theta_v))\end{bmatrix}\tag{5.155}$$

将式(5.139)定义的多元多项式混沌的正交性记为$E\{\boldsymbol{\Psi}_{\boldsymbol{\alpha}^{(k)}}(\boldsymbol{\Xi})\boldsymbol{\Psi}_{\boldsymbol{\alpha}^{(k')}}(\boldsymbol{\Xi})\}=\delta_{kk'}$，用经验统计估计量对其进行估计：

$$\lim_{v\to+\infty}\frac{1}{v-1}\boldsymbol{\Psi}_v\boldsymbol{\Psi}_v^{\mathrm{T}}=\boldsymbol{I}_K\tag{5.156}$$

下面对必须考虑这些计算的原因进行解释。对于可分离的概率密度函数，这一问题几乎是可以忽略的。使用显式代数公式（用符号工具构建）或使用与次数有关的计算递推关系会产生重要的数值噪声，并且当多项式的次数 N_d 增加时，式（5.156）定义的正交性质就会消失；对于不可分离的概率密度函数也会遇到这种问题。而如果用全局正交化来解决这个问题，则会丧失随机量的独立性。

针对这个问题下面提出一种解决方法。该方法可以同时保证正交性和随机量的独立性，实现步骤如下。

（1）利用随机源 $\boldsymbol{\Xi}$ 的独立随机量发生器构建多元单项式的 v 个随机量，在 $\mathbf{R}^{N_g}$ 上任意给定其概率密度函数 $p_{\boldsymbol{\Xi}}(\boldsymbol{\xi})$。

（2）用一种不同于 Gram – Schmidt 正交化的算法对多元单项式的 v 个随机模拟量进行正交化处理，但这种算法在高次情况下并不稳定。

算法。多元单项式为

$$\mathcal{M}_{\boldsymbol{\alpha}^{(k)}}(\boldsymbol{\xi}) = \xi_1^{\alpha_1^{(k)}} \times \xi_2^{\alpha_2^{(k)}} \times \cdots \times \xi_{N_g}^{\alpha_{N_g}^{(k)}} \quad (k=1,2,\cdots,K) \tag{5.157}$$

设 $\boldsymbol{M}_v$ 为 $\mathbf{M}_{K,v}(\boldsymbol{R})$ 上的 v 个独立随机模拟量的矩阵，即

$$\begin{aligned}\boldsymbol{M}_v &= [\boldsymbol{\mathcal{M}}(\boldsymbol{\Xi}(\theta_1))\cdots\boldsymbol{\mathcal{M}}(\boldsymbol{\Xi}(\theta_v))] \\ &= \begin{bmatrix} \mathcal{M}_{\boldsymbol{\alpha}^{(1)}}(\boldsymbol{\Xi}(\theta_1)) & \cdots & \mathcal{M}_{\boldsymbol{\alpha}^{(1)}}(\boldsymbol{\Xi}(\theta_v)) \\ \vdots & & \vdots \\ \mathcal{M}_{\boldsymbol{\alpha}^{(K)}}(\boldsymbol{\Xi}(\theta_1)) & \cdots & \mathcal{M}_{\boldsymbol{\alpha}^{(K)}}(\boldsymbol{\Xi}(\theta_v)) \end{bmatrix}\end{aligned} \tag{5.158}$$

则矩阵 $\boldsymbol{\Psi}_v$ 可表示为 $\boldsymbol{\Psi}_v = \boldsymbol{A}_v\boldsymbol{M}_v$，其中 $\boldsymbol{A}_v$ 为 $\mathbf{M}_K(\mathbf{R})$ 上的矩阵。

假设对于 $K \leqslant v$，$\boldsymbol{A}_v$ 是可逆的；设 $\boldsymbol{R}$ 为 $\mathbf{M}_K(\mathbf{R})$ 上的矩阵，即

$$\begin{aligned}\boldsymbol{R} &= E\{\boldsymbol{\mathcal{M}}(\boldsymbol{\Xi})\boldsymbol{\mathcal{M}}(\boldsymbol{\Xi})^{\mathrm{T}}\} \\ &= \lim_{\nu\to+\infty}\frac{1}{\nu-1}\boldsymbol{M}_v\boldsymbol{M}_v^{\mathrm{T}} \\ &= \lim_{\nu\to+\infty}\boldsymbol{A}_v^{-1}\boldsymbol{A}_v^{-\mathrm{T}}\end{aligned} \tag{5.159}$$

该算法的步骤如下：

（1）计算矩阵 $\boldsymbol{M}_v$，然后在 v 充分大的情况下计算 $\boldsymbol{R}$，$\boldsymbol{R} \approx (\boldsymbol{M}_v\boldsymbol{M}_v^{\mathrm{T}})/(v-1)$。

（2）计算 $\boldsymbol{A}_v^{-\mathrm{T}}$。对应于 $\boldsymbol{R}$ 的 Cholesky 分解。

（3）计算下三角矩阵 $\boldsymbol{A}_v$。

（4）计算 $\boldsymbol{\Psi}_v = \boldsymbol{A}_v\boldsymbol{M}_v$。

数值验证[199]。考虑 $N_g = 1$ 时高斯多元标准厄米特多项式的情况。图 5.7 展示了在分别使用显式代数公式、递推方程、前面所建议采用的计算方法、理论结果（这种情况下的误差正好为零）时的相对误差图（用于度量相对于已知理论结果的正交性损失程度），$K = N_d = 1,2,\cdots,30$，$v = 10^6$。结果表明，建议采用的方法与理论结果吻合（误差为零）。当多项式的次数 N_d 增加时，显式代数公式和递推方程的正交性损失较严重。

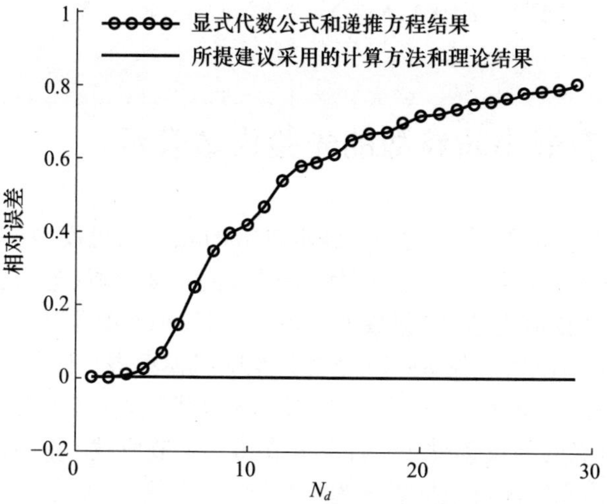

图 5.7　相对误差与 $K=N_d=1,2,\cdots,30$ 的函数关系图($v=10^6,N_g=1$)[199]

5.5.4　随机系数多项式混沌展开

二阶 n 维随机变量 $\boldsymbol{X}$ 的随机系数多项式混沌展开是统计反问题中的重要数学工具。假设 $\boldsymbol{X}$ 为计算模型中不确定向量参数的随机模型,其概率分布 $P_{\boldsymbol{X}}$ 未知,需要通过实验测量来进行识别。在高维(n 值较大)情况下需要采用间接方法,即引入 $\boldsymbol{X}$ 的 PCE,其系数及维数 $N_g \leqslant n$ 都需要进行识别。对于此类问题,可引入具有随机系数的 PCE(见 10.4 节步骤 7)。

具有随机系数的二阶 n 维随机向量 $\boldsymbol{X}=\boldsymbol{f}(\boldsymbol{\Xi})$ 的多项式混沌展开式可做如下表述。

考虑 5.5.2 节引入的 $\boldsymbol{X}$ 的 PCE:$\boldsymbol{X}=\sum_\alpha \boldsymbol{y}^{(\boldsymbol{\alpha})}\Psi_{\boldsymbol{\alpha}}(\boldsymbol{\Xi})$,其中确定性系数 $\boldsymbol{y}^{(\boldsymbol{\alpha})}=E\{\boldsymbol{X}\Psi_{\boldsymbol{\alpha}}(\boldsymbol{\Xi})\}$,$\boldsymbol{y}^{(\boldsymbol{\alpha})}\in\mathbf{R}^n$,$\boldsymbol{\Xi}=(\Xi_1,\cdots,\Xi_{N_g})$ 是给定的 $\mathbf{R}^{N_g}$ 维随机变量,其概率密度函数 $\boldsymbol{\xi}\to p_{\boldsymbol{\Xi}}(\boldsymbol{\xi})$ 已知。

对 $1\leqslant N'_g<N_g$,设 $\boldsymbol{\Xi}'=(\Xi_1,\Xi_2,\cdots,\Xi_{N'_g})$ 为取值在 $\mathbf{R}^{N'_g}$ 上的随机变量,$\boldsymbol{\Xi}''=(\Xi_{N'_g+1},\Xi_{N'_g+2},\cdots,\Xi_{N_g})$ 为取值在 $\mathbf{R}^{N_g-N'_g}$ 上的随机变量,满足 $\boldsymbol{\Xi}=(\boldsymbol{\Xi}',\boldsymbol{\Xi}'')$。假设 $\boldsymbol{\Xi}$ 的概率密度函数为 $p_{\boldsymbol{\Xi}}(\boldsymbol{\xi})=p_{\boldsymbol{\Xi}'}(\boldsymbol{\xi}')\times p_{\boldsymbol{\Xi}''}(\boldsymbol{\xi}'')$,其中,$\boldsymbol{\xi}=(\boldsymbol{\xi}',\boldsymbol{\xi}'')$,因此随机变量 $\boldsymbol{\Xi}'$ 和 $\boldsymbol{\Xi}''$ 是独立的。

对于具有随机系数的 $\boldsymbol{X}$,其关于取值在 $\mathbf{R}^{N'_g}$ 上随机变量 $\boldsymbol{\Xi}'$ 的 PCE 可表示为

$$\boldsymbol{X}=\sum_{\boldsymbol{\alpha}'}\boldsymbol{Y}^{\boldsymbol{\alpha}'}\Psi_{\boldsymbol{\alpha}'}(\boldsymbol{\Xi}'),\ \boldsymbol{Y}^{\boldsymbol{\alpha}'}=E_{\boldsymbol{\Xi}'}\{\boldsymbol{X}\Psi_{\boldsymbol{\alpha}'}(\boldsymbol{\Xi}')\} \tag{5.160}$$

式中:$\{\boldsymbol{Y}^{\boldsymbol{\alpha}'}\}_{\boldsymbol{\alpha}'}$ 为与 $\boldsymbol{\Xi}'$ 无关的 n 维相关随机向量族,满足

$$E(\boldsymbol{Y}^0)=E(\boldsymbol{X}),E\{\sum_{\alpha'}\|\boldsymbol{Y}^{\alpha'}\|^2\}=E\{\|\boldsymbol{X}\|^2\}\tag{5.161}$$

5.6 具有最小超参数的先验代数表示

在5.1~5.4节提到，需要建立不确定参数的先验随机模型（对于随机向量和随机矩阵），对超参数控制的不确定性水平进行灵敏度分析（通过计算模型进行稳健性分析）或通过数值模拟/实验数据求解统计反问题来辨识随机模型。这些内容将在第7章中介绍，并在第8~10章对高维随机模型进行说明。

为了构建随机变量 $\boldsymbol{X}$ 的先验随机模型的先验代数表示（具有最小超参数），可以在可用信息定义的约束条件下（如5.3节和5.4节所述）使用最大熵原理构建信息先验模型，该先验随机模型表示为

$$\boldsymbol{X}^{\text{prior}}=\boldsymbol{f}(\boldsymbol{\Xi};\boldsymbol{s})\tag{5.162}$$

式中：$\boldsymbol{\Xi}$ 为随机源，是一个给定的随机向量，且已知其概率密度函数 $p_{\boldsymbol{\Xi}}$；$\boldsymbol{s}$ 为向量超参数，具有较小的维数；$\boldsymbol{\xi}\to\boldsymbol{f}(\boldsymbol{\xi};\boldsymbol{s})$ 为给定的需要构建的非线性映射。

第10章介绍了这种结构的几个例子。

5.7 统计减缩（主成分分析及Karhunen－Loève展开）

统计减缩是一个非常重要的工具，可用于减缩计算模型的不确定参数及随机观测值的随机建模中所用随机量的随机维数，也可用于实验观测数据或数值模拟数据的随机建模。

统计减缩可使用两种主要工具。

（1）有限维随机向量 $\boldsymbol{X}$ 的统计减缩的主成分分析（PCA）。

（2）无限维随机场 $\boldsymbol{U}$ 统计减缩的Karhunen－Loève（KL）展开。

这些统计减缩方法只能用于已知协方差矩阵或协方差算子的二阶随机变量或随机场，否则无法进行统计减缩。

5.7.1 随机向量 X 的主成分分析

二阶描述。设 $\boldsymbol{X}$ 是概率空间 $(\Theta,\mathcal{T},P)$ 上一个二阶随机向量，其取值在 $\mathbf{R}^n$ 上，其中平均向量 $\boldsymbol{m}_X$ 和协方差矩阵 $\boldsymbol{C}_X$ 为已知的，即

$$\boldsymbol{m}_X=E\{\boldsymbol{X}\},\boldsymbol{C}_X=E\{(\boldsymbol{X}-\boldsymbol{m}_X)(\boldsymbol{X}-\boldsymbol{m}_X)^{\mathrm{T}}\}\tag{5.163}$$

协方差矩阵的特征值问题。考虑以下特征值问题：

$$C_X\varphi^i = \lambda_i\varphi^i \tag{5.164}$$

式中：协方差矩阵 C_X 属于 $\mathbf{M}_n^{+0}$（矩阵是不可逆的）或 $\mathbf{M}_n^{+}$（矩阵是可逆的），特征值为实数，且满足

$$\lambda_1 \geqslant \lambda_2 \geqslant \cdots \geqslant \lambda_n \geqslant 0 \tag{5.165}$$

如果 $C_X \in \mathbf{M}_n^{+}$，则 $\lambda_n > 0$。因此，所有特征值均为严格正数，这些特征值对应的特征向量 $\boldsymbol{\varphi}^1, \boldsymbol{\varphi}^2, \cdots, \boldsymbol{\varphi}^n$ 组成 n 维正交基：

$$<\boldsymbol{\varphi}^i, \boldsymbol{\varphi}^{i'}> = \delta_{ii'} \tag{5.166}$$

使用主成分分析进行统计减缩。当 $1 \leqslant m \leqslant n$ 时，$\boldsymbol{X}$ 的统计减缩模型为

$$\boldsymbol{X}^{(m)} = \boldsymbol{m}_X + \sum_{i=1}^{m} \sqrt{\lambda_i}\,\eta_i \boldsymbol{\varphi}^i \tag{5.167}$$

式中：$\boldsymbol{\eta} = (\eta_1, \eta_2, \cdots, \eta_m)$ 为 m 维二阶随机向量，且

$$\eta_i = \frac{1}{\sqrt{\lambda_i}} <\boldsymbol{X} - \boldsymbol{m}_X, \boldsymbol{\varphi}^i> \quad (i = 1, 2, \cdots, m) \tag{5.168}$$

随机向量 $\boldsymbol{\eta}$ 的分量 $\eta_1, \eta_2, \cdots, \eta_m$ 满足

$$E\{\eta_i\} = 0, E\{\eta_i \eta_i{}'\} = \delta_{ii'} \tag{5.169}$$

因此，m 维随机变量 $\boldsymbol{\eta}$ 的 m 维平均向量 $\boldsymbol{m}_{\boldsymbol{\eta}}$ 及协方差矩阵 $\boldsymbol{C}_{\boldsymbol{\eta}} \in \mathbf{M}_m^{+}$ 可表示为

$$\boldsymbol{m}_{\boldsymbol{\eta}} = 0 \tag{5.170a}$$

$$\boldsymbol{C}_{\boldsymbol{\eta}} = \boldsymbol{I}_m \tag{5.170b}$$

（1）如果 $m = n$，则式（5.167）不是统计减缩，而是 $\mathbf{R}^n$ 上基的变化；如果 $m < n$，则式（5.167）是统计减缩。

（2）式（5.170a）表示二阶随机向量 $\boldsymbol{\eta}$ 为中心随机向量。

（3）由于协方差矩阵 $\boldsymbol{C}_{\boldsymbol{\eta}}$ 是单位矩阵（见 2.2.3 节），因此式（5.170b）表示二阶随机向量 $\boldsymbol{\eta}$ 的分量 $\eta_1, \eta_2, \cdots, \eta_m$ 是不相关的。

（4）$\boldsymbol{C}_{\boldsymbol{\eta}} = \boldsymbol{I}_m$ 并不表示实随机变量 $\eta_1, \eta_2, \cdots, \eta_m$ 是相互独立的。一般来说，随机变量 $\eta_1, \eta_2, \cdots, \eta_m$ 是相关的。但如果 $\boldsymbol{X}$ 为高斯随机向量，那么 $\boldsymbol{\eta}$ 为高斯随机向量，且由于 $\boldsymbol{C}_{\boldsymbol{\eta}} = \boldsymbol{I}_m$，因此可推断 $\eta_1, \eta_2, \cdots, \eta_m$ 是相互独立的（见第 2 章），但是这一结果并不适用于非高斯随机向量 $\boldsymbol{X}$。

收敛性分析及减缩阶数 m 的计算。在 $L^2(\Theta, \mathbf{R}^n)$ 上，式（5.167）定义的减缩统计模型的收敛性通过下式进行控制：

$$E\{\|\boldsymbol{X} - \boldsymbol{X}^{(m)}\|^2\} = \sum_{m+1}^{n} \lambda_i = E\{\|\boldsymbol{X} - \boldsymbol{m}_X\|^2\} - \sum_{i=1}^{m} \lambda_i \tag{5.171}$$

由于 $E\{\|\boldsymbol{X} - \boldsymbol{m}_X\|^2\} = \mathrm{tr}(\boldsymbol{C}_X)$，因此，基于式（5.171）引入定义在 $\{1, 2, \cdots, n-1\}$ 上且取值在 $\mathbf{R}^+$ 上的相对误差函数 $m \to e(m)$：

$$e(m) = 1 - \frac{\sum_{i=1}^{m} \lambda_i}{\mathrm{tr}(\boldsymbol{C}_X)} \tag{5.172}$$

由式(5.172)可以看出,函数 m→e(m)单调递减,且 $e(n)=0$。根据给定的协方差矩阵 $\boldsymbol{C}_X$ 及给定的公差 $\varepsilon>0$,计算式(5.167)中减缩阶数 m 的最佳值 m_ε:

$$m_\varepsilon=\inf\{m\in\{1,2,\cdots,n-1\}\mid e(m)\leqslant\varepsilon,\forall m\geqslant m_\varepsilon\} \tag{5.173}$$

数值模拟。通常协方差矩阵 $\boldsymbol{C}_X$ 并不确切已知,但可根据 $\boldsymbol{X}$ 的 v 个独立随机量 $\boldsymbol{x}^1,\boldsymbol{x}^2,\cdots,\boldsymbol{x}^v$(实验数据或数值模拟数据)估算出来。平均向量 $\boldsymbol{m}_X=E\{\boldsymbol{X}\}$ 和协方差矩阵 $\boldsymbol{C}_X=E\{(\boldsymbol{X}-\boldsymbol{m}_X)(\boldsymbol{X}-\boldsymbol{m}_X)^{\mathrm{T}}\}$ 的经验估计一般表示为

$$\hat{\boldsymbol{m}}_X^\nu=\frac{1}{\nu}\sum_{\ell=1}^{\nu}\boldsymbol{x}^\ell,\hat{\boldsymbol{C}}_X^\nu=\frac{1}{\nu-1}\sum_{\ell=1}^{\nu}(\boldsymbol{x}^\ell-\hat{\boldsymbol{m}}_X^\nu)(\boldsymbol{x}^\ell-\hat{\boldsymbol{m}}_X^\nu)^{\mathrm{T}} \tag{5.174}$$

如果 n 较大(高维情况),比如 $n=10^6$ 时,存储对称矩阵 $\hat{\boldsymbol{C}}_X^\nu$ 需要 4000GB 的空间。假设 $\nu<n$,针对这种情况,下面给出一种根据文献[7,83,107]推导出的用于计算前 m 个最大特征值和特征向量的算法,而不需要组装和存储大矩阵 $\hat{\boldsymbol{C}}_X^\nu$。

设 $\boldsymbol{y}^\ell=\boldsymbol{x}^\ell-\hat{\boldsymbol{m}}_X^\nu$ 为中心随机模拟量($\ell=1,2,\cdots,v$),$\tilde{y}=\boldsymbol{y}^1,\boldsymbol{y}^2,\cdots,\boldsymbol{y}^v$ 为 $\mathbf{M}_{n,v}(\mathbf{R})$ 上的矩阵,其列向量为中心随机变量,式(5.174)定义的估计量 $\hat{\boldsymbol{C}}_X^\nu$ 可表示为

$$\hat{\boldsymbol{C}}_X^\nu=\frac{1}{\nu-1}\tilde{\boldsymbol{y}}\tilde{\boldsymbol{y}}^{\mathrm{T}} \tag{5.175}$$

由于已假设了 $\nu<n$,因此矩阵 $\hat{\boldsymbol{C}}_X^\nu$ 的秩小于或等于 v。当 $m\leqslant v$ 时,可得到非零特征值。而式(5.164)描述的特征值问题可表示为

$$\hat{\boldsymbol{C}}_X^\nu\boldsymbol{\Phi}=\boldsymbol{\Phi}\boldsymbol{\Lambda} \tag{5.176}$$

式中:$\boldsymbol{\Lambda}$ 为正特征值 $\lambda_1\geqslant\lambda_2\geqslant\cdots\geqslant\lambda_v>0$ 组成的 ν 维对角阵;$\mathbf{M}_{n,v}(\mathbf{R})$ 上矩阵 $\boldsymbol{\Phi}$ 的 v 个列为与之对应的特征向量。矩阵 $\boldsymbol{\Phi}$ 满足

$$\boldsymbol{\Phi}^{\mathrm{T}}\boldsymbol{\Phi}=\boldsymbol{I}_v \tag{5.177}$$

考虑矩阵 $\tilde{\boldsymbol{y}}\in\mathbf{M}_{n,v}(\mathbf{R})$ 的"稀疏 SVD"[90](用 MATLAB 进行奇异值分解),可表示为

$$\tilde{\boldsymbol{y}}=\tilde{\boldsymbol{U}}\boldsymbol{\Sigma}\tilde{\boldsymbol{V}}^{\mathrm{T}} \tag{5.178}$$

则

$$\boldsymbol{\Phi}=\tilde{\boldsymbol{U}},\boldsymbol{\Lambda}=\frac{1}{v-1}\Sigma^2 \tag{5.179}$$

5.7.2 随机场 U 的 Karhunen – Loève 展开

随机场(或随机过程)$\boldsymbol{U}$ 的 Karhunen – Loève 展开式类似于随机向量 $\boldsymbol{X}$ 的主成分分析,但维数是无限的。下面来解释随机场 $\boldsymbol{U}$ 的 KL 展开与随机向量 $\boldsymbol{X}$(对应于 $\boldsymbol{U}$ 的样本)的 PCA 之间的联系。

随机场 $\boldsymbol{U}$ 的概率描述。概率空间$(\Theta,\mathcal{T},P)$中取值在 $\mathbf{R}^\mu$ 上的二阶随机场 $\{\boldsymbol{U}(\zeta),\zeta\in\Omega\}$ 为不可数 μ 维二阶随机变量族,其中 $\Omega\subset\mathbf{R}^d(d\geqslant1)$。当 $d=1$ 时,$\boldsymbol{U}$

通常称为“随机过程”；当 $d \geqslant 2$ 时，$\boldsymbol{U}$ 通常称为“随机场”。但随机场也可视为随集合推移的随机过程，该集合维数大于或等于 2。随机场 $\boldsymbol{U}$ 的二阶量定义如下。

(1)均值函数。随机场 $\boldsymbol{U}$ 的均值函数为 Ω 到 $\mathbf{R}^{\mu}$ 的函数 $\zeta \to \boldsymbol{m}_{U}(\zeta)$，即

$$\boldsymbol{m}_{U}(\zeta)=E\{\boldsymbol{U}(\zeta)\} \tag{5.180}$$

(2)自相关函数。随机场 $\boldsymbol{U}$ 的自相关函数为 $\Omega \times \Omega$ 到 $\mathbf{M}_{\mu}(\mathbf{R})$ 的函数 $(\zeta, \zeta') \to \boldsymbol{R}_{U}(\zeta, \zeta')$，即

$$\boldsymbol{R}_{U}(\zeta, \zeta')=E\{\boldsymbol{U}(\zeta) \boldsymbol{U}(\zeta')^{\mathrm{T}}\} \tag{5.181}$$

由于 $\boldsymbol{U}$ 已假设为二阶随机场，则有

$$E\{\|\boldsymbol{U}(\zeta)\|^{2}\}=\operatorname{tr}(\boldsymbol{R}_{U}(\zeta, \zeta))<+\infty \quad (\forall \zeta \in \Omega) \tag{5.182}$$

(3)协方差函数。随机场 $\boldsymbol{U}$ 的协方差函数为 $\Omega \times \Omega$ 到 $\mathbf{M}_{\mu}(\mathbf{R})$ 的函数 $(\zeta, \zeta') \to \boldsymbol{C}_{U}(\zeta, \zeta')$，即

$$\boldsymbol{C}_{U}(\zeta, \zeta')=E\{(\boldsymbol{U}(\zeta)-\boldsymbol{m}_{U}(\zeta))(\boldsymbol{U}(\zeta')-\boldsymbol{m}_{U}(\zeta'))^{\mathrm{T}}\} \tag{5.183}$$

因此有

$$\boldsymbol{C}_{U}(\zeta, \zeta')=\boldsymbol{R}_{U}(\zeta, \zeta')-\boldsymbol{m}_{U}(\zeta) \boldsymbol{m}_{U}(\zeta')^{\mathrm{T}} \tag{5.184}$$

另外，假设协方差函数满足以下性质：

$$\int_{\Omega} \int_{\Omega}\|\boldsymbol{C}_{U}(\zeta, \zeta')\|_{F}^{2} \mathrm{d} \zeta' \mathrm{d} \zeta'<+\infty \tag{5.185}$$

引入式(5.185)定义的假设，得到可数随机变量族的 KL 展开式的存在性。

KL 展开。在式(5.182)和式(5.185)定义的假设下，Karhunen - Loève 展开是用均方意义上的可数族 $\{\eta_{i}, i \in \mathbf{N}^{*}\}$ 表示二阶随机变量 $\{\boldsymbol{U}(\zeta), \zeta \in \Omega\}$ 的不可数族：

$$\boldsymbol{U}(\zeta)=\boldsymbol{m}_{U}(\zeta)+\sum_{i=1}^{\infty} \sqrt{\lambda_{i}} \eta_{i} \boldsymbol{\phi}^{i}(\zeta) \tag{5.186}$$

式中：对任意 $\zeta \in \Omega$，级数都是均方收敛的，即在 $L^{2}(\Theta, \mathbf{R}^{\mu})$ 上收敛。根据式(5.186)定义的 KL 展开式，可以通过有限个项对 $\boldsymbol{U}$ 的有限近似表示 $\boldsymbol{U}^{(m)}$ 进行构建，并称为对随机场 $\boldsymbol{U}$ 的统计减缩表示。

为 KL 展开构建希尔伯特基。设 $L^{2}(\Theta, \mathbf{R}^{\mu})$ 为定义在 Ω 上的平方可积函数的希尔伯特空间，其取值在 $\mathbf{R}^{\mu}$ 上，内积和相关范数为

$$<\boldsymbol{u}, \boldsymbol{v}>_{L^{2}}=\int_{\Omega}<\boldsymbol{u}(\zeta), \boldsymbol{v}(\zeta)>\mathrm{d} \zeta, \quad \|\boldsymbol{u}\|_{L^{2}}=\{<\boldsymbol{u}, \boldsymbol{u}>_{L^{2}}\}^{1/2} \tag{5.187}$$

针对协方差函数，式(5.185)表示的假设表明，协方差线性算子 $\boldsymbol{C}_{U}$ 为 $L^{2}(\Theta, \mathbf{R}^{\mu})$ 上的希尔伯特 - 施密特(Hilbert - Schmidt)算子：

$$\{\boldsymbol{C}_{U} \boldsymbol{\phi}\}(\zeta)=\int_{\Omega} \boldsymbol{C}_{U}(\zeta, \zeta') \boldsymbol{\phi}(\zeta') \mathrm{d} \zeta \tag{5.188}$$

这表明，下式表示的特征值问题可使递减的正特征值序列 $\lambda_{1} \geqslant \lambda_{2} \geqslant \cdots \to 0$，从而使 $\sum\limits_{i=1}^{+\infty} \lambda_{i}{}^{2}<+\infty$，且特征向量族 $\{\phi^{i}, i \in \mathbf{N}^{*}\}$ 为 $L^{2}(\Theta, \mathbf{R}^{\mu})$ 的一组希尔伯特基：

$$\boldsymbol{C}_{U} \boldsymbol{\phi}=\lambda \boldsymbol{\phi} \tag{5.189}$$

因此,特征向量族$\{\boldsymbol{\phi}^i\}_i$为$L^2(\Theta,\mathbf{R}^\mu)$上的正交族:

$$<\boldsymbol{\phi}^i,\boldsymbol{\phi}^{i'}>_{L^2}=\delta_{ii'} \tag{5.190}$$

用希尔伯特基表示$\boldsymbol{U}$的KL展开。将希尔伯特基理论用于$\boldsymbol{U}-\boldsymbol{m}_U$,得到随机场$\boldsymbol{U}$的KL展开式:

$$\boldsymbol{U}(\zeta)=\boldsymbol{m}_U(\zeta)+\sum_{i=1}^{\infty}\sqrt{\lambda_i}\,\eta_i\boldsymbol{\phi}^i(\zeta) \tag{5.191}$$

式中:对任意$\zeta\in\Omega$,级数在$L^2(\Theta,\mathbf{R}^\mu)$上都是收敛的,且对任意$i$,$\eta_i$为二阶实随机变量,$\eta_i$给定为

$$\eta_i=\frac{1}{\sqrt{\lambda_i}}\int_\Omega <\boldsymbol{U}(\zeta)-\boldsymbol{m}_U(\zeta),\boldsymbol{\phi}^i(\zeta)>\mathrm{d}\zeta \tag{5.192}$$

二阶实值随机变量$\{\eta_i,i\in\mathbf{N}^*\}$为不相关的中心随机变量,有

$$E\{\eta_i\}=0,E\{\eta_i\eta_i{}'\}=\delta_{ii'} \tag{5.193}$$

与主成分分析的评价类似,虽然二阶实随机变量$\{\eta_i,i\in\mathbf{N}^*\}$是不相关随机变量,但相互依赖。如果随机场$\boldsymbol{U}$是高斯随机场,则随机变量$\{\eta_i,i\in\mathbf{N}^*\}$是相互独立的,但非高斯随机场并不具有这一性质。

利用$\boldsymbol{U}$的KL展开进行统计减缩。对固定的整数$m(1\leqslant m)$,随机场$\{\boldsymbol{U}(\zeta),\zeta\in\Omega\}$的统计减缩模型$\{\boldsymbol{U}^{(m)}(\zeta),\zeta\in\Omega\}$可表示为

$$\boldsymbol{U}^{(m)}(\zeta)=\boldsymbol{m}_U(\zeta)+\sum_{i=1}^{m}\sqrt{\lambda_i}\,\eta_i\boldsymbol{\phi}^i(\zeta) \tag{5.194}$$

设$\boldsymbol{\eta}=(\eta_1,\eta_2,\cdots,\eta_m)$为二阶$m$维随机变量。根据式(5.193)可推导出随机向量$\boldsymbol{\eta}$的$m$维平均值$\boldsymbol{m}_\eta$及$\mathbf{M}_m^+(\mathbf{R})$上的协方差矩阵,即

$$\boldsymbol{m}_\eta=\mathbf{0},\boldsymbol{C}_{\boldsymbol{\eta}}=\boldsymbol{I}_{\boldsymbol{m}} \tag{5.195}$$

收敛性分析和减缩阶数m的计算。式(5.194)表示的统计减缩模型的收敛性用下式进行控制:

$$E\{\|\boldsymbol{U}-\boldsymbol{U}^{(m)}\|_{L^2}^2\}=\sum_{i=m+1}^{\infty}\lambda_i=E\{\|\boldsymbol{U}-\boldsymbol{m}_U\|_{L^2}^2\}-\sum_{i=1}^{m}\lambda_i \tag{5.196}$$

式中:考虑到式(5.187),$\|\boldsymbol{U}-\boldsymbol{U}^{(m)}\|_{L^2}^2$可表示为

$$\|\boldsymbol{U}-\boldsymbol{U}^{(m)}\|_{L^2}^2=\int_\Omega\|\boldsymbol{U}(\zeta)-\boldsymbol{m}_U(\zeta)\|^2\mathrm{d}\zeta$$

$\mathbf{N}^*$上的相对误差函数$m\to e(m)$取值在$\mathbf{R}^+$上,根据式(5.196)可得

$$e(m)=1-\frac{\sum_{i=1}^{m}\lambda_i}{E\{\|\boldsymbol{U}-\boldsymbol{m}_U\|_{L^2}^2\}} \tag{5.197}$$

由于$E\{\|\boldsymbol{U}-\boldsymbol{U}^{(m)}\|_{L^2}^2\}=\sum_{i=1}^{+\infty}\lambda_i^2<+\infty$,且$\lambda_1\geqslant\lambda_2\geqslant\cdots\to0$,因此$m\to e(m)$单调递减,且$e(+\infty)=0$。

当给定协方差函数$(\zeta,\zeta')\to \boldsymbol{C}_U(\zeta,\zeta')$及公差$\varepsilon>0$时，计算式(5.194)中减缩阶数$m$的最佳值$m_\varepsilon$：

$$m_\varepsilon=\inf\{m\in\mathbf{N}^*\mid e(m)\leqslant\varepsilon,m\geqslant m_\varepsilon\} \tag{5.198}$$

数值模拟及 KL 与 PCA 的联系。希尔伯特基$\{\boldsymbol{\phi}^i\}_i$的构建需要求解式(5.189)表示的特征值问题，但一般无法得到显式解。因此需要利用计算方法来构建式(5.189)的数值近似解，从而得到特征值$\lambda_1\geqslant\cdots\geqslant\lambda_m$和特征函数$\{\boldsymbol{\phi}^i\}_{i=1,2,\cdots,m}$的数值近似解。

为了避免对式(5.189)表示的特征值问题的积分方程近似求解，可引入随机场$\boldsymbol{U}$的有限族$\{\boldsymbol{U}(\zeta^1),\boldsymbol{U}(\zeta^2),\cdots,\boldsymbol{U}(\zeta^N)\}$($\boldsymbol{U}$在$\zeta^1,\zeta^2,\cdots,\zeta^N\in\Omega$处的样本)，并在$L^2(\Theta,\mathbf{R}^\mu)$上正确地近似于不可数族$\{\boldsymbol{U}(\zeta),\zeta\in\Omega\}$。取值在$(\mathbf{R}^\mu)^N$上的随机向量$\boldsymbol{X}=(\boldsymbol{U}(\zeta^1),\boldsymbol{U}(\zeta^2),\cdots,\boldsymbol{U}(\zeta^N))$的主成分分析可用于构建5.7.1节所述的统计减缩。

例 假设随机场对应$\mathbf{R}^d$的有界集上边界值问题偏微分方程系数的随机模型。假设计算模型是用有限元法建立的，并用于对边界值问题进行空间离散化。可以选取Ω上的采样点$\zeta^1,\zeta^2,\cdots,\zeta^N$作为域$\Omega$网格所有有限元的高斯－勒让德(Gauss－Legendre)求积点的并集。

第6章 不确定性传播随机求解器概述

本章的重点是不确定性随机建模及通过求解统计反问题来识别参数，并不是着重讲解关于随机求解器的数学理论（许多教材对此已有专门讨论），仅限于给出主要方法及对 Galerkin 投影法（谱随机法）和蒙特卡罗法的简要描述。

6.1 随机求解器不同于随机建模

利用不确定性参数随机法来说明。图 6.1 为不确定性参数随机法的两个基本步骤：建立 $\boldsymbol{X}$ 的随机模型，即构建 $P_{\boldsymbol{X}}^{\text{prior}}$；在已知 $P_{\boldsymbol{X}}^{\text{prior}}$ 及 $\boldsymbol{h}$ 的情况下用随机求解器构建 $P_{\boldsymbol{U}}^{\text{prior}}$。从图中可以看出以下几点。

（1）随机向量 $\boldsymbol{X}$ 表示计算模型中的不确定性参数，构建随机模型是指构建其先验概率分布 $P_{\boldsymbol{X}}^{\text{prior}}$。

（2）$\boldsymbol{X}$ 通过确定性非线性映射 $\boldsymbol{h}$ 变换得到随机观测量 $\boldsymbol{U}$，即 $\boldsymbol{U}=\boldsymbol{h}(\boldsymbol{X})$。映射 $\boldsymbol{h}$ 是未知的，需要利用计算模型来构建其数值模型。

（3）需要对随机向量 $\boldsymbol{U}$ 的概率分布 $P_{\boldsymbol{U}}^{\text{prior}}$ 进行估计。

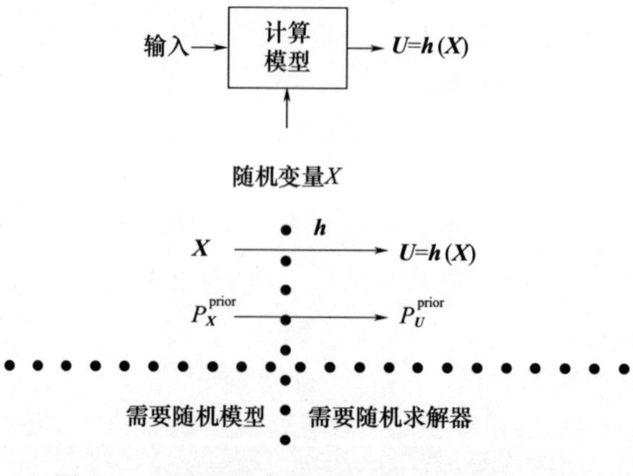

图 6.1　不确定性参数随机法的两个基本步骤

基本概念。通过对图 6.1 的分析,可以得到以下重要结论。

(1)不确定性的随机建模与分析不确定性传播的随机求解器不同,要避免混淆。

(2)不确定性随机建模是一个需要进行认真分析与研究的基本问题。

(3)概率分布 P_X^{prior} 不能任意选取,需要进行客观地构建(如 1.6 节所述),如果任意选取随机模型,即使采用完善的随机求解器,所得结果 P_U^{prior} 也是错误的。

6.2 随机求解器类型概述

构建随机求解器主要有两种方法:

方法一:在边界值问题偏微分方程弱公式中引入 Galerkin 投影法(谱随机法)。

基于 PCE 的谱随机法。在这类方法中,通常采用的有效方法是基于解的多项式混沌展开的谱随机法,该方法是由 Roger Ghanem 在 1990—1991 年提出的[84-85]。针对不确定计算模型,这种方法在计算科学与工程的许多领域,尤其是在计算固体力学和计算流体力学方面已有深入的研究并进行了应用[123]。在数值计算方面,文献[223]采用了随机边界值问题的谱方法。

可选用的方法。基于 PCE 的谱随机法是基于解的最优分离表示的构建方法,如:随机边界值问题求解的 Karhunen - Loève 展开法[130]和广义谱分解法[152]。

利用 PCE 的谱随机法研究进展。文献[84,85]首次提出了二阶随机场 PCE 的系统性构建方法及其在分析边界值问题不确定性传播中的应用。多项式混沌展开及其应用研究在求解随机边界值问题和一些相关统计反问题方面发展较快[10-11,15,56,59,63,69-70,81-82,86-87,123,145,151,153,200,211,222-223]。文献[12,74,126,162,188,196,217]介绍了广义混沌展开、任意概率测度的 PCE 及随机系数 PCE,文献[213]提出了齐次混沌空间中基的自适应构建方法。文献[23-24,88,114,129,206,213]在加速 PCE 随机收敛方面展开了研究。

方法二:直接模拟采样法。这类方法中最有效且应用最广的是蒙特卡罗模拟法[172]。由于收敛速度与随机维数无关,因此不必担心维数引起的计算困难,但收敛速度为 $\sqrt{1/v}$,其中 ν 为独立随机模拟的次数(见 2.8 节),但采用以下方法可提高收敛速度。

(1)高级蒙特卡罗模拟程序[177];

(2)子集模拟技术[13-14];

(3)高维采样法[13];

(4)局部区域蒙特卡罗模拟法[166]。

6.3 利用多项式混沌展开的谱随机法

本节将给出一个简单的例子以便对谱随机法进行说明:利用多项式混沌展开(PCE)的谱随机法对随机边界值问题进行求解。

6.3.1 简易框架中便于理解的描述

为了简化叙述,进行如下假设。

(1)边界值问题与偏微分方程组(在物理空间进行描述)有关,采取通用方法(如有限差分法、有限体积法、有限元法等)进行空间离散化,并推导出一个有限维的计算模型,如果进行降阶处理,可得到降阶计算模型。

(2)计算模型(可能为降阶模型)与不确定参数 $\boldsymbol{x}$ 有关,$\boldsymbol{x} \in S_n \subset \mathbf{R}^n$,计算模型记为

$$\mathcal{D}(\boldsymbol{u};\boldsymbol{x}) = \mathcal{F}(\boldsymbol{x})\,(\boldsymbol{u} \in \mathbf{R}^m) \tag{6.1}$$

对任意 $\boldsymbol{x} \in S_n$,假设存在唯一解 $\boldsymbol{u} = \boldsymbol{h}(\boldsymbol{x}) \in \mathbf{R}^m$。

(3)采用不确定性参数随机法,利用$(\Theta, \mathcal{T}, P)$上的随机变量 $\boldsymbol{X} \in \mathbf{R}^n$ 对不确定参数 $\boldsymbol{x}$ 进行建模,概率分布 $P_{\boldsymbol{X}}(\mathrm{d}\boldsymbol{x})$ 的支集为 S_n,并假设随机模型 $\boldsymbol{X}$ 使随机解 $\boldsymbol{U}$ 为二阶 m 维随机变量:

$$\boldsymbol{U} = \boldsymbol{h}(\boldsymbol{X}) \in L^2(\Theta, \mathbf{R}^m) \tag{6.2}$$

引入 $\boldsymbol{X}$ 的参数化方法,即 $\boldsymbol{X} = \boldsymbol{f}(\boldsymbol{\Xi})$,其中:$\boldsymbol{\Xi}$ 为二阶 N_g 维随机变量,已知关于 $\mathrm{d}\xi$ 的概率密度函数 $p_{\boldsymbol{\Xi}}(\xi)$;$\boldsymbol{f}$ 为从 $\mathbf{R}^{N_g}$ 到 $S_n \subset \mathbf{R}^n$ 的已知映射,用于将 $\boldsymbol{\Xi}$ 的概率分布 $p_{\boldsymbol{\Xi}}(\xi)\mathrm{d}\xi$ 转换为 $\boldsymbol{X}$ 的概率分布 $p_{\boldsymbol{X}}(\mathrm{d}\boldsymbol{x})$。

6.3.2 基于多项式混沌展开的谱随机法

本节给出两种方法:嵌入式方法,采用该方法需要修改计算软件中的求解器,在商业软件中采用这种方法比较困难;非嵌入式方法,对计算软件的输出量进行后处理,因此不需要修改计算软件中的求解器。

嵌入式方法。需求解的随机方程为 $\mathcal{D}(\boldsymbol{U};\boldsymbol{X}) = \mathcal{F}(\boldsymbol{X})$,记为

$$\mathcal{D}(\boldsymbol{U};\boldsymbol{f}(\boldsymbol{\Xi})) = \mathcal{F}(\boldsymbol{f}(\boldsymbol{\Xi})) \tag{6.3}$$

二阶随机向量 $\boldsymbol{U}$ 的有限近似[见式(5.149),其近似计算适用于 $\boldsymbol{U}$]可表示为

$$\boldsymbol{U}^{(K_{N_d})} = \sum_{k=0}^{K_{N_d}} \boldsymbol{u}^k \Psi_{\boldsymbol{\alpha}^{(k)}}(\boldsymbol{\Xi}),\ \boldsymbol{u}^k = E\{\boldsymbol{U}\Psi_{\boldsymbol{\alpha}^{(k)}}(\boldsymbol{\Xi})\} \in \mathbf{R}^m \tag{6.4}$$

未知确定性系数(向量)$\boldsymbol{u}^0,\boldsymbol{u}^1,\cdots,\boldsymbol{u}^{K_{N_d}}$为下面$1+K_{N_d}$个确定性向量方程的解，满足，

$$E\{\boldsymbol{\Psi}_{\boldsymbol{\alpha}^{(k')}}(\boldsymbol{\Xi})\mathcal{D}(\boldsymbol{U}^{(K_{N_d})};\boldsymbol{f}(\boldsymbol{\Xi}))\}=E\{\boldsymbol{\Psi}_{\boldsymbol{\alpha}^{(k')}}(\boldsymbol{\Xi})\mathcal{F}(\boldsymbol{f}(\boldsymbol{\Xi}))\}(k'=0,1,\cdots,K_{N_d}) \tag{6.5}$$

如果$\boldsymbol{u}\to\mathcal{D}(\boldsymbol{u};\boldsymbol{x})$为线性映射,则式(6.5)所示的确定性向量方程组为线性方程组;如果$\boldsymbol{u}\to\mathcal{D}(\boldsymbol{u};\boldsymbol{x})$为非线性映射,则式(6.5)为非线性方程组。关于这一方法的收敛性及计算,需要注意以下几点。

(1)该方法对商业软件有侵入性。

(2)该方法是精确的,且在计算过程中可控制多项式混沌数K_{N_d}的收敛性,但对于非线性问题$\boldsymbol{\Xi}\to\boldsymbol{U}$(即通常情况),对各个$K_{N_d}$值,必须重新计算方程组的所有项(与线性情况相反)。

(3)收敛速度取决于随机向量$\boldsymbol{\Xi}$的维数N_g(维数灾难)。

(4)对于高维情况(N_g较大),当式(6.5)中计算线性代数方程组系数数学期望时,须采用蒙特卡罗法进行估计(见第2章和第4章)。

非嵌入式方法。该方法并不是求解式(6.5),而是利用蒙特卡罗法(见6.4节)计算未知确定性向量$\boldsymbol{u}^0,\boldsymbol{u}^1,\cdots,\boldsymbol{u}^K$:

$$\boldsymbol{u}^K=E\{\boldsymbol{U}\boldsymbol{\Psi}_{\boldsymbol{\alpha}^{(k)}}(\boldsymbol{\Xi})\}\approx\frac{1}{v}\sum_{\ell=1}^{v}\boldsymbol{U}(\theta_\ell)\boldsymbol{\Psi}_{\boldsymbol{\alpha}^{(k)}}(\boldsymbol{\Xi}(\theta_\ell)) \tag{6.6}$$

式中:当$\ell=1,2,\cdots,v$时,$\boldsymbol{U}(\theta_\ell)$为以下确定性方程的解,即

$$\mathcal{D}(\boldsymbol{U}(\theta_\ell);\boldsymbol{X}(\theta_\ell))=\mathcal{F}(\boldsymbol{X}(\theta_\ell)),\boldsymbol{X}(\theta_\ell)=f(\boldsymbol{\Xi}(\theta_\ell)) \tag{6.7}$$

式中:$\boldsymbol{\Xi}(\theta_1),\boldsymbol{\Xi}(\theta_2),\cdots,\boldsymbol{\Xi}(\theta_v)$为$v$个独立随机模拟量,可用$\boldsymbol{\Xi}$的模拟器来构建。

这种非嵌入式方法是蒙特卡罗法的后处理方法,用于构建随机解$\boldsymbol{U}$的PCE,其中v个独立随机量$\boldsymbol{U}(\theta_\ell),\ell=1,2,\cdots,v$是已知的。在计算时长方面,PCE对CPU的影响可忽略不计,所采用的随机求解器为6.4节介绍的蒙特卡罗数值模拟法。

6.4 蒙特卡罗数值模拟法

图6.2为基于蒙特卡罗数值模拟的随机求解器。相关数学基础见2.8节(关于中心极限定理的使用及其在高维积分计算中的应用)和第4章(关于对随机向量非线性映射的随机模拟及对其数学期望估计的马尔可夫链蒙特卡罗法)。

图6.2所示表格的第一行总结了必须解决的问题:

(1)已知随机向量$\boldsymbol{X}$的概率分布$P_{\boldsymbol{X}}^{\text{prior}}$,也就是说需要按照前面的解释来客观地构建$P_{\boldsymbol{X}}^{\text{prior}}$。

(2)只有确定性映射$\boldsymbol{h}$的近似量可通过软件利用计算模型来构建,如采用有限元计算程序进行构建。

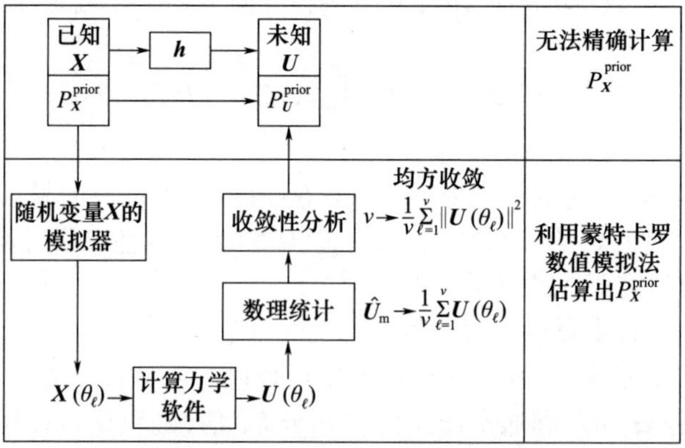

图 6.2　基于蒙特卡罗数值模拟的随机求解器

(3)最终目的是估计随机观测量 $\boldsymbol{U}=\boldsymbol{h}(\boldsymbol{X})$ 的无法精确计算的概率分布 $P_{\boldsymbol{U}}^{\text{prior}}$。

图 6.2 所示表格的第二行总结了蒙特卡罗求解器的构建方法：

(1)在已知 $\boldsymbol{X}$ 概率分布 $P_{\boldsymbol{X}}^{\text{prior}}$ 的情况下，模拟 v 个 $\boldsymbol{X}$ 的独立随机量 $\{\boldsymbol{X}(\theta_\ell),\ell=1,2,\cdots,v\}$，通常采用第 4 章介绍的基于马尔可夫链蒙特卡罗法的模拟器。

(2)计算 $\boldsymbol{U}$ 的 v 个独立随机量 $\boldsymbol{U}(\theta_\ell),\ell=1,2,\cdots,v$，使对任意 ℓ，有 $\boldsymbol{U}(\theta_\ell)=\boldsymbol{h}(\boldsymbol{X}(\theta_\ell))$，即运用软件进行确定性计算，这一步骤容易实现并行计算。

(3)采用数理统计方法和对估计值收敛性的控制来估算所关注的变量。可用均方收敛或 2.8 节介绍的中心极限定理来实现对收敛性的控制。

关于蒙特卡罗法的收敛性和计算，有如下几个方面的评价：

(1)蒙特卡罗法对商业软件不具有侵入性。

(2)该方法适用于无须任何软件开发的并行计算。

(3)根据中心极限定理(见 2.8 节)，在计算过程中可以控制对模拟数 v 的收敛性，并可估算出与未知精确解间的差值。

(4)收敛速度与 $\boldsymbol{\Xi}$ 的维数 N_g 无关(不存在维数灾难)。

第7章 统计反问题的基本工具

本章主要讨论用于解决统计反问题的基本统计工具,这些工具可通过计算模型对不确定性随机模型进行识别。由于数理统计在这方面的发展已经成熟,相关教材也较多,因此在学习时容易失去方向。鉴于此,本章主要介绍统计反问题理论的基本思想。因此对于非平稳反问题并不做过多介绍,如基于贝叶斯滤波的线性卡尔曼滤波及扩展卡尔曼滤波方法。

7.1 基本方法

7.1.1 问题描述

计算模型背景下的反问题是识别计算模型的某些参数,可通过所关注的由计算模型计算得到的变量观测量的数据来完成这一识别过程。这种确定性反问题通常是一个不适定问题,但在概率论框架中,同样的反问题几乎是一个适定问题。

统计反问题是指用数理统计工具在概率论框架内求解反问题。

只有当存在某些可用数据时,才可以求解统计反问题,这些数据的可能来源如下。

(1)实验观测值,也称为“实验数据”。

(2)通过计算模型得到的数值模拟数据,也称为“模拟数据”。

统计反问题主要有两种情况:

(1)当没有数据可用时,统计反问题为不适定问题,因此无法求解。

(2)当有数据可用时,统计反问题通常为适定问题,求解质量取决于对数据统计估计的收敛性(存在有限数据的情况)。

7.1.2 不确定性量化的基本思路

在引入数理统计工具之前,先要明确不确定性量化的基本思路。

7.1.2.1 无可用数据的情况

在这种情况下，任何统计反问题都是不适定问题。但为了对计算模型进行稳健性分析、稳健优化或稳健设计，必须将不确定性作为不确定性水平函数考虑进去。因此，必须构建一个既包含系统参数不确定性又包含由建模误差引起的模型不确定性的先验随机模型，这一模型的未知向量值超参数 $\boldsymbol{s}$ 可用于对不确定性水平及不确定性来源进行灵敏度分析。

7.1.2.2 有可用数据的情况

当有可用数据时，可采用两种方法并通过求解统计反问题来识别：

第一种方法：最小二乘法或最大似然法。

(1) 第一步是构造不确定性的先验随机模型 $P^{\text{prior}}(\boldsymbol{s})$（同时包含参数不确定性及建模误差所引起的模型不确定性），不确定性取决于未知向量超参数 $\boldsymbol{s}$。

(2) 第二步是采用最小二乘法或最大似然法求解统计反问题来识别 $\boldsymbol{s}$ 的优化值 $\boldsymbol{s}^{\text{opt}}$，通过这种优化可得到关于不确定水平及不确定性来源的优化先验模型：

$$P^{\text{prior,opt}} = P^{\text{prior}}(\boldsymbol{s}^{\text{opt}}) \tag{7.1}$$

第二种方法：贝叶斯法。

根据第一种方法可知，先验模型 $P^{\text{prior}}(\boldsymbol{s})$ 可用超参数 $\boldsymbol{s}$ 进行参数化。对容许集 C_{ad} 中不同的 $\boldsymbol{s}$，先验模型族可取遍所有可能概率分布集的子集，因此，$P^{\text{prior,opt}}(\boldsymbol{s}) = P^{\text{prior}}(\boldsymbol{s}^{\text{opt}})$ 为概率分布子集中的最优数据。贝叶斯方法可对整个概率分布集中最优数据后验随机模型 P^{post} 进行估计，即用先验模型 P^{prior} 的数据更新 P^{post}（后验模型），先验随机模型可取以下几种。

(1) 非信息先验模型，即任意选取 P^{prior}（尽可能不选取这种模型，尤其是具有一定数据的高维情况）。

(2) 信息先验模型，即给定 $\boldsymbol{s}$ 的取值 $\boldsymbol{s}^0$ 时的先验模型 $P^{\text{prior}}(\boldsymbol{s}^0)$。

(3) 信息最优先验模型，即最优先验模型 $P^{\text{prior}}(\boldsymbol{s}^{\text{opt}})$。如果采用第一种方法计算 $\boldsymbol{x}^{\text{opt}}$ 和贝叶斯法计算 P^{post} 时使用的是同一组数据，则意味着在所有概率分布（在 $P^{\text{prior}}(\boldsymbol{s}^{\text{opt}})$ 邻域内）区域中构造了 P^{post}。

本节介绍了计算模型某些参数的识别问题，图 7.1 为有一定实验数据可用时的识别方法。图右侧给出了实际系统变异性（见 1.2 节的介绍）及测量噪声的概念。在医学图像处理及天体物理图像处理等领域，测量噪声不可忽略，在统计反问题中需要将其考虑在内。为了预测（以及设计和优化）复杂机械系统的行为，在计算模型的识别中，测量噪声相对于实验装置的差异引起的观测量的变异性通常可忽略不计，这种变异性难以精确得到，而且不是制造过程中的波动引起的。

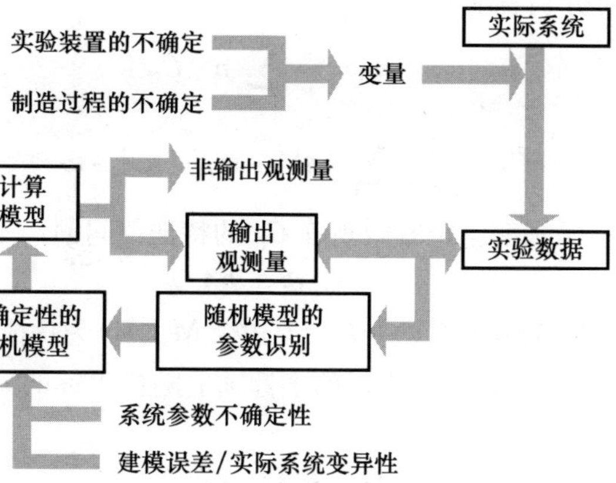

图 7.1　根据实验观测量进行识别的方法

7.2　非参数统计中的多元核密度估计法

对于与产生随机向量(4.3.5 节)或解决统计反问题方法相关的许多问题,有必要依据一个已知随机向量集对随机向量概率密度函数估计进行构建。当没有其他信息时,也就是说只有一个已知随机向量集时,其解决方法是采用非参数核密度估计与多元平滑相结合的统计工具[25,89,106]。在这一理论框架中,最常用且行之有效的方法是多元核密度估计法,而高斯核兼具良好的适应性及有效性。

7.2.1　问题描述

令 $\boldsymbol{U}$ 为概率空间$(\Theta,\mathcal{T},P)$上一个 m 维实随机变量,其概率分布 $P_U(\mathrm{d}\boldsymbol{u})$为一个关于 $\mathrm{d}\boldsymbol{u}$ 的 m 维未知概率密度函数,记为 $\boldsymbol{u}\to P_U(\boldsymbol{u})$。$P_U$ 的支集 $S_m\subset\mathbf{R}^m$ 未知,存在 $v>m$ 个 $\boldsymbol{U}$ 的独立随机变量$\{\boldsymbol{u}^{r,1},\boldsymbol{u}^{r,2},\cdots,\boldsymbol{u}^{r,v}\}$(可为实验数据或模拟数据)组成的集合,所要解决的问题是利用 $\boldsymbol{U}$ 的随机数集$\{\boldsymbol{u}^{r,1},\boldsymbol{u}^{r,2},\cdots,\boldsymbol{u}^{r,v}\}$,估计在点 $\boldsymbol{u}^0\in\mathbf{R}^m$处的概率密度函数的值 $\hat{p}_U(\boldsymbol{u}^0)$。

7.2.2　多元核密度估计法

多元核密度估计法可分为以下三个步骤:

(1)估计随机向量 $\boldsymbol{U}$ 的平均向量与协方差矩阵。令 $\hat{\boldsymbol{m}}_U\in\mathbf{R}^m$ 和 $\hat{\boldsymbol{C}}_U\in\mathbf{M}_m^+$ 分别为未知平均向量 $\boldsymbol{m}_U=E\{\boldsymbol{U}\}$和未知协方差矩阵 $\boldsymbol{C}_U=E\{(\boldsymbol{U}-\boldsymbol{m}_U)(\boldsymbol{U}-\boldsymbol{m}_U)^{\mathrm{T}}\}$

的经验估计，且可分别表示为

$$\hat{\boldsymbol{m}}_U = \frac{1}{v} \sum_{\ell=1}^{v} \boldsymbol{u}^{r,\ell} \hat{\boldsymbol{C}}_U \tag{7.2}$$

$$\hat{\boldsymbol{C}}_U = \frac{1}{v-1} \sum_{\ell=1}^{v} (\boldsymbol{u}^{r,\ell} - \hat{\boldsymbol{m}}_U)(\boldsymbol{u}^{r,\ell} - \hat{\boldsymbol{m}}_U)^{\mathrm{T}} \tag{7.3}$$

(2)坐标变换。求解正定有限矩阵 $\hat{\boldsymbol{C}}_U$ 的特征值问题：

$$\hat{\boldsymbol{C}}_U \boldsymbol{\Phi} = \boldsymbol{\Phi} \boldsymbol{\Lambda} \tag{7.4}$$

式中：$\boldsymbol{\Lambda}$ 为正特征值 $\lambda_1 \geqslant \lambda_2 \geqslant \cdots \geqslant \lambda_m > 0$；$\boldsymbol{\Phi} \in \mathbf{M}_m(\mathbf{R})$ 为特征向量矩阵。

$\boldsymbol{\Phi}\boldsymbol{\Phi}^{\mathrm{T}} = \boldsymbol{\Phi}^{\mathrm{T}}\boldsymbol{\Phi} = \boldsymbol{I}_m$ 随机向量表示的坐标轴上随机坐标的 m 维实随机向量 $\boldsymbol{Q}$ 可表示为

$$\boldsymbol{Q} = \boldsymbol{\Phi}^{\mathrm{T}}(\boldsymbol{U} - \hat{\boldsymbol{m}}_U) \tag{7.5}$$

$\{\boldsymbol{u}^{r,1}, \boldsymbol{u}^{r,2}, \cdots, \boldsymbol{u}^{r,v}\}$ 的变换可表示为

$$\forall \ell = 1, 2, \cdots, v, \boldsymbol{q}^{r,\ell} = \boldsymbol{\Phi}^{\mathrm{T}}(\boldsymbol{u}^{r,\ell} - \hat{\boldsymbol{m}}_U) \tag{7.6}$$

由于 $p_U(\boldsymbol{u})\mathrm{d}\boldsymbol{u} = p_Q(\boldsymbol{q})\mathrm{d}\boldsymbol{q}, \mathrm{d}\boldsymbol{q} = |\det(\boldsymbol{\Phi}^{\mathrm{T}})|\mathrm{d}\boldsymbol{u} = \mathrm{d}\boldsymbol{u}$，从而有 $p_U(\boldsymbol{u}) = p_Q(\boldsymbol{q})$，因此，在点 $\boldsymbol{u}^0 \in \mathbf{R}^m$ 处的估计可表示为

$$\hat{p}_U(\boldsymbol{u}^0) = \hat{p}_Q(\boldsymbol{q}^0), \boldsymbol{q}^0 = \boldsymbol{\Phi}^{\mathrm{T}}(\boldsymbol{u}^0 - \hat{\boldsymbol{m}}_U) \tag{7.7}$$

(3)在转换坐标内进行多元核密度估计。利用数据集合 $\{\boldsymbol{q}^{r,1}, \boldsymbol{q}^{r,2}, \cdots, \boldsymbol{q}^{r,v}\}$，可将点 $\boldsymbol{q}^0 \in \mathbf{R}^m$ 处的概率密度函数的多元核密度估计 $\hat{p}_Q(\boldsymbol{q}^0)$ 可表示为

$$\hat{p}_Q(\boldsymbol{q}^0) = \frac{1}{v} \sum_{\ell=1}^{v} \prod_{k=1}^{m} \left\{ \frac{1}{h_k} \mathcal{K}\left(\frac{q_k^{r,\ell} - q_k^0}{h_k} \right) \right\} \tag{7.8}$$

式中：$h_1, h_2, \cdots, h_m$ 为平滑参数；$\boldsymbol{q}^0 = (q_1^0, q_2^0, \cdots, q_m^0)$；$\boldsymbol{q}^{r,\ell} = (q_1^{r,\ell}, q_2^{r,\ell}, , \cdots, q_m^{r,\ell})$；$\mathcal{K}$ 为 $\mathbf{R}$ 上的核。$\mathcal{K}$ 具有以下性质：$q \to \mathcal{K}(\mathrm{q})$ 为从 $\mathbf{R}$ 到 $\mathbf{R}^+$ 的积分函数；$\mathrm{supp}\mathcal{K} = S_1 \subset \mathbf{R}$（$S_1$ 与 $\mathbf{R}$ 可能相等）；$\int_{S_1} \mathcal{K}(q)\mathrm{d}q = 1$。这些性质表明，对任意给定的 $q_k^0 \in S_1$，有

$$\lim_{h_k \to 0} \frac{1}{h_k} \mathcal{K}\left(\frac{q - q_k^0}{h_k} \right) \mathrm{d}q = \delta_0(q - q_k^0) \tag{7.9}$$

式中：δ_0 为 $\mathbf{R}$ 上 0 点的狄拉克测度。

高斯核。对于多元高斯核密度估计，可选取 h_k 作为 Silverman 平滑参数，即

$$h_k = \sqrt{\lambda_{kk}} \left\{ \frac{4}{v(2+m)} \right\}^{\frac{1}{4+m}}, \mathcal{K}(q) = \frac{1}{\sqrt{2\pi}} \mathrm{e}^{-q^2/2} \tag{7.10}$$

显然，随机向量 $\boldsymbol{Q}$ 在点 $\boldsymbol{q}^0 \in \mathbf{R}^m$ 处的概率密度函数值为

$$p_Q(\boldsymbol{q}^0) = \int_{\mathbf{R}^m} p_Q(\boldsymbol{q}) \boldsymbol{\delta}_0(\boldsymbol{q} - \boldsymbol{q}^0) = E\{\boldsymbol{\delta}_0(\boldsymbol{Q} - \boldsymbol{q}^0)\} \tag{7.11}$$

式中：$\boldsymbol{\delta}_0(\boldsymbol{q}) = \otimes_{k=1}^{m} \boldsymbol{\delta}_0$ 为点 $\boldsymbol{0} = (0, \cdots, 0) \in \mathbf{R}^m$ 处的狄拉克测度。

对充分小的 $\sup_k h_k$，使用以下数学期望的估计值：

$$E\{\delta_{\mathbf{0}}(\boldsymbol{Q}-\boldsymbol{q}^0)\} \approx \frac{1}{v}\sum_{\ell=1}^{v}\prod_{k=1}^{m}\delta_0(q_k^{r,\ell}-q_k^0) \tag{7.12}$$

利用式(7.9)对式(7.12)右边的表达式进行计算,可得式(7.8)。

7.3 识别不确定随机模型的统计工具

本节主要介绍最小二乘法估计超参数、最大似然法估计超参数和依据先验概率模型用贝叶斯方法估计后验概率分布。

7.3.1 利用实验数据识别模型参数不确定性的符号及方案

利用实验数据进行模型参数不确定性识别的方案如图 7.2 所示。

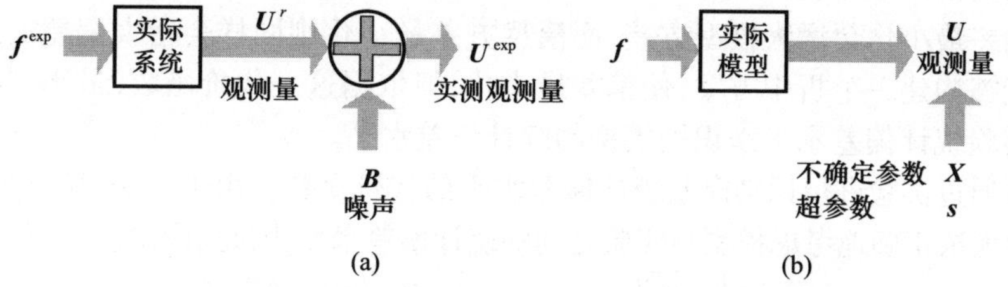

图 7.2 利用实验数据进行模型参数不确定性识别的方案
(a)实验方案,(b)计算方案。

由图 7.2(a)可得

$$\boldsymbol{U}^{\exp} = \boldsymbol{U}^r + \boldsymbol{B} \tag{7.13}$$

式中:$\boldsymbol{U}^r$ 为实际系统的 m 维实随机观测量(随机性与实际系统的变异性有关);$\boldsymbol{B}$ 为 m 维实随机噪声,且假定为二阶中心随机变量,其概率分布 $P_{\boldsymbol{B}}(\mathrm{d}\boldsymbol{b}) = p_{\boldsymbol{B}}(\boldsymbol{b})\mathrm{d}\boldsymbol{b}$;$\boldsymbol{U}^{\exp}$ 为 m 维实随机观测量,并假定有 v 个可用的独立的实验观测量 $\boldsymbol{u}^{\exp,1},\boldsymbol{u}^{\exp,2},\cdots,\boldsymbol{u}^{\exp,v}$。

由图 7.2(b)可得

$$\boldsymbol{U} = \boldsymbol{h}(\boldsymbol{X}) \tag{7.14}$$

式中:$\boldsymbol{X}$ 为 n 维实随机变量(不确定参数),其概率分布 $P_{\boldsymbol{X}}(\mathrm{d}\boldsymbol{x};\boldsymbol{s}) = p_{\boldsymbol{X}}(\boldsymbol{x};\boldsymbol{s})\mathrm{d}\boldsymbol{x}$,$p_{\boldsymbol{X}}(\boldsymbol{x};\boldsymbol{s})\mathrm{d}\boldsymbol{x}$ 决定于 μ 维超参数 $s \in C_{\mathrm{ad}} \subset \mathbf{R}^{\mu}$,概率密度函数的支集为 $\mathrm{supp}p_{\boldsymbol{X}} = S_n \subset \mathbf{R}^n$,并假定与 $\boldsymbol{s}$ 无关;$\boldsymbol{U}$ 为计算模型的 m 维实随机观测量;$\boldsymbol{h}$ 为给定的从 n 维实数向 m 维实数的映射;$\boldsymbol{U}=\boldsymbol{h}(\boldsymbol{X})$ 为二阶随机变量。

7.3.2 最小二乘法估计超参数

最小二乘法的目标是通过求解优化问题,从而计算出一个先验概率密度函数

$\boldsymbol{p}_{\boldsymbol{X}}(\boldsymbol{x};\boldsymbol{s})$的超参数 $\boldsymbol{s}$ 的最佳值 $\boldsymbol{s}^{\text{opt}}$:

$$p_{\boldsymbol{X}}^{\text{post}}(\boldsymbol{x})\boldsymbol{s}^{\text{opt}} = \arg\min_{s \in C_{\text{ad}}} \mathcal{J}(\boldsymbol{s}) \tag{7.15}$$

式中:$\mathcal{J}(\boldsymbol{s})$为代价函数,可表示为

$$\mathcal{J}(\boldsymbol{s}) = E\{\ \|\boldsymbol{U}^{\text{exp}} - \boldsymbol{U}(\boldsymbol{s})\|^2\} \tag{7.16}$$

由于 $\boldsymbol{X}$ 的概率密度函数 $p_{\boldsymbol{X}}(\boldsymbol{x};\boldsymbol{s})$ 与 $\boldsymbol{s}$ 有关,引入 $\boldsymbol{U}(\boldsymbol{s})$ 可以表示与 $\boldsymbol{s}$ 有关的随机变量 $\boldsymbol{U} = \boldsymbol{h}(\boldsymbol{X})$。通过计算式(7.16)中右边范数平方的数学期望,可以看出:

$$\mathcal{J}(\boldsymbol{s}) = E\{\ \|\boldsymbol{U}^{\text{exp}} - \overline{\boldsymbol{u}^{\text{exp}}}\|^2\} + E\{\ \|\boldsymbol{m}_U(\boldsymbol{s}) - \boldsymbol{U}(\boldsymbol{s})\|^2\} + \|\overline{\boldsymbol{u}^{\text{exp}}} - \boldsymbol{m}_U(\boldsymbol{s})\|^2 \tag{7.17}$$

式中:$\boldsymbol{m}_U(\boldsymbol{s}) = E\{\boldsymbol{U}(\boldsymbol{s})\}$ 为随机变量 $\boldsymbol{U}(\boldsymbol{s})$ 的均值函数;$\overline{\boldsymbol{u}^{\text{exp}}} = \left(\sum_{\ell=1}^{v} \boldsymbol{u}^{\text{exp},\ell}\right)/v$ 为实验数据的经验平均值;$E\{\ \|\boldsymbol{U}^{\text{exp}} - \overline{\boldsymbol{u}^{\text{exp}}}\|^2\}$ 为实际系统的方差,不可减缩;$E\{\ \|\boldsymbol{m}_U(\boldsymbol{s}) - \boldsymbol{U}(\boldsymbol{s})\|^2\}$ 为模型方差,随统计偏差增大而增大;$\|\overline{\boldsymbol{u}^{\text{exp}}} - \boldsymbol{m}_U(\boldsymbol{s})\|^2$ 为实际系统与模型间的偏差,须进行减缩。

偏差最小化会增大模型方差,而模型方差最小化则同样会增大偏差。最小二乘法能够构建一个折中方案,使偏差最小化,但依据这一代价函数,最小二乘法无法用实验统计偏差水平来识别模型的统计偏差水平。

可通过实验进行识别模型统计偏差水平的代价函数。由于式(7.16)给出的代价函数无法正确地考虑模型与实验之间的统计偏差水平,因此引入以下代价函数:

$$\mathcal{J}(\boldsymbol{s}) = \alpha \frac{\|\boldsymbol{m}_U(\boldsymbol{s}) - \overline{\boldsymbol{u}^{\text{exp}}}\|^2}{\|\overline{\boldsymbol{u}^{\text{exp}}}\|^2} + (1-\alpha)\frac{(\Delta_U(\boldsymbol{s}) - \Delta^{\text{exp}})^2}{(\Delta^{\text{exp}})^2} \quad (\alpha \in [0,1]) \tag{7.18}$$

$$\Delta_U(\boldsymbol{s}) = \sqrt{\frac{E\{\ \|\boldsymbol{U}(\boldsymbol{s})\|^2\}}{\|\boldsymbol{m}_U(\boldsymbol{s})\|^2} - 1},\ \Delta^{\text{exp}} = \sqrt{\frac{\overline{\|\boldsymbol{u}^{\text{exp}}\|^2}}{\|\overline{\boldsymbol{u}^{\text{exp}}}\|^2} - 1} \tag{7.19}$$

$$\overline{\boldsymbol{u}^{\text{exp}}} = \frac{1}{v}\sum_{\ell=1}^{v} \boldsymbol{u}^{\text{exp},\ell} \in \mathbf{R}^m,\ \overline{\|\boldsymbol{u}^{\text{exp}}\|^2} = \frac{1}{v}\sum_{\ell=1}^{v} \|\boldsymbol{u}^{\text{exp},\ell}\|^2 \in \mathbf{R}^+ \tag{7.20}$$

7.3.3 最大似然法估计超参数

为简化问题,假设数据不存在噪声 $\boldsymbol{B}$,如果有必要考虑噪声,可以直接利用本节结果的扩展。

最大似然法的目标是通过求解优化问题计算出一个先验概率密度函数 $\boldsymbol{x} \rightarrow p_{\boldsymbol{X}}(\boldsymbol{x};\boldsymbol{s})$ 的超参数 $\boldsymbol{s} \in C_{\text{ad}} \subset \mathbf{R}^{\mu}$ 的最佳值 $\boldsymbol{s}_v^{\text{opt}}$:

$$\boldsymbol{s}_v^{\text{opt}} = \arg\max_{s \in C_{\text{ad}} \subset \mathbf{R}^{\mu}} L(\boldsymbol{s};\boldsymbol{u}^{\text{exp},1}, \boldsymbol{u}^{\text{exp},2}, \cdots, \boldsymbol{u}^{\text{exp},v}) \tag{7.21}$$

式中:$L(\boldsymbol{s};\boldsymbol{u}^{\text{exp},1}, \boldsymbol{u}^{\text{exp},2}, \cdots, \boldsymbol{u}^{\text{exp},v})$ 为似然函数,可表示为

$$L(\boldsymbol{s};\boldsymbol{u}^{\text{exp},1}, \boldsymbol{u}^{\text{exp},2}, \cdots, \boldsymbol{u}^{\text{exp},v}) = p_U(\boldsymbol{u}^{\text{exp},1};\mathbf{s}) \times p_U(\boldsymbol{u}^{\text{exp},2};\mathbf{s}) \times \cdots \times p_U(\boldsymbol{u}^{\text{exp},v};s) \tag{7.22}$$

其中：$\boldsymbol{u} \to p_U(\boldsymbol{u};\boldsymbol{s})$为 m 维实随机变量 $\boldsymbol{U}=\boldsymbol{h}(\boldsymbol{X})$的概率密度函数。

式(7.21)所示的优化问题也可表示为

$$\boldsymbol{s}_v^{\text{opt}} = \arg \max_{\boldsymbol{s} \in C_{ad} \subset \mathbf{R}^\mu} \mathcal{L}(\boldsymbol{s};\boldsymbol{u}^{\exp,1},\boldsymbol{u}^{\exp,2},\cdots,\boldsymbol{u}^{\exp,v}) \tag{7.23}$$

式中：$\mathcal{L}(\boldsymbol{s};\boldsymbol{u}^{\exp,1},\boldsymbol{u}^{\exp,2},\cdots,\boldsymbol{u}^{\exp,v}) = \ln\{L(\boldsymbol{s};\boldsymbol{u}^{\exp,1},\boldsymbol{u}^{\exp,2},\cdots,\boldsymbol{u}^{\exp,v})\}$为对数似然函数，可表示为

$$\begin{aligned}\mathcal{L}(\boldsymbol{s};\boldsymbol{u}^{\exp,1},\boldsymbol{u}^{\exp,2},\cdots,\boldsymbol{u}^{\exp,v}) &= \ln\{p_{\boldsymbol{U}}(\boldsymbol{u}^{\exp,1};\boldsymbol{s})\} + \ln\{P_{\boldsymbol{U}}(\boldsymbol{u}^{\exp,2};\boldsymbol{s})\} \\ &\quad + \cdots + \ln\{\mathrm{p}_{\boldsymbol{U}}(\boldsymbol{u}^{\exp,v};\boldsymbol{s})\}\end{aligned} \tag{7.24}$$

对数似然函数具有与似然函数相同的最大值，对给定的 $\boldsymbol{s} \in C_{\text{ad}} \subset \mathbf{R}^\mu$ 及 $\ell \in \{1,2,\cdots,v\}$，可利用随机求解器（如蒙特卡罗求解器、多元核密度估计与蒙特卡罗法），利用计算模型及 $p_{\boldsymbol{X}}(\boldsymbol{x};\boldsymbol{s})$所示的 $\boldsymbol{X}$ 的随机模型估计对数概率密度函数值 $\ln\{p_{\boldsymbol{U}}(\boldsymbol{u}^{\exp,\ell};\boldsymbol{s})\}$。

关于最大似然估计渐进概率分布的重要数学结论。令 $\boldsymbol{U}^{(1)},\boldsymbol{U}^{(2)},\cdots,\boldsymbol{U}^{(v)}$为 m 维实随机变量 $\boldsymbol{U}$ 的 v 个独立变量，则

$$p_{\boldsymbol{U}^{(1)},\boldsymbol{U}^{(2)},\cdots,\boldsymbol{U}^{(v)}}(\boldsymbol{u}^1,\boldsymbol{u}^2,\cdots,\boldsymbol{u}^v;\boldsymbol{s}) = p_{\boldsymbol{U}}(\boldsymbol{u}^1;\boldsymbol{s}) \times p_{\boldsymbol{U}}(\boldsymbol{u}^2;\boldsymbol{s}) \times \cdots \times p_{\boldsymbol{U}}(\boldsymbol{u}^v;\boldsymbol{s}) \tag{7.25}$$

对任意 $\boldsymbol{s} \in C_{\text{ad}} \subset \mathbf{R}^\mu$，随机对数似然函数可表示为

$$\mathcal{L}(\boldsymbol{s};\boldsymbol{U}^{(1)},\cdots,\boldsymbol{U}^{(v)}) = \ln\{p_{\boldsymbol{U}}(\boldsymbol{U}^{(1)};\boldsymbol{s})\} + \ln\{p_{\boldsymbol{U}}(\boldsymbol{U}^{(2)};\boldsymbol{s})\} + \cdots + \ln\{p_{\boldsymbol{U}}(\boldsymbol{U}^{(v)};\boldsymbol{s})\} \tag{7.26}$$

令 $\hat{\boldsymbol{S}}_v$ 为μ 维实值随机变量，其概率分布 $p_{\hat{\boldsymbol{S}}_v}(\mathrm{d}\boldsymbol{s})$未知，$\hat{\boldsymbol{S}}_v$ 的支集为 $C_{\text{ad}} \subset \mathbf{R}^\mu$，可表示为

$$\hat{\boldsymbol{S}}_v = \arg \max_{\boldsymbol{s} \in C_{\text{ad}} \subset \mathbf{R}^\mu} \mathcal{L}(\boldsymbol{s};\boldsymbol{U}^{(1)},\boldsymbol{U}^{(2)},\cdots,\boldsymbol{U}^{(v)}) \tag{7.27}$$

随机向量 $\hat{\boldsymbol{S}}_v$ 为未知真值 $\boldsymbol{s}^t \in C_{\text{ad}}$的最大似然估计，可表示为

$$\hat{\boldsymbol{S}}_v = \hat{\boldsymbol{s}}(\boldsymbol{U}^{(1)},\boldsymbol{U}^{(2)},\cdots,\boldsymbol{U}^{(v)}) \tag{7.28}$$

式中：$\hat{s}$ 为从 $\mathbf{R}^m \times \cdots \times \mathbf{R}^m$ 到 C_{ad}的确定可测映射，对应于$(\boldsymbol{u}^{\exp,1},\boldsymbol{u}^{\exp,2},\cdots,\boldsymbol{u}^{\exp,v})$的最大似然估计可表示为

$$\boldsymbol{s}_v^{\text{opt}} = \hat{\boldsymbol{s}}(\boldsymbol{u}^{\exp,1},\boldsymbol{u}^{\exp,2},\cdots,\boldsymbol{u}^{\exp,v}) \tag{7.29}$$

对采用最大似然法构造解的收敛性进行评价时，以下与最大似然估计量渐进概率分布有关的结果非常重要。对于函数 $\boldsymbol{s} \to p_U(\cdot,\boldsymbol{s})$，费希尔信息矩阵 $\boldsymbol{J}_F(\boldsymbol{s}) \in \mathbf{M}_\mu(\mathbf{R})$为正定矩阵，对任意 $\boldsymbol{s} \in C_{\text{ad}}$，有

$$\boldsymbol{J}_F(\boldsymbol{s})_{ij} = E\left\{\frac{\partial \mathcal{L}(\boldsymbol{s};\boldsymbol{U}^{(1)},\boldsymbol{U}^{(2)},\cdots,\boldsymbol{U}^{(v)})}{\partial s_i}\frac{\partial \mathcal{L}(\boldsymbol{s};\boldsymbol{U}^{(1)},\boldsymbol{U}^{(2)},\cdots,\boldsymbol{U}^{(v)})}{\partial s_j}\right\} \tag{7.30}$$

$$\forall \boldsymbol{s} \in C_{\text{ad}},\boldsymbol{J}_F(\boldsymbol{s}) \in \mathbf{M}_\mu^+(\mathbf{R}) \tag{7.31}$$

当 $v \to +\infty$ 时，随机向量序列依概率分布收敛于一个平均向量为 $\boldsymbol{s}^t$、协方差矩阵 $\boldsymbol{C}(v) = \boldsymbol{J}_F(\boldsymbol{s}^t)^{-1}$的高斯随机向量。实际上由于 $\boldsymbol{s}^t$ 未知，可取近似值 $\boldsymbol{C}(v) \approx$

$\boldsymbol{J}_F(\boldsymbol{s}_v^{\mathrm{opt}})^{-1}$,可通过标准差 $\sigma_i(v)=\{\boldsymbol{C}(v)_{ii}\}^{1/2}$ 计算出各分量 $s_{v,i}^{\mathrm{opt}}$ 的估计误差 s_v^{opt}。标准差 $\sigma_i(v)$ 可近似为

$$\sigma_i(v)\approx\sqrt{\{\boldsymbol{J}_F(\boldsymbol{s}_v^{\mathrm{opt}})^{-1}\}_{ii}}(i=1,2,\cdots,\mu) \tag{7.32}$$

7.3.4 由先验概率模型估计后验概率分布的贝叶斯方法

贝叶斯方法的目标是计算得出一个 n 维实值随机变量 $\boldsymbol{X}$ 的后验概率密度函数 $p_{\boldsymbol{X}}^{\mathrm{post}}(\boldsymbol{x})$,其是计算模型不确定参数的一种建模方法。其中,先验概率密度函数 $p_{\boldsymbol{X}}^{\mathrm{prior}}(\boldsymbol{x})$ 已知;有 v 个可用的实验数据($\boldsymbol{u}^{\mathrm{exp},1},\boldsymbol{u}^{\mathrm{exp},2},\cdots,\boldsymbol{u}^{\mathrm{exp},v}$),表示 m 维实随机变量 $\boldsymbol{U}^{\mathrm{exp}}$ 的 v 个独立随机数;假设噪声 $\boldsymbol{B}$ 为二阶 m_b 维实随机变量,其概率分布 $P_{\boldsymbol{B}}(\mathrm{d}\boldsymbol{b})=p_{\boldsymbol{B}}(\boldsymbol{b})\mathrm{d}\boldsymbol{b}$,可能有 $m_b=m$。为了正确地将计算模型的随机观测量 $\boldsymbol{U}=\boldsymbol{h}(\boldsymbol{X})$ 与相应的观测量 $\boldsymbol{U}^{\mathrm{exp}}$(表示噪声 $\boldsymbol{B}$)进行比较,引入随机向量 $\boldsymbol{U}^{\mathrm{out}}$:

$$\boldsymbol{U}^{\mathrm{out}}=\boldsymbol{g}(\boldsymbol{X},\boldsymbol{B}) \tag{7.33}$$

式中:$(\boldsymbol{x},\boldsymbol{b})\rightarrow\boldsymbol{g}(\boldsymbol{x},\boldsymbol{b})$ 为从 $\mathbf{R}^n\times\mathbf{R}^{m_b}$ 到 $\mathbf{R}^m$ 的映射。

例如,对于观测值中的附加噪声,有

$$\boldsymbol{U}^{\mathrm{out}}=\boldsymbol{h}(\boldsymbol{X})+\boldsymbol{B},m_b=m \tag{7.34}$$

根据 2.1.2 节事件的条件概率,有

$$P(A\cap B)=P(A|B)\times P(B)=P(B|A)P(A)$$

取 $P(A)=P^{\mathrm{prior}}(A),P(A|B^{\mathrm{exp}})=P^{\mathrm{post}}(A),1/P(B)=c$,则

$$P^{\mathrm{post}}(A)=c\times P(B^{\mathrm{exp}}|A)\times P^{\mathrm{prior}}(A) \tag{7.35}$$

根据式(7.35)可得

$$p_{\boldsymbol{X}}^{\mathrm{post}}(\boldsymbol{x})=c_nL(\boldsymbol{x})p_{\boldsymbol{X}}^{\mathrm{prior}}(\boldsymbol{x}) \tag{7.36}$$

式中:$L(\boldsymbol{x})$ 为定义在 $S_n\subset\mathbf{R}^n$ 上的似然函数(不包括归一化常数),取值为正实数。因此,有

$$L(\boldsymbol{x})=\prod_{\ell=1}^{v}p_{\boldsymbol{U}^{\mathrm{out}}|\boldsymbol{x}}(\boldsymbol{u}^{\mathrm{exp},\ell}|\boldsymbol{x}) \tag{7.37}$$

式中:$p_{\boldsymbol{U}^{\mathrm{out}}|\boldsymbol{X}}(\boldsymbol{u}|\boldsymbol{x})$ 为 $\boldsymbol{X}=\boldsymbol{x}$ 时,计算模型观测值 $\boldsymbol{U}^{\mathrm{out}}$ 的条件概率密度函数,c_n 为归一化常数,且有

$$\frac{1}{c_n}=\int_{S_n}L(\boldsymbol{x})p_{\boldsymbol{X}}^{\mathrm{prior}}(\boldsymbol{x})\mathrm{d}x \tag{7.38}$$

对于高维计算,通常关注 $q(\boldsymbol{U})$ 的数学期望计算:

$$E\{q(\boldsymbol{U})\}=E\{q(\boldsymbol{h}(\boldsymbol{X}))\}=\int_{\mathbf{R}^n}q(\boldsymbol{h}(\boldsymbol{x}))p_{\boldsymbol{x}}^{\mathrm{post}}(\boldsymbol{x})\mathrm{d}\boldsymbol{x} \tag{7.39}$$

式中:$\boldsymbol{u}\rightarrow q(\boldsymbol{u})$ 为一个从 $\mathbf{R}^n$ 到 $\mathbf{R}$ 的映射,这一数学期望无法直接进行计算,原因包括以下两方面:①积分是高维的(n 比较大);②概率密度函数 $\mathrm{p}_{\boldsymbol{X}}^{\mathrm{post}}(\boldsymbol{x})$ 为归一化常数 c_n 的函数,难以直接计算,高维情况下更是难以计算。因此,必须采用马尔可

夫链蒙特卡罗法，这一方法能够计算高维积分，且收敛速度与 n 无关。此外，无须计算概率密度函数 p_X^{post} 的归一化常数 c_n，且对计算模型无干扰。

7.4 贝叶斯方法在输出-预测-误差法中的应用

输出-预测-误差法常用于考虑计算模型中建模误差引起的模型不确定性（8.1 节利用这一方法进行了分析）。本节在考虑建模误差的情况下，采用输出-预测-误差法，介绍了贝叶斯方法在不确定参数概率法中的应用。假设概率密度函数 $p_{\boldsymbol{B}}$ 为高斯函数。

m 维实值随机变量 $\boldsymbol{U}^{\mathrm{out}}$ 可表示为

$$\boldsymbol{U}^{\mathrm{out}} = \boldsymbol{h}(\boldsymbol{X}) + \boldsymbol{B} \tag{7.40}$$

式中：$\boldsymbol{B}$ 为高斯二阶中心 m 维实随机变量（噪声），在 $\mathbf{M}_m^+(\mathbf{R})$ 上给定其协方差矩阵 $\boldsymbol{C}_{\boldsymbol{B}} = E\{\boldsymbol{B}\boldsymbol{B}^{\mathrm{T}}\}$。其概率密度函数为

$$p_{\boldsymbol{B}}(\boldsymbol{b}) = \frac{1}{(2\pi)^{m/2}(\det \boldsymbol{C}_{\boldsymbol{B}})^{1/2}} \exp\left(-\frac{1}{2} < C_{\boldsymbol{B}}^{-1}\boldsymbol{b}, \boldsymbol{b} > \right) \tag{7.41}$$

由 5.3.7 节可知，这一高斯噪声模型应用了最大熵原理，可用信息包括平均向量 $\boldsymbol{m}_{\boldsymbol{B}} = \boldsymbol{0}$，协方差矩阵 $\boldsymbol{C}_{\boldsymbol{B}}$ 已知。

给定 $\boldsymbol{X} = \boldsymbol{x}$ 的计算模型观测值时的条件概率密度函数计算。对给定的 $\boldsymbol{X} = \boldsymbol{x}$，条件随机变量 $\boldsymbol{U}^{\mathrm{out}} | \boldsymbol{X} = \boldsymbol{h}(\boldsymbol{X}) + \boldsymbol{B}$ 为高斯随机变量，其平均向量为 $\boldsymbol{h}(\boldsymbol{x})$，协方差矩阵为 $\boldsymbol{C}_{\boldsymbol{B}}$，有

$$p_{\boldsymbol{U}^{\mathrm{out}} | \boldsymbol{x}}(\boldsymbol{u} | \boldsymbol{x}) = p_{\boldsymbol{B}}(\boldsymbol{u} - \boldsymbol{h}(\boldsymbol{x})) \tag{7.42}$$

7.3 节所给出的结论可以直接使用。

第8章 计算结构动力学及振动声学中的不确定性量化

本章主要讨论模型参数不确定性和模型误差引起的模型不确定性的随机建模方法,包括计算结构动力学和计算振动声学,并做出重要说明与实验验证。使用了前面章节的理论内容,特别是利用随机矩阵理论(第5章)构建的不确定性的非参数概率法、随机求解器(第6章)及统计反问题的计算方法(第4章和第7章)对随机模型进行识别。

8.1 计算结构动力学中不确定性的参数概率法

本节主要介绍以下内容。

(1)计算模型的构建。

(2)建立降阶模型并进行收敛性分析,引入降阶模型是为了降低数值成本(如设计优化、性能优化等),同时也是为了利用建模误差引起的模型不确定性的非参数概率法。引入降阶模型,必须对降阶进行收敛分析。

(3)模型参数不确定性的参数概率法。

(4)基于贝叶斯方法的输出-预测-误差法估计不确定性后验随机模型。

8.1.1 计算模型

非线性(或线性)动力系统的有限元模型为

$$\widetilde{\boldsymbol{M}}(\boldsymbol{x})\ddot{\widetilde{\boldsymbol{y}}}(t)+\widetilde{\boldsymbol{D}}(\boldsymbol{x})\dot{\widetilde{\boldsymbol{y}}}(t)+\widetilde{\boldsymbol{K}}(\boldsymbol{x})\widetilde{\boldsymbol{y}}(t)+\boldsymbol{f}_{\mathrm{NL}}(\widetilde{\boldsymbol{y}}(t),\dot{\widetilde{\boldsymbol{y}}}(t);\boldsymbol{x})=\widetilde{\boldsymbol{f}}(t;\boldsymbol{x}) \tag{8.1}$$

式中:t 为时间;$\boldsymbol{x}=(x_1,x_2,\cdots,x_n)$ 为不确定模型参数,其取值范围 S_n 为 $\mathbf{R}^n$ 的子集;$\widetilde{\boldsymbol{y}}(t)$ 为自由度数的未知时变位移向量;$\dot{\widetilde{\boldsymbol{y}}}(t)$ 为时变速度向量;$\ddot{\widetilde{\boldsymbol{y}}}(t)$ 为时变加速度向量;$\widetilde{\boldsymbol{M}}(\boldsymbol{x})$、$\widetilde{\boldsymbol{D}}(\boldsymbol{x})$ 及 $\widetilde{\boldsymbol{K}}(\boldsymbol{x})$ 分别为取决于 $\boldsymbol{x}$ 计算模型线性部分的质量矩阵、阻尼矩阵及刚度正定有限对称实矩阵,式中消除了与零狄利克雷条件相对应的自由度。$(\boldsymbol{y},\boldsymbol{z})\to\boldsymbol{f}_{\mathrm{NL}}(\boldsymbol{y},\boldsymbol{z};\boldsymbol{x})$ 为对假设与时间无关的局部非线性力进行建模的非线性映射,且随 $\boldsymbol{x}$ 变化而变化。

设 $C_{\mathrm{ad},\tilde{y}}$ 为位移向量的允许范围，并假设为向量空间。为简化计算，假设 $C_{\mathrm{ad},\tilde{y}}$ 与 $\mathbf{R}^{m_{\mathrm{DOF}}}$ 一致，则对任意 t，有 $\tilde{\boldsymbol{y}}(t) \in C_{\mathrm{ad},\tilde{\boldsymbol{y}}}$。在初始条件为 $\tilde{\boldsymbol{y}}(0) = \tilde{\boldsymbol{y}}_0$ 及 $\dot{\tilde{\boldsymbol{y}}}(0) = \tilde{\boldsymbol{v}}_0$ 的条件下，且 $t > 0$ 时构建式(8.1)的解 $\{\boldsymbol{y}(t), t > 0\}$。强迫响应问题为构建满足式(8.1)的函数 $\{\boldsymbol{y}(t), t \in \mathbf{R}\}$（未给定初始条件）。

8.1.2 降阶模型及收敛性分析

为了构建降阶模型，必须构建降阶基。该降阶基可能为 $\mathrm{C}_{\mathrm{ad},\tilde{y}}$ 的向量基 $\{\overline{\boldsymbol{\phi}}^{\alpha}\}_{\alpha}$（独立于 $\boldsymbol{x}$），也可能为 $C_{\mathrm{ad},\tilde{y}}$ 的向量基族 $\{\{\boldsymbol{\phi}^{\alpha}(x)\}_{\alpha}, \boldsymbol{x} \in S_n\}$。

(1)单向量基：一种是采用基本线性计算模型的弹性模态 $\{\overline{\boldsymbol{\phi}}^{\alpha}\}_{\alpha}$。向量基 $\overline{\boldsymbol{\phi}}^{\alpha} = \phi^{\alpha}(\bar{x})$，其中，$\boldsymbol{x}$ 为 S_n 中的固定值 $\bar{\boldsymbol{x}}$（例如，取 $\boldsymbol{x}$ 时，其名义值 $\bar{\boldsymbol{x}} = \boldsymbol{x}_0$）。这种方法不需要求解许多广义特征值问题。但为了构建降阶模型，必须对每个 $\boldsymbol{x}$ 进行投影，这对软件来说具有干扰性。

另一种是构建向量基 $\{\overline{\boldsymbol{\phi}}^{\alpha}\}_{\alpha}$（独立于 $\boldsymbol{x}$）。它是通过对 S_n 中一组采样点 $\boldsymbol{x}$ 进行正交分解，并采用奇异值分解进行融合而得到的[2,4,39,104,116,176,221]。8.6.2 节将介绍构建 $\boldsymbol{x}$ 参数非线性降阶模型的方法。

另外，8.5.4 节将介绍在三维弹性几何非线性框架中构建非线性降阶模型的一些具体方法。

(2)向量基族。对 S_n 中一组采样点 $\boldsymbol{x}$ 进行弹性计算。这一方法能够快速收敛且无干扰性，但需要解决许多广义特征值问题，利用弹性模态对 $\boldsymbol{x}$ 插值可以减少这些广义特征值问题[3]。

选取与 $\boldsymbol{x}$ 有关的基本线性计算模型的弹性模态族，但在不修改给定概率方法的情况下，也可以做其他的选择。

利用降阶基族构建降阶模型。对任意 $\boldsymbol{x} \in S_n$，设 $\{\boldsymbol{\phi}^1(\boldsymbol{x}), \boldsymbol{\phi}^2(\boldsymbol{x}), \cdots, \boldsymbol{\phi}^{m_{\mathrm{DOF}}}(\boldsymbol{x})\}$ 为 $C_{\mathrm{ad},\tilde{y}}$ 的向量基。在给定的 $\boldsymbol{x}$ 处，通过式(8.1)在 $C_{\mathrm{ad},\tilde{y}}$ 的子空间 $V_N(\boldsymbol{x})$ 投影可以得到降阶模型，$V_N(\boldsymbol{x})$ 由 $\{\boldsymbol{\phi}^1(\boldsymbol{x}), \boldsymbol{\phi}^2(\boldsymbol{x}), \cdots, \boldsymbol{\phi}^N(\boldsymbol{x})\}$ 构成，$N \ll m_{\mathrm{DOF}}$。设 $\boldsymbol{\phi}(\boldsymbol{x}) = \boldsymbol{\phi}^1(\boldsymbol{x}), \boldsymbol{\phi}^2(x), \cdots, \boldsymbol{\phi}^N(\boldsymbol{x})$ 为降阶模型的中的矩阵。

①约化矩阵的构建。引入正定有限约化矩阵 $\boldsymbol{M}_{\mathrm{m}}(\boldsymbol{x})$、$\boldsymbol{D}_{\mathrm{m}}(\boldsymbol{x})$ 及 $\boldsymbol{K}_{\mathrm{m}}(\boldsymbol{x}) \in \mathbf{M}_N^+(\mathbf{R})$：

$$\boldsymbol{M}_{\mathrm{m}}(\boldsymbol{x}) = \boldsymbol{\phi}(\boldsymbol{x})^{\mathrm{T}} \widetilde{\boldsymbol{M}}(\mathbf{x}) \boldsymbol{\phi}(\boldsymbol{x}) \tag{8.2}$$

$$\boldsymbol{D}_{\mathrm{m}}(\boldsymbol{x}) = \boldsymbol{\phi}(\boldsymbol{x})^{\mathrm{T}} \widetilde{\boldsymbol{D}}(\mathbf{x}) \boldsymbol{\phi}(\boldsymbol{x}) \tag{8.3}$$

$$\boldsymbol{K}_{\mathrm{m}}(\boldsymbol{x}) = \boldsymbol{\phi}(\boldsymbol{x})^{\mathrm{T}} \widetilde{\boldsymbol{K}}(\boldsymbol{x}) \boldsymbol{\phi}(\boldsymbol{x}) \tag{8.4}$$

②定义向量基。选取向量基作为基本线性计算模型的弹性模态。这种情况下，对任意固定的 $\boldsymbol{x}$，可通过求解如下广义特征值问题来计算降阶基 $\boldsymbol{\phi}(\boldsymbol{x}) \in \mathbf{M}_{m_{\mathrm{DOF}},N}(\mathbf{R})$：

$$K(x)\phi(x) = M(x)\phi(x)\Lambda(x) \tag{8.5}$$

式中：$\Lambda(x)$为前 N 个最小正特征值$0 < \lambda_1(x) \leqslant \cdots \leqslant \lambda_N(x)$组成的 N 阶对角矩阵；$M_m(x)$为 N 阶对角正定有限矩阵（通常进行特征向量的标准化，使$M_m(x) = I_N$）；$K_m(x) = M_m(x)\Lambda(x)$为 N 阶对角正定有限矩阵；基本线性系统的特征频率为$0 < \omega_1(x) \leqslant \cdots \leqslant \omega_N(x)$，$\omega_\alpha(x) = \lambda_\alpha(x)^{1/2}$，通常情况下矩阵$D_m(x)$为满秩矩阵。

③构建降阶模型。对任意固定的$x \in S_n$，式(8.1)在子空间$V_N(x)$投影可得

$$y^N(t) = \phi(x)q(t) \tag{8.6}$$

$$M_m(x)\ddot{q}(t) + D_m(x)\dot{q}(t) + K_m(x)q(t) + F_{NL}(q(t), \dot{q}(t); x) = f(t; x) \tag{8.7}$$

式中：非线性力的投影为$\mathbf{R}^N$上的向量，即

$$F_{NL}(q(t), \dot{q}(t); x) = \phi(x)^{\mathrm{T}} f_{NL}(\phi(x)q(t), \phi(x)\dot{q}(t); x) \tag{8.8}$$

式中：约化时变外载荷向量的投影为$\mathbf{R}^N$上的向量，即

$$f(t; x) = \phi(x)^{\mathrm{T}} \tilde{f}(t; x) \tag{8.9}$$

对$x \in S_n \subset \mathbf{R}^n$的一致收敛性进行分析。

假设降阶模型的阶数 N 固定为N_0（独立于x），则对任意$x \in S_n$，对于假定独立于x的给定精度，响应y^N收敛于$\tilde{y}$。

8.1.3 模型参数不确定性的参数概率法

8.1.3.1 研究方法

模型参数不确定性的参数概率法是用随机变量X对不确定模型参数x进行建模，该随机变量X定义在概率空间$(\Theta, \mathcal{T}, P)$上，且$x \in S_n \subset \mathbf{R}^n$。根据第5章的内容可知，需要建立$X$的先验随机模型。因此约化矩阵为随机矩阵$M_m(x)$、$D_m(x)$及$K_m(x) \in \mathbb{M}_N^+(\mathbf{R})$。对任意$u, v \in \mathbf{R}^N$，约化非线性力为随机向量$F_{NL}(u, v; X)$，且$F_{NL}(u, v; X) \in \mathbf{R}^N$。约化时变外载荷为独立于时间的随机向量$f(t; X)$，因此$f(t; X)$也是一个随机过程，取值为$f(t; X) \in \mathbf{R}^N$。

需要注意的是，对于一个已构建概率分布的随机变量X，随机矩阵必须是二阶随机变量，这些随机矩阵的平均值为

$$M_{\text{mean}} = E\{M_m(X)\}, D_{\text{mean}} = E\{D_m(X)\}, K_{\text{mean}} = E\{K_m(X)\} \tag{8.10}$$

式中：M_{mean}、D_{mean}及K_{mean}通常为$\mathbb{M}_N^+(\mathbf{R})$上不同于名义值$\bar{M} = M(\bar{x})$，$\bar{D} = D(\bar{x})$及$\bar{K} = K(\bar{x})$的矩阵。

8.1.3.2 随机向量X的先验随机模型

通过直接法（5.3节的最大熵法）或间接法（5.5节的多项式混沌展开法或5.6

节的先验代数表示法）构建随机向量 $\boldsymbol{X}$ 的先验随机模型。概率密度函数 $p_{\boldsymbol{X}}$ 的支集为给定的集合 S_n：

$$\operatorname{supp} p_{\boldsymbol{X}} = S_n \subset \mathbf{R}^n \tag{8.11}$$

为了简化先验随机模型超参数定义的表示，假设使用最大熵法或多项式混沌展开法，则 $\boldsymbol{X}$ 的概率密度函数 $p_{\boldsymbol{X}}(\boldsymbol{x};\boldsymbol{s})$ 取决于超参数 $\boldsymbol{s}$，假设表示为

$$\boldsymbol{s} = (\bar{\boldsymbol{x}}, \boldsymbol{\delta}_{\boldsymbol{X}}) \in C_{\text{ad}} = S_n \times C_{\boldsymbol{X}} \subset \mathbf{R}^{\mu} \tag{8.12}$$

式中：C_{ad}为 $\boldsymbol{s}$ 的容许集；$\bar{\boldsymbol{x}}$ 为 $\boldsymbol{x}$ 在 S_n 中的一个取值（如 $\boldsymbol{X}$ 的平均值）；$C_{\boldsymbol{X}}$ 为 $\mu_{\boldsymbol{X}}$ 维实数超参数 $\boldsymbol{\delta}_{\boldsymbol{X}}$ 的容许集（能够控制 $\boldsymbol{X}$ 的统计偏差水平，即控制不确定性水平），且 $\mu = n + \mu_{\boldsymbol{X}}$。

8.1.3.3 采用不确定性的参数概率法建立随机降阶模型

根据式(8.6)及式(8.7)，可以推导出随机降阶模型(SROM)：

$$\boldsymbol{Y}(t) = \boldsymbol{\phi}(\boldsymbol{X})\boldsymbol{Q}(t) \tag{8.13}$$

$$\boldsymbol{M}_{\text{m}}(\boldsymbol{X})\ddot{\boldsymbol{Q}}(t) + \boldsymbol{D}_{\text{m}}(\boldsymbol{X})\dot{\boldsymbol{Q}}(t) + \boldsymbol{K}_{\text{m}}(\boldsymbol{X})\boldsymbol{Q}(t) + \boldsymbol{F}_{\text{NL}}(\boldsymbol{Q}(t), \dot{\boldsymbol{Q}}(t);\boldsymbol{X}) = \boldsymbol{f}(t;\boldsymbol{X}) \tag{8.14}$$

第 5 章提到必须建立 $\boldsymbol{X}$ 的先验随机模型，使 $E\{\|\boldsymbol{Y}(t)\|^2\} < +\infty$。利用第 6 章给出的方法可得到随机降阶模型的解。

8.1.3.4 不确定模型参数先验随机模型超参数的估计

（1）当无可利用的数据时，随机变量 $\boldsymbol{X}$ 是模型参数不确定性的先验随机模型，其概率密度函数 $p_{\boldsymbol{X}}(\boldsymbol{x};\boldsymbol{s})$ 依赖超参数 $\boldsymbol{s} = (\bar{\boldsymbol{x}}, \boldsymbol{\delta}_{\boldsymbol{X}})$，且 $\boldsymbol{s} \in C_{\text{ad}} = S_n \times C_{\boldsymbol{X}}$，$\bar{\boldsymbol{x}}$ 固定为 $\boldsymbol{x}$ 的名义值 $\boldsymbol{x}_0$，且 $\boldsymbol{\delta}_{\boldsymbol{X}}$ 为对随机解进行灵敏度分析的关于不确定性水平的参数，这一模型参数不确定性先验随机模型能够分析随机解 $\boldsymbol{Y}$ 对模型参数不确定性水平的稳健性，并用 $\boldsymbol{\delta}_{\boldsymbol{X}}$ 控制模型参数不确定性水平。

（2）当有可利用的数据时，设 $\boldsymbol{U}$ 为独立于时间 t 的随机观测量，$\boldsymbol{U} \in \mathbf{R}^m$，但 $\boldsymbol{U}$ 与 $\{\boldsymbol{Y}(t), t \in \tau\}$ 有关，τ 为 $\mathbf{R}$ 上给定的区域，在该区域上构建随机解。这种情况下，不仅可以更新 $\bar{\boldsymbol{x}}$，还可以利用相对于观测向量 $\boldsymbol{U}$ 的数据 $\boldsymbol{u}^{\text{exp},1}, \boldsymbol{u}^{\text{exp},2}, \cdots, \boldsymbol{u}^{\text{exp},v}$ 对 $\boldsymbol{\delta}_{\boldsymbol{X}}$ 进行估计。对任意 $\boldsymbol{s} = (\bar{\boldsymbol{x}}, \boldsymbol{\delta}_{\boldsymbol{X}}) \in C_{\text{ad}} = S_n \times C_{\boldsymbol{X}}$，$\boldsymbol{U}$ 的概率密度函数用 $p_{\boldsymbol{U}}(\boldsymbol{u};\boldsymbol{s})$ 表示。采取最大似然法（见 7.3.3 节）对 $\boldsymbol{s}$ 的最优值 $\boldsymbol{s}^{\text{opt}}$ 进行估计：

$$\boldsymbol{s}^{\text{opt}} = \arg\max_{\boldsymbol{s} \in C_{\text{ad}}} \sum_{\ell=1}^{v} \ln\{p_{\boldsymbol{U}}(\boldsymbol{u}^{\text{exp},\ell};\boldsymbol{s})\} \tag{8.15}$$

对任意 ℓ，可以使用多元核密度估计法（见 7.2 节）对 $\ln\{p_{\boldsymbol{U}}(\boldsymbol{u}^{\text{exp},\ell};\boldsymbol{s})\}$ 进行估计，利用随机降阶模型并通过随机求解器（见第 6 章）计算 v_s 个 $\boldsymbol{U}$ 的独立模拟量 $\boldsymbol{u}^{r,1}, \boldsymbol{u}^{r,2}, \cdots, \boldsymbol{u}^{r,v_s}$。

8.1.4 基于贝叶斯法的输出 - 预测 - 误差法估计不确定性后验随机模型

设 $p_{\boldsymbol{X}}^{\text{prior}}(\boldsymbol{x}) = p_{\boldsymbol{X}}(\boldsymbol{x};\boldsymbol{s}^{\text{opt}})$ 为 $\boldsymbol{X}$ 的最优先验概率密度函数,采用贝叶斯法与输出 - 预测 - 误差法(见 7.4 节)相结合的方法对 $\boldsymbol{X}$ 的后验概率密度函数 $p_{\boldsymbol{X}}^{\text{post}}(\boldsymbol{x})$ 进行估计。随机输出量 $\boldsymbol{U}^{\text{out}} \in \mathbf{R}^m$,其数据为 $\boldsymbol{u}^{\exp,1},\boldsymbol{u}^{\exp,2},\cdots,\boldsymbol{u}^{\exp,v}$,$\boldsymbol{U}^{\text{out}}$ 可表示为

$$\boldsymbol{U}^{\text{out}} = \boldsymbol{U} + \boldsymbol{B},\boldsymbol{U} = \boldsymbol{h}(\boldsymbol{X}) \tag{8.16}$$

式中:$\boldsymbol{B}$ 为加性噪声,其概率密度函数(见 7.4 节)为

$$p_{\boldsymbol{B}}(\boldsymbol{b}) = \frac{1}{(2\pi)^{m/2}(\det C_{\boldsymbol{B}})^{1/2}}\exp\left(-\frac{1}{2} < C_{\boldsymbol{B}}^{-1}\boldsymbol{b},\boldsymbol{b} >\right) \tag{8.17}$$

$\boldsymbol{U} = \boldsymbol{h}(\boldsymbol{X})$ 是通过随机降阶模型将不确定参数与观测值连接起来的形式表达式,使用 7.3.4 节和 7.4 节所介绍的贝叶斯法得到 $\boldsymbol{X}$ 的后验概率密度函数:

$$p_{\boldsymbol{X}}^{\text{post}}(\boldsymbol{x}) = c_n L(\boldsymbol{x}) p_{\boldsymbol{X}}^{\text{prior}}(\boldsymbol{x}) \tag{8.18}$$

式中:$L(\boldsymbol{x})$ 为定义在 $S_n \subset \mathbf{R}^n$ 上的似然函数,$L(\boldsymbol{x}) \in \mathbf{R}^+$,可表示为

$$L(\boldsymbol{x}) = \prod_{\ell=1}^{v} p_{\boldsymbol{U}^{\text{out}}|\boldsymbol{X}}(\boldsymbol{u}^{\exp,\ell} | \boldsymbol{x}) \tag{8.19}$$

在 $\boldsymbol{X} = \boldsymbol{x}$ 的条件下,$\boldsymbol{U}^{\text{out}}$ 的条件概率密度函数为

$$p_{\boldsymbol{U}^{\text{out}}|\boldsymbol{X}}(\boldsymbol{u}^{\exp,\ell} | \boldsymbol{x}) = p_{\boldsymbol{B}}(\boldsymbol{u}^{\exp,\ell} - \boldsymbol{h}(\boldsymbol{x})) \tag{8.20}$$

以下是在结构动力学中采用输出 - 预测 - 误差法的一些重要说明。

(1)$\boldsymbol{X}$ 的后验概率密度函数在很大程度上取决于输出加性噪声 $\boldsymbol{B}$ 的概率密度函数的选择。

(2)如果使用输出 - 预测 - 误差法来考虑建模误差引起的模型不确定性,就需要有可利用的数据(没有数据时不能使用该方法)。

(3)如果有可利用的数据,计算模型就无法从数据中学习,因为随机模型与输出有关(在进行稳健优化和稳健设计时,这可能是一个严重的问题)。

(4)采用最大熵理论构建 $\boldsymbol{B}$ 的先验概率密度函数时,关于 $\boldsymbol{B}$ 的现有信息很少,当给定 $\boldsymbol{m}_{\boldsymbol{B}} = \boldsymbol{0}$ 及协方差矩阵 $C_{\boldsymbol{B}}$ 时,由最大熵理论可得高斯概率密度函数。因此,问题在于模型误差引起的模型不确定性 $\boldsymbol{U}^{\text{out}} - \boldsymbol{h}(\boldsymbol{X})$ 为什么是高斯随机向量。因此,这种随机建模是结构动力学中的一种粗略近似。

8.2 计算结构动力学中不确定性的非参数概率法

本节主要介绍以下内容。

(1)不确定性的非参数概率法。

(2)均值计算模型。

(3)利用基本线性均值计算模型的弹性模态建立降阶模型,并进行收敛性分析。

(4)建模误差与模型参数不确定性的非参数概率法。

(5)不确定模型参数先验随机模型超参数估计的方法。

(6)通过一个简单的实例,说明采用非参数概率法来考虑结构动力学建模误差引起的模型不确定性。

(7)对复合夹芯板的振动进行实验验证。

(8)在复杂的机械系统中,某个零件与另一个零件的建模误差水平可能不同。在这种情况下,计算模型的模型不确定性是不均匀的。针对这一情况,给出使用子结构技术及非参数不确定性概率法来进行分析的方法,并提出一种实验验证方法。

(9)在实际系统中,制造工艺不能完全满足设计中所提出的条件而产生某些边界条件不确定性。因此,本节也将给出如何在模型不确定性的非参数概率法框架中考虑这种不确定性边界条件。

8.2.1 不确定性的非参数概率法简介

8.2.1.1 在计算模型中必须考虑模型误差引起的模型不确定性的原因

复杂系统预测计算模型的预测性不好主要是模型参数不确定性和模型误差不确定性引起的。参数概率法是目前解决预测计算模型的模型参数不确定性问题的一种有效方法(8.1 节),但它并不能处理建模误差。

8.2.1.2 参数概率方法不能考虑由模型误差引起的模型不确定性的原因

图 8.1 简单解释了 n 维降阶模型框架内不确定性的参数概率法。考虑一个降阶模型的约化矩阵 $\boldsymbol{A}_{\mathrm{m}}(\boldsymbol{x})$(如用 $\boldsymbol{K}_{\mathrm{m}}(\boldsymbol{x})$ 表示的约化刚度矩阵)$\in \mathbf{M}_N^+(\mathbf{R})$,且 $\boldsymbol{A}_{\mathrm{m}}(\boldsymbol{x})$ 取决于不确定参数 $\boldsymbol{x}$。图 8.1 中,集合 $\mathbf{M}_N^+(\mathbf{R})$ 用大椭圆表示,小椭圆表示不确定参数 $\boldsymbol{x}$ 的容许集 S_n。当 $\boldsymbol{x}$ 超出 S_n 时,$\boldsymbol{A}_{\mathrm{m}}(\boldsymbol{x})$ 则包含一个 $\mathbf{M}_N^+(\mathbf{R})$ 的子集 $\boldsymbol{A}_{\mathrm{m}}(S_n)$,$\boldsymbol{A}(S_n)$ 用大椭圆里面的深灰色小椭圆表示,通常情况下子集 $\boldsymbol{A}(S_n)$ 与 $\mathbf{M}_N^+(\mathbf{R})$ 并不一致。参数概率法是用随机变量 $\boldsymbol{X} \in S_n$ 对 $\boldsymbol{x}$ 进行建模,因此随机矩阵 $\boldsymbol{A}_{\mathbf{par}} = \boldsymbol{A}_{\mathrm{m}}(\boldsymbol{X})$ 的取值在 $\mathbf{M}_N^+(\mathbf{R})$ 的子集 $\boldsymbol{A}_{\mathrm{m}}(S_n)$ 中。当 $\boldsymbol{A}_{\exp} \notin \boldsymbol{A}_{\mathrm{m}}(S_n)$,并满足 $\boldsymbol{A}_{\exp} \in \mathbf{M}_N^+(\mathbf{R}) \backslash \boldsymbol{A}_{\mathrm{m}}(S_n)$ 时,$\boldsymbol{A}_{\exp}$ 到子集 $\boldsymbol{A}_{\mathrm{m}}(S_n)$ 两集合之间的距离不能减缩,因此采用参数概率法无法将建模误差考虑进去。

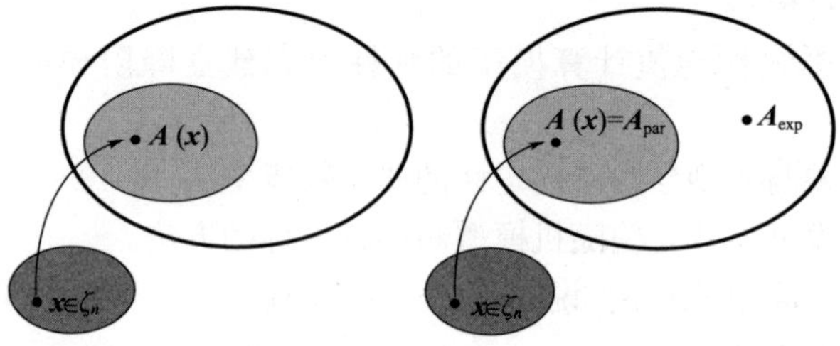

图 8.1　关于 n 维降阶模型约化矩阵 $\boldsymbol{A}_{\mathrm{m}}(\boldsymbol{x})$ 的不确定性参数概率法简图

8.2.1.3　非参数概率法:考虑由建模误差引入的模型不确定性的方法

针对 8.2.1.2 节分析的情况,本节采用与其相同的表示符号。S_n 中固定的 $\boldsymbol{x}$ 值 $\boldsymbol{x}=\bar{\boldsymbol{x}}$ 通常被选作 $\boldsymbol{x}$ 的名义值 x_0,对固定的 $\boldsymbol{x}$ 建立降阶模型,约化矩阵用 $\boldsymbol{A}_{\mathrm{m}}(\bar{\boldsymbol{x}})$ 表示。文献[184-185]采用了模型参数不确定性及模型不确定性的非参数概率法,它是用最大熵原理直接构建随机矩阵 $\boldsymbol{A}_{\mathrm{nonpar}}$ 的先验概率分布,其支集为整个集合 $\mathbf{M}_N^+(\mathbf{R})$。这里需要用到 5.4 节提到的随机矩阵理论,特别是随机矩阵系综 SG_0^+、$\mathrm{SG}_\varepsilon^+$、$\mathrm{SE}_0^+$、$\mathrm{SE}_\varepsilon^+$。如图 8.2 所示,当 $\boldsymbol{A}_{\exp}\notin\boldsymbol{A}_{\mathrm{m}}(S_n)$,但满足 $\boldsymbol{A}_{\exp}\in\mathbf{M}_N^+(\mathbf{R})\backslash\boldsymbol{A}_{\mathrm{m}}(S_{\mathrm{n}})$ 时,由于 $\boldsymbol{A}_{\mathrm{nonpar}}$ 的概率分布的支集为整个集合 $\mathbf{M}_N^+(\mathbf{R})$,因此 $\boldsymbol{A}_{\exp}$ 到 $\boldsymbol{A}_{\mathrm{nonpar}}$ 两集合之间的距离可以减缩,非参数概率法能够将建模误差考虑在内。

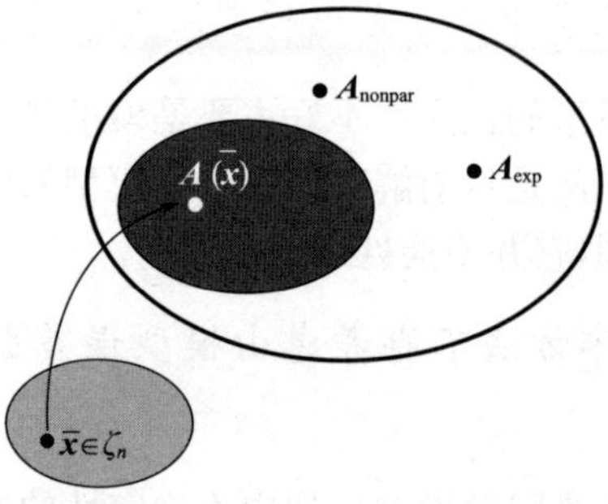

图 8.2　关于 n 维降阶模型的约化矩阵 $\boldsymbol{A}_{\mathrm{m}}(\boldsymbol{x})$ 的不确定性非参数概率法简图

8.2.1.4　关于模型不确定性的非参数概率法的说明

当没有可以利用的数据时,非参数概率法同样适用。非参数概率法是输出-预测-误差法的一种替代方法;当有可以利用的数据时,与输出-预测-误差法相反的是,计算模型能够从数据中学习,因为随机模型与模型本身相关而与输出量无关。非参数概率法不引入建模误差输出贡献的任意高斯假设。

8.2.2 均值计算模型

均值计算模型是8.1.1节中介绍的模型,其中 $\boldsymbol{x}$ 的值为固定名义值 $\bar{\boldsymbol{x}}$,这一均值计算模型可以表示为

$$\widetilde{\boldsymbol{M}}_{\mathrm{m}}\ddot{\tilde{\boldsymbol{y}}}(t)+\widetilde{\boldsymbol{D}}_{\mathrm{m}}\dot{\tilde{\boldsymbol{y}}}(t)+\widetilde{\boldsymbol{K}}_{\mathrm{m}}\tilde{\boldsymbol{y}}(t)+\boldsymbol{f}_{\mathrm{NL}}(\tilde{\boldsymbol{y}}(t),\dot{\tilde{\boldsymbol{y}}}(t))=\tilde{\boldsymbol{f}}(t) \tag{8.21}$$

式中:$\tilde{\boldsymbol{y}}(t)$为自由度数为 m_{DOF}的随时间变化的未知位移向量(为简化表示,假设边界条件不存在刚体位移);$\dot{\tilde{\boldsymbol{y}}}(t)=\mathrm{d}\tilde{\boldsymbol{y}}(t)/\mathrm{d}t$ 为随时间变化的速度向量;$\ddot{\tilde{\boldsymbol{y}}}(t)=\mathrm{d}^2\tilde{\boldsymbol{y}}(t)/\mathrm{d}t^2$为随时间变化的加速度向量;$\widetilde{\boldsymbol{M}}_{\mathrm{m}}$、$\widetilde{\boldsymbol{D}}_{\mathrm{m}}$ 及 $\widetilde{\boldsymbol{K}}_{\mathrm{m}}$ 分别为计算模型(式中消除了零狄利克雷条件对应的自由度)线性部分的质量、阻尼及刚度的 m_{DOF}阶正定有限对称实矩阵的名义值;$\boldsymbol{f}_{\mathrm{NL}}(\boldsymbol{y},\boldsymbol{z})$为一种非线性映射,用来对假设与时间无关的名义局部非线性力进行建模;$\tilde{\boldsymbol{f}}(t)$为给定的 m_{DOF}个随时间变化的外载荷输入向量。

8.2.3 降阶模型与收敛性分析

采用8.1.2节中介绍的基于"单向量基"的方法,利用降阶基$\{\bar{\boldsymbol{\phi}}^{\alpha}\}_{\alpha}$ 建立降阶模型,$\{\bar{\boldsymbol{\phi}}^{\alpha}\}_{\alpha}$ 是与式(8.21)所描述的均值计算模型相关的容许空间 $C_{\mathrm{ad},\tilde{y}}$的一个向量基。

(1)用单向量基建立降阶模型。将式(8.21)投影在由$\{\boldsymbol{\phi}^1,\boldsymbol{\phi}^2,\cdots,\boldsymbol{\phi}^N\}$构成的 $C_{\mathrm{ad},\tilde{y}}$的子空间 V_N 上,可得到降阶模型,其中 $N\ll m_{\mathrm{DOF}}$。假设$\bar{\boldsymbol{\phi}}=\{\boldsymbol{\phi}^1,\boldsymbol{\phi}^2,\cdots,\boldsymbol{\phi}^N\}$为 $\mathbf{M}_{m_{\mathrm{DOF}},N}(\mathbf{R})$上的降阶基矩阵。

(2)约化矩阵的构建。引入正定有限且属于 $\mathbf{M}_N^+(\mathbf{R})$的约化矩阵:

$$\overline{\boldsymbol{M}}=\bar{\boldsymbol{\phi}}^{\mathrm{T}}\widetilde{\boldsymbol{M}}_{\mathrm{m}}\bar{\boldsymbol{\phi}},\overline{\boldsymbol{D}}=\bar{\boldsymbol{\phi}}^{\mathrm{T}}\widetilde{\boldsymbol{D}}_{\mathrm{m}}\bar{\boldsymbol{\phi}},\overline{\boldsymbol{K}}=\bar{\boldsymbol{\phi}}^{\mathrm{T}}\widetilde{\boldsymbol{K}}_{\mathrm{m}}\bar{\boldsymbol{\phi}} \tag{8.22}$$

(3)向量基的定义。向量基定义为基本线性均值计算模型的弹性模态。通过求解以下广义特征值问题可以计算出降阶基 $\boldsymbol{\phi}\in\boldsymbol{M}_{m_{\mathrm{DOF}},N}(\mathbf{R})$:

$$\overline{\boldsymbol{K}}_{\mathrm{m}}\bar{\boldsymbol{\phi}}=\overline{\boldsymbol{M}}_{\mathrm{m}}\bar{\boldsymbol{\phi}}\,\overline{\boldsymbol{\Lambda}} \tag{8.23}$$

式中:$\overline{\boldsymbol{\Lambda}}$ 为 N 个最小正特征值$0<\bar{\lambda}_1\leqslant\cdots\leqslant\bar{\lambda}_N$ 组成的 N 阶对角矩阵;$\overline{\boldsymbol{M}}$ 为 N 阶对角正定有限矩阵(通常进行特征向量的标准化,使 $\overline{\boldsymbol{M}}=\boldsymbol{I}_N$);$\overline{\boldsymbol{K}}=\overline{\boldsymbol{M}}\overline{\boldsymbol{\Lambda}}$ 是 N 阶对角正定有限矩阵;基本线性均值计算模型的特征频率为$0<\bar{\omega}_1\leqslant\cdots\leqslant\bar{\omega}_N,\bar{\omega}_{\alpha}=\bar{\lambda}_{\alpha}^{1/2}$,通常情况下正定有限矩阵 $\overline{\boldsymbol{D}}$ 为满秩矩阵。

(4)降阶模型的构建。式(8.21)在子空间 V_N 上投影可得

$$\boldsymbol{y}^N(t)=\bar{\boldsymbol{\phi}}\,\boldsymbol{q}(t) \tag{8.24}$$

$$\overline{\boldsymbol{M}}\ddot{\boldsymbol{q}}(t)+\overline{\boldsymbol{D}}\dot{\boldsymbol{q}}(t)+\overline{\boldsymbol{K}}\boldsymbol{q}(t)+\boldsymbol{F}_{\mathrm{NL}}(\boldsymbol{q}(t),\dot{\boldsymbol{q}}(t))=\boldsymbol{f}(t) \tag{8.25}$$

式中:非线性力的投影为 $\mathbf{R}^N$ 上的向量,记为

$$\boldsymbol{F}_{\mathrm{NL}}(\boldsymbol{q}(t),\dot{\boldsymbol{q}}(t))=\bar{\boldsymbol{\phi}}^{\mathrm{T}}\boldsymbol{f}_{\mathrm{NL}}(\bar{\boldsymbol{\phi}}\,\boldsymbol{q}(t),\bar{\boldsymbol{\phi}}\,\dot{\boldsymbol{q}}(t)) \tag{8.26}$$

式中:与时间无关的约化外载荷向量的投影是 $\mathbf{R}^N$ 上的向量,即

$$\boldsymbol{f}(t)=\overline{\boldsymbol{\phi}}^{\mathrm{T}}\tilde{\boldsymbol{f}}(t) \tag{8.27}$$

(5)收敛性分析。假设给定精度,降阶模型的阶数 N 为一个固定值 N_0,则响应 $\boldsymbol{y}^N$ 收敛于 $\tilde{\boldsymbol{y}}$。

8.2.4 建模误差与模型参数不确定性的非参数概率法

8.2.4.1 随机矩阵介绍

对固定的 $N=N_0$,不确定性的非参数概率法是用定义在另一个概率空间(Θ',$\mathcal{T}'$,P')上的随机矩阵 $\boldsymbol{M}$、$\boldsymbol{D}$ 及 $\boldsymbol{K}$ 分别代替式(8.25)中的 $\overline{\boldsymbol{M}}$、$\overline{\boldsymbol{D}}$ 及 $\overline{\boldsymbol{K}}$:

$$\boldsymbol{M}=\{\theta'\rightarrow\boldsymbol{M}(\theta')\},\boldsymbol{D}=\{\theta'\rightarrow\boldsymbol{D}(\theta')\},\boldsymbol{K}=\{\theta'\rightarrow\boldsymbol{K}(\theta')\} \tag{8.28}$$

由式(8.24)及式(8.25)描述的降阶模型可得随机降阶计算模型:

$$\boldsymbol{Y}(t)=\overline{\boldsymbol{\phi}}\boldsymbol{Q}(t) \tag{8.29}$$

$$\boldsymbol{M}\ddot{\boldsymbol{Q}}(t)+\boldsymbol{D}\dot{\boldsymbol{Q}}(t)+\boldsymbol{K}\boldsymbol{Q}(t)+\boldsymbol{F}_{\mathrm{NL}}(\boldsymbol{Q}(t),\dot{\boldsymbol{Q}}(t))=\boldsymbol{f}(t) \tag{8.30}$$

8.2.4.2 构建随机降阶计算模型中三个随机矩阵的可利用信息

由于不存在刚体位移,因此这三个随机矩阵具有相同的代数性质。令 A 代表 M、D 或 K,则可利用的信息如下。

(1)随机矩阵 $\boldsymbol{A}$ 的值在 $\mathbf{M}_N^+(\mathbf{R})$ 上,因此 $\boldsymbol{A}$ 的概率密度函数的支集为 $\mathbf{M}_N^+(\mathbf{R})$。

(2)平均值选为

$$E\{\boldsymbol{A}\}=\overline{A}\in\mathbf{M}_N^+(\mathbf{R}) \tag{8.31}$$

(3)基本线性随机降阶计算模型($\boldsymbol{F}_{\mathrm{NL}}=0$)必须有二阶解,因此,对于 $\mathbf{M}_N^+(\mathbf{R})$ 上的任意下界 $\boldsymbol{A}_\ell$,必须有以下约束[185,203,207]:

$$0<\boldsymbol{A}_\ell<\boldsymbol{A}(\mathrm{a.s.}),E\{\ln(\det(\boldsymbol{A}-\boldsymbol{A}_\ell))\}=v_{\boldsymbol{A}},|v_{\boldsymbol{A}}|<+\infty \tag{8.32}$$

(4)没有关于三个随机矩阵 $\boldsymbol{M}$、$\boldsymbol{D}$ 及 $\boldsymbol{K}$ 统计相关性的可利用的信息。

8.2.4.3 随机矩阵的概率分布和发生器

考虑到在 8.2.4.2 节描述的可利用的信息,根据 5.4.7.2 节和 5.4.8.2 节可以推导出以下随机模型:

(1)矩阵 $\boldsymbol{M}$、$\boldsymbol{D}$ 及 $\boldsymbol{K}$ 是统计独立的。

(2)随机矩阵 $\boldsymbol{A}$ 可表示为

$$\boldsymbol{A}=\boldsymbol{L_A}^{\mathrm{T}}\boldsymbol{G_A}\boldsymbol{L_A},\boldsymbol{G_A}=\frac{1}{1+\varepsilon}(\boldsymbol{G}_{0,\boldsymbol{A}}+\varepsilon\boldsymbol{I}_N) \tag{8.33}$$

式中:$\boldsymbol{A}=\boldsymbol{M}$、$\boldsymbol{D}$ 或 $\boldsymbol{K}$;$\varepsilon>0$;随机矩阵 $\boldsymbol{G}_{0,\boldsymbol{A}}$ 属于 5.4.7.1 节描述的 SG_0^+;$\boldsymbol{L_A}$ 为上三角矩阵。

因此,有

$$\overline{\boldsymbol{A}} = \boldsymbol{L}_{\boldsymbol{A}}{}^{\mathrm{T}}\boldsymbol{L}_{\boldsymbol{A}} \in \mathbb{M}_N^+(\mathbb{R}) \tag{8.34}$$

(3)随机矩阵 $\boldsymbol{A}$ 的不确定性水平用随机矩阵 $\boldsymbol{G}_{0,\boldsymbol{A}}$ 的变异系数控制,用 $\delta_{\boldsymbol{A}}$ 表示(见式(5.59))。

(4)随机矩阵 $\boldsymbol{G}_{0,\boldsymbol{A}}$ 的模拟由式(5.67)及式(5.68)给出。

(5)随机矩阵 $\{\boldsymbol{M},\boldsymbol{D},\boldsymbol{K}\}$ 的不确定性水平用向量超参数来控制:

$$\boldsymbol{\delta}_{\boldsymbol{G}} = (\delta_{\boldsymbol{M}},\delta_{\boldsymbol{D}},\delta_{\boldsymbol{K}}) \in C_{\boldsymbol{G}} = [0,\delta_{\max}]^3 \subset \mathbb{R}^3 \tag{8.35}$$

式中:$\delta_{\max} = \{(N+1)/(N+5)\}^{1/2}$。

8.2.5 基于非参数概率法的不确定性先验随机模型超参数估计

(1)当没有可利用的数据时,先验随机模型取决于超参数 $\boldsymbol{\delta}_{\boldsymbol{G}} = (\delta_{\boldsymbol{M}},\delta_{\boldsymbol{D}},\delta_{\boldsymbol{K}}) \in C_{\boldsymbol{G}}$,$\boldsymbol{\delta}_{\boldsymbol{G}}$ 可以控制模型参数不确定性和建模误差引起的模型不确定性水平,因此必须将超参数 $\boldsymbol{\delta}_{\boldsymbol{G}}$ 作为一个参数对随机降阶计算模型所构建的随机解 $\boldsymbol{Y}$ 进行灵敏度分析。这种既考虑模型参数不确定性又考虑模型误差的先验随机模型可用来分析随机解作为不确定性水平函数的稳健性。

(2)当有可利用的数据时,第 7 章给出了这一统计反问题的处理方法。超参数 $\boldsymbol{\delta}_{\boldsymbol{G}}$ 可用相对于观测向量 $\boldsymbol{U}$ 的 m 维数据 $\boldsymbol{u}^{\exp,1},\boldsymbol{u}^{\exp,2},\cdots,\boldsymbol{u}^{\exp,v}$ 进行估算。这些数据与时间 t 无关,但取决于 $\{\boldsymbol{Y}(t),t\in\boldsymbol{\tau}\}$。其中,$\boldsymbol{\tau}$ 是 $\mathbb{R}$ 的任意区域,是用随机降阶计算模型构建的随机解。对任意 $\boldsymbol{s} = \boldsymbol{\delta}_{\boldsymbol{G}} \in C_{\mathrm{ad}} = C_{\boldsymbol{G}}$,$\boldsymbol{U}$ 的概率密度函数用 $p_{\boldsymbol{U}}(\boldsymbol{u};\boldsymbol{s})$ 表示。采用最大似然法(见 7.3.3 节)估算 $\boldsymbol{s}$ 的最优值 $\boldsymbol{s}^{\mathrm{opt}}$:

$$\boldsymbol{s}^{\mathrm{opt}} = \arg\max_{\boldsymbol{s}\in C_{\mathrm{ad}}} \sum_{\ell=1}^{v} \ln\{p_{\boldsymbol{U}}(\boldsymbol{u}^{\exp,\ell};\boldsymbol{s})\} \tag{8.36}$$

对任意 ℓ,可以使用多元核密度估计法(见 7.2 节)对 $\ln\{p_{\boldsymbol{U}}(\boldsymbol{u}^{\exp,\ell};\boldsymbol{s})\}$ 进行估计。其中,v_s 个 $\boldsymbol{U}$ 的独立模拟量 $\boldsymbol{u}^{r,1},\boldsymbol{u}^{r,2},\cdots,\boldsymbol{u}^{r,v_s}$ 可利用随机降阶计算模型并通过随机求解器(见第 6 章)进行计算。

8.2.6 考虑建模误差引起模型不确定性的非参数概率法在结构动力学中的简单案例

下面给出在考虑模型不确定性时,非参数概率法在结构动力学中的应用的一个简单案例[189]。

(1)系统设计。在频域分析所设计机械系统的几何模型如图 8.3 所示,它由一个尺寸为 10.0m×1.0m×1.5m 的简支细长圆柱体组成。在[0,1000]Hz 的分析频带内对该系统进行分析,该物体由弹性复合材料制成。

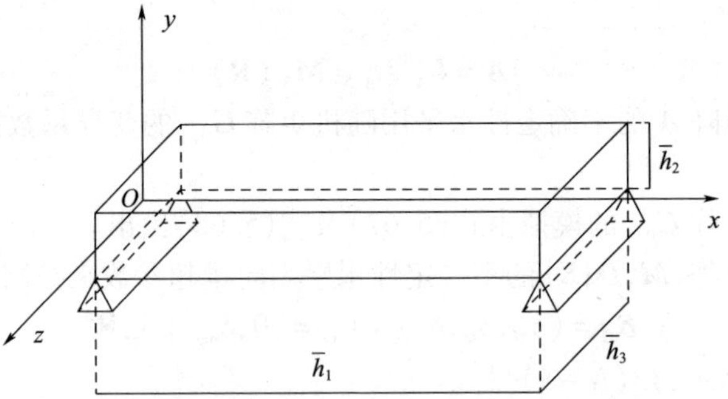

图 8.3　在频域分析所设计机械系统的几何模型[189]

(2)实际系统、模拟实验及均值计算模型。实际系统和变异性来源如图 8.4(a)所示。对于实际系统,变异性的主要来源:①制造公差导致实际系统的几何尺寸不确定;②由制造引起的不确定边界条件,且不同于所设计系统的边界条件;③制造的复合材料的力学性能不同于设计复合材料的力学性能。

利用由 28275 个自由度组成的有限元模型,对 $80\times8\times12=7680$ 个,三维 8 节点实体单元组成的网格进行实际系统的仿真实验。

均值计算模型如图 8.4(b)所示。它由一个简支欧拉梁组成,选择这一简单的均值计算模型来产生建模误差。在 $\zeta_1=4.2\text{m}$ 处施加点力,两个观测点分别位于观测点 1($\zeta_1=5.0\text{m}$)和观测点 2($\zeta_1=6.4\text{m}$)处。

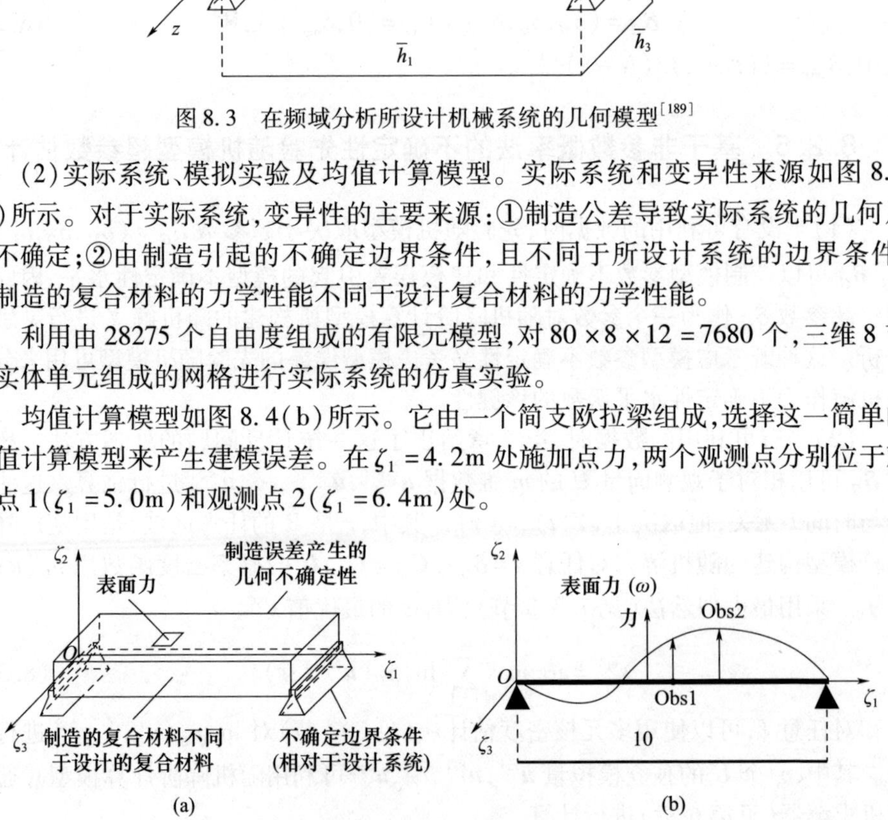

图 8.4　根据设计系统制造的实际系统、不确定性来源[189]和均值计算模型
(a)实际系统和不确定性来源;(b)均值计算模型。

图 8.5 给出了模拟实验的频率响应,并与用均值计算模型计算的频率响应进行了比较。由图可以看出,建模误差随频率的增加而增大。频率低于 120Hz 时,均值计算模型预测结果较好;而频率高于 120Hz 时,均值计算模型预测结果较差。

对不确定性的非参数概率法与参数概率法的离散参数进行估计。随机降阶计算模型由 $N=80$ 个弹性模态构成,用蒙特卡罗随机求解器得到 $\nu_s=3000$ 个随机数据。采用最小二乘法(见 7.3.2 节)对通过非参数概率法构建的随机降阶计算模型超参数 $\boldsymbol{s}=(\delta_M,\delta_D,\delta_K)$ 的最优值 $\boldsymbol{s}^{\text{opt}}=(\delta_M^{\text{opt}},\delta_D^{\text{opt}},\delta_K^{\text{opt}})$ 进行估计,得到 $\delta_M^{\text{opt}}=0.29$,

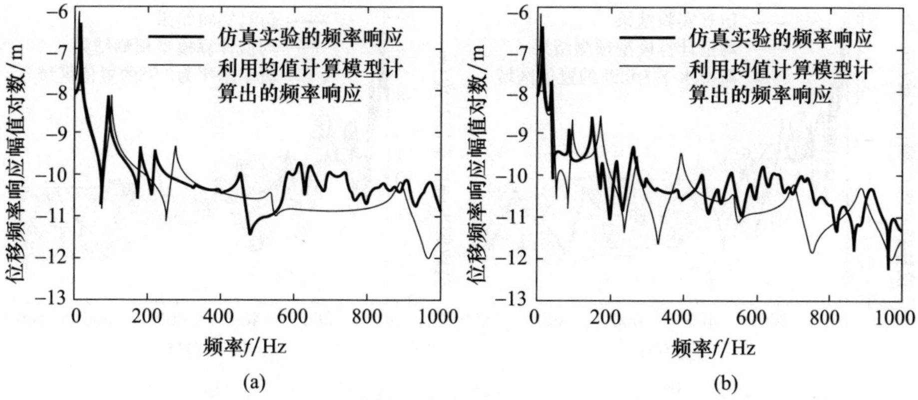

图 8.5 （见彩图）仿真实验和均值计算模型的频率响应对比图[189]
(a)观测点 1;(b)观测点 2。

$\delta_{D}^{\text{opt}}=0.30,\delta_{K}^{\text{opt}}=0.68$。为了将用非参数概率方法得到的增益与用模型参数不确定性的参数概率方法得到的增益进行比较,采用参数概率方法构建了如下随机降阶计算模型,其不确定参数为质量密度、几何参数、弹性模量及阻尼比。为了得到与第一随机特征频率的非参数概率方法相同的离散水平,对这些不确定参数的变异系数进行了计算。

同一离散水平条件下非参数法与参数法的对比。图 8.6(观测点 1)和图 8.7(观测点 2)给出了用非参数概率法所计算的频率响应,并与用参数概率法所计算的频率响应进行了对比(在一阶特征频率的不确定性水平相同的条件下)。可以看出,由建模误差引起的模型不确定性的非参数概率法具有很好的预测性,而模型参数不确定性的参数概率法无法考虑建模误差。

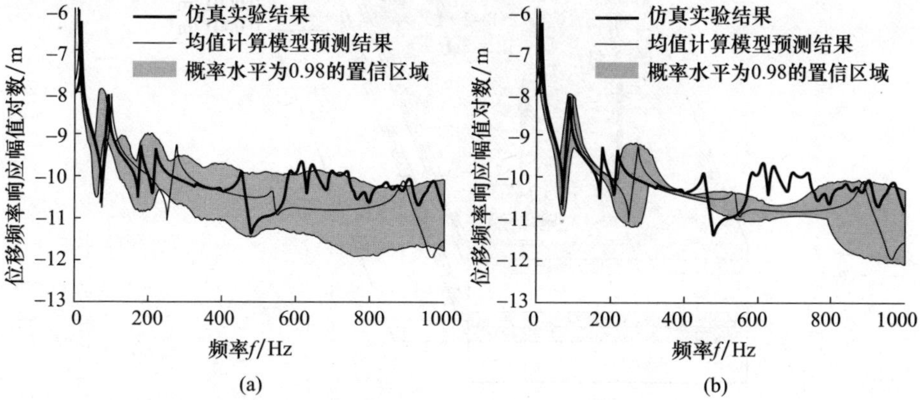

图 8.6 （见彩图）观测点 1 的频率响应[189]
(a)非参数概率法预测结果;(b)参数概率法预测结果。

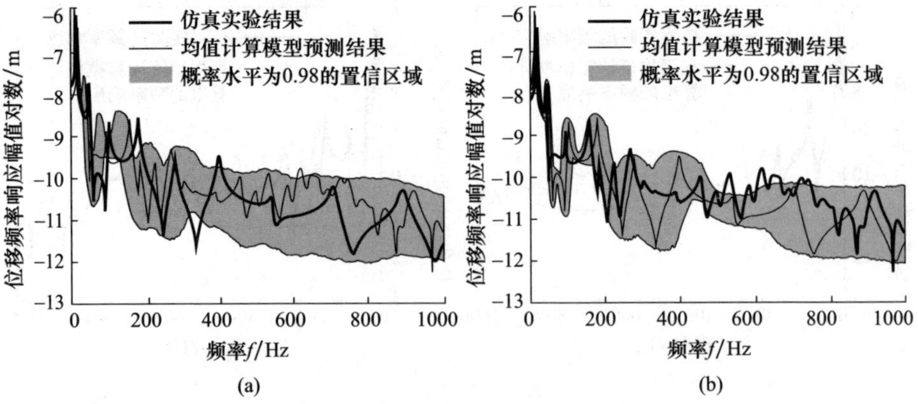

图 8.7 (见彩图)观测点 2 的频率响应[189]

(a)非参数概率法预测结果;(b)参数概率法预测结果。

8.2.7 复合夹芯板振动的不确定性非参数概率模型的实验验证

(1)设计系统。图 8.8 中设计的机械系统是一简单的复合夹芯板,其尺寸为 0.4m×0.3m×0.01068m,由 2 层碳树脂薄层与 1 层刚性闭孔泡沫芯构成。其中,碳树脂薄层为单向层,其方向分别为 60°与 -60°,每层厚度为 0.00017m,而刚性闭孔泡沫芯厚度为 0.01m。施加点力(输入量)的位置及测量加速度(输出量)的两个观测点(1 和 2)的位置如图 8.8 所示。

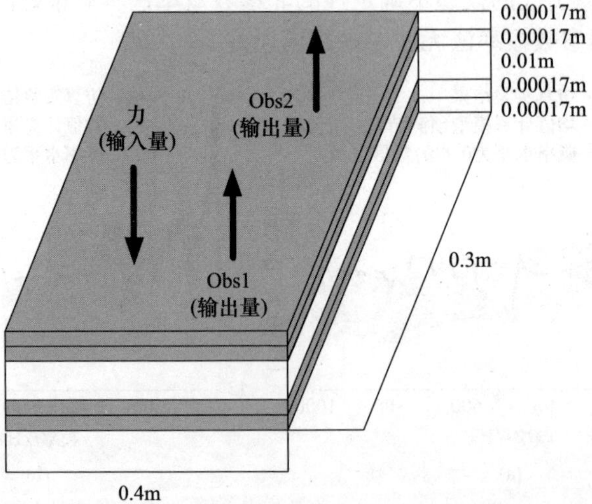

图 8.8 设计系统的几何模型、施加的点力及两个观测点的位置图

（2）实际系统与实验数据。8 块复合板均采用相同的工艺来制造，板的边界条件为自由－自由边界条件。在[10,4500]Hz 频率范围内测量各复合板的频率响应函数（FRF）。在激励点处施加法向力，并测量力分布及板上的一些加速度（包括一个观测点）。对实验模态进行分析并确定各复合板的前 11 阶弹性模态，图 8.9 为 8 块实验板在观测点 1 和观测点 2 处的实验频率响应函数，可以看出离散性（实际系统的变异性）随频率的增大而增大。

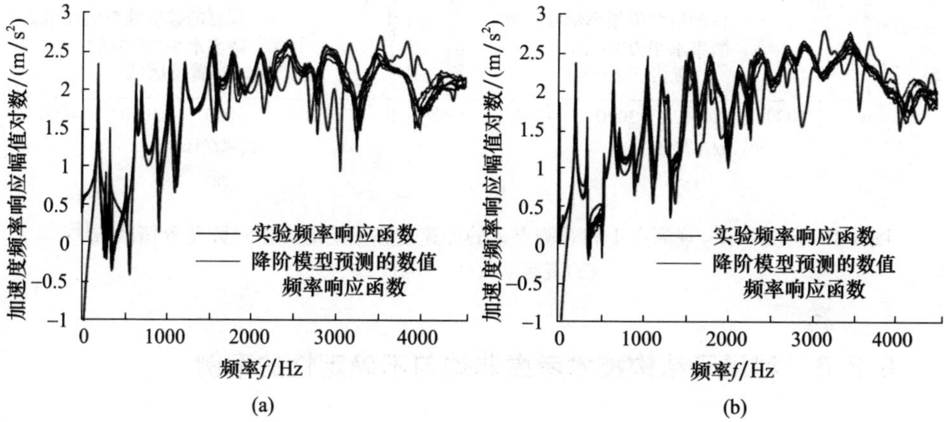

图 8.9 （见彩图）观测点 1 和观测点 2 的加速度频率响应幅值对数图[47]
（a）观测点 1；（b）观测点 2。

（3）均值计算模型、降阶模型及预测结果。均值计算模型由 25155 个自由度、$128 \times 64 = 8192$（个）有限元（4 结点正交各向异性 Reissner－Mindlin 多层复合板单元）组成。采用前四阶平均实验特征频率（8 个板的平均值）对均值计算模型进行更新，并用 $N = 200$ 个弹性模态构建降阶模型。图 8.9 为根据降阶模型得到的频响函数预测结果，并与 8 块板的实验频响函数进行了对比。由图可以看出，在[0,1500]Hz 范围内能够进行较好的预测，在[1500,4500]Hz 范围内建模误差的影响增大。

（4）随机降阶模型对置信区域的预测及与实验结果的对比。随机降阶模型的维数 $N = 200$，采用蒙特卡罗随机求解器，$v_S = 2000$。根据文献[47]，对 $\boldsymbol{s}^{\text{opt}} = (\delta_{\boldsymbol{M}}^{\text{opt}}, \delta_{\boldsymbol{D}}^{\text{opt}}, \delta_{\boldsymbol{K}}^{\text{opt}})$ 进行估计，$\boldsymbol{s}^{\text{opt}}$ 为采用非参数概率法所构建随机降阶模型的超参数的最优值，得到 $\delta_{\boldsymbol{M}}^{\text{opt}} = 0.23$，$\delta_{\boldsymbol{D}}^{\text{opt}} = 0.43$，$\delta_{\boldsymbol{K}}^{\text{opt}} = 0.25$。图 8.10 为概率 0.98（可根据随机降阶模型进行预测得到）对应的置信区域，由图可以看出非参数概率法能够对建模误差进行较好的预测。

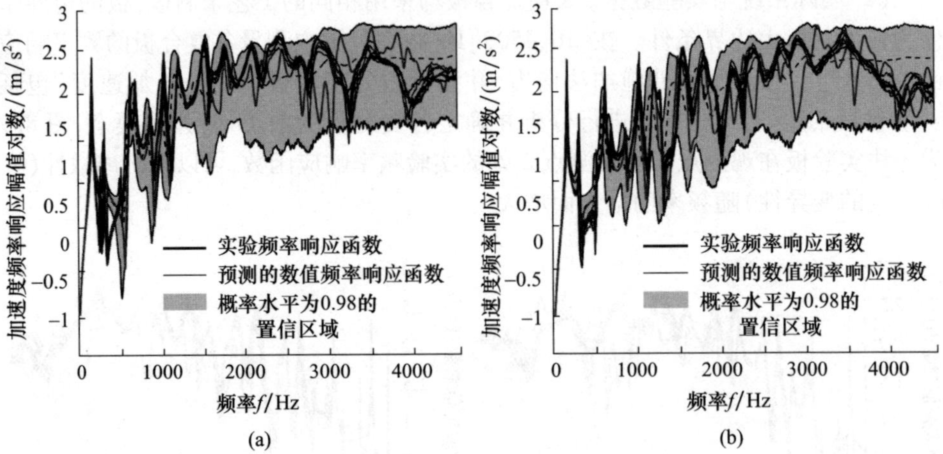

图 8.10　(见彩图)观测点 1 和观测点 2 的加速度频率响应幅值对数及置信区域[47]
(a)观测点 1;(b)观测点 2。

8.2.8　利用子结构技术考虑非均匀不确定性的案例

Argyris 和 Kelsey[8] 首次提出了子结构的概念,Guyan 和 Irons[102,111] 对这一概念进行了扩展。Hurty[108-109] 研究了通过几何界面将两个子结构耦合的情况。Craig 和 Bampton[54] 对 Hurty 方法进行了改进,从而以相同的方式表示每个子结构,包括采用具有固定几何界面的子结构的弹性模态,且其几何界面上采用静态边界函数。MacNeal[128] 引入了残余弹性的概念,Rubin[171] 沿用了这一概念。Benfield 和 Hruda[22] 提出针对每个附件采用 Craig - Bampton 方法进行组件模态替换。而文献[55,61,125,143,154,157]对子结构技术进行了综述。

为了在计算模型中引入考虑非均匀不确定性的非参数概率法,文献[187]在子结构技术框架中应用了非参数概率法,并在文献[46,71]中进行了实验验证。对于复杂机械系统来说,不同部件之间的建模误差不同,因此,计算模型中的模型不确定性是不均匀的。

(1)问题的设定。不确定性非参数概率法包括两方面:一是用随机矩阵对降阶模型的约化矩阵进行建模;二是对不确定性水平进行建模,不确定水平用一个标量超参数 δ 来控制。如果建模误差在整个结构中是非均匀的,且整体结构可以描述为子结构的联合,而各个子结构的建模误差水平是均匀的,就可以用子结构法来实现不确定性非参数概率法的应用,同时各个子结构间的不确定性水平就可能有所不同(称为 Craig - Bampton 法)。

(2)线性子结构的 Craig - Bampton 法简介。考虑线性动力学子结构均值计算模型:

$$\left\{\widetilde{\boldsymbol{M}}_{\mathrm{m}}\frac{\mathrm{d}^2}{\mathrm{d}t^2}+\widetilde{\boldsymbol{D}}_{\mathrm{m}}\frac{\mathrm{d}}{\mathrm{d}t}+\widetilde{\boldsymbol{K}}_{\mathrm{m}}\right\}\begin{bmatrix}\tilde{\boldsymbol{y}}^i(t)\\\tilde{\boldsymbol{y}}^c(t)\end{bmatrix}=\begin{bmatrix}\tilde{\boldsymbol{f}}^i(t)\\\tilde{\boldsymbol{f}}^c(t)+\tilde{\boldsymbol{f}}^c_{\mathrm{coup}}(t)\end{bmatrix}\tag{8.37}$$

式中:$\tilde{\boldsymbol{y}}(t)\in\mathbf{R}^m$ 为 $m=m_i+m_c$ 个自由度的位移向量,记作 $\tilde{\boldsymbol{y}}(t)=(\tilde{\boldsymbol{y}}^i(t),\tilde{\boldsymbol{y}}^c(t))$;$\tilde{\boldsymbol{y}}^i(t)\in\mathbf{R}^m$ 为子结构 m_i个内部自由度的位移向量;$\tilde{\boldsymbol{y}}^i(t)\in\mathbf{R}^m$;$\tilde{\boldsymbol{y}}^c(t)\in\mathbf{R}^{m_c}$为 m_c 个耦合自由度的位移向量;$\widetilde{\boldsymbol{M}}_{\mathrm{m}}$、$\widetilde{\boldsymbol{D}}_{\mathrm{m}}$ 和 $\widetilde{\boldsymbol{K}}_{\mathrm{m}}$ 分别为子结构均值计算模型质量、阻尼和刚度的 m 阶正定有限对称实矩阵;$\tilde{\boldsymbol{f}}(t)\in\mathbf{R}^m$ 为给定的随时间变化的 m 维外载荷输入量,$\tilde{\boldsymbol{f}}(t)$包括内部自由度与耦合自由度两部分,因此可分解为 $\tilde{\boldsymbol{f}}(t)=((\tilde{\boldsymbol{f}}^i(t),\tilde{\boldsymbol{f}}^c(t))$;$\tilde{\boldsymbol{f}}^c_{\mathrm{coup}}(t)\in\mathbf{R}^{m_c}$,为耦合力向量。

Craig - Bampton 坐标变换为

$$\begin{bmatrix}\tilde{\boldsymbol{y}}^i(t)\\\tilde{\boldsymbol{y}}^c(t)\end{bmatrix}=\boldsymbol{H}\begin{bmatrix}\boldsymbol{q}(t)\\\boldsymbol{y}^c(t)\end{bmatrix},\boldsymbol{H}=\begin{bmatrix}\overline{\boldsymbol{\Phi}}&\widetilde{\boldsymbol{S}}_m\\\mathbf{0}&\boldsymbol{I}_{m_c}\end{bmatrix}\tag{8.38}$$

式中:$\overline{\boldsymbol{\Phi}}$ 为具有固定耦合界面子结构 N 个弹性模态($m_i\times N$)的模型矩阵;$\widetilde{\boldsymbol{S}}_m$ 可表示为

$$\widetilde{\boldsymbol{S}}_{\mathrm{m}}=-\widetilde{\boldsymbol{K}}_{\mathrm{m}}^{ii-1}\widetilde{\boldsymbol{K}}_{\mathrm{m}}^{ic}\in\mathbf{M}_{m_i,m_c}(\mathbf{R})\tag{8.39}$$

$\widetilde{\boldsymbol{S}}_{\mathrm{m}}$ 与子结构均值计算模型的静态边界函数有关($\widetilde{\boldsymbol{K}}_{\mathrm{m}}^{ii}$ 和 $\widetilde{\boldsymbol{K}}_{\mathrm{m}}^{ic}$ 对应于 $\widetilde{\boldsymbol{K}}_{\mathrm{m}}$ 的块分解)。由式(8.38)所描述的对式(8.37)的投影可得到 Craig - Bampton 降阶模型:

$$\left\{\overline{\boldsymbol{M}}\frac{\mathrm{d}^2}{\mathrm{d}t^2}+\overline{\boldsymbol{D}}\frac{\mathrm{d}}{\mathrm{d}t}+\overline{\boldsymbol{K}}\right\}\begin{bmatrix}\boldsymbol{q}(t)\\\tilde{\boldsymbol{y}}^c(t)\end{bmatrix}=\begin{bmatrix}\mathcal{F}(t)\\\widetilde{\boldsymbol{F}}^c(t)+\tilde{\boldsymbol{f}}^c_{\mathrm{coup}}(t)\end{bmatrix}\tag{8.40}$$

其中

$$\mathcal{F}(t)=\boldsymbol{\Phi}^{\mathrm{T}}\tilde{\boldsymbol{f}}^i(t)\in\mathbf{R}^N,\widetilde{\boldsymbol{F}}^c(t)=\widetilde{\boldsymbol{S}}_{\mathrm{m}}^{\mathrm{T}}\tilde{\boldsymbol{f}}^i(t)+\tilde{\boldsymbol{f}}^c(t)\in\mathbf{R}^{m_c}\tag{8.41}$$

$$\overline{\boldsymbol{M}}=\boldsymbol{H}^{\mathrm{T}}\widetilde{\boldsymbol{M}}_{\mathrm{m}}\boldsymbol{H},\overline{\boldsymbol{D}}=\boldsymbol{H}^{\mathrm{T}}\widetilde{\boldsymbol{D}}_{\mathrm{m}}\boldsymbol{H},\overline{\boldsymbol{K}}=\boldsymbol{H}^{\mathrm{T}}\widetilde{\boldsymbol{K}}_{\mathrm{m}}\boldsymbol{H}\tag{8.42}$$

(3)Craig - Bampton 降阶模型中约化矩阵的代数性质。为了在子结构中应用不确定性非参数概率法,需要分析式(8.40)所描述的 Craig - Bampton 降阶模型中约化矩阵的代数性质,并对这些矩阵进行分解。设 $\mu=N+m_c$。

对于约化质量矩阵,$\overline{\boldsymbol{M}}$ 的 Cholesky 分解为

$$\overline{\boldsymbol{M}}=\boldsymbol{L}_M^{\mathrm{T}}\boldsymbol{L}_M\in\mathbf{M}_\mu^+(\mathbf{R})\tag{8.43}$$

式中:$\boldsymbol{L}_M$ 为 $\mathbf{M}_\mu(\mathbf{R})$上的三角矩阵。

对于约化阻尼矩阵及约化刚度矩阵,分为以下两种情况。

①具有固定的子结构。矩阵 $\overline{\boldsymbol{D}}$、$\overline{\boldsymbol{K}}\in\mathbf{M}_\mu^+(\mathbf{R})$,$\overline{\boldsymbol{D}}$、$\overline{\boldsymbol{K}}$ 可进行以下 Cholesky 分解:

$$\overline{\boldsymbol{D}}=\boldsymbol{L}_D^{\mathrm{T}}\boldsymbol{L}_D,\overline{\boldsymbol{K}}=\boldsymbol{L}_K{}^{\mathrm{T}}\boldsymbol{L}_K\tag{8.44}$$

式中:$\boldsymbol{L}_D$ 及 $\boldsymbol{L}_K$ 为 $\mathbf{M}_\mu(\mathbf{R})$上的三角矩阵。

②具有 μ 个刚性模态的自由子结构。矩阵 $\overline{\boldsymbol{D}}$、$\overline{\boldsymbol{K}}\in\mathbf{M}_\mu^{+0}(\mathbf{R})$,可进行以下分解:

$$\bar{\boldsymbol{D}} = \boldsymbol{L}_D^{\mathrm{T}}\boldsymbol{L}_D, \bar{\boldsymbol{K}} = \boldsymbol{L}_K^{\mathrm{T}}\boldsymbol{L}_K \tag{8.45}$$

式中：$\boldsymbol{L}_D$ 及 $\boldsymbol{L}_K$ 为 $\mathbf{M}_{\mu-\mu_{\mathrm{rig}},\mu}(\mathbf{R})$ 上的三角矩阵。

(4)采用不确定性非参数概率法构建随机降阶模型。按照 8.2.4 节的方法，基于式(8.38)及式(8.40)给出的降阶模型，随机降阶模型可表示为

$$\begin{bmatrix} \boldsymbol{Y}^i(t) \\ \boldsymbol{Y}^c(t) \end{bmatrix} = \boldsymbol{H}\begin{bmatrix} \boldsymbol{Q}(t) \\ \boldsymbol{Y}^c(t) \end{bmatrix} \tag{8.46}$$

$$\left\{\boldsymbol{M}\frac{\mathrm{d}^2}{\mathrm{d}t^2} + \boldsymbol{D}\frac{\mathrm{d}}{\mathrm{d}t} + \boldsymbol{K}\right\}\begin{bmatrix} \boldsymbol{Q}(t) \\ \boldsymbol{Y}^c(t) \end{bmatrix} = \begin{bmatrix} \mathcal{F}(t) \\ \widetilde{\boldsymbol{F}}^c(t) + \boldsymbol{F}^c_{\mathrm{coup}}(t) \end{bmatrix} \tag{8.47}$$

式中：对于给定的时间 t，$\boldsymbol{F}^c_{\mathrm{coup}}(t)$ 为耦合力的随机向量；$\boldsymbol{M}$、$\boldsymbol{D}$ 及 $\boldsymbol{K}$ 统计独立。随机矩阵 $\boldsymbol{A}$ 可表示为

$$\boldsymbol{A} = \boldsymbol{L}_A{}^{\mathrm{T}}\boldsymbol{G}_A\boldsymbol{L}_A, \boldsymbol{G}_A = \frac{1}{1+\varepsilon}(\boldsymbol{G}_{0,A} + \varepsilon\boldsymbol{I}_N) \tag{8.48}$$

式中：随机矩阵 $\boldsymbol{G}_{0,A} \in \mathrm{SG}_0^+$，维数为 μ(对应于固定子结构)或 $\mu - \mu_{\mathrm{rig}}$(对应于自由子结构)，$\varepsilon > 0$。用随机矩阵 $\boldsymbol{G}_{0,A}$ 的变异系数 δ_A 控制随机矩阵 $\boldsymbol{A}$ 的不确定性水平。5.4.7.1 节已对随机矩阵 $\boldsymbol{G}_{0,A}$ 的模拟进行了描述，在子结构中，用超参数 δ_G 控制随机矩阵 $\boldsymbol{M}$、$\boldsymbol{D}$ 及 $\boldsymbol{K}$ 的不确定性水平，δ_G 可表示为

$$\delta_G = (\delta_M, \delta_D, \delta_K) \in C_G = [0, \delta_{\max}]^3 \subset \mathbf{R}^3 \tag{8.49}$$

式中：$\delta_{\max} = \{(N+1)/(N+5)\}^{1/2}$。

(5)实验验证。下面对线性动力系统中非均匀不确定性的非参数概率法进行实验验证。

实际系统及实验。实际系统如图 8.11 所示。系统由两块板(板 1 和板 2)通过一个连接头连接而成，连接头是由两块小板通过两排螺栓连接而成，螺栓共计 20 个。在板 2 的点 5 处施加力载荷(输入量)，并且将板 1 的点 1 处作为平面法向位移观测点。在[0,2000]Hz 频率范围内分析输入与输出的交叉频响函数，交叉频响函数可以分析弯曲状态下通过连接头传播的振动，因此也可以分析连接头建模误差的影响。为了研究螺栓预应力的影响，对 21 个实验装置进行测量，每个实验装置都与 40 对螺栓连接的其中一对相对应，对以上 21 个实验装置的输入量与输出量间的交叉频响函数进行测量。

均值计算模型。采用 Craig - Bampton 子结构法构建均值计算模型。板 1 与板 2 简化建模为两个各向同性薄板，连接头建模为等效正交各向异性板，引入 3 个子结构：板 1、板 2 和连接头。采用由 4 个节点弯板单元组成的兼容网格建立 3 个子结构有限元模型，网格尺寸为 0.01m × 0.01m。组合结构共有 16653 个自由度，板 1、板 2 和连接头的内部自由度数分别为 6039、2379 和 7869，各界面上的耦合自由度数为 183。

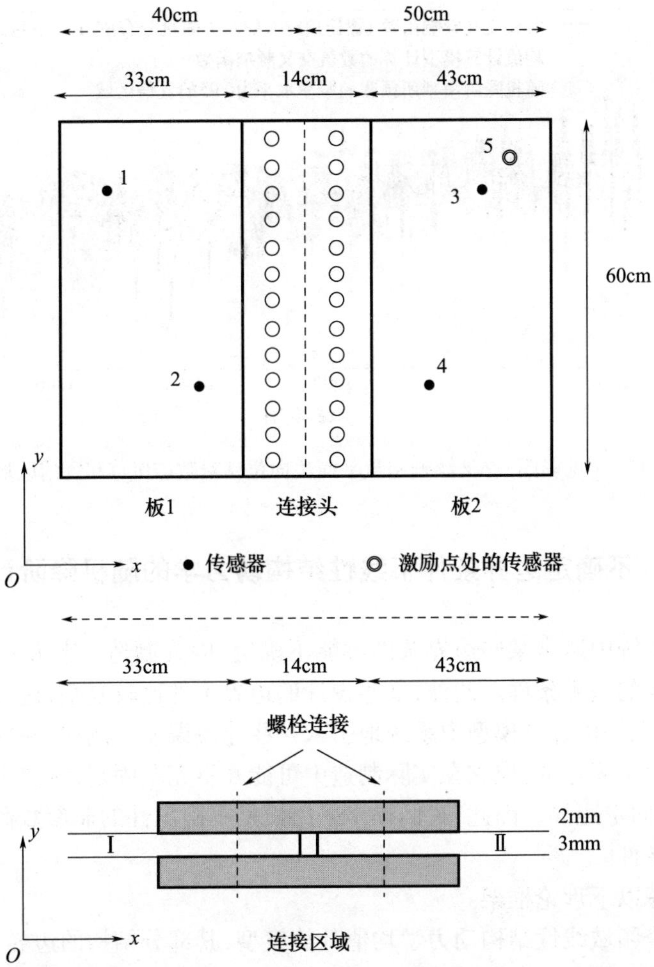

图 8.11　实际系统图(系统由两块板通过一个连接头连接而成,连接头由两个较小的板组成,两块小板之间通过两排螺栓进行连接,板 1(左板)和板 2(右板)均为各向同性薄板;采用等效正交各向异性板对复合连接进行模拟;激励(输入量)点位于板 2 上的点 5 处,测量(输出量)点位于板 1 上的点 1 处)

随机降阶模型及实验与预测结果的对比。对于连接头、板 1 与板 2,由连接头的建模误差引起的模型不确定性更大。在超参数分别取以下数值的情况下进行计算:对于板 1 与板 2,$\delta_M = 0$、$\delta_D = 0.1$、$\delta_K = 0.15$;对于连接头,$\delta_M = 0$、$\delta_D = 0.8$、$\delta_K = 0.8$。图 8.12 是交叉频响函数图,其纵轴以 dB 为单位。其中,用实验交叉频响函数的上下包络线表示螺栓预应力(黑色粗线)的 21 个随机分布,并给出了用均值计算模型计算的数值交叉频响函数、由随机降阶模型所预测的概率水平为 0.95 的置信区域。

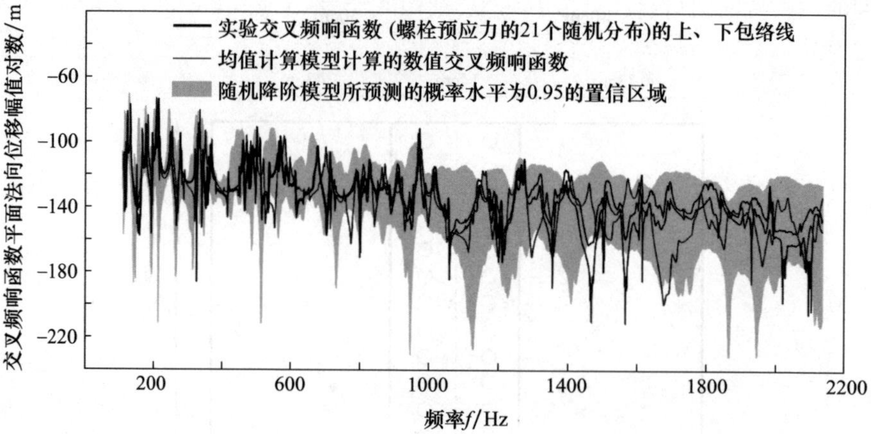

图 8.12 (见彩图)交叉频响函数平面法向位移对数(20lg)和置信区域[46]

8.2.9 不确定边界条件下线性结构动力学的随机降阶计算模型

在实际系统中通常某些边界条件可能不确定,因为制造工艺并不完全满足设计阶段所指定的边界条件。此外,某些设计的边界条件比较复杂,这会导致无法正确建模,从而在均值计算模型中系统地引入一些建模误差。例如,一部分结构边界在设计中认为是固定的,但它在实际制造中可能并不完全固定,该边界是一个弹性边界,而不是固定边界。因此,我们提出采用模型不确定性的非参数概率法来考虑不确定边界条件[141]。

现在考虑以下理论框架。

对于一个频域线性结构动力学均值计算模型,其部分结构的边界不完全固定,而是具有未知非均匀弹性性质,即可变边界。本节目标是在频域利用子结构技术构建一个合适的降阶模型,并根据不确定非参数概率法,推导出随机降阶计算模型。以下提出的方法也可以推广到子结构间的不确定耦合[141]。

降阶模型的构建与随机降阶模型的推导。采用两种减法在频域构建降阶模型,第一种是采用 8.2.8 节的 Craig - bampton 方法,第二种是均值计算模型引入的物理边界自由度的减缩。沿用 8.2.8 节的符号,根据式(8.46)将两个坐标变换表示为

$$\begin{bmatrix} \boldsymbol{Y}^i(\omega) \\ \boldsymbol{Y}^c(\omega) \end{bmatrix} = \begin{bmatrix} \overline{\boldsymbol{\Phi}} & \tilde{\boldsymbol{S}}_{\mathrm{m}} \\ \boldsymbol{0} & \boldsymbol{I}_{m_c} \end{bmatrix} \begin{bmatrix} \boldsymbol{Q}(\omega) \\ \boldsymbol{Y}^c(\omega) \end{bmatrix} \tag{8.50}$$

$$\begin{bmatrix} \boldsymbol{Q}(\omega) \\ \boldsymbol{Y}^c(\omega) \end{bmatrix} = \begin{bmatrix} \boldsymbol{I}_N & \boldsymbol{0} \\ \boldsymbol{0} & \overline{\boldsymbol{\Psi}} \end{bmatrix} \begin{bmatrix} \boldsymbol{Q}(\omega) \\ \boldsymbol{R}(\omega) \end{bmatrix} \tag{8.51}$$

式中:矩阵 $\overline{\boldsymbol{\Psi}} \in \mathbf{M}_{m_c,N_c}(\mathbf{R})$,$N_c < m_c$;$\overline{\boldsymbol{\Psi}}$ 由用 Craig - bampton 约化方法得到的边界

刚度的一些特征向量组成。在频域上，利用式(8.51)对式(8.40)投影，引入不确定边界并采用非参数概率法得到以下随机方程：对 $\forall\omega\in\mathbf{R}$，有

$$\left\{-\omega^2\boldsymbol{M}_{\mathrm{m}}+\mathrm{i}\omega\boldsymbol{D}_{\mathrm{m}}+\begin{bmatrix}\boldsymbol{K}_{\mathrm{m}}^{qq} & \boldsymbol{K}_{\mathrm{m}}^{qr}\\ \boldsymbol{K}_{\mathrm{m}}^{rq} & \boldsymbol{K}_{\mathrm{m}}^{rr}+k\boldsymbol{K}^{rr}\end{bmatrix}\right\}\begin{bmatrix}\boldsymbol{Q}(\omega)\\ \boldsymbol{R}(\omega)\end{bmatrix}=\begin{bmatrix}\mathcal{F}(\omega)\\ \mathcal{F}^r(\omega)\end{bmatrix} \tag{8.52}$$

当 $k>0$ 时，将它引入模型可以控制边界的不确定性水平：当 $k=+\infty$ 时，边界固定；而当 $k=0$ 时，边界自由。

向量 $\mathcal{F}^r(\omega)\in\mathbf{C}^{N_c}$，可表示为 $\overline{\boldsymbol{\Psi}}^{\mathrm{T}}\widetilde{\boldsymbol{F}}^c(\omega)$。

利用式(8.51)定义的变换对矩阵 $\overline{\boldsymbol{M}}$、$\overline{\boldsymbol{D}}$ 和 $\overline{\boldsymbol{K}}$(式 8.42)投影可得到 $(N+N_c)$ 阶实矩阵 $\boldsymbol{M}_{\mathrm{m}}$、$\boldsymbol{D}_{\mathrm{m}}$ 和 $\boldsymbol{K}_{\mathrm{m}}$，矩阵 $\boldsymbol{K}_{\mathrm{m}}$ 可写成以下分块矩阵：

$$\boldsymbol{K}_{\mathrm{m}}=\begin{bmatrix}\boldsymbol{K}_{\mathrm{m}}^{qq} & \boldsymbol{K}_{\mathrm{m}}^{qr}\\ \boldsymbol{K}_{\mathrm{m}}^{rq} & \boldsymbol{K}_{\mathrm{m}}^{rr}\end{bmatrix} \tag{8.53}$$

(1)若 $\boldsymbol{K}_{\mathrm{m}}^{rr}\in\mathbf{M}_{N_c}^{+}(\mathbf{R})$，则 Cholesky 分解可表示为 $\boldsymbol{K}_{\mathrm{m}}^{rr}=\boldsymbol{L}^{rr\mathrm{T}}\boldsymbol{L}^{rr}$。其中，矩形矩阵 $\boldsymbol{L}^{rr}\in\mathbf{M}_{N'_c,N_c}(\mathbf{R})$，且 $N'_c=N_c$。

(2)若 $\boldsymbol{K}_{\mathrm{m}}^{rr}\in\mathbf{M}_{N_c}^{+0}(\mathbf{R})$，且其零空间维数满足 $1\leqslant\mu_{\mathrm{rig}}\leqslant N_c$，则 $\boldsymbol{K}_{\mathrm{m}}^{rr}$ 可以分解为 $\boldsymbol{K}_{\mathrm{m}}^{rr}=\boldsymbol{L}^{rr\mathrm{T}}\boldsymbol{L}^{rr}$。其中，矩形矩阵 $\boldsymbol{L}^{rr}\in\mathbf{M}_{N'_c,N_c}(\mathbf{R})$，且 $N'_c=N_c-\mu_{\mathrm{rig}}$。

满秩随机阵 $\boldsymbol{K}^{rr}\in\mathbf{M}_{N_c}^{+}(\mathbf{R})$ 或 $\boldsymbol{K}^{rr}\in\mathbf{M}_{N_c}^{+0}(\mathbf{R})$ 可表示为

$$\boldsymbol{K}^{rr}=\boldsymbol{L}^{rr\mathrm{T}}\boldsymbol{G}\boldsymbol{L}^{rr} \tag{8.54}$$

式中：$\boldsymbol{L}^{rr}\in\mathbf{M}_{N'_c,N_c}(\mathbf{R})$，随机矩阵 $\boldsymbol{G}\in\mathbf{M}_{N'_c}^{+}(\mathbf{R})$，可表示为

$$\boldsymbol{G}=\frac{1}{1+\varepsilon}(\boldsymbol{G}_0+\varepsilon\boldsymbol{I}_{N'_c}) \tag{8.55}$$

其中：$\boldsymbol{G}_0\in SG_0^{+}$，维数为 N'_c，$\varepsilon>0$。用式(5.59)引入的超参数 δ 控制不确定性水平(δ 能够控制 $\boldsymbol{G}_0$ 的统计波动水平)。按 5.4.7.1 节的方法模拟随机矩阵 $\boldsymbol{G}_0$。

柔度 k 与不确定性水平 δ 的实验识别。引入与可变边界有关且取决于 k 与 δ 的随机"能量"：

$$\varepsilon_{bc}(k,\delta)=\overline{\boldsymbol{Y}^{c,\mathrm{obs}}(k,\delta)}^{\mathrm{T}}\boldsymbol{A}_{bc}\boldsymbol{Y}^{c,\mathrm{obs}}(k,\delta) \tag{8.56}$$

式中：矩阵 $\boldsymbol{A}_{bc}\in\mathbf{M}_{m_c}^{+}(\mathbf{R})$，如果在可变边界上存在平移与旋转自由度，矩阵 $\boldsymbol{A}_{bc}$ 可选取为对角阵；随机向量 $\boldsymbol{Y}^{c,\mathrm{obs}}(k,\delta)$ 是用式(8.50)～式(8.52)的随机解 $\boldsymbol{Y}^c(\omega)$ 构建的一个特殊观测值，对可变边界的变形较敏感，与参数 k 与 δ 有关。如取值为 $\boldsymbol{Y}^{c,\mathrm{obs}}(k,\delta)=\boldsymbol{Y}^c(\omega_\alpha)$。

根据实验观测值 $\varepsilon_{bc}^{\exp,1},\varepsilon_{bc}^{\exp,2},\cdots,\varepsilon_{bc}^{\exp,v}$，采用控制标准差的最小二乘法(7.3.2 节)，或根据随机变量 $\varepsilon_{bc}(k,\delta)$ 的最大似然法(7.3.3 节)对 k 与 δ 进行识别。

关于参数 k 及 δ 影响的数值说明。图 8.13 所设计的系统由铝板构成，尺寸为 0.356m×0.254m×0.001m。用板的有限元建立均值模型，建立具有 $N=10$ 个固定弹性模态及 $N_c=120$ 个边界弹性模态的降阶模型，在频率 $\omega=\omega_1$ 时进行观测。

图 8.13 展示了随机变量 $\varepsilon_{bc}(k,d)$ 的平均值与变异系数,表明 ε_{bc} 的平均值能够对 k 进行估计,而 ε_{bc} 的变异系数与 δ 有关。因此,结果表明,基于标准差控制的最小二乘法的统计反问题适用于对 k 与 δ 的识别。

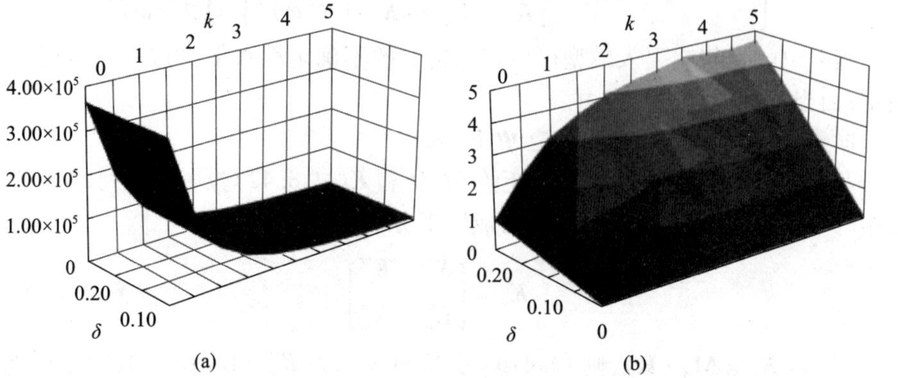

图 8.13　一阶模态振动响应 $\varepsilon_{bc}(k,\delta)$ 的平均值与变异系数[141]

(a)平均值;(b)变异系数。

8.3　计算振动声学中的不确定性非参数概率法

考虑频域上的线性计算振动声学(或结构声学),并根据结构位移及声压进行公式化[154,156]。

计算振动声学的确定性建模需要考虑两个因素,但在此不做介绍,重点介绍结构耗散而非粘弹性的计算内部振动声学问题的不确定性非参数概率法。第一个因素是结构与外部无边界声学介质之间的耦合问题,通过求解关于亥姆霍兹(Helmholtz)方程的外部诺依曼(Neumann)问题可得到需要构建的耦合算子[154,156]。第二个因素是黏弹性结构的振动声学问题,文献[154 - 155]介绍了关于 Hilbert 变换的确定性问题,文献[37,156]介绍了模型不确定性的非参数概率法,这需要利用 5.4.8.5 节的随机函数集 SE^{HT},SE^{HT} 与随机公式 Hilbert 变换的应用有关。

考虑计算结构动力学中的不确定性,将 8.2 节提到的计算振动声学不确定性的非参数概率法,一方面用于约化动态结构刚度矩阵,另一方面用于约化动力声学“刚度”矩阵。但计算模型中会出现一个附加项,即描述具有显著模型不确定性的声学结构耦合的矩形矩阵,因此,将 5.4.8.4 节中给出的矩形随机矩阵系综 SE^{rect} 用于声学结构耦合的非参数随机建模。

本节将介绍计算内部振动声学不确定性的非参数概率法,并总结文献[72]中的实验结果。其他相关实验在文献[9,77,80,113]中有介绍,文献[156]给出了拟用公式。

8.3.1 振动声学系统的平均边界值问题

考虑一个由耗散结构与耗散内腔相耦合的线性振动声学系统,并假设声腔近似密闭(非密封)[156]。在三维空间 $\mathbf{R}^3$ 上建立计算模型,并在频域表示空间内的点 $\zeta=(\zeta_1,\zeta_2,\zeta_3)$,图 8.14 展示了其几何图形,尤其是垂直于边界的单位和符号。

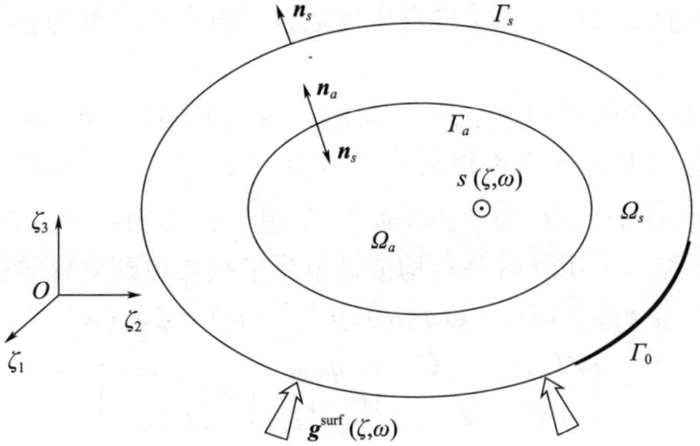

图 8.14 振动声学系统几何图形

上述结构所占的有界域 $\Omega_s\subset\mathbf{R}^3$,边界 $\partial\Omega_s=\Gamma_s\cup\Gamma_0\cup\Gamma_a$。$\widetilde{\boldsymbol{C}}^3$ 上的位移场表示为 $\{\boldsymbol{u}(\zeta,\omega)=(u_1(\zeta,\omega),u_2(\zeta,\omega),u_3(\zeta,\omega)),\zeta\in\Omega_s\}$。该结构在边界 Γ_0 处固定,Γ_0 处由耗散各向异性非均匀弹性介质组成,其质量密度为 $\rho_s(\zeta)$,且承受给定的外载荷,体积力场 $\boldsymbol{g}^{\text{vol}}(\omega,\zeta)\in\widetilde{\boldsymbol{C}}^3\subset\Omega_s$,表面力场 $\boldsymbol{g}^{\text{sur}}(\omega,\zeta)\in\widetilde{\boldsymbol{C}}^3$ 分布在 Γ_s 上。

声腔为有界域,$\Omega_a\subset\mathbf{R}^3$,边界 $\partial\Omega_a=\Gamma_a$ 为声-结构耦合界面,声腔填充了耗散声学流体,在平衡状态下流体具有恒定的质量密度 ρ_a 和恒定的声速 c_a,流体的黏度使其具有恒定的耗散系数 τ(忽略热传导)。$\widetilde{\boldsymbol{C}}$ 上的声压场为 $\{p(\zeta,\omega),\zeta\in\Omega_a\}$,在 Ω_a 内给定一个复数声源密度 $\{s(\zeta,\omega),\zeta\in\Omega_a\}$。

对于固定的频率 $\omega,j\in\{1,2,3\}$,边界值问题可表示为 $-\omega^2\rho_s u_j-\dfrac{\partial\sigma_{jk}}{\partial\zeta_k}=g_j^{\text{vol}}$(在 Ω_s 内);$\sigma_{jk}(\boldsymbol{u})n_{s,k}=g_j^{\text{sur}}$(在边界 Γ_s 处);$\sigma_{jk}(\boldsymbol{u})n_{s,k}=-pn_{s,j}$(在边界 Γ_a 处);$u_j=0$(在边界 Γ_0 处);$-\dfrac{\omega^2}{\rho_a c_a^2}p-\mathrm{i}\omega\dfrac{\tau}{\rho_a}\nabla^2 p-\dfrac{1}{\rho_a}\nabla^2 p=-\dfrac{\tau}{\rho_a}c_a^2\nabla^2 s+\mathrm{i}\dfrac{\omega}{\rho_a}s$(在 Ω_a 内);$\dfrac{1}{\rho_a}(1+\mathrm{i}\omega\tau)\dfrac{\partial p}{\partial\boldsymbol{n}_a}=\omega^2\boldsymbol{u}\cdot\boldsymbol{n}_a+\tau\dfrac{c_a^2}{\rho_a}\dfrac{\partial s}{\partial\boldsymbol{n}_a}$(在边界 Γ_a 处)。

式中:二阶应力张量 σ_{jk} 与二阶应变张量 $\varepsilon_{h\ell}(\boldsymbol{u})=(\partial u_h/\partial\zeta_\ell+\partial u_\ell/\partial\zeta_h)/2$ 有关,且满足 $\boldsymbol{\sigma}_{jk}=\widetilde{\boldsymbol{C}}_{jkh\ell}(\zeta)\ell_{h\ell}(\boldsymbol{u})+i\omega\breve{\boldsymbol{C}}_{jkh\ell}(\zeta)\varepsilon_{h\ell}(\boldsymbol{u})$,其中,$\widetilde{\boldsymbol{C}}_{jkh\ell}(\zeta)$ 为四阶实弹性张量,

$\breve{C}_{jkh\ell}(\zeta)$为四阶实耗散张量,$\widetilde{C}_{jkh\ell}(\zeta)$及$\breve{C}_{jkh\ell}(\zeta)$均与$\zeta$相关,同时假定二者均与频率$\omega$无关。

8.3.2 振动声学系统降阶模型

在频域进行分析,分析频带$\mathcal{B}=[\omega_{\min},\omega_{\max}]$(角频率单位为rad/s),$\omega_{\min}>0$。

采用8.3.1节所述边界值问题的有限元离散化可得到均值计算模型。$\widetilde{\mathbb{C}}^{m_{\mathrm{DOF}}}$内的位移向量为$\tilde{\boldsymbol{y}}(\omega)$,$m_{\mathrm{DOF}}$为结构自由度数,$\widetilde{\mathbb{C}}^{m_f}$内声压向量为$\tilde{\boldsymbol{p}}(\omega)$,其中,$m_f$为声学自由度数。

降阶基由结构降阶基和声学降阶基组成。结构降阶基$\bar{\boldsymbol{\phi}}=\bar{\boldsymbol{\phi}}^1,\bar{\boldsymbol{\phi}}^2,\cdots,\bar{\boldsymbol{\phi}}^N$为结构在$\mathbf{M}_{m_{\mathrm{DOF}},N}(\mathbf{R})$上的前$N$个弹性模态在自由壁$\Gamma_a$真空中的矩阵(8.2.3节);声学降阶基$\bar{\boldsymbol{\psi}}=\bar{\boldsymbol{\psi}}^1,\bar{\boldsymbol{\psi}}^2,\cdots,\bar{\boldsymbol{\psi}}^{N_f}$为$\Gamma_a$的前$N_f$个声学模态矩阵,$\Gamma_a$为$\mathbf{M}_{m_{\mathrm{DOF}},N}(\mathbf{R})$上具有刚性壁的声腔。采用降阶基对均值计算模型投影可建立降阶模型,可表示为

$$\boldsymbol{y}^{(N,N_f)}(\omega)=\underline{\boldsymbol{\phi}}\,\boldsymbol{q}(\omega),\boldsymbol{p}^{(N,N_f)}(\omega)=\underline{\boldsymbol{\psi}}\boldsymbol{q}^f(\omega) \tag{8.57}$$

$$\begin{bmatrix}\bar{\boldsymbol{Z}}(\omega) & \bar{\boldsymbol{C}}\\ \omega^2\bar{\boldsymbol{C}}^{\mathrm{T}} & \bar{\boldsymbol{Z}}_f(\omega)\end{bmatrix}\begin{bmatrix}\boldsymbol{q}(\omega)\\ \boldsymbol{q}^f(\omega)\end{bmatrix}=\begin{bmatrix}\boldsymbol{f}(\omega)\\ \boldsymbol{f}^f(\omega)\end{bmatrix} \tag{8.58}$$

式中:约化动力结构刚度矩阵$\bar{\boldsymbol{Z}}(\omega)\in\mathbf{M}_N(\mathbf{C})$可表示为

$$\bar{\boldsymbol{Z}}(\omega)=-\omega^2\bar{\boldsymbol{M}}+\mathrm{i}\omega\bar{\boldsymbol{D}}+\bar{\boldsymbol{K}} \tag{8.59}$$

约化动力声学刚度矩阵$\bar{\boldsymbol{Z}}_f(\omega)\in\mathbf{M}_{N_f}(\mathbf{C})$可表示为

$$\bar{\boldsymbol{Z}}_f(\omega)=-\omega^2\bar{\boldsymbol{M}}_f+\mathrm{i}\omega\bar{\boldsymbol{D}}_f+\bar{\boldsymbol{K}}_f \tag{8.60}$$

式中:$\bar{\boldsymbol{D}}_f=\tau\bar{\boldsymbol{K}}_f$,$\boldsymbol{C}\in\mathbf{M}_{N,N_f}(\mathbf{R})$为矩形矩阵,表示声结构耦合。

$\omega\in\mathcal{B}$的一致收敛性分析。阶降N与N_f分别固定为N_0与$N_{f,0}$,与ω无关。因此对任意$\omega\in\mathcal{B}$,给定与ω无关的精度,响应($\boldsymbol{y}^{(N,N_f)}(\omega)$,$\boldsymbol{p}^{(N,N_f)}(\omega)$)收敛于($\tilde{\boldsymbol{y}}(\omega)$,$\tilde{\boldsymbol{p}}(\omega)$)。

降阶模型矩阵的分解。矩阵$\bar{\boldsymbol{M}}$、$\bar{\boldsymbol{D}}$及$\bar{\boldsymbol{K}}\in\mathbf{M}_N^+(\mathbf{R})$的Cholesky分解分别表示为

$$\bar{\boldsymbol{M}}=\boldsymbol{L_M}^{\mathrm{T}}\boldsymbol{L_M},\bar{\boldsymbol{D}}=\boldsymbol{L_D}^{\mathrm{T}}\boldsymbol{L_D},\bar{\boldsymbol{K}}=\boldsymbol{L_K}^{\mathrm{T}}\boldsymbol{L_K} \tag{8.61}$$

由于声腔近似密闭,矩阵$\bar{\boldsymbol{M}}_f$、$\bar{\boldsymbol{D}}_f$与$\bar{\boldsymbol{K}}_f\in\mathbf{M}_N^+(\mathbf{R})$的Cholesky分解分别为

$$\bar{\boldsymbol{M}}_f=\boldsymbol{L}_{\boldsymbol{M}_f}{}^{\mathrm{T}}\boldsymbol{L}_{\boldsymbol{M}_f},\bar{\boldsymbol{D}}_f=\boldsymbol{L}_{\boldsymbol{D}_f}{}^{\mathrm{T}}\boldsymbol{L}_{\boldsymbol{D}_f},\bar{\boldsymbol{K}}_f=\boldsymbol{L}_{\boldsymbol{K}_f}{}^{\mathrm{T}}\boldsymbol{L}_{\boldsymbol{K}_f} \tag{8.62}$$

由于$\bar{\boldsymbol{D}}_f=\tau\bar{\boldsymbol{K}}_f$,因此$\boldsymbol{L}_{\boldsymbol{D}_f}=\sqrt{\tau}\boldsymbol{L}_{\boldsymbol{K}_{\mathrm{f}}}$。根据式(5.105)及式(5.106),约化耦合矩阵可表示为

$$\bar{\boldsymbol{C}}=\boldsymbol{U}\boldsymbol{T} \tag{8.63}$$

其中:矩形矩阵$\boldsymbol{U}\in\mathbf{M}_{N,N_f}(\mathbf{R})$满足$\boldsymbol{U}^{\mathrm{T}}\boldsymbol{U}=\boldsymbol{I}_{N_f}$,方阵$\boldsymbol{T}\in\mathbf{M}_{N_f}^+(\mathbf{R})$的Cholesky分解可表示为

$$\boldsymbol{T}=\boldsymbol{L_T}^{\mathrm{T}}\boldsymbol{L_T},\boldsymbol{L_T}\in\mathbf{M}_{N_f}^+(\mathbf{R}) \tag{8.64}$$

8.3.3 不确定非参数概率法建立声结构耦合系统的随机降阶模型

(1)随机降阶模型的建立。分析频带 $\mathcal{B}$ 内任意固定的 $\boldsymbol{\omega}$，根据非参数概率法，利用式(8.57)～式(8.64)可建立随机降阶模型：

$$\boldsymbol{Y}(\omega)=\bar{\boldsymbol{\phi}}\boldsymbol{Q}(\omega),\boldsymbol{P}(\omega)=\bar{\boldsymbol{\psi}}\boldsymbol{Q}^f(\omega) \tag{8.65}$$

$$\begin{bmatrix}\boldsymbol{Z}(\omega) & \boldsymbol{C}\\ \omega^2\boldsymbol{C}^{\mathrm{T}} & \boldsymbol{Z}_f(\omega)\end{bmatrix}\begin{bmatrix}\boldsymbol{Q}(\omega)\\ \boldsymbol{Q}^f(\omega)\end{bmatrix}=\begin{bmatrix}\boldsymbol{f}(\omega)\\ \boldsymbol{f}^f(\omega)\end{bmatrix} \tag{8.66}$$

其中：$\boldsymbol{Z}(\omega)$及$\boldsymbol{Z}_f(\omega)$可表示为

$$\boldsymbol{Z}(\omega)=-\omega^2\boldsymbol{M}+\mathrm{i}\omega\boldsymbol{D}+\boldsymbol{K} \tag{8.67}$$

$$\boldsymbol{Z}_f(\omega)=-\omega^2\boldsymbol{M}_f+\mathrm{i}\omega\boldsymbol{D}_f+\boldsymbol{K}_f \tag{8.68}$$

式中：$\boldsymbol{M}$、$\boldsymbol{D}$、$\boldsymbol{K}$、$\boldsymbol{M}_f$、$\boldsymbol{D}_f$ 及 $\boldsymbol{K}_f$ 为随机矩阵，并假定相互独立，均为系综 SE_0^+ 中的元素；$\boldsymbol{C}$ 与这些矩阵独立，为随机矩阵系综 $\mathrm{SE}^{\mathrm{rect}}$中的元素。

(2)概率分布与随机矩阵的模拟。令 $\boldsymbol{A}$ 表示 $\boldsymbol{M}$、$\boldsymbol{D}$、$\boldsymbol{K}$、$\boldsymbol{M}_f$、$\boldsymbol{D}_f$或 $\boldsymbol{K}_f$，则随机矩阵 $\boldsymbol{A}\in\mathrm{SE}_0^+$ 可表示为

$$\boldsymbol{A}=\boldsymbol{L}_A^{\mathrm{T}}\boldsymbol{G}_A\boldsymbol{L}_A,\boldsymbol{G}_A=\frac{1}{1+\varepsilon}(\boldsymbol{G}_{0,A}+\varepsilon\boldsymbol{I}) \tag{8.69}$$

式中：随机矩阵 $\boldsymbol{G}_{0,A}$为系综 SG_0^+ 中的元素，维数为 N 或 N_f；$\varepsilon>0$，$\boldsymbol{I}$ 为 $\boldsymbol{I}_N$ 或 $\boldsymbol{I}_{N_f}$，随机矩阵 $\boldsymbol{A}$ 的不确定水平用 δ_A 来控制，δ_A 为随机矩阵 $\boldsymbol{G}_{0,A}$的变异系数。随机矩阵 $\boldsymbol{C}$ 为随机矩阵系综 $\mathrm{SE}^{\mathrm{rect}}$的元素可表示为

$$\boldsymbol{C}=\boldsymbol{U}\boldsymbol{L}_T^{\mathrm{T}}\boldsymbol{G}_C\boldsymbol{L}_T,\boldsymbol{G}_C=\frac{1}{1+\varepsilon}(\boldsymbol{G}_{0,C}+\varepsilon\boldsymbol{I}_{N_f}) \tag{8.70}$$

式中：随机矩阵 $\boldsymbol{G}_{0,C}\in\mathrm{SG}_0^+$，维数为 N_f；$\varepsilon>0$，随机矩阵 $\boldsymbol{C}$ 的不确定水平用 δ_C 来控制，δ_C 为随机矩阵 $\boldsymbol{G}_{0,C}$的变异系数。随机矩阵 $\boldsymbol{M}$、$\boldsymbol{D}$、$\boldsymbol{K}$、$\boldsymbol{M}_f$、$\boldsymbol{D}_f$ 及 $\boldsymbol{K}_f$ 及 $\boldsymbol{C}$ 的不确定水平用向量超参数 $\boldsymbol{\delta}_G$ 进行控制，$\boldsymbol{\delta}_G$ 可表示为

$$\boldsymbol{\delta}_G=(\delta_M,\delta_D,\delta_K,\delta_{M_f},\delta_{D_f},\delta_{K_f},\delta_C)\in C_G=[0,\delta_{\max}]^7\subset\mathbf{R}^7 \tag{8.71}$$

式中：$\delta_{\max}=\{(N+1)/(N+5)\}^{1/2}$。随机矩阵 $\boldsymbol{G}_{0,A}$与 $\boldsymbol{G}_{0,C}$的模拟可参考 5.4.7.1 节介绍的方法。

8.3.4 汽车振动声学复杂计算模型的实验验证

针对汽车振动声学复杂计算模型，对不确定性非参数概率法进行实验验证。

(1)问题描述与方法。对于振动声学系统，以具有某些附件的固定类型的汽车为例，建立其均值计算模型，实验变量与制造工艺及附件选择有关。实验目标是预测发动机转速在 1500～4800r/mim(对应频带为 50～160Hz)范围内时的噪声。

输入力作用于发动机支架,输出观测值为声腔内某一点的声压。

(2)均值计算模型与随机降阶模型。均值计算模型为结构与声腔的有限元模型,如图8.15所示。结构共有978733个位移结构自由度;声腔具有8139个声压自由度。结构降阶基数为$N=1722$,声学降阶基数为$N_f=57$。结构随机降阶模型的超参数为$\boldsymbol{\delta}=(\delta_{\boldsymbol{M}},\delta_{\boldsymbol{D}},\delta_{\boldsymbol{K}})$,声腔随机降阶模型的超参数为$\delta_f=\delta_{\boldsymbol{M}_f}=\delta_{\boldsymbol{D}_f}=\delta_{\boldsymbol{K}_f}$,振动声学耦合随机降阶模型的超参数为$\delta_{\boldsymbol{C}}$。

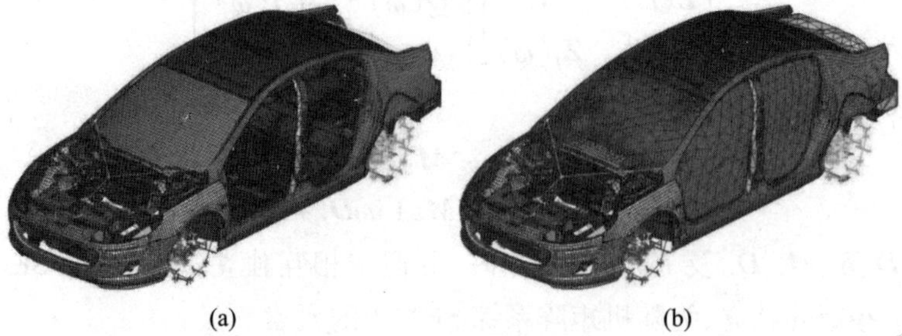

图8.15 (见彩图)结构有限元模型及计算结构声学模型有限元网格[72]

(a)结构有限元模型;(b)计算结构声学模型有限元网格。

(3)超参数δ_f的实验识别。声腔内的声源为声输入量,对同一类型、不同座椅位置、不同内部温度及不同乘客数量的$v=30$辆汽车进行了声测量,利用分布于声腔内的$v_m=32$个传声器进行声压测量。这一统计反问题的观测值为实随机变量U,可表示为

$$U = \int_{\mathcal{B}} \mathrm{d}\boldsymbol{B}(\omega)\mathrm{d}\omega\mathrm{d}\boldsymbol{B}(\omega) = 10\lg\left\{\frac{1}{p_{\mathrm{ref}}^2}\frac{1}{v_m}\sum_{j=1}^{v_m}|P_{k_j}(\omega)|^2\right\} \tag{8.72}$$

式中:$P_{k_1}(\omega),P_{k_2}(\omega),\cdots,P_{k_{v_m}}(\omega)$为观测自由度$\boldsymbol{P}(\omega)$的分量,可根据式(8.65)及式(8.66)的随机降阶模型计算得到。令$u^{\exp,1},u^{\exp,2},\cdots,u^{\exp,v}$为对应的$v=30$辆汽车的观测值,根据7.3.3节,用最大似然法可以对超参数δ_f进行识别:

$$\delta_f^{\mathrm{opt}} = \arg\max_{\delta_f}\mathcal{L}(\delta_f),\mathcal{L}(\delta_f) = \sum_{\ell=1}^{v}\lg(p_U(u^{\exp,\ell};\delta_f)) \tag{8.73}$$

对于$\ell=1,2,\cdots,v$,根据7.2节的核密度估计法,利用随机降阶模型对随机变量U的概率密度函数值$p_U(u^{\exp,\ell};\delta_f)$进行估计,取$v_s=2000$。

(4)超参数$\delta=(\delta_{\boldsymbol{M}_s},\delta_{\boldsymbol{D}_s},\delta_{\boldsymbol{K}_s})$的实验识别。结构输入量为施加在发动机架上的力,对$v=20$辆同类汽车的结构位移进行了实验测量,随机向量观测量为$\boldsymbol{U}(\omega)=(U_1(\omega),U_2(\omega),\cdots,U_6(\omega))$,且有

$$U_j(\omega) = \lg(\omega^2|Y_{k_j}(\omega)|)\ (j=1,2,\cdots,6) \tag{8.74}$$

式中:$Y_{k_1}(\omega),Y_{k_2}(\omega),\cdots,Y_{k_6}(\omega)$为$\boldsymbol{Y}(\omega)$的6个组件,分别与观测结构6个自由度对应,可根据式(8.65)及式(8.66)所描述的随机降阶模型来计算。令$\boldsymbol{u}^{\exp,1}$,

$\boldsymbol{u}^{\exp,2},\cdots,\boldsymbol{u}^{\exp,v}$为 v 辆汽车对应的测量值,根据 7.3.2 节的最小二乘法,可以对超参数 $\delta=(\delta_{M_s},\delta_{D_s},\delta_{K_s})$ 进行识别,随机求解器选取蒙特卡罗法(6.4 节),取 $v_s=1000$。

(5)实验验证。将超参数固定为识别值,即 $\delta_f=\delta_f^{\text{opt}}$,$\boldsymbol{\delta}=\boldsymbol{\delta}^{\text{opt}}$,而 δ_C 为一个给定值。采用蒙特卡罗法对式(8.65)及式(8.66)所描述的随机降阶模型进行计算,取 $v_s=600$。利用已识别的随机降阶模型对发动机激励所引起的给定观测点的内部噪声置信区域进行预测,结果如图 8.16 所示。可以看出,这种预测能够较好地表现出测量值较大的变异性,而降阶模型(均值计算模型)计算的响应仅能体现实际系统的大致概念。

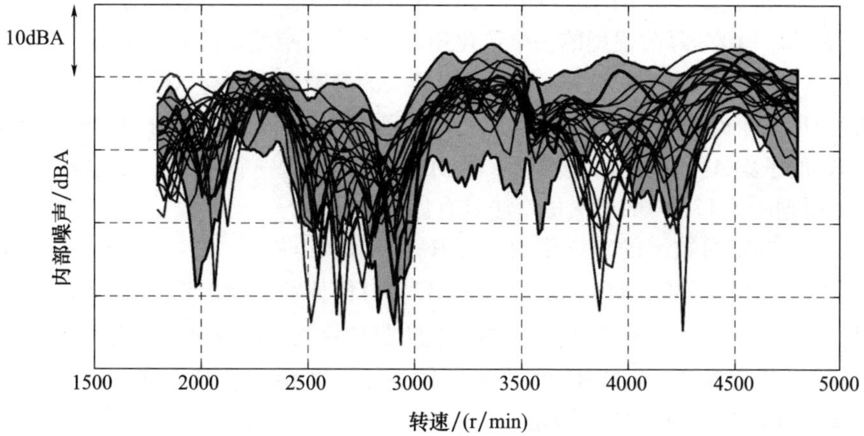

图 8.16 (见彩图)随机降阶模型对内部噪声置信区域预测的结果(横轴为以 r/min 为单位表示的发动机转速,所对应频带为 50~60Hz,纵轴是以 dBA 为单位表示的声压。20 条蓝色细线表示实验测量结果,黑色粗线表示随机降阶模型的预测结果,黄色或灰色区域表示利用已识别随机降阶模型所预测的对应于概率水平为 0.95 的置信区域[72])

8.4 计算模型中不确定性的广义概率法

文献[197]介绍了构建模型参数不确定性及建模误差引起的模型不确定性的先验随机模型的广义概率法。这一方法结合了模型参数不确定性的参数概率法及建模误差引起的模型不确定性的非参数概率法,计算模型对具有小维数(n 比较小)的不确定模型参数 $\boldsymbol{x}$ 比较敏感,当维数 n 较大时,必须采用 8.2 节及 8.3 节介绍的非参数概率法。广义概率法中,需要分别构建模型参数不确定性的先验随机模型和建模误差引起的模型不确定性的先验随机模型:采用 8.1 节的参数概率法考虑模型参数不确定性,采用 8.2 节的非参数概率法考虑模型不确定性。

为简化表述,对于给定的结构,在线性或非线性计算结构动力学中介绍广义概率法，但这种方法适用于静力学、动力学、计算固体力学、计算流体力学或耦合机械系统（如具有固定或自由结构的计算振动声学系统）的线性或非线性计算模型。前面介绍的参数概率法及非参数概率法的概念或方法在此可以直接应用，尤其是降阶模型的构建。

8.4.1 广义概率法的构建原理

本节将在 n 维降阶模型中对广义概率法进行介绍，如图 8.17 所示。考虑 8.2.1.2 节和 8.2.1.3 节的两种情况，沿用相同的概念及变量表示方法。

假设 $\boldsymbol{A}_{\mathrm{m}}(\boldsymbol{x})$ 为降阶模型的一个约化矩阵（如约化刚度矩阵），矩阵 $\boldsymbol{A}_{\mathrm{m}}(\boldsymbol{x}) \in \mathbf{M}_N^+(\mathbf{R})$ 与不确定参数 $\boldsymbol{x}$ 有关。图 8.17 中，用最大的椭圆表示集合 $\mathbf{M}_N^+(\mathbf{R})$，用黄色（或浅灰色）即最小的椭圆表示不确定参数 $\boldsymbol{x}$ 的容许集 S_n，最大椭圆内包含的椭圆表示 $\mathbf{M}_N^+(\mathbf{R})$ 的子集 $\boldsymbol{A}_{\mathrm{m}}(S_n)$，当 $\boldsymbol{x}$ 穿越 S_n 时，$\boldsymbol{A}_{\mathrm{m}}(\boldsymbol{x})$ 便涵盖一个 $\boldsymbol{A}_{\mathrm{m}}(S_n)$，用深灰色椭圆表示。根据图 8.17 可知，广义概率法具有如下性质。

（1）不确定参数 $\boldsymbol{x}$ 的容许集为 $S_n \subset \mathbf{R}^n$。

（2）用随机矩阵族 $\{\boldsymbol{A}(\boldsymbol{x}), \boldsymbol{x} \in S_n\} \in \mathbf{M}_N^+(\mathbf{R})$ 代替确定性矩阵族 $\{\boldsymbol{A}_{\mathrm{m}}(\boldsymbol{x}), \boldsymbol{x} \in S_n\} \in \mathbf{M}_N^+(\mathbf{R})$，对任意 $\boldsymbol{x} \in S_n$，可利用建模误差的非参数概率法构建随机矩阵 $\boldsymbol{A}(\boldsymbol{x})$。

（3）随机变量 $\boldsymbol{X} \in S_n \subset \mathbf{R}^n$ 可以表示不确定参数 $\boldsymbol{x} \in S_n$，对于 $\boldsymbol{X}$，可利用模型参数不确定性的参数概率法来构建。

（4）用随机矩阵 $\boldsymbol{A}_{\mathrm{gen}} = \boldsymbol{A}(\boldsymbol{X}) \in \mathbf{M}_N^+(\mathbf{R})$ 表示随机矩阵族 $\{\boldsymbol{A}(\boldsymbol{x}), \boldsymbol{x} \in S_n\} \in \mathbf{M}_N^+(\mathbf{R})$。

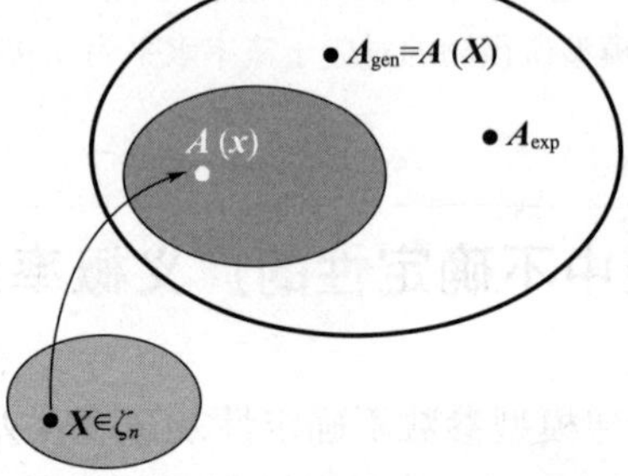

图 8.17　关于 n 维降阶模型约化矩阵的不确定广义概率法

8.4.2 与计算模型和收敛性分析有关的降阶模型

与计算模型有关的降阶模型。对 $N < m_{\mathrm{DOF}}$，具有 m_{DOF} 个自由度且与时间无关的响应向量 $\tilde{\boldsymbol{y}}(t)$ 可通过 m_{DOF} 维实值函数 $\boldsymbol{y}^N$ 进行近似：

$$\boldsymbol{y}^N(t)=\boldsymbol{\phi}(\boldsymbol{x})\boldsymbol{q}(t) \tag{8.75}$$

$$\boldsymbol{M}_{\mathrm{m}}(\boldsymbol{x})\ddot{\boldsymbol{q}}(t)+\boldsymbol{D}_{\mathrm{m}}(\boldsymbol{x})\dot{\boldsymbol{q}}(t)+\boldsymbol{K}_{\mathrm{m}}(\boldsymbol{x})\boldsymbol{q}(t)+\boldsymbol{F}_{\mathrm{NL}}(\boldsymbol{q}(t),\dot{\boldsymbol{q}}(t);\boldsymbol{x})=\boldsymbol{f}(t;\boldsymbol{x}) \tag{8.76}$$

式中：$\boldsymbol{X}\in S_n\subset\mathbf{R}^n$ 为不确定模型参数。

对任意$\boldsymbol{x}\in S_n$，约化矩阵$\boldsymbol{M}_{\mathrm{m}}(\boldsymbol{x})$、$\boldsymbol{D}_{\mathrm{m}}(\boldsymbol{x})$、$\boldsymbol{K}_{\mathrm{m}}(\boldsymbol{x})\in\mathbf{M}_N^+(\mathbf{R})$，用$\boldsymbol{A}$ 表示$\boldsymbol{M}$、$\boldsymbol{D}$ 或$\boldsymbol{K}$，有

$$\boldsymbol{A}_{\mathrm{m}}(\boldsymbol{x})=\boldsymbol{\phi}(\boldsymbol{x})^{\mathrm{T}}\widetilde{\boldsymbol{A}}(\boldsymbol{x})\boldsymbol{\phi}(\boldsymbol{x}) \tag{8.77}$$

$\boldsymbol{x}\in S_n\subset\mathbf{R}^n$ 的一致收敛性分析。对于阶降数 $N=N_0$（与 $\boldsymbol{x}$ 无关），如果给定精度与 $\boldsymbol{x}$ 无关，则对任意 $\boldsymbol{x}\in S_n$，响应 $\boldsymbol{y}^N$ 收敛于 $\tilde{\boldsymbol{y}}$。

8.4.3 广义概率法的构建方法

1. 不确定先验随机模型的构建

（1）根据参数概率法，用概率空间$(\Theta,\mathcal{T},P)$的一个随机变量 $\boldsymbol{X}$ 对不确定参数 $\boldsymbol{x}$ 进行建模，有 $\boldsymbol{X}\in S_n\subset\mathbf{R}^n$。

（2）采用非参数概率法考虑模型不确定性。对任意 $\boldsymbol{x}\in S_n$，分别用概率空间$(\Theta',\mathcal{T}',P')$上的独立随机矩阵 $\boldsymbol{M}(\boldsymbol{x})=\{\theta'\to\boldsymbol{M}(\theta';\boldsymbol{x})\}$、$\boldsymbol{D}(\boldsymbol{x})=\{\theta'\to\boldsymbol{D}(\theta';\boldsymbol{x})\}$及 $\boldsymbol{K}(\boldsymbol{x})=\{\theta'\to\boldsymbol{K}(\theta';\boldsymbol{x})\}$对矩阵 $\boldsymbol{M}_{\mathrm{m}}(\boldsymbol{x})$、$\boldsymbol{D}_{\mathrm{m}}(\boldsymbol{x})$及 $\boldsymbol{K}_{\mathrm{m}}(\boldsymbol{x})$进行建模。由 5.4.8.2 节可知，$\boldsymbol{M}(\boldsymbol{x})$、$\boldsymbol{D}(\boldsymbol{x})$、$\boldsymbol{K}(\boldsymbol{x})\in SE_\varepsilon^+$。

随机降阶模型。N 阶随机降阶模型为

$$\boldsymbol{Y}(t)=\boldsymbol{\phi}(\boldsymbol{X})\boldsymbol{Q}(t) \tag{8.78}$$

$$\boldsymbol{M}(\boldsymbol{x})\ddot{\boldsymbol{Q}}(t)+\boldsymbol{D}(\boldsymbol{x})\dot{\boldsymbol{Q}}(t)+\boldsymbol{K}(\boldsymbol{x})\boldsymbol{Q}(t)+\boldsymbol{F}_{\mathrm{NL}}(\boldsymbol{Q}(t),\dot{\boldsymbol{Q}}(t);\boldsymbol{X})=\boldsymbol{f}(t;\boldsymbol{X}) \tag{8.79}$$

式中：$\boldsymbol{Y}(t)=\{(\theta,\theta')\to\boldsymbol{Y}(\theta,\theta';t)\}$为 m_{DOF}维实随机向量；$\boldsymbol{Q}(t)=\{(\theta,\theta')\to\boldsymbol{Q}(\theta,\theta';t)\}$为$(\Theta\times\Theta',\mathcal{T}\otimes\mathcal{T}',P\otimes P')$上的 n 维实随机向量。

2. 随机降阶模型的统计模拟

对任意随机变量$\boldsymbol{X}(\theta)$，$\theta\in\Theta$，$\boldsymbol{x}\in S_n$，$\theta'\in\Theta'$及任意给定的时间 t，$\boldsymbol{Y}(\theta,\theta';t)$满足以下非线性微分方程：

$$\boldsymbol{Y}(\theta,\theta';t)=\boldsymbol{f}(\boldsymbol{X}(\theta))\boldsymbol{Q}(\theta,\theta';t) \tag{8.80}$$

$$\boldsymbol{M}(\theta';\boldsymbol{X}(\theta))\ddot{\boldsymbol{Q}}(\theta,\theta';t)+\boldsymbol{D}(\theta';\boldsymbol{X}(\theta))\dot{\boldsymbol{Q}}(\theta,\theta';t)+\boldsymbol{K}(\theta';\boldsymbol{X}(\theta))\boldsymbol{Q}(\theta,\theta';t)+\boldsymbol{F}_{\mathrm{NL}}(\boldsymbol{Q}(\theta,\theta';t),\dot{\boldsymbol{Q}}(\theta,\theta';t);\boldsymbol{X}(\theta))=\boldsymbol{f}(t;\boldsymbol{X}(\theta)) \tag{8.81}$$

3. 构建模型参数不确定性先验随机模型

利用 5.3 节的最大熵原理或 5.5 节的多项式混沌展开法，可以构建随机向量 $\boldsymbol{X}$ 的先验随机模型，在此假定采取最大熵原理。$\boldsymbol{X}$ 的概率密度函数 $\boldsymbol{x}\to p_{\boldsymbol{X}}(\boldsymbol{x};\boldsymbol{s}_{\mathrm{par}})$存在一个支集 S_n，且 $S_n\subset\mathbf{R}^n$，$p_{\boldsymbol{X}}(\boldsymbol{x};\boldsymbol{s}_{\mathrm{par}})$与超参数 $\boldsymbol{s}_{\mathrm{par}}=(\bar{\boldsymbol{x}},\boldsymbol{\delta}_{\boldsymbol{X}})$有关，$\boldsymbol{s}_{\mathrm{par}}$的容许集 $C_{\mathrm{ad}}=S_n\times C_{\boldsymbol{X}}$，$C_{\mathrm{ad}}\subset\mathbf{R}^\mu=\mathbf{R}^n\times\mathbf{R}^{\mu X}$。随机矩阵 $\boldsymbol{M}_{\mathrm{m}}(\boldsymbol{X})$、$\boldsymbol{D}_{\mathrm{m}}(\boldsymbol{X})$及 $\boldsymbol{K}_{\mathrm{m}}(\boldsymbol{X})$的平均值

分别为

$$M_{\mathrm{mean}}=E\{M_{\mathrm{m}}(X)\},D_{\mathrm{mean}}=E\{D_{\mathrm{m}}(X)\},K_{\mathrm{mean}}=E\{K_{\mathrm{m}}(X)\} \tag{8.82}$$

其中:矩阵 M_{mean}、D_{mean}及 $K_{\mathrm{mean}}\in \mathbf{M}_N^+(\mathbf{R})$通常情况下不等于其各自的名义值 $\overline{M}$、$\overline{D}$ 及 $\overline{K}$,$\overline{M}=M(\overline{x})$,$\overline{D}=D(\overline{x})$,$\overline{K}=K(\overline{x})$。

4. 构建模型不确定性先验随机模型

对任意给定的 $x\in S_n\subset \mathbf{R}^n$,随机矩阵 A 可表示为

$$A(x)=L_A(x)^{\mathrm{T}}G_AL_A(x),G_A=\frac{1}{1+\varepsilon}(G_{0,A}+\varepsilon I_N) \tag{8.83}$$

其中:A 表示 M、D 或 K,$A\in SE_\varepsilon^+$,$\varepsilon>0$,$(\Theta',\mathcal{T}',P')$上的随机矩阵 $G_{0,A}$满足 $G_{0,A}\in SG_0^+$(见 5.4.7.1 节),$L_A(x)$为上三角阵,因此,有

$$A_{\mathrm{m}}(x)=L_A(x)^{\mathrm{T}}L_A(x)\in \mathbf{M}_N^+(\mathbf{R}) \tag{8.84}$$

用随机矩阵 $G_{0,A}$的变异系数控制随机矩阵 $A(x)$的不确定性水平,用假定与 x 无关的 δ_A 表示,随机矩阵 $G_{0,A}$的模拟已在 5.4.7.1 节做了介绍。

广义法构建不确定性先验随机模型。概率空间$(\Theta\times\Theta',\mathcal{T}\otimes\mathcal{T}',P\otimes P')$上的互相关随机矩阵 $M(X)$、$D(X)$和 $K(X)$可构建为

$$M(x)=L_M(x)^{\mathrm{T}}G_ML_M(x) \tag{8.85}$$

$$D(x)=L_D(x)^{\mathrm{T}}G_DL_D(x) \tag{8.86}$$

$$K(x)=L_K(x)^{\mathrm{T}}G_KL_K(x) \tag{8.87}$$

用超参数 $\delta_X\in C_n\subset\mathbf{R}^{\mu_X}$控制模型参数不确定性的不确定性水平;用超 $\delta_G=(\delta_M,\delta_D,\delta_K)\in C_G\subset\mathbf{R}^3$ 控制模型不确定性的不确定性水平。

8.4.4 不确定性先验随机模型的参数估计

(1)在没有可以利用的数据情况下,不确定性的先验随机模型与 $\overline{x}$、δ_X 及 δ_G 有关,其容许集分别为 S_n、C_X 及 C_G。如果没有数据,$\overline{x}$ 就固定为名义值 x_0,由于模型不确定性水平与 δ_X 和 δ_G 有关,因此为了分析不确定计算模型的稳健性,必须利用超参数 δ_X 和 δ_G 进行随机解的灵敏度分析。

(2)在有可以利用的数据情况下,可对 $\overline{x}$ 进行更新,利用与观测向量 $U\in\mathbf{R}^m$ 相关的数据 $u^{\exp,1},u^{\exp,2},\cdots,u^{\exp,v}$对超参数 δ_X 和 δ_G 进行估计。其中,U 与 t 无关,但与$\{Y(t),t\in\tau\}$有关,$\{Y(t),t\in\tau\}$是利用随机降阶模型来构建的。对任意 $s=(\overline{x},\delta_X,\delta_G)\in C_{\mathrm{ad}}=S_n\times C_X\times C_G$,$U$ 的概率密度函数记为 $p_U(u;s)$。s 的最优值 s^{opt} 可参考 7.3.3 节,利用最大似然法进行估计:

$$s^{\mathrm{opt}}=\arg\max_{s\in C_{\mathrm{ad}}}\sum_{\ell=1}^{v}\ln\{p_U(u^{\exp,\ell};s)\} \tag{8.88}$$

对任意 ℓ,根据 7.2 节的多元核密度估计法,对概率密度函数值 $p_U(u^{\exp,\ell};s)$进

行估计。利用随机求解器,用第 6 章的随机降阶模型对 $\boldsymbol{U}$ 的 ν_s 个独立随机变量 $\boldsymbol{u}^{r,1},\boldsymbol{u}^{r,2},\cdots,\boldsymbol{u}^{r,\nu_s}$进行计算。

8.4.5 贝叶斯法建模误差先验随机模型中的模型参数不确定性后验随机模型

假设 $p_{\boldsymbol{X}}^{\text{prior}}(\boldsymbol{x})=p_{\boldsymbol{X}}(\boldsymbol{x};x^{\text{opt}},\boldsymbol{\delta}_{\boldsymbol{X}}^{\text{opt}})$ 与 $p_{\boldsymbol{G}}(\boldsymbol{G}_M,\boldsymbol{G}_D,\boldsymbol{G}_K;\boldsymbol{\delta}_{\boldsymbol{G}}^{\text{opt}})$ 分别为 $\boldsymbol{X}$ 与 $\boldsymbol{G}_M$、$\boldsymbol{G}_D$、$\boldsymbol{G}_K$ 的最优先验概率密度函数。

(1)估计的目标。对给定的 $p_{\boldsymbol{G}}(\boldsymbol{G}_M,\boldsymbol{G}_D,\boldsymbol{G}_K;\boldsymbol{\delta}_{\boldsymbol{G}}^{\text{opt}})$(建模误差引起的模型不确定性的最优先验随机模型),根据 7.3.4 节的贝叶斯方法,利用已有数据对不确定模型参数 $\boldsymbol{X}$ 的后验概率密度函数 $p_{\boldsymbol{X}}^{\text{post}}(\boldsymbol{x})$ 进行估计。也就是说,估计的目标是在建模误差的先验随机模型存在的情况下,建立模型参数不确定性的后验随机模型。

(2)$\boldsymbol{X}$ 的后验概率密度函数。根据 7.3.4 节的概念,假设 $\boldsymbol{u}\rightarrow p_{\boldsymbol{U}^{\text{out}}|\boldsymbol{X}}(\boldsymbol{u}|\boldsymbol{x})$ 为 $\boldsymbol{X}=\boldsymbol{x}\in S_n$ 处随机输出量 $\boldsymbol{U}^{\text{out}}$的条件概率密度函数,$p_{\boldsymbol{U}^{\text{out}}|\boldsymbol{X}}(\boldsymbol{u}|\boldsymbol{x})$ 与噪声 $\boldsymbol{B}$ 以及 $\boldsymbol{U}$ 有关,$\boldsymbol{U}$ 为利用随机降阶模型计算得到的随机观测量。因此,有

$$p_{\boldsymbol{X}}^{\text{post}}(\boldsymbol{x})=c_n\boldsymbol{L}(\boldsymbol{x})p_{\boldsymbol{X}}^{\text{prior}}(\boldsymbol{x}) \tag{8.89}$$

式中:$\boldsymbol{L}(\boldsymbol{x})$为似然函数,其定义域为 $S_n\subset\mathbf{R}^n$,值域为 $\mathbf{R}^+$,$\boldsymbol{L}(\boldsymbol{x})$可表示为

$$\boldsymbol{L}(\boldsymbol{x})=\prod_{\ell=1}^{\nu}p_{\boldsymbol{U}^{\text{out}}|\boldsymbol{X}}(\boldsymbol{u}^{\exp,\ell}|\boldsymbol{x}) \tag{8.90}$$

式中:c_n 为归一化常数,按照 7.3.4 节的方法可进行计算,利用第 4 章的马尔可夫链蒙特卡罗法构建与 $p_{\boldsymbol{X}}^{\text{post}}$ 有关的随机数。利用随机计算模型及蒙特卡罗随机求解器所得的随机数,采用 7.2 节的多元核密度估计法可对条件概率密度函数 $p_{\boldsymbol{U}^{\text{out}}|\boldsymbol{X}}$ 进行估计。

8.4.6 结构动力学中考虑模型不确定性的广义概率法算例

本节主要是展示一个结构动力学中考虑模型不确定性的广义概率法算例,仍以 8.2.6 节的机械系统为例。

基于欧拉梁理论建立均值计算模型,第一特征值记为 $\lambda_1=a_1x$,其中 x 表示不确定参数,而 a_1 为一个给定的正常数。参照 5.3 节的方法,采用最大熵理论构建 X 的先验随机模型,并得到一个伽马概率分布。参考 7.3.3 节的最大似然法对超参数 δ_X 进行识别,其观测值为最小随机特征值 Λ_1,并得到 $\delta_X^{\text{opt}}=0.093$。采用最大似然法对模型不确定性随机模型的超参数 δ_M 和 δ_K 进行估计,观测量为频率响应函数,$\delta_M^{\text{opt}}=0.9$,$\delta_K^{\text{opt}}=0.15$。图 8.18 展示了与模拟实验相对应的横向位移频率响应函数,即均值计算模型的计算结果。此外,图 8.18 中还展示了概率水平为 $P_c=$

0.98 的置信区域,这是通过具有两个不同随机模型的随机降阶模型进行估计得到的。图 8.18(a)与图 8.18(c)表示不考虑建模误差时的模型参数不确定性,图 8.18(b)与图 8.18(d)则同时考虑了模型参数不确定性及模型不确定性。结果表明:广义概率法能够正确地表示不确定性。

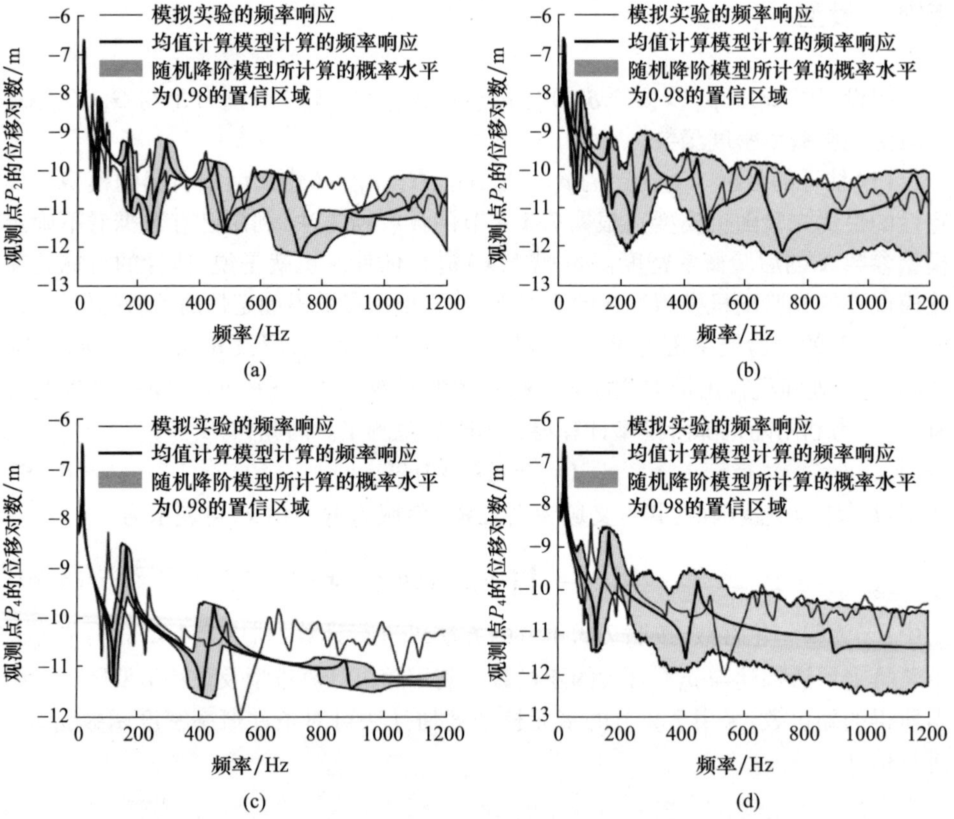

图 8.18 (见彩图)位移频率响应幅值对数图[197]

(a)仅考虑模型参数不确定性的位移频率响应幅值对数,$\zeta_1 = 3.125$m;

(b)同时考虑模型参数不确定性及模型不确定性的位移频率响应幅值对数,$\zeta_1 = 3.125$m;

(c)仅考虑模型参数不确定性的位移频率响应幅值对数,$\zeta_1 = 5.000$m;

(d)同时考虑模型参数不确定性及模型不确定性的位移频率响应幅值对数,$\zeta_1 = 5.000$m。

8.4.7 基于贝叶斯法对不确定随机模型的不确定模型参数更新的广义概率法案例

现在通过一个简单案例来说明广义概率法在利用贝叶斯法考虑计算模型不同范围(如低频及中频范围内的振动)不确定性的适用性。广义概率法能够对模型参数不确定性及模型不确定性的随机模型进行更新，不确定模型参数的统计偏差在低频范围内具有显著影响，而建模误差的统计偏差在中频范围内具有显著影响。本节通过实例在低频及中频范围内进行线性结构动力学的频率分析。

(1)系统设计与模拟实验。选取几何尺寸为0.001m×0.002m×0.010m，弹性模量为$10^{10}N/m^2$，泊松系数为0.15，密度为$1500kg/m^3$的各向同性均质有界材料进行模拟实验，对所构建降阶基的各弹性模态附加临界阻尼率为0.01的阻尼项，分析频带为$\mathcal{B}=[0,1.2\times10^6]$ Hz。外载荷为集中点载荷，其傅里叶变换在$\mathcal{B}$上是均匀的。

通过5个模拟实验产生数据，随机三维计算模型用8结点实体单元构建，自由度为69867，并采用随机参数以在模拟实验中产生变异。图8.19给出了固定观测点处横向位移在频带$\mathcal{B}$上频响函数的对数幅值，并通过对图中频率响应函数的分析，识别出两类振动模态。在低频带(low frequency band)$B_{low}=(0,3.6\times10^5]$Hz上存在具有小变异的孤立共振；而在中频带(medium frequency band)$B_{medium}=(3.6\times10^5,1.2\times10^6]$Hz上存在较多具有显著变异的共振。

(2)均值计算模型预测与实验的对比。均值计算模型由弹性模量为$\bar{y}=10^{10}N/m^2$，剪切变形系数为$\bar{f}_s=3$的有阻尼均质Timoshenko弹性梁构成。图8.19将模拟实验与均值计算模型在给定观测点处频带$\mathcal{B}=B_{low}\cup B_{medium}$上横向位移的频率响应函数预测结果进行了对比。均值计算模型在低频段B_{low}上的共振预测结果与模拟实验结果一致，但在中频段B_{medium}上由于建模误差引起不确定性的存在，预测结果与模拟实验间有显著差异。因此确定性均值计算模型并不能表示中频段的实验的变异性。

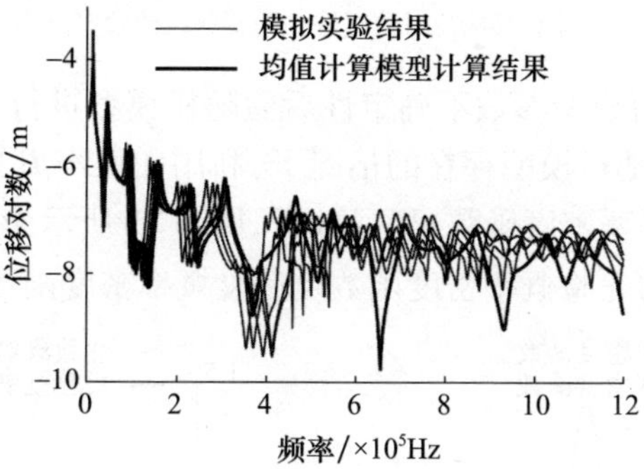

图8.19 观测点$P_2(x_1=0.0029m)$处频率响应函数的对数幅值图[205]

(3)不确定性最优先验随机模型的识别。利用均值计算模型的弹性模态构成的降阶基对均值计算模型投影，建立降阶模型并构建随机降阶模型。不确定模型参数为$\boldsymbol{x}=(y,f_s)$，其中，y为弹性模量，f_s为Timoshenko梁的剪切变形系数，利用随机变量$\boldsymbol{X}=(Y,F_s)$对名义值$\bar{\boldsymbol{x}}=(\bar{y},\bar{f}_s)$进行建模，根据最大熵原理构建$\boldsymbol{X}$的先验概率密度函数，得到伽马随机变量$Y$及$F_s$，相应的概率密度函数分别为$p_Y$及$p_{F_s}$。下面通过模拟实验识别随机降阶模型的超参数。

首先,要通过6个给定观测点处横向位移在中频段 B_{medium} 的频率响应函数来识别模型不确定性的先验非参数随机模型的超参数;然后在模型不确定性最优先验非参数随机模型存在的情况下,利用低频段 B_{low} 的前6个特征频率,对 $\boldsymbol{X}$ 的先验参数随机模型的超参数进行识别。

(4)利用不确定性最优先验随机模型进行响应预测。图8.20为观测点 P_2 ($x_1=0.0029$m)处横向位移频率响应函数的对数幅值图。其中展示了模拟实验结果及采用最优先验随机降阶模型所预测的概率水平为0.95的置信区域。虽然预测结果较好,但依然可以做出如下改进。

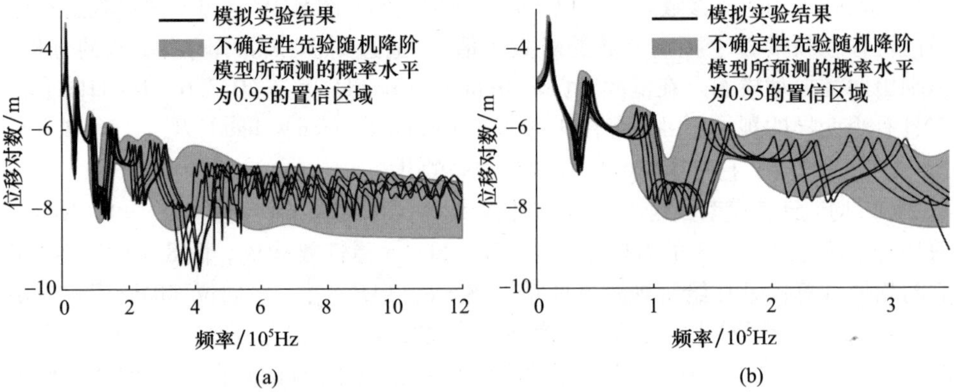

图8.20 观测点 P_2($x_1=0.0029$m)处横向位移频率响应函数的对数幅值图[205]

(a)低频及中频段的频率位移响应对数幅值;(b)低频段的频率位移响应对数幅值图。

(5)用贝叶斯法对模型参数不确定性后验随机模型进行识别。在模型不确定性的最优先验非参数随机模型存在的情况下,利用无噪声 $\boldsymbol{B}$ 的贝叶斯法估计随机变量 Y 及 F_s 的后验概率密度函数 p_Y^{post} 及 $p_{F_s}^{\text{post}}$,图8.21所示为随机弹性模量 Y 及随机剪切变形系数 F_s 的先验概率密度函数及后验概率密度函数。

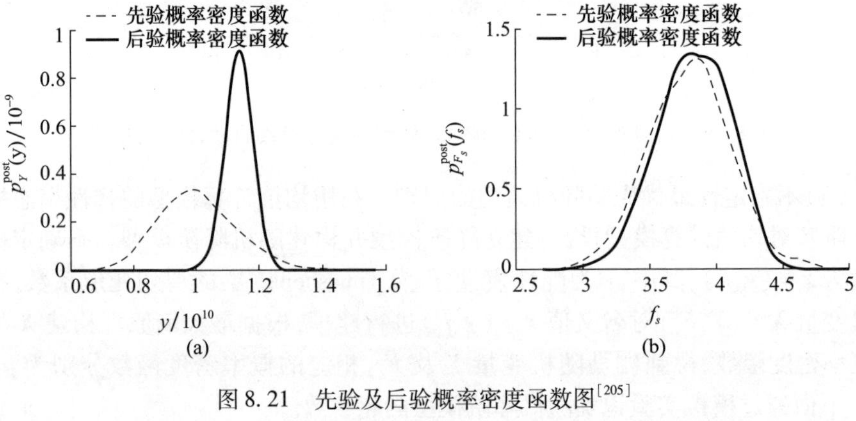

图8.21 先验及后验概率密度函数图[205]

(a)随机弹性模量 Y 的概率密度函数;(b)随机剪切变形系数 F_s 的概率密度函数。

利用模型参数不确定性后验随机模型及模型不确定性的最优先验随机模型进行响应预测。针对频带 $\mathcal{B}=B_{\text{low}}\cup B_{\text{medium}}$ 及低频带 B_{low} 上给定观测点处横向位移的频率响应函数的对数幅值,图 8.22 展示了模拟实验结果及由 $\boldsymbol{X}$ 的后验随机模型与模型不确定性的先验随机模型预测的概率水平为 0.95 的置信区域。图 8.22(b)表示改进后低频段的置信区域,同时保持了对中频段的预测质量。

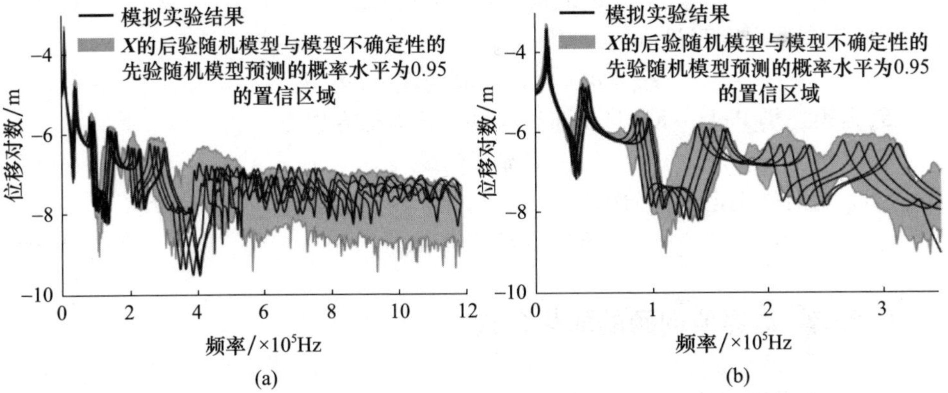

图 8.22 观测点 $P_2(x_1=0.0029\text{m})$ 处横向位移的频率响应函数的对数[205]

(a)频率范围为频带 $\mathcal{B}=B_{\text{low}}\cup B_{\text{medium}}$;(b)频率范围为频带 B_{low}。

8.5 计算非线性弹性动力学中的不确定性非参数概率法

不确定性的非参数概率法可用于分析具有几何非线性的弹性动力学计算模型的稳健性。这种方法在计算方面有一定的优点,即适用于非线性动力系统的降阶模型。不确定性非参数概率方法最初是针对线性算子发展起来的,现已推广到三维几何非线性弹性力学的非线性算子[139]。本节将给出一个公式,并通过两个应用来验证所提出的理论。

8.5.1 几何非线性弹性动力学边界值问题

弹性介质在 $\mathbf{R}^3$ 上所占区域为一个有界区域 Ω_0,对应于变形前的状态(自然状态)。其中,一般点表示为 $\boldsymbol{\zeta}=(\zeta_1,\zeta_2,\zeta_3)$。边界为 $\partial\Omega_0=\partial\Omega_0^0\cup\partial\Omega_0^1$,外单位法向量为 $\boldsymbol{n}^0$。介质材料为线性弹性材料,并假定存在几何非线性大变形。密度 $\rho_0(\boldsymbol{\zeta})>0$,$\Omega_0$ 内的三维力场为 $\boldsymbol{b}^0(\boldsymbol{\zeta})$,表面力场 $\boldsymbol{g}^0(\boldsymbol{\zeta})$ 作用于 Ω_0^1。$\boldsymbol{b}^0$ 和 $\boldsymbol{g}^0$ 表示变形前的力,而三维力 $\boldsymbol{b}$ 和表面力 $\boldsymbol{g}$ 则表示变形后的力。对任意时间 t,在 Ω_0 内表示的三维位移场 $\{\boldsymbol{u}(\boldsymbol{\zeta},t),\boldsymbol{\zeta}\in\Omega_0\}$ 满足以下边界值问题:

$$\rho_0 \ddot{u}_i - \frac{\partial}{\partial \zeta_k}(\boldsymbol{F}_{ij}\boldsymbol{S}_{jk}) = \rho_0 b_i^0 (i=1,2,3) \tag{8.91}$$

表面$\partial \Omega_0^0$上

$$\boldsymbol{u} = 0 \tag{8.92}$$

表面$\partial \Omega_0^1$上

$$\boldsymbol{F}_{ij}\boldsymbol{S}_{jk} n_k^0 = g_i^0 (i=1,2,3) \tag{8.93}$$

式中：$\boldsymbol{F}_{ij}$为变形梯度张量，可表示为

$$\boldsymbol{F}_{ij} = \partial(u_i + \zeta_i)/\partial \zeta_j = \delta_{ij} + \partial u_i/\partial \zeta_j \tag{8.94}$$

$\boldsymbol{S}_{jk}$为第二类 Piola - Kirchhoff 应力张量，其本构方程为

$$\boldsymbol{S}_{jk} = \boldsymbol{C}_{jki\ell}\boldsymbol{E}_{i\ell} \tag{8.95}$$

式中：$\boldsymbol{C}_{jki\ell}$为对称正定的四阶弹性张量，$\boldsymbol{E}_{i\ell}$为格林应变张量，可表示为

$$\boldsymbol{E}_{i\ell} = (\boldsymbol{F}_{ki}\boldsymbol{F}_{k\ell} - \delta_{i\ell})/2 \tag{8.96}$$

8.5.2 边界值问题的弱化公式

令C_{ad}为容许位移集，可表示为

$$C_{\mathrm{ad}} = \{\boldsymbol{v} \in \Omega_0, \text{表面}\partial\Omega\text{上 } \boldsymbol{v} = 0\} \tag{8.97}$$

边界值问题的弱化公式是寻找C_{ad}内的未知位移场$\zeta \to \boldsymbol{u}(\zeta, t)$，使对$C_{\mathrm{ad}}$内任意与时间无关的位移场$\zeta \to \boldsymbol{v}(\zeta)$，有

$$\int_{\Omega_0} \rho_0 \ddot{u}_i v_i \mathrm{d}\zeta + \int_{\Omega_0} \boldsymbol{F}_{ij}\boldsymbol{S}_{jk} \frac{\partial v_i}{\partial \zeta_k} \mathrm{d}\zeta = \int_{\Omega_0} \rho_0 b_i^0 v_i \mathrm{d}\zeta + \int_{\partial\Omega_0^1} g_i^0 v_i \mathrm{d}s \tag{8.98}$$

8.5.3 非线性降阶模型

非线性降阶模型公式。引入降阶基$\{\boldsymbol{\phi}^1, \boldsymbol{\phi}^2, \cdots, \boldsymbol{\phi}^N\} \in C_{\mathrm{ad}}$，根据式(8.98)可推导出非线性降阶模型，三维位移场$\{\boldsymbol{u}(\zeta,t), \zeta \in \Omega_0\}$的$N$阶近似值$\{\boldsymbol{u}^N(\zeta,t), \zeta \in \Omega_0\}$可表示为

$$\boldsymbol{u}^N(\zeta,t) = \sum_{\alpha=1}^{N} q_\alpha(t)\boldsymbol{\phi}^\alpha(\zeta) \tag{8.99}$$

式中：广义坐标向量$\boldsymbol{q}(t) = (q_1(t), q_2(t), \cdots, q_N(t))$满足非线性降阶基：

$$\boldsymbol{M}_{\mathrm{m}}\ddot{\boldsymbol{q}}(t) + \boldsymbol{D}_{\mathrm{m}}\dot{\boldsymbol{q}}(t) + \boldsymbol{k}_{\mathrm{NL}}(\boldsymbol{q}(t)) = \boldsymbol{f}(t) \tag{8.100}$$

$$\{\boldsymbol{k}_{\mathrm{NL}}(\boldsymbol{q})\}_\alpha = \sum_{\beta=1}^{N} \boldsymbol{K}_{\alpha\beta}^{(1)} q_\beta + \sum_{\beta,\gamma=1}^{N} \boldsymbol{K}_{\alpha\beta\gamma}^{(2)} q_\beta q_\gamma + \sum_{\beta,\gamma,\delta=1}^{N} \boldsymbol{K}_{\alpha\beta\gamma\delta}^{(3)} q_\beta q_\gamma q_\delta \tag{8.101}$$

式中：$\boldsymbol{D}_{\mathrm{m}}\dot{\boldsymbol{q}}(t)$为附加阻尼项，应力向量$s(t)$可表示为

$$\boldsymbol{s}(t) = \boldsymbol{s}^0 + \sum_{\alpha=1}^{N} \boldsymbol{s}^{(\alpha)} q_\alpha(t) + \sum_{\alpha,\beta=1}^{N} \boldsymbol{s}^{(\alpha,\beta)} q_\alpha(t) q_\beta(t) \tag{8.102}$$

降阶模型的系数分别为二阶张量 $\boldsymbol{K}_{\alpha\beta}^{(1)}$、三阶张量 $\boldsymbol{K}_{\alpha\beta\gamma}^{(2)}$ 及四阶张量 $\boldsymbol{K}_{\alpha\beta\gamma\delta}^{(3)}$，可分别表示为

$$\boldsymbol{K}_{\alpha\beta}^{(1)} = \int_{\Omega_0} \boldsymbol{C}_{jk\ell m}(\zeta) \frac{\partial \varphi_j^{\alpha}(\zeta)}{\partial \zeta_k} \frac{\partial \varphi_\ell^{\beta}(\zeta)}{\partial \zeta_m} \mathrm{d}\zeta \tag{8.103}$$

$$\boldsymbol{K}_{\alpha\beta\gamma}^{(2)} = \frac{1}{2}(\hat{\boldsymbol{K}}_{\alpha\beta\gamma}^{(2)} + \hat{\boldsymbol{K}}_{\beta\gamma\alpha}^{(2)} + \hat{\boldsymbol{K}}_{\gamma\alpha\beta}^{(2)}) \tag{8.104}$$

$$\hat{\boldsymbol{K}}_{\alpha\beta\gamma}^{(2)} = \int_{\Omega_0} \boldsymbol{C}_{jk\ell m}(\zeta) \frac{\partial \varphi_j^{\alpha}(\zeta)}{\partial \zeta_k} \frac{\partial \varphi_s^{\beta}(\zeta)}{\partial \zeta_\ell} \frac{\partial \varphi_s^{\gamma}(\zeta)}{\partial \zeta_m} \mathrm{d}\zeta \tag{8.105}$$

$$\boldsymbol{K}_{\alpha\beta\gamma\delta}^{(3)} = \int_{\Omega_0} \boldsymbol{C}_{jk\ell m}(\zeta) \frac{\partial \varphi_r^{\alpha}(\zeta)}{\partial \zeta_j} \frac{\partial \varphi_r^{\beta}(\zeta)}{\partial \zeta_k} \frac{\partial \varphi_s^{\gamma}(\zeta)}{\partial \zeta_\ell} \frac{\partial \varphi_s^{\delta}(\zeta)}{\partial \zeta_m} \mathrm{d}\zeta \tag{8.106}$$

根据四阶弹性张量 $\boldsymbol{C}_{jk\ell m}$ 的对称性可推导出非线性降阶模型系数的下列性质：

$$\boldsymbol{K}_{\alpha\beta}^{(1)} = \boldsymbol{K}_{\beta\alpha}^{(1)} \tag{8.107}$$

$$\hat{\boldsymbol{K}}_{\alpha\beta\gamma}^{(2)} = \hat{\boldsymbol{K}}_{\alpha\gamma\beta}^{(2)} \tag{8.108}$$

$$\boldsymbol{K}_{\alpha\beta\gamma}^{(2)} = \boldsymbol{K}_{\beta\gamma\alpha}^{(2)} = \boldsymbol{K}_{\gamma\alpha\beta}^{(2)} \tag{8.109}$$

$$\boldsymbol{K}_{\alpha\beta\gamma\delta}^{(3)} = \boldsymbol{K}_{\alpha\beta\delta\gamma}^{(3)} = \boldsymbol{K}_{\beta\alpha\gamma\delta}^{(3)} = \boldsymbol{K}_{\gamma\delta\alpha\beta}^{(3)} \tag{8.110}$$

此外，四阶弹性张量 $\boldsymbol{C}_{jk\ell m}(\zeta)$ 的正性表明 $\boldsymbol{K}_{\alpha\beta}^{(1)}$ 及 $\boldsymbol{K}_{\alpha\beta\gamma\delta}^{(3)}$ 均正定。

非线性降阶模型系数的计算。

(1)直接计算。采用有限元法可对非线性降阶模型系数进行直接计算，这一方法虽然需要另外开发软件，但效率较高[34-35]。

(2)间接计算。采用商用软件计算非线性降阶模型系数时，要假设软件为黑匣子(软件采用的具体计算方法未知，也无法改进)，因此这一方法无须开发软件，但对 CPU 及内存要求较高[117,139]。在此提出一种方法，通过结构动力学分析的商用有限元软件，采用具有大位移非线性弹性静力学有限元模型对任意复杂动力系统的非线性降阶模型系数进行识别。首先施加适当的静态变形，确定有限元模型所需的力及应力，然后通过求解线性系统方程对降阶模型的系数进行识别。文献[144]最早提出一种刚度评估程序(stiffness evaluation procedure)方法，此后 Mignolet 对这一方法进行了改进[117,142]。

非线性刚度的代数性质。为了在非线性降阶模型中应用不确定性非参数概率法，有必要对非线性刚度的代数性质进行简单介绍。张量 $\hat{\boldsymbol{K}}_{\alpha\beta\gamma}^{(2)}$ 及 $\boldsymbol{K}_{\alpha\beta\gamma\delta}^{(3)}$ 分别构成一个 $N \times N^2$ 及 $N^2 \times N^2$ 的矩阵：

$\widetilde{\boldsymbol{K}}_{\alpha J}^{(2)} = \hat{\boldsymbol{K}}_{\alpha\beta\gamma}^{(2)} J = N(\beta - 1) + \gamma$

$\widetilde{\boldsymbol{K}}_{IJ}^{(3)} = \boldsymbol{K}_{\alpha\beta\gamma\delta}^{(3)}, I = N(\alpha - 1) + \beta, J = N(\gamma - 1) + \delta$

设 $\overline{\boldsymbol{K}}_B$ 为 $v \times v$ 的矩阵，$v = N + N^2$，则有

$$\overline{\boldsymbol{K}}_B = \begin{bmatrix} \overline{\boldsymbol{K}}^{(1)} & \widetilde{\boldsymbol{K}}_{\mathrm{m}}{}^{(2)} \\ (\widetilde{\boldsymbol{K}}_{\mathrm{m}}{}^{(2)})^{\mathrm{T}} & 2\widetilde{\boldsymbol{K}}_{\mathrm{m}}{}^{(3)} \end{bmatrix} \tag{8.111}$$

矩阵 $\overline{\boldsymbol{K}}_B$ 具有对称正定的重要代数性质，这一性质对构建随机降阶模型有重要作用。

8.5.4 不确定性非参数概率法构建非线性动力系统的随机降阶模型

根据式(8.99)～式(8.102)，用随机矩阵系综中的随机矩阵代替确定性矩阵，可推导出随机降阶模型如下：

$$\boldsymbol{U}(\zeta,t) = \sum_{\alpha=1}^{N} Q_\alpha(t)\boldsymbol{\phi}^\alpha(\zeta) \tag{8.112}$$

$$\boldsymbol{M}\ddot{\boldsymbol{Q}}(t) + \boldsymbol{D}\dot{\boldsymbol{Q}}(t) + \boldsymbol{K}_{\mathrm{NL}}(\boldsymbol{Q}(t)) = \boldsymbol{f}(t) \tag{8.113}$$

$$\{\boldsymbol{K}_{\mathrm{NL}}(\boldsymbol{q})\}_\alpha = \sum_{\beta=1}^{N} \boldsymbol{K}_{\alpha\beta}^{(1)} q_\beta + \sum_{\beta,\gamma=1}^{N} K_{\alpha\beta\gamma}^{(2)} q_\beta q_\gamma + \sum_{\beta,\gamma,\delta=1}^{N} K_{\alpha\beta\gamma\delta}^{(3)} q_\beta q_\gamma q_\delta \tag{8.114}$$

$$\boldsymbol{S}(t) = \boldsymbol{s}^0 + \sum_{\alpha=1}^{N} \boldsymbol{s}^{(\alpha)} Q_\alpha(t) + \sum_{\alpha,\beta=1}^{N} \boldsymbol{s}^{(\alpha,\beta)} Q_\alpha(t) Q_\beta(t) \tag{8.115}$$

$$\begin{bmatrix} \boldsymbol{K}^{(1)} & \widetilde{\boldsymbol{K}}^{(2)} \\ (\widetilde{\boldsymbol{K}}^{(2)})^T & 2\widetilde{\boldsymbol{K}}^{(3)} \end{bmatrix} = \boldsymbol{K}_B \tag{8.116}$$

由 5.4.8.1 节及 5.4.8.2 节可知，对称正定随机矩阵 $\boldsymbol{M}$、$\boldsymbol{D}$、$\boldsymbol{K}_B \in \mathrm{SE}_0^+$ 或 $\mathrm{SE}_\varepsilon^+$，且均为独立随机矩阵。相关随机矩阵 $\boldsymbol{K}^{(1)}$、$\widetilde{\boldsymbol{K}}^{(2)}$ 及 $\widetilde{\boldsymbol{K}}^{(3)}$ 均由 $\boldsymbol{K}_B$ 推导得到，相关随机张量 $\boldsymbol{K}_{\alpha\beta\gamma}^{(2)}$ 和 $\boldsymbol{K}_{\alpha\beta\gamma\delta}^{(3)}$ 分别由 $\widetilde{\boldsymbol{K}}^{(2)}$ 和 $\widetilde{\boldsymbol{K}}^{(3)}$ 推算得到。利用随机矩阵 $\boldsymbol{M}$、$\boldsymbol{D}$ 及 $\boldsymbol{K}_B$ 的超参数 $\delta_{\boldsymbol{M}}$、$\delta_{\boldsymbol{D}}$ 及 $\delta_{\boldsymbol{K}}$ 可控制不确定性水平。

8.5.5 不确定性非参数概率法建模的简单应用

现在考虑一个简单的刚性梁动力系统，梁尺寸为 0.2286m × 0.0127m × 0.0008m，具有固定边界条件，通过 MSC - NASTRAN 软件用 40 个 BCEAM 单元构建计算模型。梁变形前，在垂直于梁轴线的方向上，在梁中心处施加确定性激励，施加的激励为随时间变化的集中力，其傅里叶变换在频带[0,2000]Hz 上是均匀的。图 8.23 给出了由线性及非线性均值计算模型所计算出的梁中心位置横向位移的频率响应。可以看出，与线性系统相比，非线性系统的峰值响应显著降低（约降低 40%）。

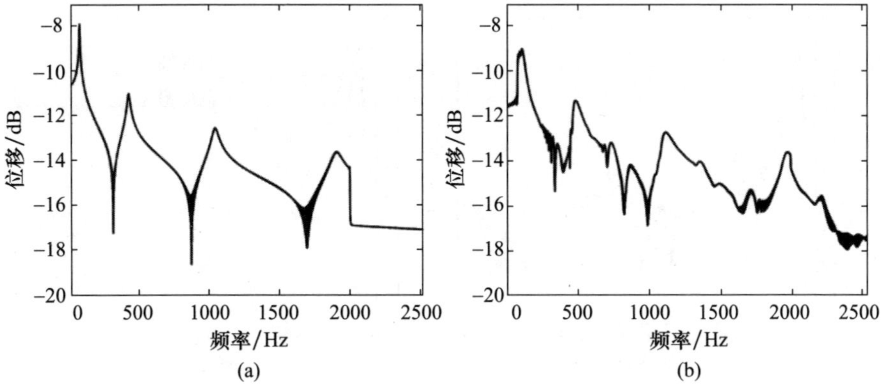

图 8.23　梁中心位置横向位移的频率 - 响应图[139]

(a)线性均值计算模型的计算结果;(b)非线性均值计算模型的计算结果。

表 8.1 列举了动力系统在线性范围内的横向模态与平面模态的第一特征频率,并给出了用于构建随机降阶模型的模态阻尼率。降阶基由 12 个平面线性模态及 10 个横向线性模态组成,并得到非线性降阶模型的确定性响应。为了构建非线性随机降阶模型,确定了不确定性水平,以便获取不确定系统一阶随机特征频率在其均值计算模型周围 4% 的均方差。用非线性随机降阶模型对梁中心位置的横向位移关于频率的函数进行计算,图 8.24 为非线性均值计算模型与非线性随机降阶模型计算出的响应。置信水平为 0.95 的置信区域展示了非线性响应的两个幅值。置信区域的第 5 ~ 95 百分位带随频率增大而增大,且在均值计算模型共振与反共振频率附近,置信区域的第 5 ~ 95 百分位带更宽。

表 8.1　动力系统在线性范围内的横向模态与平面模态的第一特征频率及降阶模型的阻尼率

横向固有频率/Hz	平面固有频率/Hz	阻尼率/%
79	11 168	2.69
218	22 353	1.22
427	33 573	1.03
706	44 844	1.20
1055	56 184	1.56
1473	67 611	2.05
1961	79 143	2.64
2518	90 795	2.64

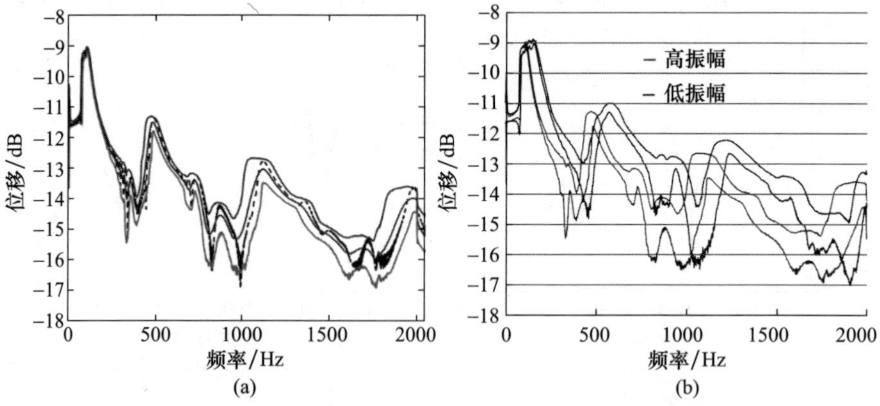

图 8.24 (见彩图)梁中心位置横向位移对频率函数的非线性模型计算结果:(a)中,虚线表示非线性均值计算模型对响应的计算结果,绿色线条表示由非线性随机降阶模型计算出的响应平均值,浅蓝色线条与红色线条分别为概率水平为 0.95 的置信区域的下包络线与上包络线;(b)是通过非线性随机降阶模型计算得到的概率水平为 0.95 的置信区域,浅蓝色或浅灰色线条表示低振幅,深蓝色或深灰色线条表示低振幅 2.25 倍的高振幅[139]

8.5.6 计算非线性弹性动力学不确定性非参数概率法的实验验证

现在依据文献[35]进行实验验证,对几何不确定的圆柱薄壳进行后屈曲非线性静态分析,实验数据源自文献[138],动力学数据源自文献[35]。圆柱薄壳的几何尺寸:平均半径为 0.125m,薄壳厚为 2.7×10^{-4}m,高为 0.125m。壳材料为镍,并假定在所考虑的应力范围内变形为线性弹性变形。经测量,弹性模量为 1.8×10^{11}N/m^2,泊松系数为 0.3。圆柱薄壳底部固定,顶部为刚性,且具有 3 个平移自由度。加工的圆柱壳与其几何尺寸基本一致,而圆柱薄壳的后屈曲行为对几何缺陷较敏感。在圆柱薄壳纵向上施加一个 8500N 的恒定拉力以延缓后屈曲的开始,外载荷是最大值为 9750N 的静态剪切点载荷 F,是作用于壳顶部的横向力(F 与载荷系数 s 之间的关系为 $s = F/10000$)。外载荷作用点为观测点,并以沿外载荷作用方向的位移为观测量,可观测到两种不同的力学行为:一是在临界外载荷达到 7450N(载荷系数 $s = 0.7450$)之前的弹性变形,二是后屈曲部分的近似线性弹性变形。

有限元模型具有 4230003 个自由度,是由 712500 个 8 节点及 8 高斯积分点的实体有限元所组成的规则网格。通过 27 个适当的正交分解模态组成的降阶基构建非线性降阶模型,其收敛性满足要求。利用随机矩阵 $\boldsymbol{K}_B$ 概率密度函数超参数的最优值 $\delta_{\boldsymbol{K}_B}^{\mathrm{opt}}$ 建立非线性随机降阶模型($\delta_{\boldsymbol{K}_B}^{\mathrm{opt}} = 0.45$),并采用最大似然法通过求解统计反问题进行实验验证。对于所施加的外载荷 $F = s \times 10000$($s \in [0, 1.5]$)及观测位移，图 8.25 展示了由非线性均值计算模型所计算的结果，并给出了由非线性随机降阶模型计算出的概率水平为 0.95 的置信区域。同时，其中展示了实验观测结果。尽管非线性随机降阶模型在线性范围内的估计略显不准确，但是其结果与实验非线性响应相一致，这验证了非线性随机降阶模型的有效性。如 8.2.9 节所述，通过引入不确定边界条件可以改进非线性随机降阶模型。

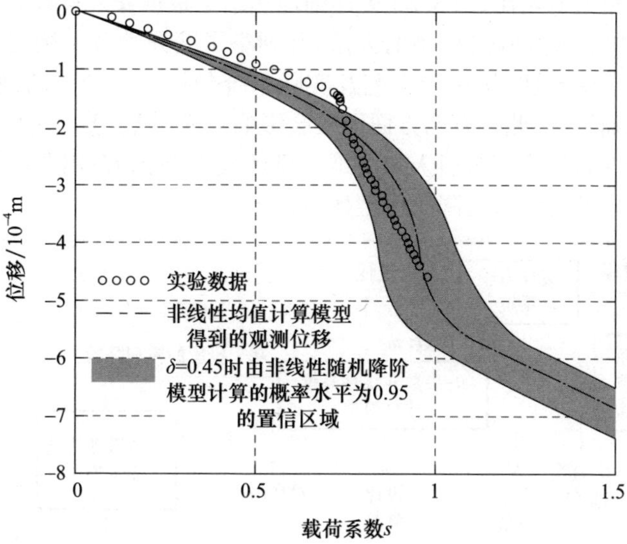

图 8.25　观测点位移随载荷系数变化图(载荷系数 $s = F/10000$，F 是以 N 为单位的力)[35]

8.6　低维及高维非线性模型不确定性量化的非参数概率法

8.5 节对几何非线性弹性动力学边界值问题中一类特殊非线性算子的不确定性非参数概率法进行了有效的扩展，但适用于构建非线性随机降阶模型的性质并不适用于一般的非线性边界值问题。

现在介绍一种可用于任意非线性高维模型(HDM)建模误差的非参数概率法，其中非线性降阶模型(ROM)可用非线性高维模型来构建[209]。此方法主要是利用参数非线性高维计算模型来解决计算科学及工程(如计算结构动力学、流体－结构耦合及振动声学等)中由建模误差引起的不确定性的优化问题(如稳健设计优化问题)。这些问题可通过引入参数非线性降阶模型来解决，该降阶模型可利用合适的降阶基来构建，而降阶基则由参数非线性高维计算模型导出。该方法用随机降阶基来代替确定性降阶基，随机降阶基的概率分布构建于一个紧凑格拉斯曼流形的子集上，该流形用于表示需做验证的约束。所构建的非线性随机降阶模型与一些超参数有关,而通过求解统计反问题可对这些超参数进行识别。通过在非线性计算结构动力学中的具体应用来验证非线性问题的非参数概率法。

8.6.1 需要解决的问题及所需方法

与1.4节图1.1相比,图8.26更详细地总结了根据$\boldsymbol{\mu}$-参数非线性高维模型来构建$\boldsymbol{\mu}$-参数非线性降阶模型的方法,并列举了变异性及不确定性的来源。实际系统通常存在变异性(由制造工艺及实际系统与设计系统间的微小差异引起)及模型参数不确定性,此外有两方面因素会影响建模误差:①构建并不完全代表实际系统的非线性高维模型时引入的高维模型建模误差;②在用非线性降阶模型代替非线性高维模型时引入的降阶模型建模误差。

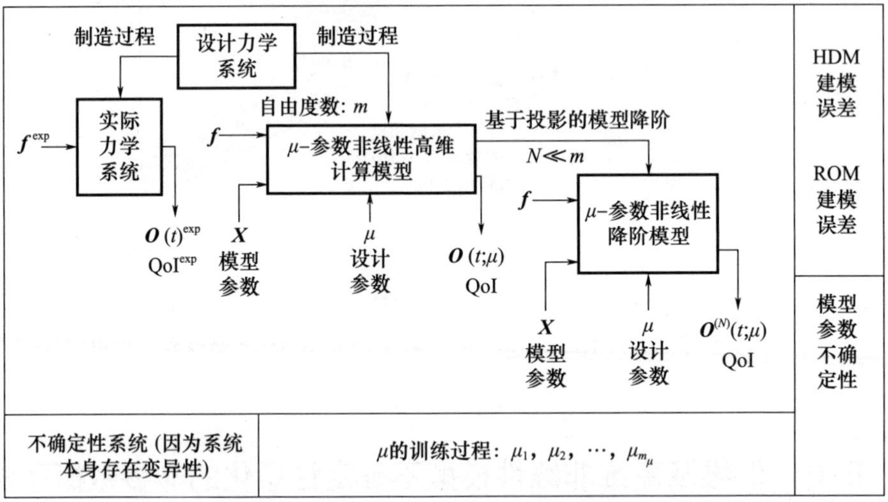

图8.26 根据$\boldsymbol{\mu}$-参数非线性高维模型构建$\boldsymbol{\mu}$-参数非线性降阶模型的方法及变异性、不确定性的来源

引入非线性降阶模型的必要性。由于基于$\boldsymbol{\mu}$-参数非线性高维模型的瞬态数值模拟成本高,因此并不能经常使用。因此,$\boldsymbol{\mu}$-参数非线性降阶模型在参数化应用中是较好的数值工具,如可用于设计优化以及基于模拟的决策,文献[4,38-40,60,78,147,224]提供了根据$\boldsymbol{\mu}$-参数非线性高维模型构建$\boldsymbol{\mu}$-参数非线性降阶模型的方法。

构建$\boldsymbol{\mu}$-参数非线性降阶模型。通过一个与$\boldsymbol{\mu}$无关的$m \times N$的降阶基$\boldsymbol{V}$,将m维$\boldsymbol{\mu}$-参数非线性高维模型投影到n维子空间上,$N \ll m$,可以得到$\boldsymbol{\mu}$-参数非线性降阶模型(为了简化表示,采用与本章不同的符号,即用m代替m_{DOF})。关于高维模型响应的相关知识是在训练过程中获取的:采取有效的采样方法在几个点处对设计参数向量$\boldsymbol{\mu}$进行采样[5,79,160]。求解一组关于高维模型的问题以便获取一组参数解，如通过奇异值分解来构建与$\boldsymbol{\mu}$无关的降阶基$\boldsymbol{V}$。

计算可行性及建模误差。尽管维数较低，所得到的$\boldsymbol{\mu}$-参数非线性降阶模型也不一定能保证计算的可行性，因为非线性降阶模型的构建不仅与N有关，也与基本的$\boldsymbol{\mu}$-参数非线性高维模型有关，$m \gg N$。一种弥补方法是为非线性降阶模型附加一个程序以对得到的约化算子做近似处理，该算子的计算复杂程度与降阶模型超减缩方法的维数N有关[78-79,173,91,45]。由此可知，$\boldsymbol{\mu}$-参数非线性降阶模型保留了构建降阶模型时引入的建模误差，同时保留了构建$\boldsymbol{\mu}$-参数非线性高维模型时引入的建模误差。

8.6.2 考虑非线性降阶模型中建模误差的非参数概率法

现在考虑用于表示$\boldsymbol{\mu}$-参数非线性降阶模型与可利用数据间差异的建模误差，其来源有两方面。

(1)根据非线性高维模型构建非线性降阶模型时引入的建模误差。虽然构建的降阶基与$\boldsymbol{\mu}$无关，但由于降阶数N的影响，会引入建模误差。

(2)构建非线性高维模型时引入的建模误差(与实际系统及其变异性有关)。在有实验数据的情况下，可以量化这些不确定性。

非参数概率法。用表示随机降阶基的$m \times N$的随机矩阵$\boldsymbol{W}$替换表示确定性降阶基的$m \times N$的矩阵$\boldsymbol{V}_{\mathrm{m}}$，在格拉斯曼流形的一个子集上构建随机降阶基$\boldsymbol{W}$的概率分布以保留降阶基的一些重要性质。此外，通过求解统计反问题可以对构建随机降阶基时所利用的少量超参数进行识别。

例 $\boldsymbol{\mu}$-参数非线性高维模型。假设$C_{\boldsymbol{\mu}}$为参数$\boldsymbol{\mu}$的容许集，$C_{\boldsymbol{\mu}} \subset \mathbf{R}^{m_{\boldsymbol{\mu}}}$。对于$\boldsymbol{\mu} \in C_{\boldsymbol{\mu}}$，$\mathbf{R}^m$上的$\boldsymbol{\mu}$-参数非线性高维模型为

$$\boldsymbol{M}_{\mathrm{m}}\ddot{\boldsymbol{y}}(t)+\boldsymbol{g}(\boldsymbol{y}(t),\dot{\boldsymbol{y}}(t);\boldsymbol{\mu})=\boldsymbol{f}(t;\boldsymbol{\mu})\ (t>t_0) \tag{8.117}$$

$$\boldsymbol{y}(t_0)=\boldsymbol{y}_0,\ \dot{\boldsymbol{y}}(t_0)=\boldsymbol{y}_1 \tag{8.118}$$

m_{CD}个约束问题为

$$\boldsymbol{B}_{\mathrm{m}}{}^{\mathrm{T}}\boldsymbol{y}(t)=\boldsymbol{0}_{m_{\mathrm{CD}}},\ \boldsymbol{B}_{\mathrm{m}}{}^{\mathrm{T}}\boldsymbol{B}_{\mathrm{m}}=\boldsymbol{I}_{m_{\mathrm{CD}}} \tag{8.119}$$

在t时刻的关注量(QoI)为向量$\boldsymbol{o}(t;\boldsymbol{\mu}) \in \mathbf{R}^{m_o}$，

$$\boldsymbol{o}(t;\boldsymbol{\mu})=\boldsymbol{h}(\boldsymbol{y}(t;\boldsymbol{\mu}),\dot{\boldsymbol{y}}(t;\boldsymbol{\mu}),\boldsymbol{f}(t;\boldsymbol{\mu}),t;\boldsymbol{\mu}) \tag{8.120}$$

$\boldsymbol{\mu}$-参数非线性降阶模型的构建。降阶基$\boldsymbol{V}_{\mathrm{m}} \in \mathbf{M}_{m,N}$与$\boldsymbol{\mu}$无关，且满足

$$\boldsymbol{V}_{\mathrm{m}}{}^{\mathrm{T}}\boldsymbol{M}_{\mathrm{m}}\boldsymbol{V}_{\mathrm{m}}=\boldsymbol{I}_N,\ \boldsymbol{B}_{\mathrm{m}}{}^{\mathrm{T}}\boldsymbol{V}_{\mathrm{m}}=\boldsymbol{0}_{m_{\mathrm{CD}},N} \tag{8.121}$$

对于$\boldsymbol{\mu} \in C_{\boldsymbol{\mu}}$，$\mathbf{R}^N$上的$\boldsymbol{\mu}$-参数非线性降阶模型为

$$\boldsymbol{y}^N(t)=\boldsymbol{V}_{\mathrm{m}}\boldsymbol{q}(t) \tag{8.122}$$

$$\ddot{\boldsymbol{q}}(t)+\boldsymbol{V}_{\mathrm{m}}{}^{\mathrm{T}}\boldsymbol{g}(\boldsymbol{V}_{\mathrm{m}}\boldsymbol{q}(t),\boldsymbol{V}_{\mathrm{m}}\dot{\boldsymbol{q}}(t);\boldsymbol{\mu})=\boldsymbol{V}_{\mathrm{m}}{}^{\mathrm{T}}\boldsymbol{f}(t;\boldsymbol{\mu})\ (t>t_0) \tag{8.123}$$

$$\boldsymbol{q}(t_0)=\boldsymbol{V}_{\mathrm{m}}{}^{\mathrm{T}}\boldsymbol{M}_{\mathrm{m}}\boldsymbol{y}_0,\ \dot{\boldsymbol{q}}(t_0)=\boldsymbol{V}_{\mathrm{m}}{}^{\mathrm{T}}\boldsymbol{M}_{\mathrm{m}}\boldsymbol{y}_1 \tag{8.124}$$

$$\boldsymbol{o}^N(t;\boldsymbol{\mu})=\boldsymbol{h}(\boldsymbol{y}^N(t;\boldsymbol{\mu}),\dot{\boldsymbol{y}}^N(t;\boldsymbol{\mu}),\boldsymbol{f}(t;\boldsymbol{\mu}),t;\boldsymbol{\mu}) \tag{8.125}$$

$\boldsymbol{\mu}$ - 参数非线性随机降阶模型的构建。随机降阶基为与 $\boldsymbol{\mu}$ 无关的 $m\times N$ 的随机矩阵 $\boldsymbol{W}$,且须满足(紧凑格拉斯曼流形子集)

$$\boldsymbol{W}^{\mathrm{T}}\boldsymbol{M}_{\mathrm{m}}\boldsymbol{W}=\boldsymbol{I}_N,\boldsymbol{B}_{\mathrm{m}}{}^{\mathrm{T}}\boldsymbol{W}=\boldsymbol{0}_{m_{\mathrm{CD}},N}(\mathrm{a.\,s.}) \tag{8.126}$$

当给定 N,且 $\boldsymbol{\mu}\in C_{\boldsymbol{\mu}}$ 时,$\mathbf{R}^N$ 上的 $\boldsymbol{\mu}$ - 参数非线性随机降阶模型为

$$\boldsymbol{Y}(t)=\boldsymbol{W}\boldsymbol{Q}(t) \tag{8.127}$$

$$\ddot{\boldsymbol{Q}}(t)+\boldsymbol{W}^{\mathrm{T}}\boldsymbol{g}(\boldsymbol{W}\boldsymbol{Q}(t),\boldsymbol{W}\dot{\boldsymbol{Q}}(t);\boldsymbol{\mu})=\boldsymbol{W}^{\mathrm{T}}\boldsymbol{f}(t;\boldsymbol{\mu})(t>t_0) \tag{8.128}$$

$$\boldsymbol{Q}(t_0)=\boldsymbol{W}^T\boldsymbol{M}_{\mathrm{m}}\boldsymbol{y}_0,\dot{\boldsymbol{Q}}(t_0)=\boldsymbol{W}^T\boldsymbol{M}_{\mathrm{m}}\boldsymbol{y}_1 \tag{8.129}$$

$$\boldsymbol{O}(t;\boldsymbol{\mu})=\boldsymbol{h}(\boldsymbol{Y}(t;\boldsymbol{\mu}),\dot{\boldsymbol{Y}}(t;\boldsymbol{\mu}),\boldsymbol{f}(t;\boldsymbol{\mu}),t;\boldsymbol{\mu}; \tag{8.130}$$

$\boldsymbol{W}$ 概率分布超参数的识别。$\boldsymbol{W}$ 概率分布与超参数 $\boldsymbol{\alpha}\in C_\alpha\subset\mathbf{R}^{m_\alpha}$有关,通过求解统计反问题来识别 $\boldsymbol{\alpha}$ 具有可行性,$\boldsymbol{\alpha}$ 的取值很小。通过求解以下优化问题可识别超参数 $\boldsymbol{\alpha}$:

$$\boldsymbol{\alpha}^{\mathrm{opt}}=\min_{\boldsymbol{\alpha}\in C_\alpha}J(\boldsymbol{\alpha}) \tag{8.131}$$

式中:$J(\boldsymbol{\alpha})$为由随机降阶模型建立的随机量 $\boldsymbol{O}$ 与相应的 $\boldsymbol{o}^{\mathrm{target}}$之间的差值。取 $\boldsymbol{o}^{\mathrm{target}}=\boldsymbol{o}$ 来考虑用非线性降阶模型代替非线性高维模型时引入的建模误差。由于除此之外还需要考虑另一种建模误差,即构建非线性高维模型时引入的误差,因此须利用实验数据选取 $\boldsymbol{o}^{\mathrm{target}}=\boldsymbol{o}^{\exp}$。

8.6.3 紧凑格拉斯曼流形的子集上随机降阶基随机模型的构建

紧凑格拉斯曼流形 $\tilde{S}_{m,N}$及其子空间 $S_{m,N}$。紧凑格拉斯曼流形 $\tilde{S}_{m,N}$可表示为

$$\tilde{S}_{m,N}=\{\boldsymbol{W}_{\mathrm{m}}\in\mathbf{M}_{m,N},\boldsymbol{W}_{\mathrm{m}}{}^{\mathrm{T}}\boldsymbol{M}_{\mathrm{m}}\boldsymbol{W}_{\mathrm{m}}=\boldsymbol{I}_N\}\in\mathbf{M}_{m,N} \tag{8.132}$$

子空间 $S_{m,N}\subset\tilde{S}_{m,N}$,$S_{m,N}$与约束 $\boldsymbol{B}_{\mathrm{m}}{}^{\mathrm{T}}\boldsymbol{W}_{\mathrm{m}}=\boldsymbol{0}_{m_{\mathrm{CD}},N}$有关,$\boldsymbol{B}^T\boldsymbol{B}=\boldsymbol{I}_{m_{\mathrm{CD}}}$,$S_{m,N}$可表示为

$$S_{m,N}=\{\boldsymbol{W}_{\mathrm{m}}\in\tilde{S}_{m,N},\boldsymbol{B}_{\mathrm{m}}{}^{\mathrm{T}}\boldsymbol{W}_{\mathrm{m}}=\boldsymbol{0}_{m_{\mathrm{CD}},N}\} \tag{8.133}$$

适用于高维情况的子空间 $S_{m,N}$的参数化。对于 $\boldsymbol{V}\in S_{m,N}$,通过函数 $\mathcal{R}_{s,V}$对子空间 $S_{m,N}$做非经典参数化处理:

$$\boldsymbol{U}_{\mathrm{m}}\to\boldsymbol{W}_{\mathrm{m}}=\mathcal{R}_{s,V}(\boldsymbol{U}_{\mathrm{m}}) \tag{8.134}$$

$\boldsymbol{W}_{\mathrm{m}}$ 与 $\boldsymbol{V}_{\mathrm{m}}$ 之间的差异与参数 s 有关,满足

$$\boldsymbol{V}_{\mathrm{m}}=\mathcal{R}_{s,V}(\boldsymbol{0}_{m,N})\in S_{m,N} \tag{8.135}$$

这样就避免了在 $\mathbf{M}_{m,m-N}$上构建大矩阵,这是一种以映射的极分解为基础的构建方法,该映射将给定点 $\boldsymbol{V}_{\mathrm{m}}$ 处 $\tilde{S}_{m,N}$的切向向量空间 $T_V\tilde{S}_{m,N}$映射为 $\tilde{S}_{m,N}$。

8.6.4 随机降阶基的构建

构建随机降阶基(SROB),$S_{m,N}\subset\tilde{S}_{m,N}$,有 $\boldsymbol{V}_{\mathrm{m}}{}^{\mathrm{T}}\boldsymbol{M}_{\mathrm{m}}\boldsymbol{V}_{\mathrm{m}}=\boldsymbol{I}_N,\boldsymbol{B}_{\mathrm{m}}{}^{\mathrm{T}}\boldsymbol{V}_{\mathrm{m}}=\boldsymbol{0}_{m_{\mathrm{CD}},N}$因此,

概率空间$(\Theta,\mathcal{T},P)$上的随机降阶基为随机矩阵 $\boldsymbol{W}$,满足 $\boldsymbol{W}\in S_{m,N}$,$S_{m,N}\subset\tilde{S}_{m,N}$,即

$$\boldsymbol{W}^{\mathrm{T}}\boldsymbol{M}_{\mathrm{m}}\boldsymbol{W}=\boldsymbol{I}_N,\boldsymbol{B}_{\mathrm{m}}{}^{\mathrm{T}}\boldsymbol{W}=\boldsymbol{0}_{m_{\mathrm{CD}},N}(\text{a. s. }) \tag{8.136}$$

现在必须在 $\mathbf{M}_{m,N}$上构建随机矩阵 $\boldsymbol{W}$ 的概率分布 $P_{\boldsymbol{W}}$,其支集为 $S_{m,N}$:

$$\mathrm{supp}P_{\boldsymbol{W}}=S_{m,N}\subset\tilde{S}_{m,N}\subset\mathbf{M}_{m,N} \tag{8.137}$$

当 $\boldsymbol{W}$ 的统计偏差趋于 $\mathbf{0}$ 时,$\boldsymbol{W}$ 的概率分布趋于 $\boldsymbol{V}_{\mathrm{m}}$ 的概率分布。

随机矩阵 $\boldsymbol{W}$ 的随机表示[209]。$\boldsymbol{W}$ 为二阶非高斯非中心随机矩阵,$\boldsymbol{W}\in S_{m,N}\subset\tilde{S}_{m,N}\subset\mathbf{M}_{m,N}$,$\boldsymbol{W}$ 可分别表示为

$$\boldsymbol{W}=\mathcal{R}_{s,V}(\boldsymbol{Z})=(\boldsymbol{V}_{\mathrm{m}}+\mathrm{s}\boldsymbol{Z})\boldsymbol{H}_s(\boldsymbol{Z}) \tag{8.138}$$

$$\boldsymbol{H}_s(\boldsymbol{Z})=(\boldsymbol{I}_N+s^2\boldsymbol{Z}^{\mathrm{T}}\boldsymbol{M}_{\mathrm{m}}\boldsymbol{Z})^{-1/2} \tag{8.139}$$

$$\boldsymbol{Z}=\boldsymbol{A}-\boldsymbol{V}_{\mathrm{m}}\boldsymbol{D} \tag{8.140}$$

$$\boldsymbol{D}=(\boldsymbol{V}_{\mathrm{m}}{}^{\mathrm{T}}\boldsymbol{M}_{\mathrm{m}}\boldsymbol{A}+\boldsymbol{A}^{\mathrm{T}}\boldsymbol{M}_{\mathrm{m}}\boldsymbol{V}_{\mathrm{m}})/2 \tag{8.141}$$

$$\boldsymbol{A}=\boldsymbol{U}-\boldsymbol{B}_{\mathrm{m}}\{\boldsymbol{B}_{\mathrm{m}}{}^{\mathrm{T}}\boldsymbol{U}\} \tag{8.142}$$

$$\boldsymbol{U}=\boldsymbol{G}(\beta)\boldsymbol{\sigma} \tag{8.143}$$

式中:s、β 及 $\boldsymbol{\sigma}$ 为概率分布 $P_{\boldsymbol{W}}$ 的超参数;$\boldsymbol{G}(\beta)$为概率空间$(\Theta,\mathcal{T},P)$上 $m\times N$ 的非高斯中心随机矩阵,文献[209]对 $\boldsymbol{G}(\beta)$的构建方法有详细解释;$\boldsymbol{A}$ 为 $m\times N$ 的随机矩阵,因此 $\boldsymbol{B}_{\mathrm{m}}{}^{\mathrm{T}}\boldsymbol{A}=\boldsymbol{0}_{m_{\mathrm{CD}},N}$近似成立;$\boldsymbol{D}$ 为 $\mathbf{M}_N^S$ 上的随机矩阵;$\boldsymbol{Z}$ 为给定点 $\boldsymbol{V}_{\mathrm{m}}$ 在 $\tilde{S}_{m,N}$的切向向量空间 $T_V\tilde{S}_{m,N}$上的随机矩阵;$\boldsymbol{H}_s(\boldsymbol{Z})$为随机矩阵,满足 $\boldsymbol{H}_s(\boldsymbol{Z})\in\mathbf{M}_N^+$;$\boldsymbol{W}$ 为二阶非高斯非中心随机矩阵,$\boldsymbol{W}\in S_{m,N}$。

随机模型的超参数。对于 $\boldsymbol{V}_{\mathrm{m}}\in S_{m,N}$,随机矩阵 $\boldsymbol{W}\in S_{m,N}$的随机模型的超参数如下。

(1)$s\geqslant0$,用于控制 $\boldsymbol{W}$ 在 $\boldsymbol{V}_{\mathrm{m}}\in S_{m,N}$附近的统计偏差程度(当 $s=0$ 时,$\boldsymbol{W}=\boldsymbol{V}_{\mathrm{m}}$ 近似成立)。

(2)$\beta>0$,用于控制 $\boldsymbol{W}$ 的每列随机分量间的相关性。

(3)σ 为 $N\times N$ 的上三角矩阵,且其对角线上各项均为正数,用于控制 $\boldsymbol{W}$ 各列间的相关性。

超参数为 $\alpha=(s,\beta,\{\sigma_{kk'},1\leqslant k\leqslant k'\leqslant N\})\in C_\alpha$,其长度为 $m_\alpha=2+N(N+1)/2$。需要注意的是,在 $\boldsymbol{\sigma}=\boldsymbol{I}_N$ 的特殊情况下,采用矩阵 $\boldsymbol{\sigma}$ 的稀疏形式可减少超参数的数量($\boldsymbol{W}$ 的列向量不相关)。

8.6.5 非线性结构动力学数值验证

现在通过一个简单非线性结构动力学的应用对所述理论进行验证。文献[209]也提供了其他的应用,并说明了该理论的适用性。

(1)力学系统描述。力学系统由一个三维阻尼线性弹性有界介质组成,两个非线性弹性阻力在系统中能够产生非线性冲击。图 8.27 展示了系统的尺寸、边界

条件、非线性弹性阻力及施加的力。弹性介质材料为均匀各向同性的弹性材料，弹性模量为10^{10}N/m^2，泊松系数为0.15，质量密度为1500kg/m^3。给无弹性阻力结构的各弹性模态增加一个阻尼项，用整体阻尼率 $\xi_d = 0.01$ 表示，并引入降阶模型。施加的作用力是随时间变化的，其能量分布于分析频带 $B_a = [0, 1500]$ Hz 上的窄频带 $B_e = [320, 620]$ Hz 内。观测量为观测节点 Obs_{51}处在 x_2 方向上随时间变化的加速度的傅里叶变换，观测节点 Obs_{51}在观测线上，x_1 坐标为1.00m。

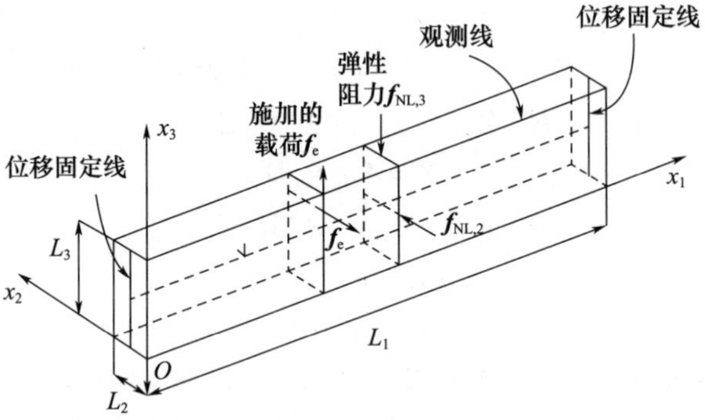

图8.27 具有非线性弹性阻力的力学系统图[209]

(2)非线性高维模型、数值求解及非线性影响的量化。非线性高维模型的有限元网格由$60 \times 6 \times 12 = 4320$(个)三维8节点实体单元组成，节点数为5551，自由度数为 $m = 16653$，零 Dirichlet 条件数为 $m_{CD} = 78$($2 \times 13 = 26$(个)节点的位移为0)。在每个采样时间点采用固定点的隐式 Newmark 时间积分法，并结合局部的适当时间步长来处理冲击力。图8.28为非线性高维模型的计算结果及线性高维

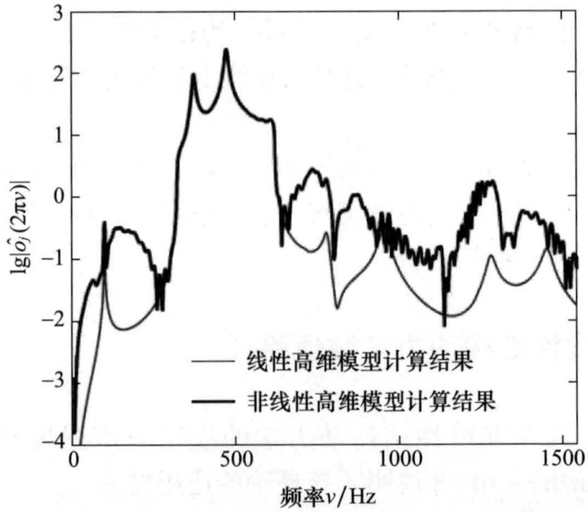

图8.28 观测点 Obs_{51}处的非线性高维模型计算结果[209]

模型（去掉高维模型中的非线性弹性阻力）的计算结果，结果展示了非线性弹性阻力对响应的影响，可以看到在激励主频带[320,620]Hz 以外的频带中能量的转移。

（3）非线性降阶模型及其代替非线性高维模型所产生误差的量化。用降阶基构建非线性降阶模型，用 $N=20$ 个弹性模态构建降阶基，其中 11 个在[0,1550]Hz 范围内，9 个在[1550,3100]Hz 范围内。图 8.29 为 $\nu \to \lg(|(2\pi\nu)|)$ 的非线性高维模型及非线性降阶模型计算结果。结果表明，在激励频带[320,620]Hz 内非线性高维模型与非线性降阶模型的计算结果差异很小，但在[320,620]Hz 频带之外两者计算结果差异较大。计算结果的差异可通过增加非线性降阶模型的维数来减小，但前面已有介绍，降阶维数 N 是为了使非线性降阶模型与非线性高维模型计算结果间存在显著差异而选取的。由 B_e 之外的能量转移引起的大不确定性与二阶作用有关，因此对这一情况的预测是不确定性量化中相对困难的问题。

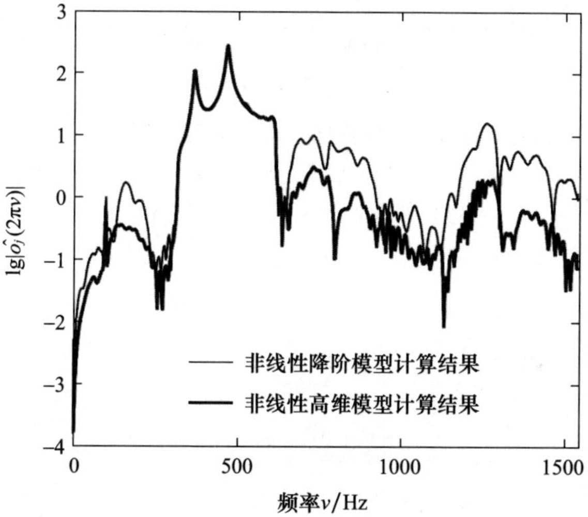

图 8.29　观测点 Obs_{51} 处的非线性高维模型及非线性降阶模型计算结果[209]

（4）随机降阶模型、随机求解及结果。超参数 $\alpha=(s,\beta,\{\sigma_{kk'},1\leqslant k\leqslant k'\leqslant N\})$ 的长度为 $m_\alpha=2+N(N+1)/2=212$。对于式（8.127）～式（8.130）描述的随机降阶模型（通过式（8.138）～式（8.143）给定矩阵 $\boldsymbol{W}$），用蒙特卡罗随机求解器求解。为了识别超参数 α，采用带约束的内点算法求解式（8.131）描述的优化问题。非线性随机降阶模型能够考虑非线性降阶模型代替非线性高维模型时引入的误差，图 8.30为非线性随机降阶模型的计算结果。该结果展示了用非线性高维模型所计算的 $\nu \to \lg(|\hat{o}_j(2\pi\nu)|)$ 及非线性降阶模型的计算结果，并给出了用非线性随机降阶模型构建的置信区域（概率水平为 0.98）。可以看出，非线性随机降阶模型能够产生一个置信区域，该置信区域不是以非线性降阶模型计算的响应为中心，而是

以近似非线性高维模型计算的响应为中心，这便考虑了二阶贡献这一相对困难的问题。这一结果验证了非线性随机降阶模型的有效性。

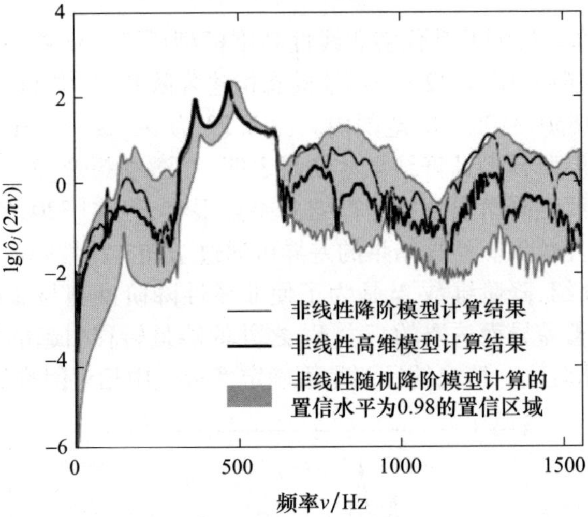

图 8.30 （见彩图）非线性高维模型、非线性降阶模型的 $\nu \to \lg(|\hat{o}_j(2\pi\nu)|)$ 计算结果及非线性随机降阶模型计算出的置信水平为 0.98 的置信区域（绿色线为置信区域的上下包络线）

第9章 针对分析、更新、优化和设计不确定性的稳健性分析

本章的写作目的是介绍一些不确定性量化在不同领域的应用，以说明对计算模型中存在的不确定性进行稳健性计算的重要性。本章使用了前几章介绍的所有工具和方法，特别是随机矩阵理论（第5章）、随机求解器（第4章和第6章）、统计反问题方法（第7章），以及模型参数不确定性的参数概率法、模型参数不确定性和模型误差所引起模型不确定性的非参数概率法、广义不确定性概率方法（第8章）。

9.1 统计物理减缩的作用

本节将总结统计减缩和物理减缩在构建不确定性量化中必须使用的降阶模型中所起的作用，特别是在随机优化（如稳健更新和稳健设计）中得到可行的计算。

9.1.1 计算模型中考虑不确定性会增加数值成本的原因

相对于经典物理中一般的维数（时间或频率，3个空间坐标表示空间），不确定性量化引入了额外的“统计维数”，因此简单地说，是在计算中“增加了一个循环”。这一额外的循环大大增加了中央处理器（CPU）对随机计算模型的辨识时间以及针对不确定性的稳健更新时间、稳健优化时间和稳健设计时间。另外，如果引入的随机模型具有较高的随机维数，则“统计维数”引起的数值成本可能比较高。

不确定性随机模型涉及超参数，这些超参数能够控制随机模型的不确定性水平，为了对不确定性随机模型进行统计识别并进行稳健分析，需要对随机模型容许集进行研究。

9.1.2 需要的减缩类型

为了减少统计循环中每次确定性计算的单位数值成本，（在可以减缩的情况

下)需要对一般的物理维数进行减缩。第 8 章已介绍了使用 ROB 或 SROB 来构造 ROM 和 SROM 的方法。

为了减少统计维数,必须系统地进行统计减缩,从而减少“统计循环”的数值成本,并能够求解辨识过程中的统计反问题,还可提高随机求解器(关于随机维数)的收敛速度(不同于蒙特卡罗求解器的随机求解器,蒙特卡罗求解器随机收敛速度与随机维数无关),第 5 章已对统计减缩方法进行了介绍。

在构造不确定性随机模型时,为了降低超参数集的维数,需要进行超参数最小化。这些超参数集可用于稳健分析或统计逆辨识(例如,构造一个具有最小超参数的代数先验随机模型)。

9.1.3 考虑减缩技术的必要性

无论是现在还是未来,即使采用能够处理大量计算的计算机,并进行并行计算,在不确定性量化方面,针对稳健分析、稳健更新、稳健设计及稳健优化的减缩技术在许多情况下仍然是一个难题,需要进行深入研究。

9.2 稳健分析中的应用

本节将介绍以下几方面应用。

(1)热载荷作用下的复杂多层复合材料板热力学稳健分析。

(2)低频范围内汽车振动的稳健分析。

(3)空间结构振动的稳健分析。

(4)反应堆冷却剂系统计算非线性动力学稳健分析。

(5)流体输送管道动态稳定性的稳健分析。

此外,基于不确定性非参数方法和广义概率方法的稳健分析,本节还介绍了其他方面的应用。

(1)具有不确定刚体的多刚体系统动力学的稳健分析[18]。

(2)结构间存在不确定耦合的机翼颤振速度的稳健分析[141]。

(3)不确定计算模型的稳健分析(预测地质 CO_2 封存完整性)[68]。

(4)不确定超薄圆柱壳的稳健后屈曲非线性静态及动态分析,见 8.5.6 节和文献[35]。

(5)几何非线性工业叶片盘的失谐分析和不确定性量化[36]。

(6)土壤、城市及生物组织中波传播的稳健分析与不确定性量化[41-43,53,121,127]。

(7)工程力学和空间工程应用中的计算结构动力学稳健分析[16-17,20,48,124,161,168-169]。

9.2.1 热载荷作用下的复杂多层复合材料板热力学稳健分析

本节将提出一种不确定性随机模型,在热载荷下对硬纸板-石膏-硬纸板(CPC)复杂多层复合板进行稳健热力分析[174-175]。

目标。为了考虑到在均值(或名义)计算模型中所无法考虑的所有物理现象,需要一个稳健仿真模型来研究CPC多层板在热载荷作用下的热阻。因此,关键在于建立一个随机非线性热力学模型,该模型能够考虑建模误差引起的模型不确定性(多层复合材料热力学行为的复杂性使模型不确定性不可避免)。

CPC多层热力学均值计算模型。CPC板的结构示意如图9.1所示,CPC多层板由3个物理层组成(用下标j表示)。对于均值模型,各层本构方程的线弹性部分,硬纸板1层($j=1$)假定为正交各向异性,石膏层($j=2$)假设为各向同性,硬纸板2层($j=3$)假定为正交各向异性,并假设各层力学性质的统计波动具有各向异性。建立热力学性能沿厚度方向的均匀化模型,纸板采用截止损伤模型,而石膏板则采用脆性损伤模型,因此,热力学模型是非线性的。

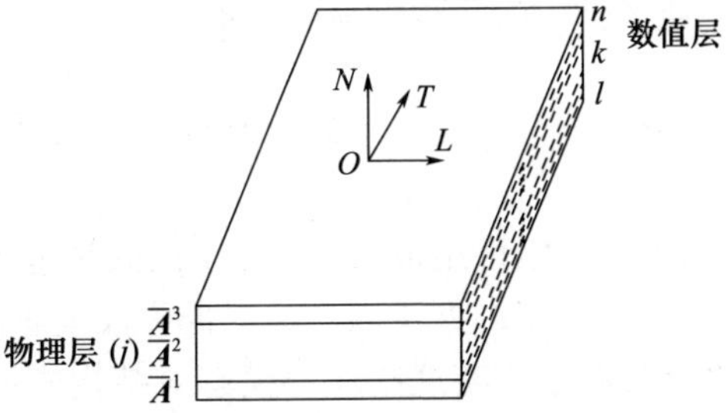

图9.1 CPC板的结构示意图[174]

多层板热力随机计算模型。使用不确定性非参数概率法将物理层j的均值刚度矩阵$\overline{\boldsymbol{A}}^j \in \mathbf{M}_5^+(\mathbf{R})$替换为随机矩阵$\boldsymbol{A}^j$,其取值在$\mathbf{M}_5^+(\mathbf{R})$(属于随机矩阵系综$\mathrm{SE}_\varepsilon^+$)上(见5.4.8.2节)。沿CPC整个厚度方向进行均匀化处理,从而得到复合板随机均匀本构方程的随机矩阵$\boldsymbol{A}^g$,其取值在$\mathbf{M}_5^+(\mathbf{R})$上。

对于复合板温度场一个给定的平均向量$\overline{\boldsymbol{T}}$,随机位移向量$\boldsymbol{Y}$为以下非线性静态方程的解:

$$\boldsymbol{K}(\boldsymbol{Y},\overline{\boldsymbol{T}})\boldsymbol{Y}=\boldsymbol{f} \tag{9.1}$$

式中:刚度矩阵由随机初等矩阵($\boldsymbol{A}^g$的函数)组合而成,在基于蒙特卡罗法的非线性随机求解器内部迭代过程中对损伤进行更新(见第6章)。通过实验测量所确定的散度参数(超参数)分别为:20℃时,石膏层$\delta=0.15$,两层硬纸板$\delta=0.08$;120℃时,石膏层$\delta=0.18$,两层硬纸板$\delta=0.09$。

20℃和120℃情况下的实验结果对比。图9.2为在20℃和120℃条件下,用非线性均值计算模型和非线性随机计算模型所计算的机械载荷关于横向位移的函数图。实验对比结果表明,随机模型的预测效果良好。

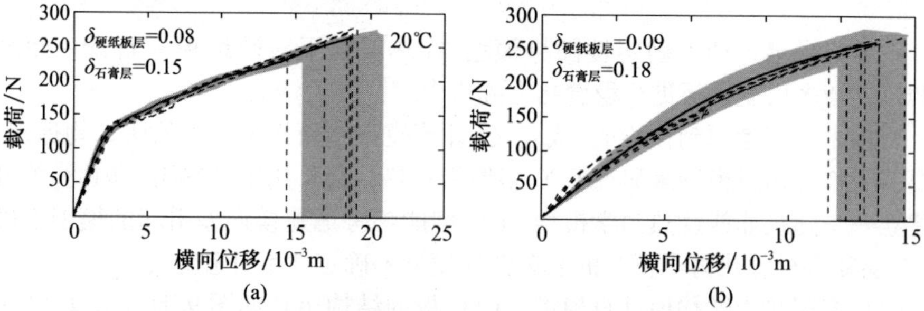

图9.2　不同温度情况下力载荷关于横向位移的函数实验结果与模拟结果的对比
(虚线表示实验结果,实线表示非线性均值计算模型数值模拟结果,
灰色区域表示非线性随机模型所计算出的概率水平为0.98的置信区域)[174]
(a)20℃时的实验载荷关于横向位移的函数;(b)120℃时的实验载荷关于横向位移的函数。

9.2.2　低频范围内汽车振动的稳健分析

本节将讨论低频范围内汽车线性振动的稳健性分析,具体研究见文献[9]。

1. 目标

汽车结构通常由几个结构组件组成,这些组件在低频范围内会产生大量的局部弹性模态和整体模态。所采用的方法以具有局部弹性模态的低频动力学随机降阶计算模型的构建为基础,由于所有这些局部模态对结构刚度部分(低频范围内)的响应没有显著贡献,因此提出一种双尺度方法来构造能够过滤局部模态的改进ROB,这一改进ROM称为G-ROB。使用G-ROB所构造的随机ROM称为G-SROM(见文献[202])。为了构造适用于中低频范围的多尺度ROB,文献[76-77]对G-ROB的构造进行了归纳。

2. 均值计算模型

结构的均值计算模型如图9.3所示。有限元模型自由度数为$m_{DOF}=1462698$,结构体由几个结构层次组成。两个观测点分别为Obs1和Obs2,两个激励点分别为Exc1和Exc2,如图9.3所示。图9.4为快速行进法生成的90个子域,用于对局部弹性模态进行空间滤波。图9.5为用于构建G-ROB的整体位移特征向量特征值的分布及经过滤波的局部位移特征向量特征值的分布,所分析的低频段为$\mathcal{B}$=[0,120]Hz。在$\mathcal{B}$频段内,频率收敛时ROB(由所有的全局和局部弹性模态构成)由160个弹性模态(其中128个属于$\mathcal{B}$)组成。G-ROB通过前36个全局位移特征向量和前124个经过滤波的局部位移特征向量进行构造。所构造的G-ROB跨越的子空间与ROB跨越的子空间近似。

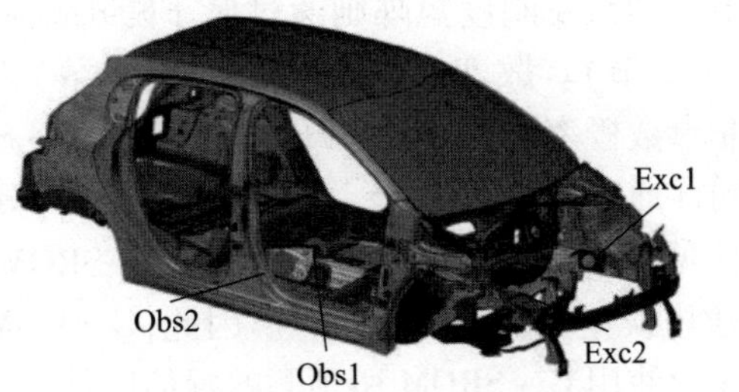

图 9.3 (见彩图)汽车有限元模型[9]

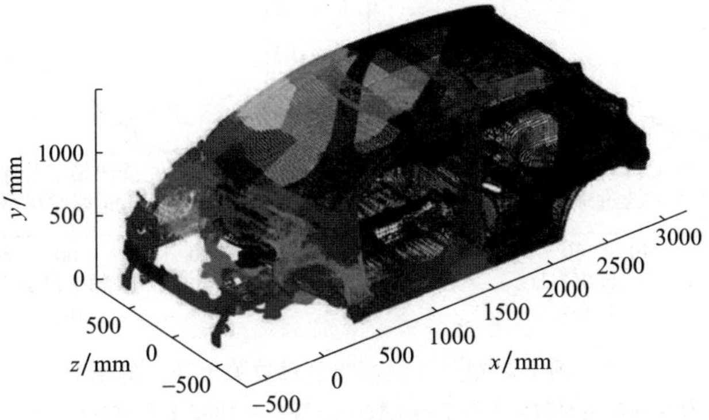

图 9.4 (见彩图)快速行进法生成的 90 个子域(由颜色区分)[9]

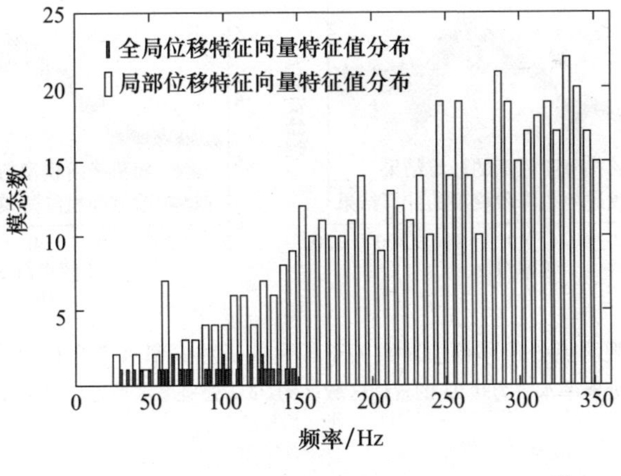

图 9.5 整体和局部位移特征向量特征值分布[9]

3. 稳健分析

针对低频带 $\mathcal{B}$ 中结构刚性部分的两个观测量,图 9.6 给出了利用 ROM 和 G-ROM 所计算的位移幅值关于频率的对数函数。图 9.7 中,用 SROM 和 G-SROM 对同一观测量进行了计算,SROM 是根据 8.2 节介绍的非参数概率方法用 ROM 所构建的。减缩质量矩阵和减缩刚度矩阵则通过属于随机矩阵系综 SE_{ε}^{+} 的随机矩阵进行建模(见 5.4.8.2 节)。散度参数 $\delta_{\boldsymbol{M}}$ 和 $\delta_{\boldsymbol{K}}$(超参数)为文献[72]中所识别的散度参数。根据非参数概率法,利用 G－ROB 构建了 G－SROM,其减缩质量矩阵与减缩刚度矩阵同样通过属于系综 SE_{ε}^{+} 的随机矩阵进行建模,散度参数 $\delta_{\boldsymbol{M}}^{\text{opt}}$ 和 $\delta_{\boldsymbol{K}}^{\text{opt}}$ 利用最大似然法(见 7.3.3 节)进行识别。对于 G－SROM,使用 G－ROB 代替 ROB 会产生额外的建模误差(相对于 SROM)。因此,G－ROM 的不确定性水平大于 ROM,且在频带 $\mathcal{B}$ 中使用 G－SROM 所预测的置信区域大于 SROM 所预测的置信区域。

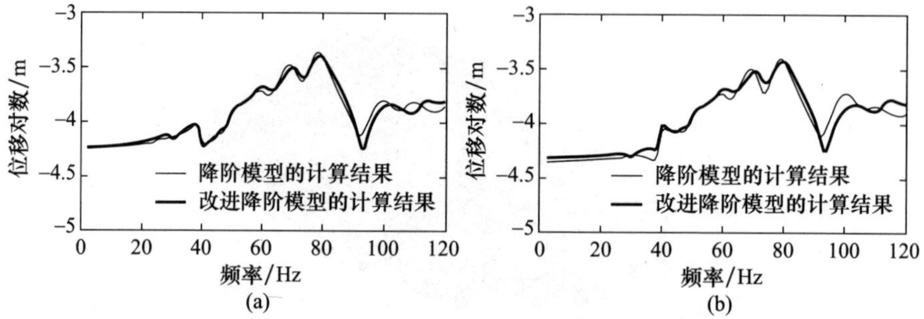

图 9.6　两个观测点处位移幅值对数关于频率的函数[9]

(a)观测点 Obs1 处位移幅值对数关于频率的函数;(b)观测点 Obs2 处位移幅值对数关于频率的函数。

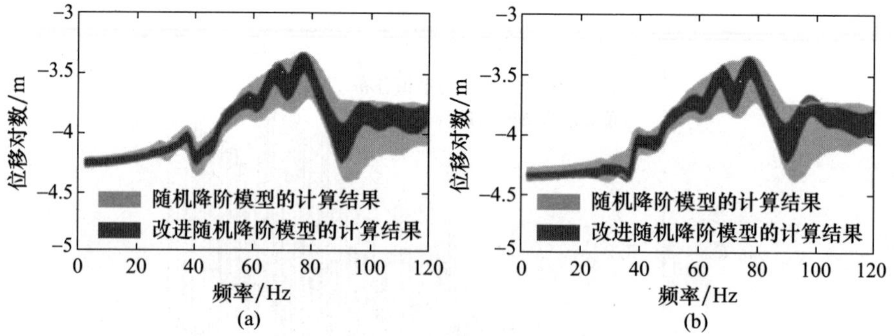

图 9.7　两个观测点处位移幅值对数关于频率的函数概率水平为 0.95 的置信区域[9]

(a)Obs1 处概率水平为 0.95 的置信区域;(b)Obs2 处概率水平为 0.95 的置信区域。

9.2.3　空间结构振动的稳健分析

本节将讨论空间结构振动的稳健分析,详见文献[30]。

1. 目标

本节目标是对模型参数不确定性空间结构的计算线性动力学进行稳健分析,

对同时具有模型参数不确定性及建模误差的空间结构的计算线性动力学进行稳健分析。

2. 均值计算模型

均值计算模型由 120000 个自由度的卫星及 168800 个自由度的卫星发射器有限元模型组成(图 9.8)。激励为随时间变化的力,沿发射轴的横向方向施加在卫星基座上,且在频带[5,54]Hz 上的傅里叶变换是平滑的。观测量为梁与太阳能板连接处的位移,用于构造 ROM 和 SROM 的 ROB 由弹性模态组成。

3. 卫星的参数随机降阶模型和非参数随机降阶模型

8.1 节的参数概率法用于考虑模型参数不确定性;8.2 节非参数概率法用于同时考虑模型参数不确定性及建模误差。卫星不确定性分析的步骤如下。

(1)采用参数概率法(已定义先验模型)考虑卫星计算模型中模型参数不确定性,并得到参数 SROM。与截面尺寸、板和膜厚度、集中质量、非结构质量、密度、结构阻尼、弹簧单元刚度、弹性模量、泊松比、卫星结构元件的剪切模量等参数有关的不确定参数有 1319 个。用 1319 个独立实随机变量对这些不确定参数进行建模,各随机变量的 pdf 适用的可用信息为随机变量值的容许子集(pdf 的支集)、选取的均值(不确定参数的名义值)及控制不确定性水平的变异系数。所有给定的变异系数都在[0.03,0.40]区间。

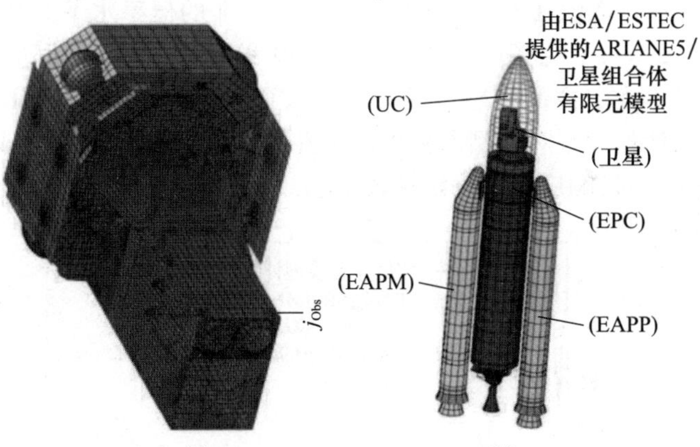

图 9.8　卫星及卫星－发射器的有限元模型[30]
(a)卫星有限元模型;(b)卫星－发射器有限元模型。

(2)考虑卫星计算模型中的模型参数不确定性和建模误差,并得到非参数 SROM。减缩质量矩阵、减缩阻尼矩阵和减缩刚度矩阵用属于随机矩阵系综 SE_{ε}^{+} 的独立随机矩阵进行建模(见 5.4.8.2 节)。其中,散度参数 δ_M、δ_D 和 δ_K(随机模型的超参数)未知,需要进行识别。

(3)超参数 δ_M 和 δ_K 的识别:通过将卫星的参数 $SROM_S$ 及非参数 $SROM_S$ 所构

造的随机最低特征频率的 pdf 间的差别最小化来进行识别，通过识别得到 $\delta_M=0.14$ 及 $\delta_K=0.13$。选取这一识别准则（选取卫星第一特征频率）是恰当的，因为第一特征频率对建模误差并不十分敏感。

（4）超参数 δ_D 是通过将两随机阻尼矩阵的差别最小化来识别的，这两个随机阻尼矩阵分别由参数 $SROM_S$ 和非参数 $SROM_S$ 构成，通过识别得到 $\delta_D=0.42$。

卫星及与发射器耦合装置的参数 $SROML_{SL}$ 及非参数 $SROML_{SL}$。假设发射器计算模型的不确定性相对于卫星计算模型的不确定性并不显著，则可只考虑卫星的不确定性。为了构建卫星及与发射器耦合装置的随机降阶计算模型，可采用 Craig - Bampton 动态子结构法，分析步骤如下。

（1）利用不确定参数概率法构建卫星及与发射器耦合装置的参数 $SROML_{SL}$。卫星不确定参数的概率模型与用于构建参数 $SROML_{SL}$（1319 个独立实随机变量）的概率模型相同。

（2）基于 Craig - Bampton 子结构技术，采用 8.2.8 节的不确定非参数概率法构建非参数 $SROML_{SL}$。卫星结构随机减缩矩阵的散度参数用非参数 $SROM_S$ 进行估算（$\delta_M=0.14$、$\delta_D=0.42$ 及 $\delta_K=0.13$），而发射器子结构为确定性结构，即不存在不确定性。

基于非参数 $SROML_{SL}$ 的卫星与发射器耦合装置的稳健分析。图 9.9 为观测点处随机位移 $\boldsymbol{U}(\omega)$（取值在 $\mathbf{C}^3$ 上）的范数 $\|\boldsymbol{U}(\omega)\|$ 的概率水平为 0.96 的正常值的置信区间，$\|\boldsymbol{U}(\omega)\|$ 为频率 ω 的函数。图 9.9 表明，置信区间随频率增大而增大，这是因为对不确定性的敏感性随频率增大而增大。在低于 30Hz 的频率范围内，耦合系统的计算模型对模型参数不确定性及卫星模型不确定性都具有稳健性。当频率大于 30Hz 时，响应对不确定性较敏感。下文将分析建模误差所起的作用。

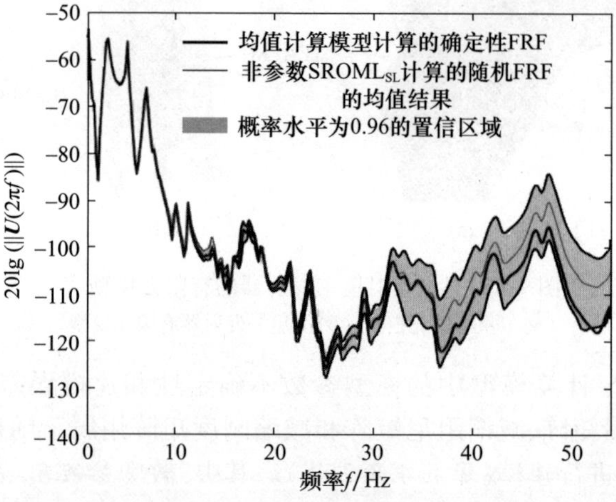

图 9.9　确定性及随机频率响应函数图（FRF），$f\to 20\lg(\|\boldsymbol{U}(2\pi f)\|)$[30]

通过比较非参数概率法和参数概率法来识别建模误差所起的作用。针对[30,54]Hz 频率范围内的卫星与发射器耦合装置，图 9.10 给出了使用非参数 $SROML_{SL}$ 所计算的随机响应，且考虑了模型参数不确定性和建模误差(图 9.10a)；同时给出了使用参数 $SROML_{SL}$ 所计算的随机响应，但仅考虑了模型参数不确定性(图 9.10b)。根据图 9.10 可得出以下结论：在[30,54]Hz 频率范围内，与对模型参数不确定性的稳健性相比，计算模型对建模误差的稳健性较差。

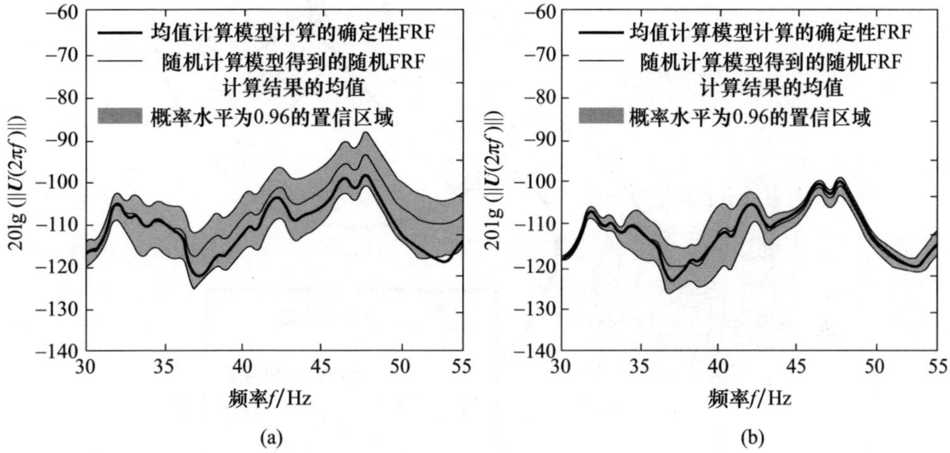

图 9.10　确定性及随机频率响应函数图(FRF)，$f \to 20\lg(\|\boldsymbol{U}(2\pi f)\|)$[30]
(a)非参数 $SROML_{SL}$ 的计算结果；(b)参数 $SROML_{SL}$ 的计算结果。

9.2.4　反应堆冷却剂系统计算非线性动力学稳健分析

本节将介绍文献[62]所述的关于地震荷载下多支承反应堆冷却剂系统计算非线性动力学的稳健分析。

1. 目标

本节目标是对室内反应堆冷却剂系统(PWR)所构成的多支承结构在地震荷载下的瞬态非线性动力学特性进行稳健分析，以期量化模型参数不确定性和由建模误差引起的模型不确定性的设计裕度。

2. 实际系统

图 9.11 所示的非线性动力系统由线性阻尼弹性结构组成，该结构代表反应堆冷却剂系统。每个回路由反应堆、反应堆冷却剂泵和蒸汽发生器组成。非线性是由反应堆冷却剂系统支架的弹性止动块所产生的恢复力引起的，对给定的间隙，这些弹性止动块可限制蒸汽发生器系统的振幅。该结构的位移场受几个与时间相关的 Dirichlet 条件约束，即作用在反应堆冷却剂系统和弹性止动器地脚螺栓上的地震荷载。

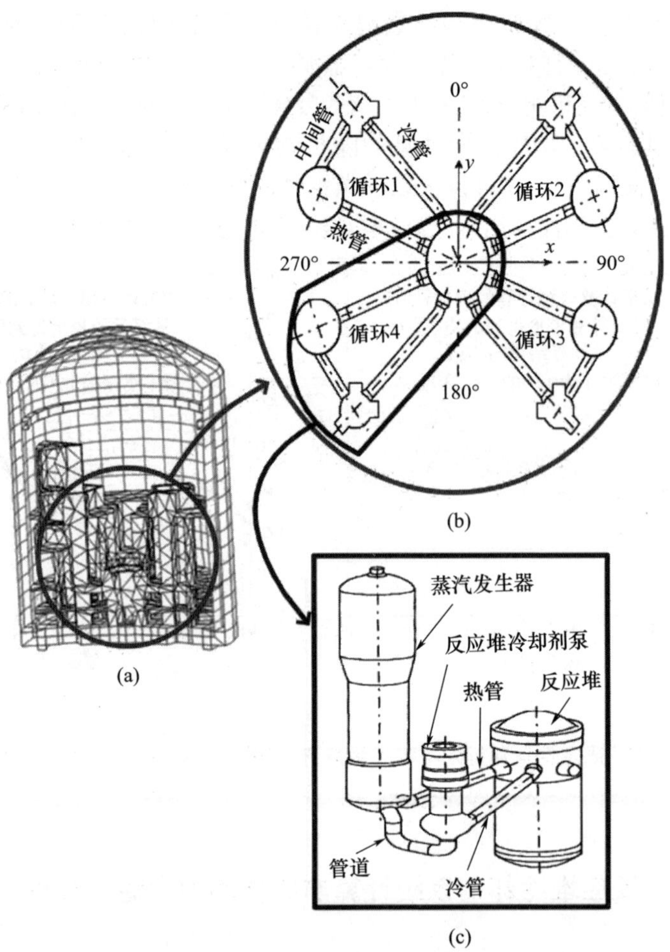

图 9.11　室内反应堆冷却剂系统、四回路系统及其中一个回路系统图[62]

(a)室内反应堆冷却剂系统;(b)四回路系统;(c)其中一个回路系统。

3. 均值计算模型

曲线有限元模型如图 9.12 所示,有 5022 个自由度和 828 个拉格朗日自由度。共有 36 个随时间变化的 Dirichlet 条件,地震加速度计安装在 36 个支承(由位于反应堆冷却剂泵、蒸汽发生器和冷管段下方的地脚螺栓组成)处。非线性来源于弹性止动块所产生的 28 自由度非线性恢复力。基本线性动力系统(不含止动块)的最低特征频率为 1.4Hz,第 200 个特征频率为 164Hz。

4. 非线性随机降阶模型

非线性 ROM 是以基本线性系统前 $N=200$ 个弹性模态为 ROB 而构建的。采用 8.4 节的不确定广义概率法,通过非线性 ROM 可构建非线性 SROM。对于计算模型的线性部分,采用非参数概率法考虑建模误差,其中减缩质量矩阵、减缩阻尼

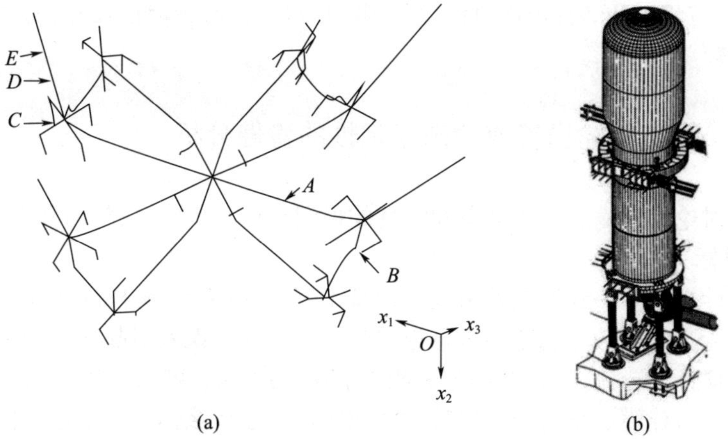

图 9.12　四回路反应堆冷却剂系统及蒸汽发生器曲线有限元模型[62]
(a)四回路反应堆冷却剂系统;(b)蒸汽发生器曲线有限元模型。

矩阵和减缩刚度矩阵用系综 $\mathrm{SE}_{\varepsilon}^{+}$ 上的独立随机矩阵进行建模(见 5.4.8.2 节),散度参数 δ_M、δ_D 及 δ_K(超参数)为 $\delta_M=\delta_D=\delta_K=0.2$。针对与 28 个弹性止动块的 28 个关于刚度的模型参数不确定性,可采用参数概率法。文献[62]给出了这些随机变量的 pdf,各随机变量的散度参数(超参数)为 0.2。采用蒙特卡罗数值法(见 6.4 节)作为随机求解器,进行了 700 次随机模拟。

5. 稳健分析

随机观测量为随机冲击响应谱(SRS)(见文献[52,62]),用随机变量 $dB(f)=\lg(S(2\pi f))$ 表示。其中 $S(2\pi f)$ 为标记点 A 处[x_3 方向热管中点处,如图 9.12(a)所示]当频率为 f 时,对归一化加速度的 SRS。图 9.13 为概率水平为 0.98 的 $dB(f)$ 的置信区域,能够用于分析模型参数不确定性和建模误差的设计裕度。例如,可以看

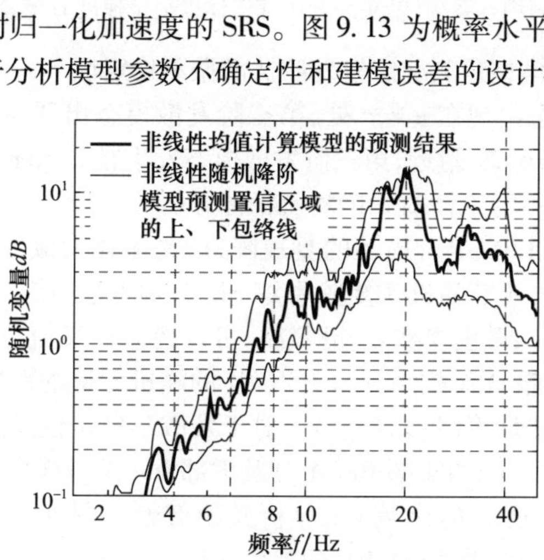

图 9.13　预测结果及置信区域[62]

出在频带[17,21]Hz 内,用均值模型预测响应最大值时稳健性较好;而在其他频带上稳健性较差。

9.2.5 流体输送管道动态稳定性的稳健分析

本节讨论流体输送管道动态稳定性的稳健分析,具体见文献[170]。

1. 目标

考虑计算模型中建模误差引起的模型不确定性,对经典 Paidoussis 公式[158]中流体输送管道线性动态稳定性进行稳健分析。由建模误差引起的模型不确定性主要是由非惯性耦合流体力(与阻尼和刚度有关)引起的,可用 8.2 节的不确定非参数概率法进行建模。所得的随机特征值问题可用于将流体无量纲速度作为不确定水平时流固耦合系统的颤振及发散不稳定模态的稳健分析。

2. 均值计算模型

流固耦合系统如图 9.14 所示,模型[159]为无阻尼简支欧拉–伯努利梁,与内部流体的耦合使用塞流模型。梁长度为 L,弹性模量为 E,面积惯性矩为 I,单位长度流体质量为 M_f,内部流体具有恒定速度 U。引入内部流体的无量纲速度 u,使 $u = UL\sqrt{M_f/(EI)}$。梁离散为 40 个梁单元。

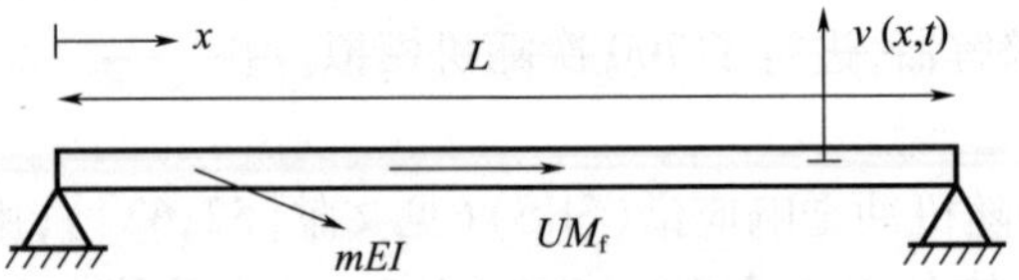

图 9.14 流固耦合系统(箭头表示内部流体以恒定速度 U 流动的方向[170])

3. 用均值计算模型预测确定性发散及颤振不稳定性

第一阶发散模态出现在 $u=\pi$ 处,第二阶发散模态出现在 $u=2\pi$ 处。第一阶颤振失稳发生在 $u=6.29$ 附近,第三阶发散模态发生在 $u=3\pi$ 附近。

4. 发散和颤振不稳定性的 SROM 及稳健分析

除了文献[132,170]中所描述的复矩阵,广义流体力减缩矩阵先验概率模型的构建类似于 5.4.8.4 节随机实矩阵系综 $\mathrm{SE}^{\mathrm{rect}}$ 的构建。唯一随机实矩阵源 $\boldsymbol{G} \in \mathrm{SG}_{\varepsilon}^{+}$(见 5.4.7.2 节),散度参数 δ(超参数)可以控制广义流体力的模型不确定性水平。流固耦合系统(无结构阻尼)的 SROM 的随机无量纲特征值 Λ_{nd} 的独立随机模拟量用蒙特卡罗法计算(见 6.4 节)。对于发散不稳定性及颤振不稳定性,可通过构建各随机特征值 Λ_{nd} 的实部 $\mathrm{Re}(\Lambda_{nd})$ 及虚部 $\mathrm{Im}(\Lambda_{nd})$ 概率水平为 0.95 的置信区域(关于无量纲速度 u 的函数)来分析其稳健性。图 9.15 为计算模型 5% 及 10% 不确定性($\delta=0.05$ 及 $\delta=0.10$)的置信区域。

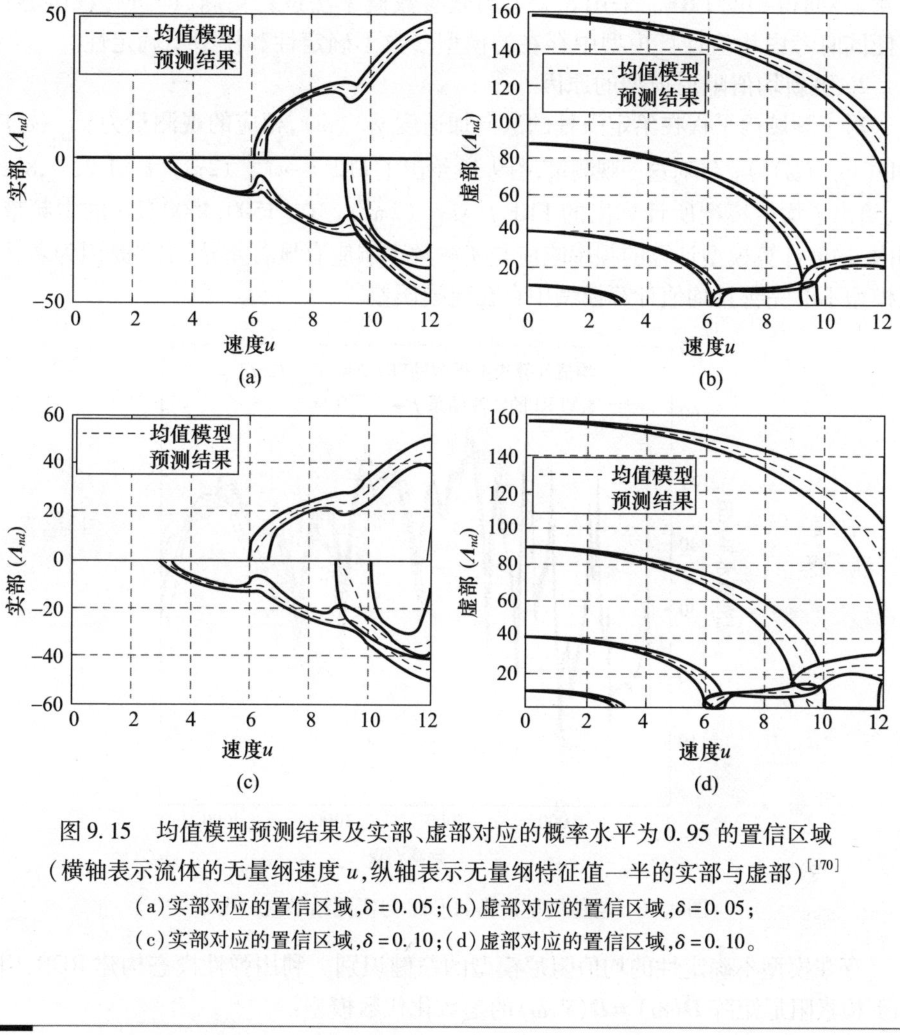

图 9.15　均值模型预测结果及实部、虚部对应的概率水平为 0.95 的置信区域
（横轴表示流体的无量纲速度 u，纵轴表示无量纲特征值一半的实部与虚部）[170]
（a）实部对应的置信区域，$\delta=0.05$；（b）虚部对应的置信区域，$\delta=0.05$；
（c）实部对应的置信区域，$\delta=0.10$；（d）虚部对应的置信区域，$\delta=0.10$。

9.3　稳健更新中的应用

本节将专门讨论在低频和中频范围内，多层夹芯板均值阻尼模型确定性参数以及均值计算模型存在不确定性时的稳健更新，具体内容可参考文献[32,195]。至于利用实验模态分析法对不确定计算模型进行稳健更新的其他实例，建议参考文献[21,194]。

1. 目标

对 8.2.7 节所述多层复合材料夹芯板均值计算模型阻尼名义参数进行更新，其可用数据为通过实验观测（针对相同的设计及相同制造工艺而加工的 8 块板进行测量)而得到的 FRF。采用 8.2 节的非参数概率法进行更新,即进行稳健分析,以便同时考虑均值计算模型中存在的模型参数不确定性和模型不确定性。

2. 更新均值阻尼模型的原因

对于频域内平板在给定点处的法向加速度 $\gamma_{j_{\rm obs}}(\omega)$,相应的观测量为 $w_{j_{\rm obs}}(\omega)=20\lg(|\gamma_{j_{\rm obs}}(\omega)|)$。针对这一观测量,图 9.16 给出了 FRF $f\to w_{j_{\rm obs}}^{\exp,\ell}(2\pi f)(\ell=1,2,\cdots,8)$;同时,给出了均值模型所计算出的 FRF $f\to \bar{w}_{j_{\rm obs}}(2\pi f)$。在[1500,4500]Hz 的中频带范围内,均值计算模型计算的频率响应与实测频率响应有显著差异,主要是因为名义阻尼模型不够完善且均值计算模型中存在建模误差。

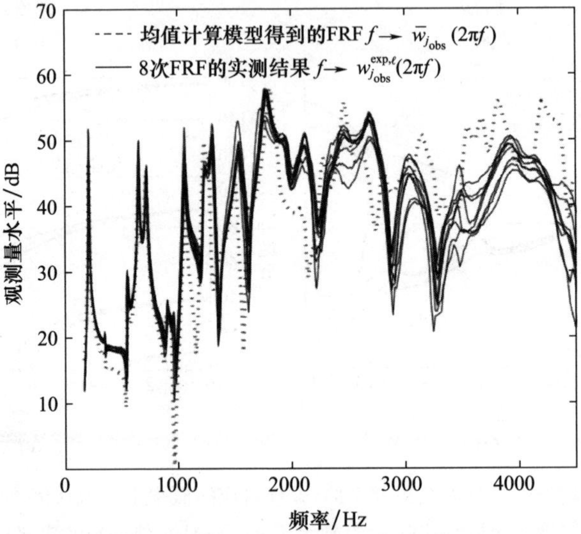

图 9.16　均值模型计算的 FRF 与实测结果的对比[195]

存在模型不确定性的均值阻尼模型的稳健识别。利用弹性模态构建 ROB,引入如下检索阻尼矩阵 $\bar{\boldsymbol{D}}(\omega)=\boldsymbol{D}(\bar{\boldsymbol{x}},\omega)$ 的参数化代数模型:

$$\boldsymbol{D}(\bar{\boldsymbol{x}},\omega)_{\alpha\beta}=2\xi(\bar{\boldsymbol{x}},\omega_\alpha)\mu_\alpha\omega_\alpha\delta_{\alpha\beta} \tag{9.2}$$

式中:μ_α、ω_α 及 $\xi(\bar{\boldsymbol{x}},\omega_\alpha)$ 分别为 α 阶弹性模态的广义质量、特征频率(rad/s)及阻尼率。阻尼率的参数化代数模型为

$$\xi(\bar{\boldsymbol{x}},\omega)=\xi_0+(\xi_1-\xi_0)\frac{\omega^a}{\omega^a\ 10^b} \tag{9.3}$$

式中:$x=(\xi_0,\xi_1,a,b)$;$\xi_0\leqslant\xi_1$ 为需要更新的均值模型参数值所表示的向量。在均值计算模型中,用非参数概率法考虑建模误差,并用系综 $\mathrm{SE}_\varepsilon^+$ 上的随机矩阵对减缩质量矩阵、减缩阻尼矩阵及减缩刚度矩阵进行建模(见 5.4.8.2 节),其散度参数分别为 δ_M、δ_D(取值与 ω 无关)及 δ_K(超参数)。超参数向量 $\delta_G=(\delta_M,\delta_D,\delta_K)$ 需要进行识别,因此需要用式(9.4)对向量参数 $\boldsymbol{s}$ 进行识别:

$$s = (\bar{x}, \boldsymbol{\delta}_G) \in C_{ad} \subset \mathbf{R}^7 \tag{9.4}$$

式中：容许集 C_{ad} 为 $\xi_0 \in [0.0095, 0.0105]$，$\xi_1 \in [0.05, 0.15]$，$a \in [5, 20]$，$b \in [30, 50]$。$\delta_M, \delta_D, \delta_K \in [0.05, 0.5]$。

3. 采用统计反问题的方法识别参数 $\boldsymbol{s}$

对固定的角频率 ω，随机观测量 $\boldsymbol{W}(\boldsymbol{s},\omega) = (W_1(\boldsymbol{s},\omega), W_2(\boldsymbol{s},\omega), \cdots, W_{24}(\boldsymbol{s},\omega))$ 的分量为24个点处所测得的法向加速度值（单位：dB）。在频带 $B = 2\pi \times [150, 4500]$ 上的 $m = 584$ 个采样点 $\omega_1, \omega_2, \cdots, \omega_m$ 处进行采样，对应的实验数据为 $\boldsymbol{w}^{\exp,1}(\omega_k), \boldsymbol{w}^{\exp,2}, \cdots, \boldsymbol{w}^{\exp,8}(\omega_k), k = 1, 2, \cdots, m$。通过求解7.3.2节所述的统计反问题对 $\boldsymbol{s}$ 进行识别，需要使用不可微目标函数及蒙特卡罗法进行 $v_s = 400$ 次随机模拟（见6.4节）。相应的优化问题为

$$\boldsymbol{s}^{\text{opt}} = \arg \min_{\boldsymbol{s} \in C_{ad}} J^{\text{ND}}(\boldsymbol{s}) \tag{9.5}$$

式中：构造不可微目标函数 $J^{\text{ND}}(\boldsymbol{s})$ 是为了使图9.17中频带 B 上的灰色区域最小化。图9.17中，对给定的观测向量分量 j 及固定的 $\boldsymbol{s} \in C_{ad}$，函数 $\omega \to w_j^-(\boldsymbol{s},\omega)$ 及 $\omega \to w_j^+(\boldsymbol{s},\omega)$ 表示随机观测量 $\omega \to W_j(\boldsymbol{s},\omega)$ 的置信区域（概率水平为 P_c）的上下包络线，使对任意 $k = 1, 2, \cdots, m$，有

$$P\{w_j^-(\boldsymbol{s},\omega_k) < W_j(\boldsymbol{s},\omega_k) \leqslant w_j^+(\boldsymbol{s},\omega_k)\} = P_c \tag{9.6}$$

且对任意 $k = 1, 2, \cdots, m$，随机观测量 $\omega \to w_j^{-\exp}(\boldsymbol{s},\omega)$ 及 $\omega \to w_j^{+\exp}(\boldsymbol{s},\omega)$ 为

$$w_j^{-\exp}(\omega_k) = \min_{\ell} w_j^{\exp,\ell}(\omega_k), \quad w_j^{+\exp}(\omega_k) = \max_{\ell} w_j^{\exp,\ell}(\omega_k) \tag{9.7}$$

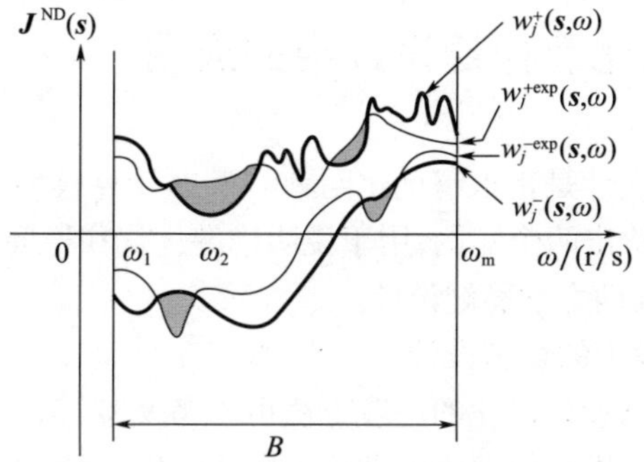

图9.17 为灰色区域最小化而构造的不可微目标函数 $J^{\text{ND}}(\boldsymbol{s})$ [195]

在约束条件 C_{ad} 下采用遗传算法可求解优化问题，得到 $\boldsymbol{s}^{\text{opt}} = (\bar{\boldsymbol{x}}^{\text{opt}}, \boldsymbol{\delta}_G^{\text{opt}})$，$\bar{\boldsymbol{x}}^{\text{opt}} = (0.01, 0.081, 10.9, 47)$，$\boldsymbol{\delta}_G^{\text{opt}} = (0.23, 0.07, 0.24)$。

通过识别可得到参数 $\boldsymbol{s}^{\text{opt}} = (\bar{\boldsymbol{x}}^{\text{opt}}, \boldsymbol{\delta}_G^{\text{opt}})$，在这种情况下，用SROM计算随机频率响应 $\omega \to W_{j_{\text{obs}}}(\boldsymbol{s}^{\text{opt}}, \omega)$。对第 j_{obs} 个观测量，图9.18给出了均值计算模型计算的FRF（$f \to \bar{w}_{j_{\text{obs}}}(2\pi f)$）图，还给出了实测的FRF（$f \to w_{j_{\text{obs}}}^{\exp,\ell}(2\pi f), \ell = 1, 2, \cdots, 8$）图及用SROM所计算出的随机FRF（$f \to W_{j_{\text{obs}}}(\boldsymbol{s}^{\text{opt}}, 2\pi f)$）对应的概率水平为 $P_c = 0.95$ 的置信区域。

可以看出,均值计算模型存在模型不确定性情况下,均值阻尼模型参数的稳健更新可显著改善观测量的预测结果。

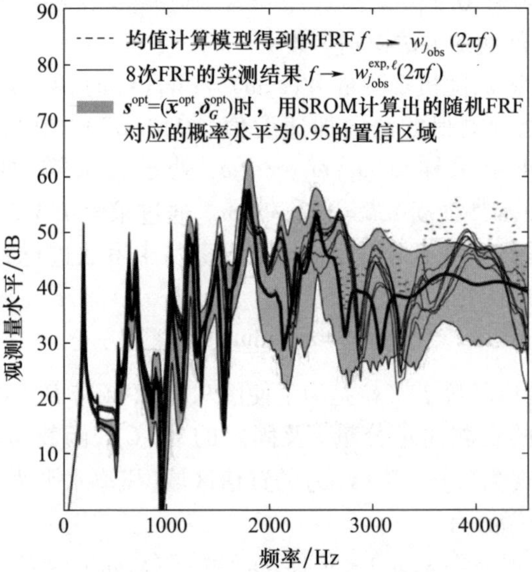

图 9.18 (见彩图)均值计算模型的 FRF 与实测结果的对比[195]

9.4 稳健优化及稳健设计中的应用

稳健优化或稳健设计是指求解优化问题时考虑计算模型的不确定性,即采用随机计算模型。下面将给出两个实例,用于说明稳健优化和稳健设计。

(1)叶轮机械计算动力学稳健设计。

(2)计算振动声学中的稳健设计。

计算力学方面稳健设计优化的一般方法可参考文献[31],而关于使用高维非线性不确定计算力学模型进行稳健碰撞设计分析的应用,可参考文献[67]。

9.4.1 叶轮机械计算动力学稳健设计

问题定义。叶轮机械动力学中与失谐有关的现象会引起叶盘强迫响应的剧烈振动,并会在叶片的动态响应中产生空间局部化,对此,Whitehead 在 1966 年已给出证明[75,218]。在非定常气动弹性方面,叶片在几何形状(与制造公差有关)、边界条件和材料力学性能方面的微小变化便会导致结构循环对称性的破坏,称为失谐,这会造成动态响应明显增大。减小这种动态响应振幅的一种方法是通过稍微修整叶盘的一些叶片形状来有意地使失谐的叶盘进一步失谐。

目标。本节主要介绍两方面内容：①叶盘制造公差引起失谐的稳健分析[28-29]。②基于失谐技术（在存在旋转和非定常流失谐情况下修整一些叶片形状）的稳健设计[132]。

9.4.1.1 叶片公差所致失谐的稳健分析

（1）均值计算模型。叶盘是一种宽弦超声速风扇几何结构，称为 SGC1。叶盘有 22 个叶片，其编号依次为 $j=1,2,\cdots,22$。叶盘绕其旋转中心轴匀速旋转。均值计算模型如图 9.19 所示，共有 $m=504174$ 个自由度。现在所关注的是在给定发动机激励时频带 $\mathcal{B}=[515,535]$ Hz 上的强迫响应分析。对于这些激励，失谐会使一些叶片产生较大的动态放大系数。

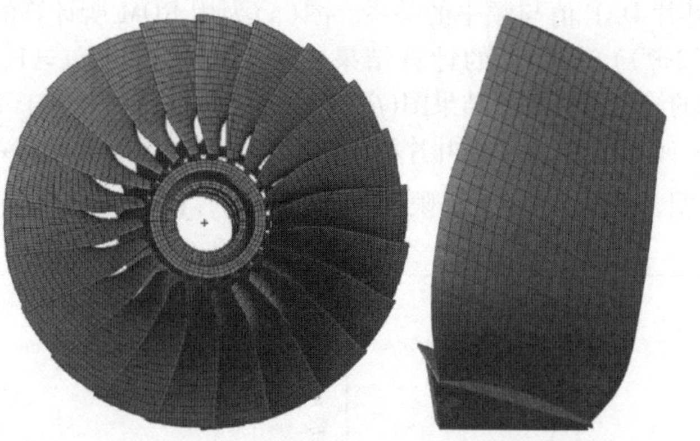

图 9.19 叶盘及叶片有限元模型[29]

（2）ROM 的构建。利用 Benfield – Hruda 动力学子结构技术[22]构建加载叶盘的降阶模型，其中使用了 $10\times22=220$（个）Benfield – Hruda 模态[54]及 440 个附加弹性模态。因此为构建 ROB 而共使用的弹性模态数为 $N=660$。

（3）失谐叶盘的 SROM 的构建。对于所考虑的叶盘，叶片不确定性由叶片制造公差引起，并将导致失谐。采用 8.2 节的不确定非参数概率法构建不确定性随机模型，由于刚度散度参数比质量散度参数大 1000 倍以上，因此不确定量主要分布在刚度上。对于叶片 $j\in\{1,2,\cdots,22\}$，其随机减缩刚度矩阵采用 5.4.7.2 节定义的随机矩阵系综 SG_{ε}^{+}。假设各叶片统计独立，且各个叶片具有相同的不确定性水平，因此，对任意 $j\in\{1,2,\cdots,22\}$，与叶片 j 的不确定性水平有关的超参数 $\delta_{\boldsymbol{K}}^{j}$ 选取为 0.05，表示为 $\delta_{\boldsymbol{K}}=\delta_{\boldsymbol{K}}^{1}=\cdots=\delta_{\boldsymbol{K}}^{22}=0.05$，采用蒙特卡罗数值模拟法随机求解器进行 $\nu_s=1500$ 次随机模拟。

（4）随频率变化的动态放大系数（DAF）。对 $2\pi\times\mathcal{B}$ 中固定的 ω，随机 DAF 定义为：对 $\{1,2,\cdots,22\}$ 中固定的 j，设 $\bar{e}_j(\omega)$ 为使用已修整叶盘的 ROM 所计算的叶片 j 的

弹性势能，由于叶盘具有循环对称性，因此有 $\bar{e}_1(\omega)=\bar{e}_2(\omega)=\cdots=\bar{e}_{22}(\omega)$，记为 $\bar{e}(\omega)$。类似地，叶片 j 的随机弹性势能记为 $E_j(\omega)$，需要利用失谐叶盘的 SROM 计算。

叶片 j 的随机 DAF 记为 $B_j(\omega)$，叶盘的随机 DAF 记为 $B(\omega)$，$B_j(\omega)$ 与 $B(\omega)$ 可分别表示为

$$B_j(\omega)=\sqrt{\frac{E_j(\omega)}{\max\limits_{\omega\in\mathcal{B}}\bar{e}(\omega)}},B(\omega)=\max_{j=1,2,\cdots,22}B_j(\omega) \tag{9.8}$$

对已修整的叶盘，可令方程右侧的 $E_j(\omega)=\bar{e}_j(\omega)$，从而得到叶片 j 的DAF$\bar{b}_j(\omega)$。由于已修整叶盘具有循环对称性，因此有 $\bar{b}_1(\omega)=\bar{b}_2(\omega)=\cdots=\bar{b}_{22}(\omega)$，记为 $\bar{b}(\omega)$。

(5)失谐叶片振动局部化实例。考虑用 SROM 构建的随机响应的给定随机模拟量 θ，并设 $B_j(\omega,\theta)$ 及 $B(\omega,\theta)$ 为 DAF 的随机模拟量，图 9.20 可分析失谐叶盘及已修整叶盘 22 个叶片 DAF 值与频率的关系。图(a)为用 ROM 所计算的已修整叶片的 DAF 图($f\to\bar{b}(2\pi f)$)，各叶片的计算结果在同一图片上)及 $j=1,2,\cdots,22$ 时，用 SROM 所计算的给定随机模拟结果图($f\to B_j(2\pi f,\theta)$，各叶片对应于不同的图片)；图(b)为 $j\to\max\limits_{f\in2\pi\times\mathcal{B}}\bar{b}(2\pi f)$ 图(由于各叶片相同，因此为一条水平线)及 $j\to\max\limits_{f\in2\pi\times\mathcal{B}}B_j(2\pi f,\theta)$ 图。图(b)表明，振动在空间上局限在 17 号叶片上，其 DAF 超过了 2。

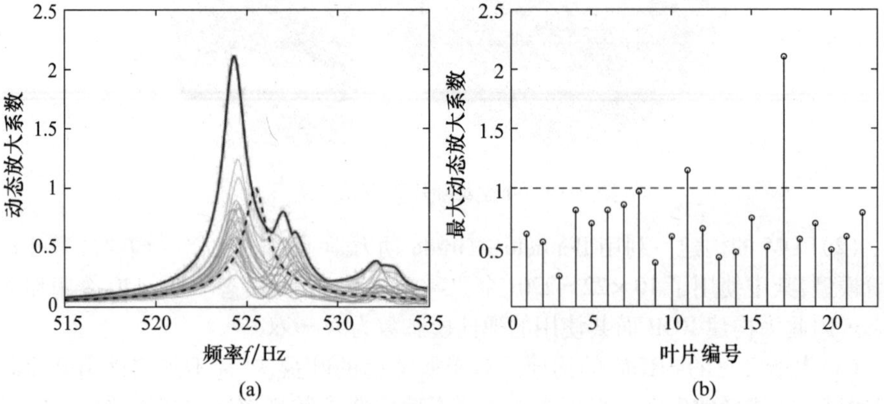

图 9.20　叶盘及叶片的动态放大系数：(a)中的虚线表示调谐叶盘的 $f\to\bar{b}(2\pi f)$ 图，粗线($j=17$)、细线表示失谐叶盘的($f\to B_j(2\pi f,\theta)$ 图；(b)中的水平线表示 $j\to\max\limits_{f\in2\pi\times\mathcal{B}}\bar{b}(2\pi f)$ 图，竖直线表示 $j\to\max\limits_{f\in2\pi\times\mathcal{B}}B_j(2\pi f,\theta)$ 图。

(a)失谐叶盘及已修整叶盘的动态放大系数；(b)各个叶片的最大动态放大系数。

(6)失谐系统随机 DAF 的概率密度函数。对于失谐叶盘，频带 $\mathcal{B}$ 上的随机动态放大系数为

$$B_\infty=\max_{\omega\in\mathcal{B}}B(\omega) \tag{9.9}$$

图9.21为采用失谐叶盘SROM所计算的随机变量B_∞的pdf图$b \to p_{B_\infty}(b)$，该图表明，叶盘具有随机几何形状，其放大系数大于2。

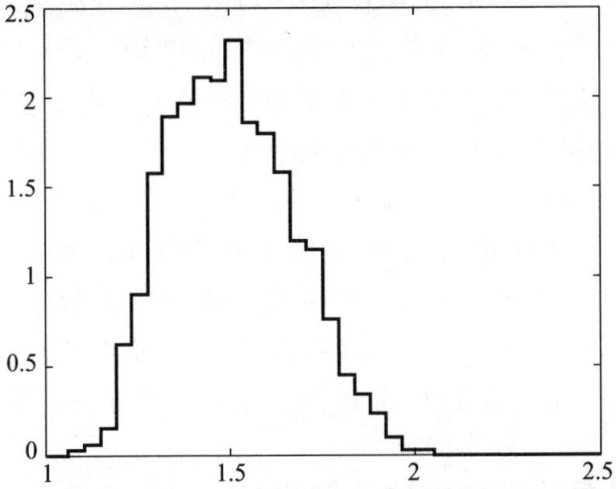

图9.21　采用失谐叶盘SROM所计算的随机变量B_∞的pdf图$b \to p_{B_\infty}(b)$

9.4.1.2　存在旋转失谐及非定常流速时利用失谐技术对某些叶片形状修正的稳健设计

现在考虑图9.22(a)所示的旋转叶盘，其上游流速为马赫数0.8，非定常流速为马赫数0.1~1.5。

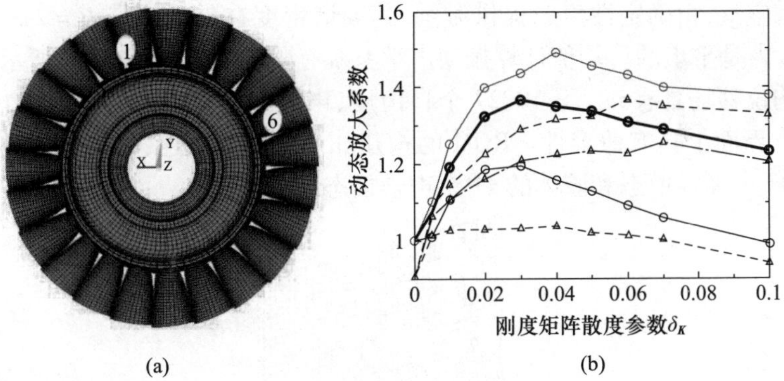

(a)　　(b)

图9.22　为达到人为失谐效果，对(a)中编号为1、6的两个叶片进行了修整；图(b)中的δ_K用于控制失谐程度，动态放大系数值a满足$P\{\text{DAF} \leq a\} = P_c$，实线表示人为失谐前的初始失谐系统，虚线表示存在人为失谐的失谐系统，上、中、下3条曲线所对应的概率水平P_c分别为0.50、0.95、0.99[132]

(a)叶盘有限元模型；(b)动态放大系数与δ_K的关系图。

计算模型如图9.22(a)所示,其中通过修整两个叶片形状来实现人为失谐,通过使用适合不同扇区类型的投影基来构建失谐ROM[131],用不确定非参数概率法考虑失谐(见8.2节)。SROM的构建与9.4.1.1节的方法类似,用随机矩阵系综SG_{ε}^{+}(见5.4.7.2节)为每个扇区构建随机减缩刚度矩阵,其中失谐水平由假定的各个扇区超参数δ_K进行控制(如9.4.1.1节)。采用适用于复数矩阵的系综SE^{rect}构造与频率有关的随机广义非定常气动弹性矩阵(见5.4.8.4节),其不确定性水平由超参数δ_A进行控制。

基于失谐率(由人为失谐叶盘DAF值不确定性水平引起)分析的稳健设计。图9.22(b)分析了失谐水平对人为失谐叶盘动态放大系数(DAF)的影响,图中这一计算结果可由SROM得到。结果表明,人为失谐对低失谐水平非常有效;但对于高失谐水平,人为失谐叶盘的DAF近似于人为失谐处理前的DAF。

9.4.2 计算振动声学中的稳健设计

本节提出一种稳健设计,该设计采用不确定计算振动声学模型,详细内容见文献[33]。

1. 目标

本节进行结构-声腔耦合结构的稳健设计,声腔中存在激励振动声系统的声源。采用非参数概率法考虑刚度不确定性的计算振动声学模型进行稳健设计。

2. 均值计算振动声学模型及其ROM

该模型结构为薄钢板、框架(梁)与声腔的耦合(通过一块板进行结构耦合),声腔充满空气,由确定性声源提供激励,其频谱密度在分析频带$\mathcal{B}=2\pi\times[1190,1260]$ Hz内是平坦的。均值计算振动声学系统有限元模型如图9.23所示,有限元模型结构位移场具有$m_{\mathrm{DOF}}=10927$个自由度、声压场具有$m_f=2793$个自由度,网格在耦合界面上具有兼容性。ROM的构建如8.3.2节所述,在收敛时的ROB由结构的90个弹性模态和腔体的41个声学模态组成。

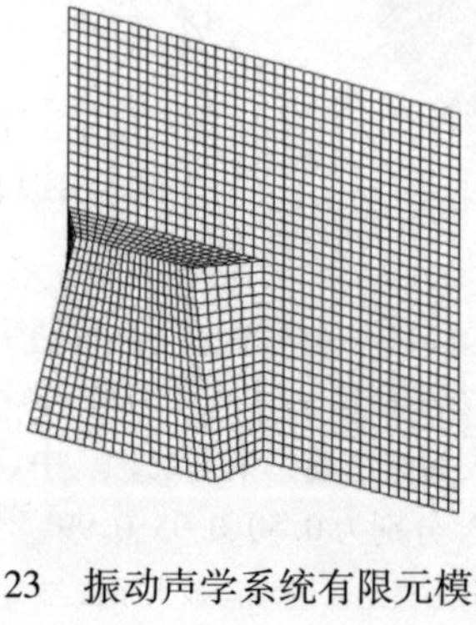

图9.23 振动声学系统有限元模型[33]

3. 振动声学系统的 SROM

假设由建模误差引起的模型不确定性只与结构刚度有关,使用非参数概率法(见 8.3.3 节),其中仅减缩刚度矩阵用随机矩阵(属于 5.4.8.2 节所定义的系综 SE_{ε}^{+})建模。散度参数 δ_{K_S}(超参数)可控制不确定性水平,δ_{K_S}值取 0.25。

4. 刚度不确定声振系统的稳健设计优化

设计参数为与声腔耦合的结构板的厚度 r,容许集 $C_r=\{r\in[0.005,0.007]\text{ m}\}$。随机声观测量 $W(r,\omega)$ 为随机谱声能,对任意角频率 $\omega\in\mathcal{B}$,有

$$\begin{cases} W(r,\omega)=\dfrac{|\Omega_a|}{\rho_a c_a^2}\overline{P(r,\omega)^2} \\ \overline{P(r,\omega)^2}=\dfrac{1}{m_f}\displaystyle\sum_{j=1}^{m_f}|P_j(r,\omega)|^2 \end{cases} \tag{9.10}$$

式中:$P(r,\omega)=(P_1(r,\omega),P_2(r,\omega),\cdots,P_{m_f}(r,\omega))$为随机声压场有限元离散化的随机向量;$|\Omega_a|$为内部声腔体积;$\rho_a$ 为空气质量密度;c_a 为平衡状态空气中的声速。稳健设计优化是将频带上关于 r 的 99% 的随机谱声能密度的最大值最小化,对于固定的 $r\in C_r$ 及固定的 $\omega\in\mathcal{B}$,设 $w^+(r,\omega)$ 为随机 $W(r,\omega)$ 的 99%,即

$$P\{W(r,\omega)\leqslant w^+(r,\omega)\}=0.99 \tag{9.11}$$

目标函数为

$$\mathcal{J}(r)=\frac{\max\limits_{\omega\in\mathcal{B}}w^+(r,\omega)}{\max\limits_{\omega\in\mathcal{B}}\overline{w}(r_0,\omega)} \tag{9.12}$$

式中:$\overline{w}(r_0,\omega)$为设计参数 r 的名义值 $r_0=0.005\text{m}$(优化前)时均值计算振动声学模型的观测量。对给定的 δ_{K_S},需要解决的优化问题是寻找 $r^{\mathrm{RD}}\in C_r$,使对任意 $r\in C_r$,有

$$\mathcal{J}(r^{\mathrm{RD}})\leqslant\mathcal{J}(r) \tag{9.13}$$

用蒙特卡罗数值模拟方法进行 $n_s=500$ 次独立随机模拟求解(见 6.4 节)。

5. 利用设计优化及稳健设计优化得到设计参数最优值。图 9.24(a)为均值计算模型(名义值取 r_0)所计算的 $f\to10\lg(\overline{w}(r_0,2\pi f))$ 图及概率水平为 0.98 时 $f\to10\lg(W(r_0,2\pi f))$ 的置信区域。图 9.24(b)为 $r\to10\lg(\max\limits_{\omega\in\mathcal{B}}\overline{w}(r,\omega))$ 函数图及 $r\to10\lg(\max\limits_{\omega\in\mathcal{B}}w^+(r,\omega))$ 函数图,前者表明通过求解设计优化问题而计算出的设计参数 r 的最优值为 $r^{\mathrm{D}}=5.9\times10^{-3}\text{m}$,后者表明通过求解稳健设计优化问题而计算出的设计参数 r 的最优值为 $r^{\mathrm{RD}}=5.95\times10^{-3}\text{m}$。

6. 使用设计优化及稳健设计优化计算声观测量的置信区域。图 9.25 为声观测量的置信区域,图(a)所示置信区域对应于通过求解设计优化问题而计算出的设计参数 r 的最优设计点 r^{D},图(b)所示置信区域对应于通过求解稳健设计优化问题而计算出的设计参数 r 的最优设计点 r^{RD}。可以看出,谱声能密度 $\overline{w}(r^{\mathrm{D}},\omega)$的

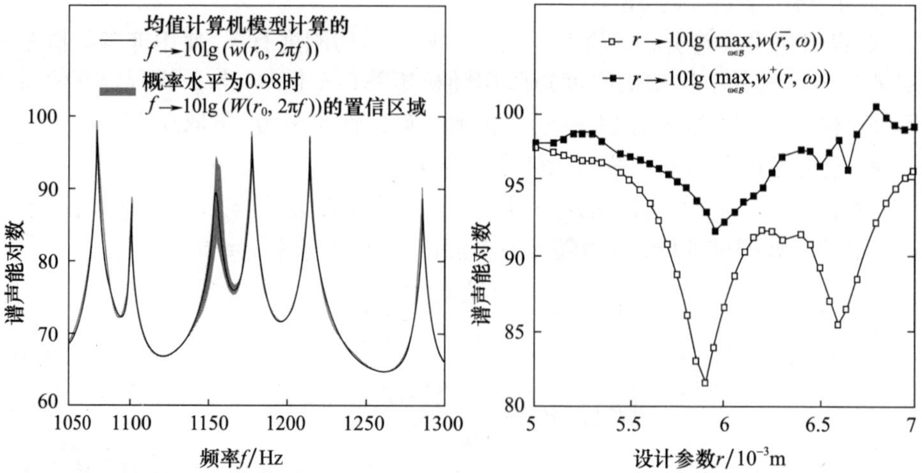

(a) (b)

图 9.24　谱声能对数图[33]

(a)均值模型及随机模型的谱声能对数图;(b)设计优化与稳健设计。

共振峰值已显著减小。对于最优设计参数 r^{D},结构的弹性模态与腔体的声模态耦合产生弹性声学模态,在这种共振情况下,从内部声腔向结构传递的能量达到最大,这种能量泵送现象对设计参数 r 非常敏感。至于不确定性,与名义结构声学系统($r=r_0$)相比,$r=r^{RD}$ 时结构声学系统的稳健性变差。考虑名义结构声学系统($r=r_0$)置信区域上包络线所对应的声级归一化的声增益,可得到稳健设计优化 4.5dB 的声增益和设计优化 15.7dB 的声增益。显然根据最优稳健设计所制造的实际结构声学系统性能最佳。

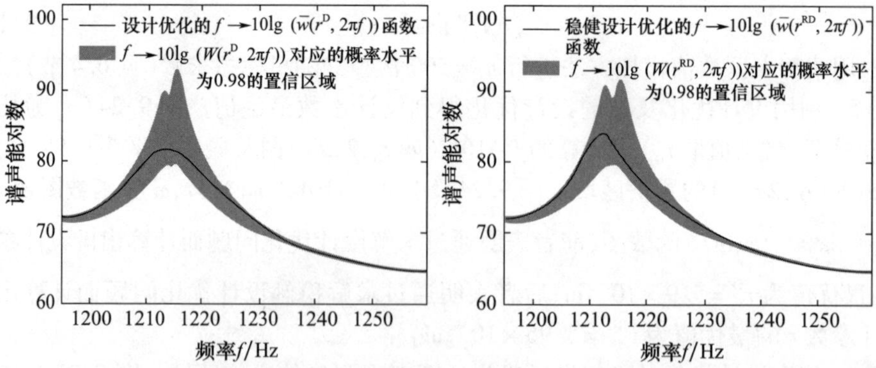

(a) (b)

图 9.25　优化设计与稳健设计[33]

(a)设计优化;(b)稳健设计。

第 10 章 连续介质固体力学中的随机场及不确定性量化

非高斯矩阵值随机场是边界值问题的模型参数，利用与模型观测量有关的部分有限实验数据对这一随机场进行实验辨识的统计反问题是一个难题。本章以第 8 章和第 9 章的理论尤其是随机矩阵理论（见第 5 章）、随机求解（见第 4 章及第 6 章）及统计反问题的计算方法（见第 7 章）为基础，给出了一种改进方法。但本章首先将介绍有关随机场及其多项式混沌表示的数学结论，这是 5.5 节 ~ 5.7 节所介绍的有限维数学工具向无限维的扩展，也是求解非高斯随机场统计反问题所必需的。

以下是材料微观结构的释义与可采用的随机建模类型。

（1）简单微观结构：可用其成分来描述的微观结构，如由聚合物基体和长碳纤维组成的复合材料。

（2）复杂微观结构：不能用其成分来描述的微观结构，如活组织。以肌腱结构为例，其层次结构可以用 $1.5\times10^{-9}\sim1.5\times10^{-3}$m 的 6 个尺度来描述，分别为原胶原、微纤维、亚纤维、原纤维、束和肌腱。

图 10.1 描述了材料多尺度建模中的随机建模类别。特别地，可以看出对于非均匀复杂微观结构，微观结构表观特性的随机模型可以在与微观结构的空间相关长度尺度所对应的介观尺度上构建。本章将以此应用案例为基础，来介绍一种一般方法。

尺度范围	简单微观结构	复杂微观结构
宏观尺寸L	有效性能	有效性能
等效体积元ℓ	采用改变尺度的方法	采用改变尺度的方法
相关长度λ		介观尺度表观性能随机模型
各向异性尺度d	根据简单微观结构几何形状及成分构建随机模型	由于微观结构的复杂性，无法根据其成分构建随机模型
下界d_0	在小尺度范围无明显的统计耦合	在小尺度范围有明显的统计耦合
μ		

图 10.1　简单及复杂微观结构尺度与随机建模类型

10.1 随机场及其多项式混沌表示

非高斯二阶随机场由其边缘概率分布族(有限维集合上的不可数概率分布族)定义,而非由其均值函数及协方差函数定义,这与高斯随机场相同。这一非高斯随机场的实验识别需要引入一种合适的表示形式,以便求解统计反问题。针对任意非高斯二阶随机场,基于多项式混沌展开的表示是一种重要表示形式[27],它最初在计算科学及工程领域的应用可见文献[84 - 85]。本节提出一种有效的构造方法,即将 Karhunen - Loève 展开(可使用统计减缩模型)与统计减缩模型的多项式混沌展开相结合的方法。然后对这类构造方法重新分析,采用谱方法来求解边界值问题(如文献[167,59,69,87 - 88,145,123,152])。多项式混沌展开也扩展至任意概率测度(见文献[222,122,126,188,217,74])及稀疏表示(见文献[24])。为了进行高次多项式混沌模拟的稳健性分析计算,出现了新的算法[199,162]。这种表示形式也可扩展至随机系数多项式混沌展开[196]、齐次混沌空间自适应基[213]的构造、任意多模多维概率分布[206]及数据驱动的概率集中和流形上的抽样[210]等情形。

10.1.1 随机场的定义

设 Ω 为 $\mathbf{R}^d$ 的任意部分,$d \geqslant 1$(可能满足 $\Omega = \mathbf{R}^d$),并假设 Ω 在不可数集内,概率空间$(\Theta, \mathcal{T}, P)$上随 Ω 而推移的随机场 $\{\boldsymbol{V}(\boldsymbol{x}), \boldsymbol{x} \in \Omega\} \in \mathbf{R}^\mu$ 可用 Ω 到由 Θ 到 $\mathbf{R}^\mu$ 的随机变量集表示:

$$\boldsymbol{x} \to \boldsymbol{V}(\boldsymbol{x}) = (V_1(\boldsymbol{x}), V_2(\boldsymbol{x}), \cdots, V_\mu(\boldsymbol{x})) \tag{10.1}$$

对任意给定的 $\boldsymbol{x} \in \Omega$,$\boldsymbol{V}(\boldsymbol{x})$ 为从 Θ 到 $\mathbf{R}^\mu$ 的随机变量 $\theta \to \boldsymbol{V}(\boldsymbol{x}, \theta)$。对任意给定的 $\theta \in \Theta$,$\boldsymbol{V}(\boldsymbol{x}, \theta)$ 为 μ 维随机变量 $\boldsymbol{V}(\boldsymbol{x})$ 的随机模拟量(或样本),$\theta \to \boldsymbol{V}(\boldsymbol{x}, \theta)$ 为随机场 $\boldsymbol{V}$ 的轨迹(或模拟路径)。

10.1.2 边缘概率分布族

设 $\boldsymbol{x}^1, \boldsymbol{x}^2, \cdots, \boldsymbol{x}^v$ 为 Ω 的任意有限子集,$\widetilde{\boldsymbol{V}} = (\boldsymbol{V}(\boldsymbol{x}^1), \boldsymbol{V}(\boldsymbol{x}^2), \cdots, \boldsymbol{V}(\boldsymbol{x}^v)) \in \mathbf{R}^n$ 为随机变量,$n = v \times \mu$。随机变量 $\widetilde{\boldsymbol{V}}$ 在 $\mathbf{R}^n$ 上的概率分布 $P_{\widetilde{\boldsymbol{V}}}(\mathrm{d}\tilde{\boldsymbol{v}})$($\tilde{\boldsymbol{v}} = (\boldsymbol{v}^1, \boldsymbol{v}^2, \cdots, \boldsymbol{v}^v)$)为与有限子集 $\boldsymbol{x}^1, \boldsymbol{x}^2, \cdots, \boldsymbol{x}^v$ 相关的随机场 $\boldsymbol{V}$ 的边缘概率分布,随机场 $\boldsymbol{V}$ 的边缘概率分布族由所有有限概率分布 $P_{\widetilde{\boldsymbol{V}}}(\mathrm{d}\tilde{\boldsymbol{v}})$($\Omega$ 所有可能的有限子集的有限概率分布)的不可数族组成。

高斯随机场的特殊情形:如果边缘概率分布族的每个概率分布 $P_{\widetilde{\boldsymbol{V}}}(\mathrm{d}\tilde{\boldsymbol{v}})$ 都是高斯

分布，则随机场 $\boldsymbol{V}$ 为高斯随机场，也就是说，随机场 $\boldsymbol{V}$ 由高斯概率密度函数定义。

10.1.3 随机场 Karhunen – Loève 展开

为增强可读性，对 5.7 节所介绍的符号进行修改，总结出关于随机场 $\boldsymbol{V}$ 的 Karhunen – Loève 展开的主要结论。

随机场 $\boldsymbol{V}$ 的二阶矩：如果对任意 $\boldsymbol{x}\in\Omega$，有 $E\{\|\boldsymbol{V}(\boldsymbol{x})\|^2\}<+\infty$，则随机场 $\{\boldsymbol{V}(\boldsymbol{x}),\boldsymbol{x}\in\Omega\}$ 为二阶随机场。这一个随机场的二阶矩如下。

(1) 均值函数：从 Ω 到 $\mathbf{R}^\mu$ 的函数 $\boldsymbol{x}\to\boldsymbol{m}_V(\boldsymbol{x})=E\{\boldsymbol{V}(\boldsymbol{x})\}$。

(2) 自相关函数：从 $\Omega\times\Omega$ 到 $\mathbf{M}_\mu(\mathbf{R})$ 的函数 $(\boldsymbol{x},\boldsymbol{x}')\to\boldsymbol{R}_V(\boldsymbol{x},\boldsymbol{x}')=E\{\boldsymbol{V}(\boldsymbol{x})\boldsymbol{V}(\boldsymbol{x}')^{\mathrm{T}}\}$。

(3) 协方差函数：从 $\Omega\times\Omega$ 到 $\mathbf{M}_\mu(\mathbf{R})$ 的函数 $(\boldsymbol{x},\boldsymbol{x}')\to\boldsymbol{C}_V(\boldsymbol{x},\boldsymbol{x}')=E\{(\boldsymbol{V}(\boldsymbol{x})-\boldsymbol{m}_V(\boldsymbol{x}))\times(\boldsymbol{V}(\boldsymbol{x}')-\boldsymbol{m}_V(\boldsymbol{x}'))^{\mathrm{T}}\}$，并假设满足

$$\int_\Omega\int_\Omega\|\boldsymbol{C}_V(\boldsymbol{x},\boldsymbol{x}')\|_F^2\mathrm{d}x\mathrm{d}x'<+\infty \tag{10.2}$$

特征值问题及希尔伯特基：在式(10.2)的假设下，式(10.3)所示特征值问题可使降序正特征值 $l_1\geqslant l_2\geqslant\cdots\to0$ 满足 $\sum_i^{+\infty}\lambda_i^2<+\infty$，且特征向量族 $\{\boldsymbol{\phi}^i,i\in\mathbf{N}^*\}$ 为 $L^2(\Omega,\mathbf{R}^\mu)$ 的希尔伯特基。因此，有

$$\mathbf{C}_V\boldsymbol{\phi}=\lambda\boldsymbol{\phi}:\int_\Omega\boldsymbol{C}_V(\boldsymbol{x},\boldsymbol{x}')\boldsymbol{\phi}(\boldsymbol{x}')\mathrm{d}\boldsymbol{x}'=\lambda\boldsymbol{\phi}(\boldsymbol{x}) \tag{10.3}$$

$$<\boldsymbol{\phi}^i,\boldsymbol{\phi}^{i'}>_{L^2}=\int_\Omega<\boldsymbol{\phi}^i(\boldsymbol{x}),\boldsymbol{\phi}^{i'}(\boldsymbol{x})>\mathrm{d}\boldsymbol{x}=\delta_{ii'} \tag{10.4}$$

$$\|\boldsymbol{\phi}^i\|_{L^2}^2=\int_\Omega\|\boldsymbol{\phi}^i(\boldsymbol{x})\|^2\mathrm{d}\boldsymbol{x}=1 \tag{10.5}$$

$\{\boldsymbol{V}(\boldsymbol{x}),\boldsymbol{x}\in\Omega\}$ 的 KL 展开为

$$\boldsymbol{V}(\boldsymbol{x})=\boldsymbol{m}_V(\boldsymbol{x})+\sum_{i=1}^\infty\sqrt{\lambda_i}\,\eta_i\boldsymbol{\phi}^i(\boldsymbol{x}) \tag{10.6}$$

式中：随机变量 $\{\eta_i,i\in\mathbf{N}^*\}$ 是中心不相关随机变量，且

$$\eta_i=\frac{1}{\sqrt{\lambda_i}}<\boldsymbol{V}-\boldsymbol{m}_V,\boldsymbol{\phi}^i>_{L^2}=\frac{1}{\sqrt{\lambda_i}}\int_\Omega<\boldsymbol{V}(\boldsymbol{x})-\boldsymbol{m}_V(\boldsymbol{x}),\boldsymbol{\phi}^i(\boldsymbol{x})>\mathrm{d}\boldsymbol{x} \tag{10.7}$$

$$E\{\eta_i\}=0,E\{\eta_i\eta_{i'}\}=\delta_{ii'} \tag{10.8}$$

需要注意的是，随机变量 $\{\eta_i,i\in\mathbf{N}^*\}$ 具有统计相关性，且通常不是高斯随机变量。但如果随机场 $\boldsymbol{V}$ 是高斯随机场，则随机变量 $\{\eta_i,i\in\mathbf{N}^*\}$ 为高斯随机变量（见 2.5.2 节定理 2.1），且由于中心性及不相关性，$\{\eta_i,i\in\mathbf{N}^*\}$ 是统计独立的。

有限近似（统计减缩）。$\{\boldsymbol{V}(\boldsymbol{x}),\boldsymbol{x}\in\Omega\}$ 的减缩统计模型记为 $\{\boldsymbol{V}^{(m)}(\boldsymbol{x}),\boldsymbol{x}\in\Omega\}$，满足

$$\boldsymbol{V}^{(m)}(\boldsymbol{x})=\boldsymbol{m}_V(\boldsymbol{x})+\sum_{i=1}^{m}\sqrt{\lambda_i}\,\eta_i\boldsymbol{\phi}^i(\boldsymbol{x}) \tag{10.9}$$

m 维随机变量 $\boldsymbol{\eta}=(\eta_1,\eta_2,\cdots,\eta_m)$满足

$$E\{\boldsymbol{\eta}\}=0,\ E\{\boldsymbol{\eta}\boldsymbol{\eta}^{\mathrm{T}}\}=\boldsymbol{I}_m \tag{10.10}$$

减缩统计模型的 L^2 收敛性通过式(10.11)进行控制：

$$E\{\|\boldsymbol{V}-\boldsymbol{V}^{(m)}\|_{L^2}^2\}=\sum_{i=m+1}^{\infty}\lambda_i=E\{\|\boldsymbol{V}-\boldsymbol{m}_V\|_{L^2}^2\}-\sum_{i=1}^{m}\lambda_i \tag{10.11}$$

10.1.4 随机场的多项式混沌展开

方法:随机场多项式混沌展开法是对 m 维随机变量 $\boldsymbol{\eta}=(\eta_1,\eta_2,\cdots,\eta_m)$进行有限多项式混沌展开,即 $\boldsymbol{\eta}_i^{\text{chaos}}(N_d,N_g)$(见5.5节),并得到有限近似值：

$$\boldsymbol{V}^{(m,N_d,N_g)}(\boldsymbol{x})=\boldsymbol{m}_V(\boldsymbol{x})+\sum_{i=1}^{m}\sqrt{\lambda_i}\,\eta_i^{\text{chaos}}(N_d,N_g)\boldsymbol{\phi}^i(\boldsymbol{x}) \tag{10.12}$$

$$E\{\boldsymbol{\eta}^{\text{chaos}}(N_d,N_g)\}=0,E\{\boldsymbol{\eta}^{\text{chaos}}(N_d,N_g)\boldsymbol{\eta}^{\text{chaos}}(N_d,N_g)^{\mathrm{T}}\}=\boldsymbol{I}_m \tag{10.13}$$

然后在 $L^2(\Omega,L^2(\Theta,\mathbf{R}^{\mu}))$上对$\{\boldsymbol{V}^{(m,N_d,N_g)}(\boldsymbol{x}),\boldsymbol{x}\in\Omega\}_{(m,N_d,N_g)}$进行收敛性分析。

5.5节所介绍的有限PCE:设 $\boldsymbol{\Xi}$ 为$(\Theta,\mathcal{T},P)$上给定的 N_g 维实随机变量,已知关于 $\mathrm{d}\xi$ 的概率密度函数 $p_{\boldsymbol{\Xi}}(\xi)$,支集 $\operatorname{supp} p_{\boldsymbol{\Xi}}=s\subset\mathbf{R}^{N_g}$(可能 $s=\mathbf{R}^{N_g}$),且

$$\int_{\mathbf{R}^{N_g}}\|\xi\|^{\tilde{m}}p_{\boldsymbol{\Xi}}(\xi)\,\mathrm{d}\xi<+\infty\ (\forall\,\tilde{m}\in\mathbf{N}) \tag{10.14}$$

设 $\boldsymbol{\alpha}=(\alpha_1,\alpha_2,\cdots,\alpha_{N_g})\in\mathcal{A}=\mathbf{N}^{N_g}$为多重指数,对任意 $N_d\geqslant1$,设 $\mathcal{A}_{N_d}\subset\mathcal{A}$ 为多重指数的有限子集,满足

$$\mathcal{A}_{N_d}=\{\boldsymbol{\alpha}=(\alpha_1,\alpha_2,\cdots,\alpha_{N_g})\in\mathbf{N}^{N_g}\,|\,0\leqslant\alpha_1+\alpha_2+\cdots+\alpha_{N_g}\leqslant N_d\} \tag{10.15}$$

式中:$\mathcal{A}_{N_d}$的 $1+N$ 个元素表示为 $\alpha^{(0)},\alpha^{(1)},\cdots,\alpha^{(N)},\alpha^{(0)}=(0,\cdots,0)$,整数 $N=\tilde{\boldsymbol{h}}(N_d,N_g)$为 N_d 及 N_g 的函数：

$$N=\tilde{\boldsymbol{h}}(N_d,N_g)=\frac{(N_g+N_d)!}{N_g!\ N_d!}-1 \tag{10.16}$$

在 $L^2(\Theta,\mathbf{R}^m)$上,对固定的 m,$\boldsymbol{\eta}$ 的 PCE 为

$$\boldsymbol{\eta}=\lim_{N_g\to m,N_d\to+\infty}\boldsymbol{\eta}^{\text{chaos}}(N_d,N_g) \tag{10.17}$$

$$\boldsymbol{\eta}^{\text{chaos}}(N_d,N_g)=\sum_{j=1}^{N}\boldsymbol{y}^j\Psi_{\boldsymbol{\alpha}^{(j)}}(\boldsymbol{\Xi}),\boldsymbol{y}^j=E\{\boldsymbol{\eta}\Psi_{\boldsymbol{\alpha}^{(j)}}(\boldsymbol{\Xi})\}\in\mathbf{R}^m \tag{10.18}$$

由式(10.13)中第二个式子可以推断出PCE的系数满足以下约束方程：

$$\boldsymbol{y}^0=\boldsymbol{0},\ \sum_{j=1}^{N}\boldsymbol{y}^j(\boldsymbol{y}^j)^{\mathrm{T}}=\boldsymbol{I}_m \tag{10.19}$$

有限PCE的 L^2 误差可通过式(10.20)进行估算：

$$E\{\|\boldsymbol{\eta}-\boldsymbol{\eta}^{\text{chaos}}(N_d,N_g)\|^2\}=E\{\|\boldsymbol{\eta}\|^2\}-\sum_{j=0}^{N}\|\boldsymbol{y}^j\|^2 \tag{10.20}$$

随机场的有限多项式混沌展开。随机场$\{\boldsymbol{V}(\boldsymbol{x}),\boldsymbol{x}\in\Omega\}$由$\{\boldsymbol{x}^{(m,N_d,N_g)}(\boldsymbol{x}),\boldsymbol{x}\in\Omega\}$表示的有限 PCE 可总结为以下几个公式:

$$\boldsymbol{V}^{(m,N_d,N_g)}(\boldsymbol{x})=\boldsymbol{m}_V(\boldsymbol{x})+\sum_{i=1}^{m}\sqrt{\lambda_i}\boldsymbol{\eta}_i^{\text{chaos}}(N_d,N_g)\boldsymbol{\phi}^i(\boldsymbol{x}) \tag{10.21}$$

$$\boldsymbol{\eta}^{\text{chaos}}(N_d,N_g)=\sum_{j=1}^{N}\boldsymbol{y}^j\Psi_{\boldsymbol{\alpha}^{(j)}}(\boldsymbol{\Xi}),\boldsymbol{y}^j\in\mathbf{R}^m \tag{10.22}$$

$$\boldsymbol{y}^0=\mathbf{0},\ \sum_{j=1}^{N}\boldsymbol{y}^j(\boldsymbol{y}^j)^{\mathrm{T}}=\boldsymbol{I}_m \tag{10.23}$$

如果引入$\boldsymbol{v}^j(\boldsymbol{x})=\sum_{i=1}^{m}\sqrt{\lambda_i}y_i^j\boldsymbol{\phi}^i(\boldsymbol{x})$,则$\{\boldsymbol{V}^{(m,N_d,N_g)}(\boldsymbol{x}),\boldsymbol{x}\in\Omega\}$也可分别表示为

$$\boldsymbol{V}^{(m,N_d,N_g)}(\boldsymbol{x})=\boldsymbol{m}_V(\boldsymbol{x})+\sum_{j=1}^{N}\boldsymbol{v}^j(\boldsymbol{x})\Psi_{\boldsymbol{\alpha}^{(j)}}(\boldsymbol{\Xi}) \tag{10.24}$$

$$\boldsymbol{v}^j(\boldsymbol{x})=E\{(\boldsymbol{V}(\boldsymbol{x})-\boldsymbol{m}_V(\boldsymbol{x}))\Psi_{\boldsymbol{\alpha}^{(j)}}(\boldsymbol{\Xi})\}\in\mathbf{R}^{\mu} \tag{10.25}$$

$$\boldsymbol{v}^0=\mathbf{0},\ <\boldsymbol{v}^j,\boldsymbol{v}^{j'}>_{L^2}=\sum_{i=1}^{m}\lambda_i y_i^j y_i^{j'} \tag{10.26}$$

10.2 高随机维数待求统计反问题的设置

由于非高斯随机场具有非高斯特性(无法用简单的均值函数和协方差函数辨识来概括),且事实上随机问题通常是高维的,因此关于非高斯随机场(边界值问题偏微分方程的矩阵系数)识别的统计反问题是一个难题。

用于构建非高斯随机场(该随机场可对边界值问题的模型参数进行建模,以便利用统计反问题的识别方法对其进行识别。)的参数化表示的多项式混沌展开可参考文献[63-64],文献[92-93]中有其具体的针对性应用,且文献[57]对这种方法有新的论述。文献[56]利用渐进抽样高斯分布(该分布通过 Fisher 信息矩阵构建)提出了多项式混沌展开随机系数概率模型的构建,并用于模型验证[87]。这一工作针对的是低随机维数的统计反问题,而文献[200,162-163,203]则引入了高随机维数统计反问题。文献[10,201]利用随机场随机系数的减缩混沌分解[196],分别针对低随机维数与高随机维数,提出了 BVP 的模型参数多项式混沌展开随机系数后验概率模型识别的贝叶斯法。利用随机场的 PCE,可对非线性弹性材料的计算随机多尺度分析进行不确定性量化[50-51]。利用关于随机 BPV 随机解的模型观测量的部分有限实验数据,在高随机维数下对非高斯正矩阵值随机场进行实验识别较为困难,需要采用合适的表示和方法[197,201,203,153]。

本节主要讨论计算力学中经常遇到的随机椭圆算子,并介绍相应的理论方法、随机建模及统计反问题。

10.2.1 随机椭圆算子及边界值问题

设 $d=2$ 或 $d=3$,设 $n\geqslant 1$ 及 $1\leqslant N_u\leqslant n$ 为整数,设 Ω 为 $\mathbf{R}^d$ 的有界开区域,一般点 $\boldsymbol{x}=(x_1,x_2,\cdots,x_d)$,$\Omega$ 的边界为$\partial\Omega$,设 $\boldsymbol{n}(\boldsymbol{x})=(n_1(\boldsymbol{x}),n_2(\boldsymbol{x}),\cdots,n_d(\boldsymbol{x}))$ 为 $\overline{\Omega}=\Omega\cup\partial\Omega$ 的外单位法向量。

定义为椭圆算子系数的随机场。设 $\boldsymbol{K}=\{\boldsymbol{K}(\boldsymbol{x}),\boldsymbol{x}\in\Omega\}$ 为$(\Theta,\mathcal{T},\mathrm{P})$上随 Ω 变化的非高斯随机场,其取值在 $\mathbf{M}_n^+(\mathbf{R})$上。由于 $\boldsymbol{K}$ 取值在 $\mathbf{M}_n^+(\mathbf{R})$上,因此随机场 $\boldsymbol{K}$ 不可能为高斯随机场,随机场 $\boldsymbol{K}$ 用于给定随机椭圆算子系数 $\boldsymbol{u}\to\mathcal{D}_x(\boldsymbol{u})$(该算子适用于 Ω 上的场 $\boldsymbol{u}(\boldsymbol{x})=(u_1(\boldsymbol{x}),u_2(\boldsymbol{x}),\cdots,u_{N_u}(\boldsymbol{x}))\in\mathbf{R}^{N_u}$)的建模。$\boldsymbol{u}$ 上的边界值问题与随机椭圆算子 $\mathcal{D}_{\boldsymbol{x}}$(已知$\partial\Omega=\Gamma_0\cup\Gamma\cup\Gamma_1$ 上的边界条件,其中:已知 Γ_0 上的一个 Dirichlet 条件、Γ 上的一个零诺依曼条件及 Γ_1 上的一个非零诺依曼条件)有关。

随机椭圆算子实例 1:扩散算子。对于三维各向异性扩散问题,关于扩散介质密度 u 的随机椭圆微分算子为

$$\{\mathcal{D}_{\boldsymbol{x}}(u)\}(\boldsymbol{x})=-\mathrm{div}_{\boldsymbol{x}}(\boldsymbol{K}(\boldsymbol{x})\ \nabla_{\boldsymbol{x}}u(\boldsymbol{x}))(\boldsymbol{x}\in\Omega)\tag{10.27}$$

式中:$d=n=3$,$N_u=1$,$\mathrm{div}_{\boldsymbol{x}}=\{\nabla_{\boldsymbol{x}}\cdot\}$为耗散算子;$\boldsymbol{K}(\boldsymbol{x}),\boldsymbol{x}\in\Omega\in\mathbf{M}_n^+(\mathbf{R})$为介质随机场。

随机椭圆算子实例 2:弹性算子。对于波在三维随机非均匀各向异性线弹性介质中的传播,有 $d=3$,$n=6$,$N_u=3$,相对于位移场 $\boldsymbol{u}$ 的随机椭圆微分算子为

$$\{\mathcal{D}_{\boldsymbol{x}}(\boldsymbol{u})\}(\boldsymbol{x})=-\boldsymbol{D}_{\boldsymbol{x}}^{\mathrm{T}}\boldsymbol{K}(\boldsymbol{x})\boldsymbol{D}_{\boldsymbol{x}}\boldsymbol{u}(\boldsymbol{x})(\boldsymbol{x}\in\Omega)\tag{10.28}$$

式中:$\boldsymbol{K}=\{\boldsymbol{K}(\boldsymbol{x}),\boldsymbol{x}\in\Omega\}$ 为介质弹性随机场,可由四阶张量弹性场$\{\boldsymbol{C}_{ijkh}(\boldsymbol{x}),\boldsymbol{x}\in\Omega\}$通过式(10.29)推导出来:

$$\boldsymbol{K}=\begin{bmatrix}\boldsymbol{C}_{1111} & \boldsymbol{C}_{1122} & \boldsymbol{C}_{1133} & \sqrt{2}\boldsymbol{C}_{1112} & \sqrt{2}\boldsymbol{C}_{1113} & \sqrt{2}\boldsymbol{C}_{1123}\\ \boldsymbol{C}_{2211} & \boldsymbol{C}_{2222} & \boldsymbol{C}_{2233} & \sqrt{2}\boldsymbol{C}_{2212} & \sqrt{2}\boldsymbol{C}_{2213} & \sqrt{2}\boldsymbol{C}_{2223}\\ \boldsymbol{C}_{3311} & \boldsymbol{C}_{3322} & \boldsymbol{C}_{3333} & \sqrt{2}\boldsymbol{C}_{3312} & \sqrt{2}\boldsymbol{C}_{3313} & \sqrt{2}\boldsymbol{C}_{3323}\\ \sqrt{2}\boldsymbol{C}_{1211} & \sqrt{2}\boldsymbol{C}_{1222} & \sqrt{2}\boldsymbol{C}_{1233} & 2\boldsymbol{C}_{1212} & 2\boldsymbol{C}_{1213} & 2\boldsymbol{C}_{1223}\\ \sqrt{2}\boldsymbol{C}_{1311} & \sqrt{2}\boldsymbol{C}_{1322} & \sqrt{2}\boldsymbol{C}_{1333} & 2\boldsymbol{C}_{1312} & 2\boldsymbol{C}_{1313} & 2\boldsymbol{C}_{1323}\\ \sqrt{2}\boldsymbol{C}_{2311} & \sqrt{2}\boldsymbol{C}_{2322} & \sqrt{2}\boldsymbol{C}_{2333} & 2\boldsymbol{C}_{2312} & 2\boldsymbol{C}_{2313} & 2\boldsymbol{C}_{2323}\end{bmatrix}\tag{10.29}$$

式中:$\boldsymbol{D}_x$ 为微分算子,即

$$\boldsymbol{D}_{\boldsymbol{x}}=\boldsymbol{M}^{(1)}\frac{\partial}{\partial x_1}+\boldsymbol{M}^{(2)}\frac{\partial}{\partial x_2}+\boldsymbol{M}^{(3)}\frac{\partial}{\partial x_3}\tag{10.30}$$

式中:$\boldsymbol{M}^{(1)}$、$\boldsymbol{M}^{(2)}$及 $\boldsymbol{M}^{(3)}$为$(n\times N_u)$的实矩阵,分别为

$$M^{(1)}=\begin{bmatrix}1&0&0\\0&0&0\\0&0&0\\0&\frac{1}{\sqrt{2}}&0\\0&0&\frac{1}{\sqrt{2}}\\0&0&0\end{bmatrix},M^{(2)}=\begin{bmatrix}0&0&0\\0&1&0\\0&0&0\\\frac{1}{\sqrt{2}}&0&0\\0&0&0\\0&0&\frac{1}{\sqrt{2}}\end{bmatrix},M^{(3)}=\begin{bmatrix}0&0&0\\0&0&0\\0&0&1\\0&0&0\\\frac{1}{\sqrt{2}}&0&0\\0&\frac{1}{\sqrt{2}}&0\end{bmatrix}$$

一个与时间无关的线弹性随机边界值问题的例子。三维随机非均匀各向异性线弹性介质的线弹性静力随机边界值问题在 Ω、Γ_0、Γ 和 Γ_1 上可分别表示为

$$-\boldsymbol{D}_x{}^{\mathrm{T}}\boldsymbol{K}(\boldsymbol{x})\boldsymbol{D}_x\boldsymbol{u}(\boldsymbol{x})=\boldsymbol{0} \tag{10.31}$$

$$\boldsymbol{u}=\boldsymbol{0} \tag{10.32}$$

$$\mathcal{M}_{\boldsymbol{n}}(\boldsymbol{x})^{\mathrm{T}}\boldsymbol{K}(\boldsymbol{x})\boldsymbol{D}_x\boldsymbol{u}(\boldsymbol{x})=\boldsymbol{0} \tag{10.33}$$

$$\mathcal{M}_{\boldsymbol{n}}(\boldsymbol{x})^{\mathrm{T}}\boldsymbol{K}(\boldsymbol{x})\boldsymbol{D}_x\boldsymbol{u}(\boldsymbol{x})=\boldsymbol{f}_{\Gamma_1} \tag{10.34}$$

式中：$\mathcal{M}_{\boldsymbol{n}}(\boldsymbol{x})=\boldsymbol{M}^{(1)}n_1(\boldsymbol{x})+\boldsymbol{M}^{(2)}n_2(\boldsymbol{x})+\boldsymbol{M}^{(3)}n_3(\boldsymbol{x})$；$\boldsymbol{f}_{\Gamma_1}$ 为给定的施加于 Γ_1 的表面力场。

10.2.2 随机计算模型及可用数据集

设 $\mathcal{I}=\{\boldsymbol{x}^1,\boldsymbol{x}^2,\cdots,\boldsymbol{x}^{N_p}\}\subset\Omega$ 为 Ω 的有限子集，由 Ω 网格的有限元通过数值积分公式所引入的所有积分点组成。计算模型的随机观测量为概率空间 $(\Theta,\mathcal{T},P)$ 上的随机向量 $\boldsymbol{W}$，其取值在 $\mathbf{R}^{N_W}$ 上，而且存在部分有限关于此概率空间的可用数据。$\boldsymbol{W}$ 的分量由位于 Γ 上网格所有节点上随机场 $\{\boldsymbol{U}(\boldsymbol{x}),\boldsymbol{x}\in\Omega\}$ 节点值的 N_W 个自由度构成。因此，随机向量 $\boldsymbol{W}$ 为 N_p 个相关随机矩阵 $\boldsymbol{K}(\boldsymbol{x}^1),\boldsymbol{K}(\boldsymbol{x}^2),\cdots,\boldsymbol{K}(\boldsymbol{x}^{N_p})$ 的有限族的唯一确定非线性变换，即

$$\boldsymbol{W}=\boldsymbol{h}(\boldsymbol{K}(\boldsymbol{x}^1),\boldsymbol{K}(\boldsymbol{x}^2),\cdots,\boldsymbol{K}(\boldsymbol{x}^{N_p})) \tag{10.35}$$

式中：$(\boldsymbol{K}^1,\boldsymbol{K}^2,\cdots,\boldsymbol{K}^{N_p})\rightarrow\boldsymbol{h}(\boldsymbol{K}^1,\boldsymbol{K}^2,\cdots,\boldsymbol{K}^{N_p})$ 为给定的从 $\mathbf{M}_n^+(\mathbf{R})\times\cdots\times\mathbf{M}_n^+(\mathbf{R})$ 到 $\mathbf{R}^{N_W}$ 的确定性变换。

这一变换 $\boldsymbol{h}$（通常是非线性的）是通过求解空间离散化计算模型来构建的，而空间离散化可通过边界值问题的有限元法来完成。随机计算模型随机观测 $\boldsymbol{W}$ 的可用数据由 $\mathbf{R}^{N_W}$ 上的 $\nu_{\exp}$ 个向量 $\boldsymbol{w}_{\exp}^1,\boldsymbol{w}_{\exp}^2,\cdots,\boldsymbol{w}_{\exp}^{\nu_{\exp}}$ 组成，并假设这些向量为概率空间 $(\Theta^{\exp},\mathcal{T}^{\exp},P^{\exp})$ 上的随机向量 $\boldsymbol{W}_{\exp}$ 的 $\nu_{\exp}$ 个独立模拟量。

10.2.3 需求解的统计反问题

先验高随机维数统计反问题是利用随机计算模型随机观测量 $\boldsymbol{W}$ 的有限实验

数据 $\boldsymbol{w}_{\text{exp}}^{1},\boldsymbol{w}_{\text{exp}}^{2},\cdots,\boldsymbol{w}_{\text{exp}}^{\nu_{\text{exp}}}$,对非高斯矩阵值随机场$\{\boldsymbol{K}(\boldsymbol{x}),\boldsymbol{x}\in\Omega\}$进行识别。更准确地说,需要确定统计相关的随机矩阵 $\boldsymbol{K}(\boldsymbol{x}^{1}),\boldsymbol{K}(\boldsymbol{x}^{2}),\cdots,\boldsymbol{K}(\boldsymbol{x}^{N_p})$,使 $\boldsymbol{w}_{\text{exp}}^{1},\boldsymbol{w}_{\text{exp}}^{2},\cdots,\boldsymbol{w}_{\text{exp}}^{\nu_{\text{exp}}}$为 $\boldsymbol{\nu}_{\text{exp}}$个由式(10.35)所定义的随机向量 $\boldsymbol{W}$ 的独立模拟量。

10.3 基于参数模型的模型参数及模型观测量的表示

为了使统计反问题能够对随机场 $\boldsymbol{K}$ 进行识别,利用可用数据集,建立了一种基于参数模型的随机观测量 $\boldsymbol{W}$ 的表示方法,这也是求解高维统计反问题的基本问题。

1. 具有下边界的随机场 $\boldsymbol{K}$ 与归一化

归一化函数。为了归一化随机场 $\boldsymbol{K}$,引入从 Ω 到 $\mathbf{M}_n^+(\mathbf{R})$的确定性函数 $\boldsymbol{x}\to\bar{\boldsymbol{K}}(\boldsymbol{x})$,使对任意 $\boldsymbol{x}\in\Omega$ 及 $z\in\mathbf{R}^n$,有

$$\bar{k}_0\,\|z\|^2\leqslant<\bar{\boldsymbol{K}}(x)z,z>\leqslant\bar{k}_1\,\|z\|^2 \tag{10.36}$$

其中:$0<\bar{k}_0<\bar{k}_1<+\infty$ 与 $\boldsymbol{x}$ 无关,对应于系数为 $\bar{\boldsymbol{K}}$ 的算子的一致确定椭圆度。对任意固定的 $\boldsymbol{x}\in\Omega,\bar{\boldsymbol{K}}(\boldsymbol{x})\in\mathbf{M}_n^+(\mathbf{R})$的 Cholesky 分解为

$$\bar{\boldsymbol{K}}(\boldsymbol{x})=\bar{\boldsymbol{L}}(\boldsymbol{x})^{\mathrm{T}}\bar{\boldsymbol{L}}(\boldsymbol{x}) \tag{10.37}$$

一类具有下界的归一化随机场的定义。引入一类归一化非高斯正定矩阵值随机场 $\boldsymbol{K}$,具有一正定矩阵值下界,即

$$\boldsymbol{K}(\boldsymbol{x})=\frac{1}{1+\varepsilon}\bar{\boldsymbol{L}}(\boldsymbol{x})^{\mathrm{T}}\{\varepsilon\boldsymbol{I}_n+\boldsymbol{K}_0(\boldsymbol{x})\}\bar{\boldsymbol{L}}(\boldsymbol{x})\,(\forall\boldsymbol{x}\in\Omega) \tag{10.38}$$

式中:$\varepsilon>0$ 为任意固定的正实数,$\boldsymbol{K}=\{\boldsymbol{K}(\boldsymbol{x}),\boldsymbol{x}\in\Omega\}$为随 Ω 变化的随机场,其取值在 $\mathbf{M}_n^+(\mathbf{R})$上,根据式(10.38),有

$$\boldsymbol{K}_0(\boldsymbol{x})=(1+\varepsilon)\bar{\boldsymbol{L}}(\boldsymbol{x})^{-\mathrm{T}}\boldsymbol{K}(\boldsymbol{x})\bar{\boldsymbol{L}}(x)^{-1}-\varepsilon\boldsymbol{I}_n(\forall\boldsymbol{x}\in\Omega) \tag{10.39}$$

$\boldsymbol{K}$ 存在下界,使对任意 $\boldsymbol{x}\in\Omega$,有

$$0<\boldsymbol{K}_\varepsilon(\boldsymbol{x})\leqslant\boldsymbol{K}(\boldsymbol{x})\ \text{a. s.}\left(\boldsymbol{K}_\varepsilon(\boldsymbol{x})=\frac{\varepsilon}{1+\varepsilon}\bar{\boldsymbol{K}}(\boldsymbol{x})\in\mathbf{M}_n^+(\mathbf{R})\right) \tag{10.40}$$

式(10.38)可表示为

$$\boldsymbol{K}(\boldsymbol{x})=\boldsymbol{K}_\varepsilon(\boldsymbol{x})+\frac{1}{1+\varepsilon}\bar{\boldsymbol{L}}(\boldsymbol{x})^{\mathrm{T}}\boldsymbol{K}_0(\boldsymbol{x})\bar{\boldsymbol{L}}(\boldsymbol{x})\,(\forall\boldsymbol{x}\in\Omega) \tag{10.41}$$

如果对任意 $\boldsymbol{x}\in\Omega$,取确定型矩阵 $\bar{\boldsymbol{K}}(\boldsymbol{x})=E\{\boldsymbol{K}(\boldsymbol{x})\}$,则根据式(10.37)和式(10.38),有 $E\{\boldsymbol{K}_0(\boldsymbol{x})\}=\boldsymbol{I}_n$,即可将随机场 $\boldsymbol{K}_0(\boldsymbol{x})$归一化。实际上并不会选取矩阵 $\bar{\boldsymbol{K}}(\boldsymbol{x})$为均值,而是接近均值,因此随机场 $\boldsymbol{K}_0$ 可被归一化。由式(10.36)和式(10.40)易证明以下可逆性:

$$E\{\|\boldsymbol{K}(\boldsymbol{x})^{-1}\|_F^p\}<+\infty\,(\forall p\geqslant1,\forall\boldsymbol{x}\in\Omega) \tag{10.42}$$

式(10.38)所示的一类随机场 $\boldsymbol{K}=\{\boldsymbol{K}(\boldsymbol{x}),\boldsymbol{x}\in\Omega\}$($\varepsilon>0$ 为任意固定的正实

数，$\boldsymbol{K}_0 = \{\boldsymbol{K}_0(\boldsymbol{x}), \boldsymbol{x} \in \Omega\}$ 为随 Ω 变化的随机场，其取值在 $\mathbf{M}_n^+(\mathbf{R})$ 上）可产生一致随机椭圆算子 $\mathcal{D}_x$，该算子能够用于研究含 $\mathcal{D}_x$ 的随机边界值问题二阶随机解的存在唯一性。

2. 非线性变换 $\mathcal{G}$ 的构建

由于正性会使多项式混沌展开更加困难，因此需要完成表示方法的构造，以便消除与正性相关的约束，从而能够表示任意非高斯随机场。为此，提出了两类非线性变换 $\mathcal{G}$，即指数型表示法和平方型表示法，满足

$$\boldsymbol{K}(\boldsymbol{x}) = \mathcal{G}(\boldsymbol{G}(\boldsymbol{x}))(\forall \boldsymbol{x} \in \Omega) \tag{10.43}$$

式中：$\mathcal{G}$ 与 $\boldsymbol{x}$ 无关。这两种类型的表示方法在计算方面的数学性质略有不同，其中平方型表示法的性质更好，因为对于这种类型的表示方法，随机场 $\boldsymbol{G}$ 具有二阶存在性，而对于指数型表示方法，$\boldsymbol{G}$ 不具有二阶存在性。指数型表示比平方形表示更容易实现，为了用构建的有效的统计反问题的随机模型来进行识别，有必要建立这种模型。

随机场 $\boldsymbol{K}_0$ 的指数型表示。不假设任意二阶随机场 $\boldsymbol{G} = \{\boldsymbol{G}(\boldsymbol{x}), \boldsymbol{x} \in \boldsymbol{\Omega}\} \in \mathbf{M}_n^S(\mathbf{R})$ 为高斯随机场，随机场 $\boldsymbol{K}_0 \in \mathbf{M}_n^+(\mathbf{R})$ 可表示为

$$\boldsymbol{K}_0(\boldsymbol{x}) = \exp_{\mathbf{M}}(\boldsymbol{G}(\boldsymbol{x}))(\forall \boldsymbol{x} \in \Omega) \tag{10.44}$$

式中：$\exp_{\mathbf{M}}$ 为从 $\mathbf{M}_n^S(\mathbf{R})$ 到 $\mathbf{M}_n^+(\mathbf{R})$ 的矩阵指数，如果 $\boldsymbol{K}_0 \in \mathbf{M}_n^+(\mathbf{R})$ 为任意随机场，则存在的唯一的随机场 $\boldsymbol{G} \in \mathbf{M}_n^S(\mathbf{R})$ 一般不是二阶随机场，有

$$\boldsymbol{G}(\boldsymbol{x}) = \log_{\mathbf{M}}(\boldsymbol{K}_0(\boldsymbol{x}))(\forall \boldsymbol{x} \in \Omega) \tag{10.45}$$

式中：$\log_{\mathbf{M}}$ 为主矩阵对数，与$\exp_{\mathbf{M}}$ 互逆。

随机场 $\boldsymbol{K}_0$ 的平方型表示。不假定任意二阶随机场 $\boldsymbol{G} = \{\boldsymbol{G}(\boldsymbol{x}), \boldsymbol{x} \in \Omega\} \in \mathbf{M}_n^S(\mathbf{R})$ 为高斯随机场，$\boldsymbol{K}_0 \in \mathbf{M}_n^+(\mathbf{R})$ 为

$$\boldsymbol{K}_0(\boldsymbol{x}) = \tilde{\boldsymbol{L}}(\boldsymbol{G}(\boldsymbol{x})) = \mathcal{L}(\boldsymbol{G}(\boldsymbol{x}))^{\mathrm{T}} \mathcal{L}(\boldsymbol{G}(\boldsymbol{x}))(\forall \boldsymbol{x} \in \Omega) \tag{10.46}$$

式中：$\mathcal{L}$ 为从 $\mathbf{M}_n^S(\mathbf{R})$ 到 $\mathbf{M}_n^U(\mathbf{R})$（具有正对角元的上三角矩阵）的映射；$\tilde{\boldsymbol{L}}$ 为从 $\mathbf{M}_n^S(\mathbf{R})$ 到 $\mathbf{M}_n^+(\mathbf{R})$ 的映射，存在从 $\mathbf{M}_n^+(\mathbf{R})$ 到 $\mathbf{M}_n^S(\mathbf{R})$ 的唯一逆函数。如果 $\boldsymbol{K}_0 \in \mathbf{M}_n^+(\mathbf{R})$ 为任意随机场，则可构建 $\tilde{\boldsymbol{L}}$，因为存在唯一二阶随机场 $\boldsymbol{G} \in \mathbf{M}_n^S(\mathbf{R})$，使

$$\boldsymbol{G}(\boldsymbol{x}) = \tilde{\boldsymbol{L}}^{-1}(\boldsymbol{K}_0(\boldsymbol{x}))(\forall \boldsymbol{x} \in \Omega) \tag{10.47}$$

式中：$\tilde{\boldsymbol{L}}^{-1}$ 为从 $\mathbf{M}_n^+(\mathbf{R})$ 到 $\mathbf{M}_n^S(\mathbf{R})$ 的映射，为 $\tilde{\boldsymbol{L}}$ 的唯一逆函数[153]，10.6 节给出了一个经典的例子[191]。

指数型表示法非线性变换 $\mathcal{G}$ 及 $\mathcal{G}^{-1}$ 的构建。根据式（10.38）及式（10.44）可推导出，对任意 $\boldsymbol{x} \in \Omega$，有

$$\boldsymbol{K}(\boldsymbol{x}) = \mathcal{G}(\boldsymbol{G}(\boldsymbol{x})) = \frac{1}{1+\varepsilon} \bar{\boldsymbol{L}}(\boldsymbol{x})^{\mathrm{T}} \{\varepsilon \boldsymbol{I}_n + \exp_{\mathbf{M}}(\boldsymbol{G}(\boldsymbol{x}))\} \bar{\boldsymbol{L}}(\boldsymbol{x}) \tag{10.48}$$

根据式（10.39）及式（10.45）可推导出，对任意 $\boldsymbol{x} \in \Omega$，有

$$\boldsymbol{G}(\boldsymbol{x}) = \mathcal{G}^{-1}(\boldsymbol{K}(\boldsymbol{x})) = \log_{\mathbf{M}}\{(1+\varepsilon)\bar{\boldsymbol{L}}(\boldsymbol{x})^{-\mathrm{T}} \boldsymbol{K}(\boldsymbol{x}) \bar{\boldsymbol{L}}(\boldsymbol{x})^{-1} - \varepsilon \boldsymbol{I}_n\} \tag{10.49}$$

平方型表示法非线性变换 $\mathcal{G}$ 及 $\mathcal{G}^{-1}$ 的构建。根据式(10.38)及式(10.46)可推导出,对任意 $\boldsymbol{x}\in\Omega$,有

$$\boldsymbol{K}(\boldsymbol{x})=\mathcal{G}(\boldsymbol{G}(\boldsymbol{x}))=\frac{1}{1+\varepsilon}\bar{\boldsymbol{L}}(\boldsymbol{x})^{\mathrm{T}}\{\varepsilon\boldsymbol{I}_n+\mathcal{L}(\boldsymbol{G}(\boldsymbol{x}))^{\mathrm{T}}\mathcal{L}(\boldsymbol{G}(\boldsymbol{x}))\}\bar{\boldsymbol{L}}(\boldsymbol{x}) \tag{10.50}$$

根据式(10.39)及式(10.47)可推导出,对任意 $\boldsymbol{x}\in\Omega$,有

$$\boldsymbol{G}(\boldsymbol{x})=\mathcal{G}^{-1}(\boldsymbol{K}(\boldsymbol{x}))=\tilde{\boldsymbol{L}}^{-1}\{(1+\varepsilon)\bar{\boldsymbol{L}}(\boldsymbol{x})^{-\mathrm{T}}\boldsymbol{K}(\boldsymbol{x})\bar{\boldsymbol{L}}(\boldsymbol{x})^{-1}-\varepsilon\boldsymbol{I}_n\} \tag{10.51}$$

3. 二阶随机场 G 的截断减缩表示及其多项式混沌展开

非高斯随机场 $\boldsymbol{G}$ 的有限近似表示。结合 KL 展开(见 10.1.3 节)和有限 PCE(见 10.1.4 节),引入非高斯二阶随机场 $\boldsymbol{G}$ 的近似表示 $\boldsymbol{G}^{(m,N_d,N_g)}$,满足

$$\boldsymbol{G}^{(m,N_d,N_g)}(\boldsymbol{x})=\boldsymbol{G}_0(\boldsymbol{x})+\sum_{i=1}^{m}\sqrt{\lambda_i}\boldsymbol{G}_i(x)\boldsymbol{\eta}_{\mathrm{i}}^{\mathrm{chaos}}(N_d,N_g) \tag{10.52}$$

$$\boldsymbol{\eta}_i^{\mathrm{chaos}}(N_d,N_g)=\sum_{j=1}^{N}y_i^j\boldsymbol{\varPsi}_j(\boldsymbol{\varXi}) \tag{10.53}$$

式中:$\{\boldsymbol{\varPsi}_j\}_{j=1}^{N}$为由归一化多元 Hermite 多项式所组成的多元多项式高斯混沌,使 $E\{\boldsymbol{\varPsi}_j(\boldsymbol{\varXi})\boldsymbol{\varPsi}_{j'}(\boldsymbol{\varXi})\}=\delta_{jj'}$。整数 $N=\tilde{\boldsymbol{h}}(N_d,N_g)$[见式(10.16)]为

$$N=(N_d+N_g)!\ /(N_d!\ N_g!)-1 \tag{10.54}$$

式中:N_d 为归一化多元 Hermite 多项式的最大阶数。

系数 y_i^j 满足

$$\sum_{j=1}^{N}y_i^jy_{i'}^j=\delta_{ii'} \tag{10.55}$$

重写 PCE 系数的约束方程。由式(10.55)所定义的系数间的关系可重写为

$$\boldsymbol{z}^{\mathrm{T}}\boldsymbol{z}=\boldsymbol{I}_m \tag{10.56}$$

式中:$\boldsymbol{z}\in\mathbf{M}_{N,m}(\mathbf{R})$为

$$\boldsymbol{z}_{ji}=y_i^j(1\leqslant i\leqslant m,1\leqslant j\leqslant N) \tag{10.57}$$

引入随机向量 $\boldsymbol{\varPsi}(\boldsymbol{\varXi})=(\varPsi_1(\boldsymbol{\varXi}),\varPsi_2(\boldsymbol{\varXi}),\cdots,\varPsi_N(\boldsymbol{\varXi}))$ 及 $\boldsymbol{\eta}^{\mathrm{chaos}}(N_d,N_g)=(\boldsymbol{\eta}_1^{\mathrm{chaos}}(N_d,N_g),\boldsymbol{\eta}_2^{\mathrm{chaos}}(N_d,N_g),\cdots,\boldsymbol{\eta}_m^{\mathrm{chaos}}(N_d,N_g))$,得

$$\boldsymbol{\eta}^{\mathrm{chaos}}(N_d,N_g)=\boldsymbol{z}^{\mathrm{T}}\boldsymbol{\varPsi}(\boldsymbol{\varXi}) \tag{10.58}$$

式中:$\boldsymbol{z}$ 属于紧凑斯蒂弗尔(Stiefel)流形,有

$$\mathbf{V}_m(\mathbf{R}^N)=\{\boldsymbol{z}\in\mathbf{M}_{N,m}(\mathbf{R}),\boldsymbol{z}^{\mathrm{T}}\boldsymbol{z}=\boldsymbol{I}_m\} \tag{10.59}$$

4. 紧凑斯蒂弗尔流形 $V_m(\mathbf{R}^N)$的参数化

为了求解关于识别非高斯随机场 $\boldsymbol{K}$ 的 PCE 系数的统计反问题,需要引入 $V_m(\mathbf{R}^N)$的参数化,并提出求解该流形的一种数值算法。

参数化的目标。对任意固定的 $z_0\in V_m(\mathbf{R}^N)$,设 T_{z_0} 为 $V_m(\mathbf{R}^N)$在 z_0 处的切向空间,$\boldsymbol{v}\to\boldsymbol{z}=\mathcal{R}_{z_0}(\boldsymbol{v})$为从 T_{z_0} 到 $V_m(\mathbf{R}^N)$的映射,满足 $\mathcal{R}_{z_0}(\mathbf{0})=z_0$。如果 $\boldsymbol{v}$ 属于以 $\boldsymbol{v}=\mathbf{0}$为中心且直径充分小的子集 T_{z_0},则 $\boldsymbol{z}=\mathcal{R}_{z_0}(\boldsymbol{v})$属于 $V_m(\mathbf{R}^N)$的子集,其近似中

心为$z=z_0$。

简便算法[208]。对$N>m$及$z_0\in V_m(\mathbf{R}^N)$,映射$\mathcal{R}_{z_0}$可构建为

$$z=\mathcal{R}_{z_0}(\boldsymbol{v})=q(z_0+\sigma\boldsymbol{v})\,(\boldsymbol{v}\in T_{z_0}) \tag{10.60}$$

式中:映射q对应于矩阵$z_0+\sigma\boldsymbol{v}$的QR分解,仅计算满足$z_0+\sigma\boldsymbol{v}=\boldsymbol{qr}$的矩阵$\boldsymbol{q}$的前$m$列,使$\boldsymbol{z}^{\mathrm{T}}\boldsymbol{z}=\boldsymbol{I}_m$。参数$\sigma$可控制以$\mathbf{0}$为中心的$\mathbf{M}_{N,m}(\mathbf{R})$的子集的直径。

5. 非高斯随机场$\boldsymbol{K}$的参数化表示

非高斯正定矩阵值随机场$\boldsymbol{K}=\{\boldsymbol{K}(\boldsymbol{x}),\boldsymbol{x}\in\Omega\}$的参数化表示为$\{\boldsymbol{K}^{(m,N_d,N_g)}(\boldsymbol{x}),\boldsymbol{x}\in\Omega\}$,当任意$\boldsymbol{x}\in\Omega$时,可写为

$$\boldsymbol{K}^{(m,N_d,N_g)}(\boldsymbol{x})=\mathcal{K}^{(m,N_d,N_g)}(\boldsymbol{x},\boldsymbol{\xi},z) \tag{10.61}$$

式中:$(\boldsymbol{x},\boldsymbol{\xi},z)\rightarrow\mathcal{K}^{(m,N_d,N_g)}(\boldsymbol{x},\boldsymbol{\xi},z)$为$\Omega\times\mathbf{R}^{N_g}\times V_m(\mathbf{R}^N)$上的确定性映射,取值在$\mathbf{M}_n^+(\mathbf{R})$上,$\mathcal{K}^{(m,N_d,N_g)}(\boldsymbol{x},\boldsymbol{\xi},z)$可表示为

$$\mathcal{K}^{(m,N_d,N_g)}(\boldsymbol{x},\boldsymbol{\xi},z)=\mathcal{G}\Big(\boldsymbol{G}_0(\boldsymbol{x})+\sum_{i=1}^{m}\sqrt{\lambda_i}\,\boldsymbol{G}_i(\boldsymbol{x})\{z^{\mathrm{T}}\boldsymbol{\Psi}(\boldsymbol{\xi})\}_i\Big) \tag{10.62}$$

6. 基于参数模型的随机观测量$\boldsymbol{W}$的表示

与随机场$\boldsymbol{K}=\{\boldsymbol{K}(\boldsymbol{x}),\boldsymbol{x}\in\Omega\}$的参数化表示$\{\boldsymbol{K}^{(m,N_d,N_g)}(\boldsymbol{x}),\boldsymbol{x}\in\Omega\}$相对应的基于参数模型的随机观测量$W\in\mathbf{R}^{N_W}$的参数化表示为

$$\boldsymbol{W}^{(m,N_d,N_g)}=\mathcal{B}^{(m,N_d,N_g)}(\boldsymbol{\xi},z) \tag{10.63}$$

式中:$(\boldsymbol{\xi},z)\rightarrow\mathcal{B}^{(m,N_d,N_g)}(\boldsymbol{\xi},z)$为$\mathbf{R}^{N_g}\times V_m(\mathbf{R}^N)$上的确定性映射,取值在$\mathbf{R}^{N_W}$上,$\mathcal{B}^{(m,N_d,N_g)}(\boldsymbol{\xi},z)$可表示为

$$\mathcal{B}^{(m,N_d,N_g)}(\boldsymbol{\xi},z)=\boldsymbol{h}(\mathcal{K}^{(m,N_d,N_g)}(\boldsymbol{x}^1,\boldsymbol{\xi},z),\mathcal{K}^{(m,N_d,N_g)}(\boldsymbol{x}^2,\boldsymbol{\xi},z),\cdots,\mathcal{K}^{(m,N_d,N_g)}(\boldsymbol{x}^{N_p},\boldsymbol{\xi},z)) \tag{10.64}$$

对固定的N_p,N_W维随机变量序列$\{\boldsymbol{W}^{(m,N_d,N_g)}\}_{(m,N_d,N_g)}$在$L^2(\Theta,\mathbf{R}^{N_W})$上收敛于$\boldsymbol{W}$。

10.4 高随机维数统计反问题求解方法

第7章所介绍的一般方法用于对模型参数和模型观测量的表示,本节详细说明了随机场的这种表示方法,该方法可使用与随机计算模型随机观测向量$\boldsymbol{W}$有关的有限实验数据$\boldsymbol{w}_{\exp}^1,\boldsymbol{w}_{\exp}^2,\cdots,\boldsymbol{w}_{\exp}^{\nu_{\exp}}$来识别非高斯矩阵值随机场$\boldsymbol{K}=\{\boldsymbol{K}(\boldsymbol{x}),\boldsymbol{x}\in\Omega\}$(见文献[200-201,153,208])。

识别高随机维数非高斯随机场方法的一个重要步骤是构建参数化表示方法,而由于随机维数较大,因此超参数的数目通常非常大。现在假设只有少量有限数据可用,如果没有已知关于容许集(高维)范围的信息,由于需要在容许集内寻找超参数的最优值,因此这种识别通常会比较困难。统计反问题的优化过程需要对必须在其中搜索最优值的区域进行定位。该方法首先需要确定这一区域的"中

心”,对应于使用代数先验随机模型(APSM)得到的一组模拟量的参数化表示的超参数值,基于与非高斯随机场(需要进行识别)数学性质有关的可用信息可以构建APSM。APSM 能够丰富信息量并克服实验数据的缺乏(因为已假设只有部分实验数据可用)。这对于识别非高斯矩阵随机场尤其重要,如三维线弹性随机场的识别。其为了得到与对称性、正性、有界性和可逆性相关的一些性质,也为了对先验随机模型同时具有各向异性统计波动及对称性的统计波动性(如各向同性、立方性、横向各向同性、正交各向异性等)的特点做介绍而做了一些研究工作,同时,为了开发相应的随机模拟器也做了一些研究,在随后所提出的方法中考虑了这一重要内容。

第 1 步:引入代数先验随机模型族 $\{\boldsymbol{K}^{\mathrm{APSM}}(\boldsymbol{x};\boldsymbol{s}),\boldsymbol{x}\in\Omega\}$ 或非高斯随机场 $\boldsymbol{K}$

代数先验随机模型的概念已在 5.6 节提出,现在引入 APSM 族 $\{\boldsymbol{K}^{\mathrm{APSM}}(\boldsymbol{x};\boldsymbol{s}),\boldsymbol{x}\in\Omega\}$ 来表示 $(\Theta,\mathcal{T},P)$ 上随 Ω 变化的非高斯二阶随机场 $\boldsymbol{K}\in\mathbf{M}_n^+(\mathbf{R})$,$\boldsymbol{K}$ 依赖未知超参数 $\boldsymbol{s}\in C_{\mathrm{ad}}\subset\mathbf{R}^{N_s}$,其维数 N_s 很小,而 $\boldsymbol{K}^{\mathrm{APSM}}$ 的维数很大。10.5 节和 10.6 节详细说明了这一结构。

超参数例子。超参数 $\boldsymbol{s}$ 可由均值函数、矩阵下界、空间相关长度、控制统计波动的参数和张量值相关函数形状组成。

对固定的 $\boldsymbol{s}\in C_{\mathrm{ad}}$,假设已构建了随机场 $\boldsymbol{K}^{\mathrm{APSM}}$ 的边缘概率分布族及对应的独立模拟方法,即假设是已知的(见 10.5 节和 10.7 节)。

第 2 步:非高斯随机场 $\boldsymbol{K}$ 最优代数先验随机模型的识别

结合随机计算模型随机观测量 $\boldsymbol{W}$ 的可用数据集 $\boldsymbol{w}_{\exp}^1,\boldsymbol{w}_{\exp}^2,\cdots,\boldsymbol{w}_{\exp}^{\nu_{\exp}}$,利用最大似然法(见 7.3.3 节)对超参数 $\boldsymbol{s}$ 的最优值 $\boldsymbol{s}^{\mathrm{opt}}\in C_{\mathrm{ad}}$ 进行识别:

$$\boldsymbol{W}=\boldsymbol{h}(\boldsymbol{K}^{\mathrm{APSM}}(\boldsymbol{x}^1;\boldsymbol{s}),\boldsymbol{K}^{\mathrm{APSM}}(\boldsymbol{x}^2;\boldsymbol{s}),\cdots,\boldsymbol{K}^{\mathrm{APSM}}(\boldsymbol{x}^{N_p};\boldsymbol{s}))\tag{10.65}$$

所需求解的优化问题为

$$\boldsymbol{s}^{\mathrm{opt}}=\arg\max_{\boldsymbol{s}\in C_{\mathrm{ad}}}\sum_{\ell=1}^{\nu_{\exp}}\ln p_{\boldsymbol{W}}(\boldsymbol{w}_{\exp}^{\ell};\boldsymbol{s})\tag{10.66}$$

式中:$\boldsymbol{w}_{\exp}^{\ell}$ 处随机向量 $\boldsymbol{W}$ 的 pdf $p_{\boldsymbol{W}}$ 的最优值 $p_{\boldsymbol{W}}(\boldsymbol{w}_{\exp}^{\ell};\boldsymbol{s})$ 采用 7.2 节所述方法进行估算,也可采用能控制统计波动程度的最小二乘法(见 7.3.2 节)代替最大似然法。

使用 10.6 节最优 APSM 的随机模拟器,计算点 $\boldsymbol{x}^1,\boldsymbol{x}^2,\cdots,\boldsymbol{x}^{N_p}$ 处(或任意其他点)的 ν_{KL} 个独立模拟量:

$$\{\boldsymbol{K}^{(\ell)},\boldsymbol{x}\in\Omega\}=\{\boldsymbol{K}^{\mathrm{OAPSM}}(\boldsymbol{x};\theta_\ell),\boldsymbol{x}\in\Omega\}\ (\theta_\ell\in\Theta,\ell=1,2,\cdots,\nu_{\mathrm{KL}})\tag{10.67}$$

第 3 步:非高斯随机场 $\boldsymbol{K}$ 的合适表示方法的选择与非高斯随机场 $\boldsymbol{G}$ 的 OAPSM

对于随机场 $\boldsymbol{K}$(指数型或平方型)固定的表示方法,所对应的 $\boldsymbol{G}$ 的最优代数先验模型 $\{\boldsymbol{G}^{\mathrm{OAPSM}}(\boldsymbol{x}),\boldsymbol{x}\in\Omega\}$ 为

$$\boldsymbol{G}^{\text{OAPSM}}(\boldsymbol{x}) = \mathcal{G}^{-1}(\boldsymbol{K}^{\text{OAPSM}}(\boldsymbol{x})), \quad (\forall \boldsymbol{x} \in \Omega) \tag{10.68}$$

假设随机场 $\boldsymbol{G}^{\text{OAPSM}}$ 为二阶随机场(对于平方型表示法,这一假设可自动验证;对于指数型表示法,则并不能自动验证,见 10.3 节),根据随机场 $\boldsymbol{K}^{\text{OAPSM}}$ 的 ν_{KL} 个独立模拟量 $\boldsymbol{K}^{(1)},\boldsymbol{K}^{(2)},\cdots,\boldsymbol{K}^{(\nu_{\text{KL}})}$,可推导出 $\boldsymbol{G}^{\text{OAPSM}}$ 的 ν_{KL} 个独立模拟量 $\boldsymbol{G}^{(1)},\boldsymbol{G}^{(2)},\cdots,\boldsymbol{G}^{(\nu_{\text{KL}})}$:

$$\boldsymbol{G}^{(\ell)}(\boldsymbol{x}) = \mathcal{G}^{-1}(\boldsymbol{K}^{(\ell)}(\boldsymbol{x})), \quad (\forall \boldsymbol{x} \in \Omega, \ell = 1,2,\cdots,\nu_{\text{KL}}) \tag{10.69}$$

第 4 步:构建二阶随机场 $\boldsymbol{G}^{\text{OAPSM}}$ 的截断减缩表示方法

如果利用随机场 $\boldsymbol{G}^{\text{OAPSM}}$ 的 ν_{KL} 个独立模拟量 $\boldsymbol{G}^{(1)},\boldsymbol{G}^{(2)},\cdots,\boldsymbol{G}^{(\nu_{\text{KL}})}$ 对均值函数 $\boldsymbol{G}_0(\boldsymbol{x})$ 和张量互协方差函数 $C_{\boldsymbol{G}^{\text{OAPSM}}}(\boldsymbol{x},\boldsymbol{x}')$ 进行经验估计,则按照 10.1.3 节的方法可构建随机场 $\boldsymbol{G}^{\text{OAPSM}}$ 的截断减缩表示,即

$$\boldsymbol{G}^{\text{OAPSM}(m)}(\boldsymbol{x}) = \boldsymbol{G}_0(\boldsymbol{x}) + \sum_{i=1}^{m} \sqrt{\lambda_i}\,\boldsymbol{G}_i(\boldsymbol{x})\eta_{\text{i}}^{\text{OAPSM}}, \quad (\forall \boldsymbol{x} \in \Omega) \tag{10.70}$$

其中:选择 m 的目的是取得给定的精度,这种阶截断减缩表示能够计算随机向量 $\boldsymbol{\eta}^{\text{OAPSM}} = (\eta_1^{\text{OAPSM}},\eta_2^{\text{OAPSM}},\cdots,\eta_m^{\text{OAPSM}})$。对任意 $i=1,2,\cdots,m$ 及 $\ell=1,2,\cdots,\nu_{\text{KL}}$,$\boldsymbol{\eta}^{\text{OAPSM}}$ 可表示为

$$\eta_i^{(\ell)} = \frac{1}{\sqrt{\lambda_i}} \int_{\Omega} < < \boldsymbol{G}^{(\ell)}(\boldsymbol{x}) - \boldsymbol{G}_0(\boldsymbol{x}), \quad (G_i(x) > > \mathrm{d}\boldsymbol{x}) \tag{10.71}$$

第 5 步:$\boldsymbol{\eta}^{\text{OAPSM}}$ 的截断 PCE 的构建及随机场 $\boldsymbol{K}^{\text{OAPSM}}$ 的表示

截断 PCE。利用随机向量 $\boldsymbol{\eta}^{\text{OAPSM}}$ 的独立模拟量 $\boldsymbol{\eta}^{(1)},\boldsymbol{\eta}^{(2)},\cdots,\boldsymbol{\eta}^{(\nu_{\text{KL}})}$,根据式(10.58)可将随机向量 $\boldsymbol{\eta}^{\text{OAPSM}}$ 的截断 PCE(记为 $\boldsymbol{\eta}^{\text{chaos}}(N_d,N_g) = (\eta_1^{\text{chaos}}(N_d,N_g),\eta_2^{\text{chaos}}(N_d,N_g),\cdots,\eta_m^{\text{chaos}}(N_d,N_g)))$ 表示为

$$\boldsymbol{\eta}^{\text{OAPSM}} \approx \boldsymbol{\eta}^{\text{chaos}}(N_d,N_g), \boldsymbol{\eta}^{\text{chaos}}(N_d,N_g) = z^{\text{T}}\boldsymbol{\Psi}(\boldsymbol{\Xi}) \tag{10.72}$$

式中:"≈"表示当 N_d 和 $N_g(N_g \leqslant m)$ 充分大时均方收敛,且矩阵 z 属于紧凑斯蒂弗尔流形 $V_m(\mathbf{R}^N)$($z \in \mathbf{M}_{N,m}(\mathbf{R})$,且 $z^{\text{T}}z = \boldsymbol{I}_m$)。根据式(10.16),整数 $N = \tilde{\boldsymbol{h}}(N_d,N_g)$ 可表示为

$$N = \frac{(N_g + N_d)!}{N_g!\ N_d!} - 1 \tag{10.73}$$

当 N_d 和 N_g 的值固定时,对 z 的最优值 z_0 进行识别。当固定的 N_d 和 N_g 满足 $N_d \geqslant 1$,且($1 \leqslant N_g \leqslant m$)时,使用最大似然法(见 7.3.3 节)对 z 进行识别:

$$z_0(N_d,N_g) = \arg \max_{z \in V_m(\mathbf{R}^N)} \mathcal{L}(z) \tag{10.74}$$

$$\mathcal{L}(z) = \sum_{\ell=1}^{\nu_{\text{KL}}} \ln p_{\eta^{\text{chaos}}(N_d,N_g)}(\boldsymbol{\eta}^{(\ell)};z) \tag{10.75}$$

对固定的 $z \in V_m(\mathbf{R}^N)$,利用 $\boldsymbol{\eta}^{\text{chaos}}(N_d,N_g)$ 的 ν_{chaos} 个独立模拟量 $\boldsymbol{\eta}^{\text{chaos}(1)},\boldsymbol{\eta}^{\text{chaos}(2)},\cdots,\boldsymbol{\eta}^{\text{chaos}(\nu_{\text{chaos}})}$,采用多维核密度估计法(见 7.2 节)对概率密度函数 $p_{\boldsymbol{\eta}^{\text{chaos}(N_d,N_g)}}$ 进行估计,$\boldsymbol{\eta}^{\text{chaos}}(N_d,N_g)$ 满足 $\boldsymbol{\eta}^{\text{chaos}(\ell)} = z^{\text{T}}\boldsymbol{\Psi}(\boldsymbol{\xi}^{(\ell)})$,其中 $\boldsymbol{\xi}^{(1)},\boldsymbol{\xi}^{(2)},\cdots,\boldsymbol{\xi}^{(\nu_{\text{chaos}})}$ 为 $\boldsymbol{\Xi}$ 的 ν_{chaos} 个独立模拟量。

截断参数 N_d 和 N_g 的识别。对于 $V_m(\mathbf{R}^N)$ 上的 $\boldsymbol{z}_0(N_d,N_g)$，利用能够测量的概率密度函数小值（概率密度函数尾部）误差即 L^1 - 对数误差函数，对 $\boldsymbol{\eta}^{\text{chaos}}(N_d,N_g)\to\boldsymbol{\eta}^{\text{OAPSM}}$ 关于 N_d 和 N_g 的收敛性进行量化。其中，L^1 - 对数误差函数能够测量概率密度函数的小数值误差（概率密度函数的余项）[200]为

$$\text{err}(N_d,N_g)=\frac{1}{m}\sum_{i=1}^{m}\int_{BI_i}|\lg p_{\eta_i^{\text{OAPSM}}}(e)-\lg p_{\eta_i^{\text{chaos}(N_d,N_g)}}(e;\boldsymbol{z}_0(N_d,N_g))|\,\text{d}e \tag{10.76}$$

式中：BI_i 为实线的有界区间，为随机变量 $\boldsymbol{\eta}_i^{\text{OAPSM}}$ 的一维核密度估计的支集，它适用于 $\boldsymbol{\eta}^{\text{OAPSM}}$ 的独立模拟量 $\boldsymbol{\eta}^{(1)},\boldsymbol{\eta}^{(2)},\cdots,\boldsymbol{\eta}^{(v_{\text{KL}})}$。通过求解以下优化问题[162]可计算截断参数 N_d 和 N_g 的最优值 N_d^{opt} 和 N_g^{opt}：

$$(N_d^{\text{opt}},N_g^{\text{opt}})=\arg\min_{(N_d,N_g)\in C_\varepsilon}(N_d+N_g)!/(N_d!\,N_g!) \tag{10.77}$$

其中：容许集 C_ε 可表示为

$$C_\varepsilon=\{(N_d,N_g)\in C_{N_d,N_g}\,|\,\text{err}(N_d,N_g)\leqslant\varepsilon\} \tag{10.78}$$

其中：集合 C_{N_d,N_g} 可表示为

$$C_{N_d,N_g}=\{(N_d,N_g)\in\mathbf{N}^2\,|\,N_g\leqslant m,(N_d+N_g)!/(N_d!\,N_g!)-1\geqslant m\}$$

N 的最优值 N^{opt} 可表示为

$$N^{\text{opt}}=(N_d^{\text{opt}}+N_g^{\text{opt}})!/(N_d^{\text{opt}}!\,N_g^{\text{opt}}!)-1 \tag{10.79}$$

需要注意的是，N_d 和 N_g 值越大，则矩阵 $\boldsymbol{z}_0(N_d,N_g)$ 越大，数值识别的难度也就越大。与其直接将误差函数 $\text{err}(N_d,N_g)$ 最小化，不如寻找使投影基维数 $(N_d+N_g)!/(N_d!\,N_g!)$ 最小的 N_d 和 N_g 的最优值。

符号。为了简化符号，10.4 节在以下内容中，将 N^{opt}、N_d^{opt} 和 N_g^{opt} 分别记为 N、N_d 和 N_g（去掉“opt”），将 $\boldsymbol{z}_0(N_d^{\text{opt}},N_g^{\text{opt}})$ 简写为 $\boldsymbol{z}_0$。

随机场 $\boldsymbol{K}^{\text{OAPSM}}$ 的表示。随机场 $\{\boldsymbol{K}^{\text{OAPSM}}(\boldsymbol{x}),\boldsymbol{x}\in\Omega\}$ 的表示形式 $\{\boldsymbol{K}^{\text{OAPSM}(m,N_d,N_g)}(\boldsymbol{x}),\boldsymbol{x}\in\Omega\}$ 可表示为

$$\boldsymbol{K}^{\text{OAPSM}(m,N_d,N_g)}(\boldsymbol{x})=\mathcal{K}^{(m,N_d,N_g)}(\boldsymbol{x},\boldsymbol{\Xi},\boldsymbol{z}_0),\ \forall\boldsymbol{x}\in\Omega \tag{10.80}$$

第 6 步：一般非高斯随机场中 $\boldsymbol{K}$ 的先验随机模型 $\boldsymbol{K}^{\text{prior}}$ 的识别

先验模型识别的统计反问题。结合与随机观测向量 $\boldsymbol{W}$ 有关的数据集 $\boldsymbol{w}_{\text{exp}}^1,\boldsymbol{w}_{\text{exp}}^2,\cdots,\boldsymbol{w}_{\text{exp}}^{\nu_{\text{exp}}}$，用最大似然法（见 7.3.3 节）对 $\{\boldsymbol{K}(\boldsymbol{x}),\boldsymbol{x}\in\Omega\}$ 的先验随机模型 $\{\boldsymbol{K}^{\text{prior}}(\boldsymbol{x}),\boldsymbol{x}\in\Omega\}$ 进行识别，需要求解如下优化问题：

$$\boldsymbol{z}^{\text{prior}}=\arg\max_{z\in V_m(\mathbf{R}^N)}\sum_{\ell=1}^{\nu_{\text{exp}}}\ln p_{\boldsymbol{W}^{(m,N_d,N_g)}}(\boldsymbol{w}_{\text{exp}}^{\ell};z) \tag{10.81}$$

式中：$p_{\boldsymbol{W}^{(m,N_d,N_g)}}$ 为式（10.63）和式（10.64）所定义的随机向量 $\boldsymbol{W}^{(m,N_d,N_g)}$ 的 pdf，$\boldsymbol{W}^{(m,N_d,N_g)}$ 可表示为

$$\boldsymbol{W}^{(m,N_d,N_g)}=\boldsymbol{h}(\mathcal{K}^{(m,N_d,N_g)}(\boldsymbol{x}^1,\boldsymbol{\xi},z),\mathcal{K}^{(m,N_d,N_g)}(\boldsymbol{x}^2,\boldsymbol{\xi},z),\cdots,\mathcal{K}^{(m,N_d,N_g)}(\boldsymbol{x}^{N_p},\boldsymbol{\xi},z))$$

对每点 $\boldsymbol{w}_{\exp}^{\ell}$ 处及 $\boldsymbol{z}$ 的各个取值，利用多维核密度估计法（见 7.2 节）及 $\boldsymbol{\Xi}$ 的 ν_{chaos} 个独立模拟量 $\boldsymbol{\xi}^{(1)},\boldsymbol{\xi}^{(2)},\cdots,\boldsymbol{\xi}^{(\nu_{\text{chaos}})}$ 可估计得到 $\boldsymbol{W}^{(m,N_d,N_g)}$。

求解优化问题的方法。假设一般情况下 $N>m$，结合随机搜索算法，利用 $V_m(\mathbf{R}^N)$ 的参数化 $\boldsymbol{z}=R_{z_0}(\boldsymbol{v})$ 搜索 $V_m(\mathbf{R}^N)$ 的子集，该子集以步骤 5 所计算的 $\boldsymbol{z}_0$ 为中心。因此，优化问题可重新表述为

$$\boldsymbol{v}^{\text{prior}}=\arg\max_{v\in T_{z_0}}\sum_{\ell=1}^{\nu_{\exp}}\ln p_{\boldsymbol{W}^{(m,N_d,N_g)}}(\boldsymbol{w}_{\exp}^{\ell};\mathcal{R}_{z_0}(\boldsymbol{v}))\tag{10.82}$$

先验模型 $\boldsymbol{z}^{\text{prior}}$ 可用式(10.83)计算：

$$\boldsymbol{z}^{\text{prior}}=\mathcal{R}_{z_0}(\boldsymbol{v}^{\text{prior}})\tag{10.83}$$

随机搜索算法。为了求解优化问题，用随机矩阵 $\boldsymbol{V}=\text{Proj}_{T_{z_0}}(\boldsymbol{\Lambda})$ 对 $\boldsymbol{v}$ 建模，该矩阵是 $\mathbf{M}_{N,m}$ 维实随机矩阵 $\boldsymbol{\Lambda}$ 在 T_{z_0} 上的投影，$\boldsymbol{\Lambda}$ 中各元素为独立归一化高斯实随机变量，即 $E\{\boldsymbol{\Lambda}_{ji}\}=0$，且 $E\{\boldsymbol{\Lambda}_{ji}^2\}=1$。对于随机搜索算法搜索到的子集（以 $\boldsymbol{z}_0$ 为中心），其“直径”用正参数 σ 来控制，σ 是通过 $V_m(\mathbf{R}^N)$ 的参数化引入的。

重新表示先验随机模型。随机场 $\{\boldsymbol{K}(\boldsymbol{x}),\boldsymbol{x}\in\Omega\}$ 的先验随机模型 $\boldsymbol{K}^{\text{prior}(m,N_d,N_g)}(\boldsymbol{x})$，$\boldsymbol{x}\in\Omega$ 可重写为

$$\boldsymbol{K}^{\text{prior}(m,N_d,N_g)}(\boldsymbol{x})=\mathcal{K}^{(m,N_d,N_g)}(\boldsymbol{x},\boldsymbol{\Xi},\boldsymbol{z}^{\text{prior}})\ (\forall\boldsymbol{x}\in\Omega)\tag{10.84}$$

式中：映射 $\mathcal{K}^{(m,N_d,N_g)}(\boldsymbol{x},\boldsymbol{\Xi},\boldsymbol{z})$ 由式(10.62)定义。

第 7 步：$\boldsymbol{K}$ 的后验随机模型 $\boldsymbol{K}^{\text{post}}$ 的识别

贝叶斯后验。利用贝叶斯法构建随机场 $\{\boldsymbol{K}(\boldsymbol{x}),\boldsymbol{x}\in\Omega\}$ 的后验随机模型 $\{\boldsymbol{K}^{\text{post}}(\boldsymbol{x}),\boldsymbol{x}\in\Omega\}$（见 7.3.4 节）。在 PCE$\boldsymbol{\eta}^{\text{chaos}}(N_d,N_g)=\boldsymbol{z}^{\text{T}}\boldsymbol{\Psi}(\boldsymbol{\Xi})$ 中，利用 $V_m(\mathbf{R}^N)$ 上的随机变量 $\mathbf{Z}$ 对系数矩阵 $\boldsymbol{z}$ 建模[196]，有

$$\mathbf{Z}=\mathcal{R}_{z^{\text{prior}}}(\boldsymbol{V})\tag{10.85}$$

式中：$\boldsymbol{V}$ 为 $T_{z^{\text{prior}}}$ 上的随机矩阵，其后验模型 $\boldsymbol{V}^{\text{post}}$ 通过贝叶斯法进行估计，从而得到

$$\boldsymbol{\eta}^{\text{post}}=(\boldsymbol{Z}^{\text{post}})^{\text{T}}\boldsymbol{\Psi}(\boldsymbol{\Xi}),\boldsymbol{Z}^{\text{post}}=\mathcal{R}_{z^{\text{prior}}}(\boldsymbol{V}^{\text{post}})\tag{10.86}$$

$\boldsymbol{V}$ 的先验模型 $\boldsymbol{V}^{\text{prior}}$。为了使用贝叶斯法估计 $\boldsymbol{V}$ 的后验模型 $\boldsymbol{V}^{\text{post}}$，需要构造先验模型 $\boldsymbol{V}^{\text{prior}}$（见 7.3.4 节）。选择先验模型 $\boldsymbol{V}^{\text{prior}}=\text{Proj}_{T_{z^{\text{prior}}}}(\boldsymbol{\Lambda}^{\text{prior}})$ 作为 $\mathbf{M}_{N,m}$ 维实随机矩阵 $\boldsymbol{\Lambda}^{\text{prior}}$ 在 $T_{z^{\text{prior}}}$ 上的投影，$\boldsymbol{\Lambda}^{\text{prior}}$ 中的元素为独立归一化高斯实随机变量：$E\{\boldsymbol{\Lambda}_{ji}\}=0$，且 $E\{\boldsymbol{\Lambda}_{ji}^2\}=1$。

用贝叶斯法建立 $\boldsymbol{V}$ 的后验模型 $\boldsymbol{V}^{\text{post}}$。对于充分小的 σ，随机矩阵 $\mathbf{Z}^{\text{prior}}\in V_m(\mathbf{R}^N)$ 的统计波动近似集中在 $\mathbf{Z}^{\text{prior}}$ 附近。利用随机解 $\boldsymbol{W}^{(m,N_d,N_g)}$ 和式(10.88)所述可用数据集，通过 MCMC 法（见第 4 章）贝叶斯更新（见 7.3.4 节）可以构建 $\mathbf{M}_{N,m}$ 维实随机矩阵 $\boldsymbol{\Lambda}^{\text{post}}$ 的后验概率密度函数及其模拟器。

$$\boldsymbol{W}^{(m,N_d,N_g)}=\mathcal{B}^{(m,N_d,N_g)}(\boldsymbol{\Xi},\mathcal{R}_{z^{\text{prior}}}(\boldsymbol{V}^{\text{prior}}))\tag{10.87}$$

$$\boldsymbol{w}_{\exp}^{1},\boldsymbol{w}_{\exp}^{2},\cdots,\boldsymbol{w}_{\exp}^{\nu_{\exp}}\tag{10.88}$$

式中：映射 $\mathcal{B}^{(m,N_d,N_g)}$ 由式(10.62)～式(10.64)定义。

后验随机模型的表示。随机场$\{\boldsymbol{K}(\boldsymbol{x}),\boldsymbol{x}\in\Omega\}$的后验随机模型$\boldsymbol{K}^{\mathrm{post}(m,N_d,N_g)}(\boldsymbol{x})$，$\boldsymbol{x}\in\Omega\}$可重写为

$$\boldsymbol{K}^{\mathrm{post}(m,N_d,N_g)}(\boldsymbol{x})=\mathcal{K}^{(m,N_d,N_g)}(\boldsymbol{x},\boldsymbol{\Xi},\mathcal{R}_{z\mathrm{prior}}(\boldsymbol{V}^{\mathrm{post}}))(\forall\boldsymbol{x}\in\Omega)\tag{10.89}$$

式中：$\mathcal{K}^{(m,N_d,N_g)}(\boldsymbol{x},\boldsymbol{\xi},\boldsymbol{z})$由式(10.62)定义。

全局优化迭代过程。在第7步，采用马尔可夫链蒙特卡罗法（见第4章）对$\boldsymbol{V}^{\mathrm{post}}$的概率分布进行估计之后，便可计算随机场$\boldsymbol{G}^{\mathrm{post}}(\boldsymbol{x})=\boldsymbol{G}_0(\boldsymbol{x})+\sum_{i=1}^{m}\sqrt{\sigma_i}\boldsymbol{G}_i(\boldsymbol{x})\eta_i^{\mathrm{post}}$的$\nu_{KL}$个独立模拟量。其中，$\boldsymbol{\eta}^{\mathrm{post}}=(\boldsymbol{Z}^{\mathrm{post}})^{\mathrm{T}}\boldsymbol{\Psi}(\boldsymbol{\Xi})$，$\boldsymbol{Z}^{\mathrm{post}}=\mathcal{R}_{z\mathrm{prior}}(\boldsymbol{V}^{\mathrm{post}})$。然后将$\boldsymbol{G}^{\mathrm{OAPSM}}$替换为$\boldsymbol{G}^{\mathrm{post}}$，从步骤4开始重新识别。

10.5 弹性均匀介质的先验随机模型

在连续介质三维线弹性理论下，利用5.4节的随机矩阵理论建立(6×6)弹性矩阵先验随机模型。为了能够在材料具有对称性的情况下建立先验随机模型，本节提出了重要的理论扩展。

本节内容仅限于均质介质的情况，是利用10.6节所介绍的随机场理论来构建非均质介质先验随机模型的基础，该随机场理论综合了文献[94,97-99]的研究成果。（由于弹性介质考虑为均匀介质，因此$\widetilde{\boldsymbol{C}}$与$\boldsymbol{x}$无关）因此，本节没有像10.2.1节、10.3节和10.4节一样采用符号$\boldsymbol{K}(\boldsymbol{x})$表示矩阵随机弹性场，而是采用$\widetilde{\boldsymbol{C}}$来表示随机弹性矩阵。

1. 关于对称随机场的假设及可用信息

关于对称随机场的假设。

(1)假设在给定范围的模型是均匀随机介质（材料）的三维线弹性模型。

(2)$(\Theta,\mathcal{T},P)$上的随机弹性矩阵$\widetilde{\boldsymbol{C}}$的取值在$\mathbf{M}_n^+(\mathbf{R})$上，$n=6$。假设三维线弹性体中使用的是四阶对称弹性张量的Kelvin矩阵表示法。

(3)假设对称的类别（对称线弹性体）为下列类别之一：各向同性、立方性、横向各向同性、三角性、四方性、正交各向异性、单斜性或各向异性。

关于对称随机场的可用信息。

(1)用$\mathbf{M}_n^+(\mathbf{R})$的子集$\mathbf{M}_n^{\mathrm{sym}}(\mathbf{R})$表示由材料对称性产生的已知对称类别。

(2)假设随机矩阵$\widetilde{\boldsymbol{C}}$的均值属于$\mathbf{M}_n^+(\mathbf{R})$，但接近$\mathbf{M}_n^{\mathrm{sym}}(\mathbf{R})$所表示的对称类矩阵，即

$$\widetilde{\boldsymbol{C}}_{\mathrm{m}}=E\{\widetilde{\boldsymbol{C}}\}\in\mathbf{M}_n^+(\mathbf{R})\tag{10.90}$$

(3)随机矩阵$\widetilde{\boldsymbol{C}}$存在正定下界$\boldsymbol{C}_\ell\in\mathbf{M}_n^+(\mathbf{R})$，使

$$\widetilde{\boldsymbol{C}}-\boldsymbol{C}_\ell>0(\mathrm{a.\,s.})\tag{10.91}$$

(4)$\widetilde{\boldsymbol{C}}$的统计波动性主要属于对称类矩阵$\mathbf{M}_n^{\mathrm{sym}}(\mathbf{R})$，但可能或多或少地相对

于 $\mathbf{M}_n^{\mathrm{sym}}(\mathbf{R})$ 而言具有各向异性。

(5)对称类矩阵的统计波动水平可独立控制,与统计各向异性的波动水平无关。

2. 具有对称类矩阵的正定矩阵

对称类矩阵的定义。

(1)由子集 $\mathbf{M}_n^{\mathrm{sym}}(\mathbf{R}) \subset \mathbf{M}_n^+(\mathbf{R})$ 表示的对称类矩阵使任意矩阵 $\boldsymbol{M} \in \mathbf{M}_n^{\mathrm{sym}}(\mathbf{R})$ 都具有给定的对称性,可表示为

$$\boldsymbol{M} = \sum_{j=1}^{N} m_j \boldsymbol{E}_j^{\mathrm{sym}}, \boldsymbol{E}_j^{\mathrm{sym}} \in \mathbf{M}_n^S(\mathbf{R}) \tag{10.92}$$

式中:$\{\boldsymbol{E}_j^{\mathrm{sym}}, j=1,2,\cdots,N\}$ 为 $\mathbf{M}_n^{\mathrm{sym}}(\mathbf{R})$ 的矩阵代数基(具体见文献[215-216]中的 Walpole 张量基),$N \leqslant n(n+1)/2$,且

$$\boldsymbol{m} = (m_1, m_2, \cdots, m_N) \in C_{\boldsymbol{m}} \subset \mathbf{R}^N \tag{10.93}$$

其中:

$$C_{\boldsymbol{m}} = \{\boldsymbol{m} \in \mathbf{R}^N \mid \sum_{j=1}^{N} m_j \boldsymbol{E}_j^{\mathrm{sym}} \in \mathbf{M}_n^+(\mathbf{R})\} \tag{10.94}$$

(2)矩阵 $\boldsymbol{E}_j^{\mathrm{sym}}$ 为对称矩阵(属于 $\mathbf{M}_n^S(\mathbf{R})$),但并不是正定矩阵(不属于 $\mathbf{M}_n^+(\mathbf{R})$)。

(3)对称矩阵维数 N 通常满足 $N \leqslant n(n+1)/2$,且对于各向同性,$N=2$;对于立方性,$N=3$;对于横向各向同性,$N=5$;对于三角性,$N=6$ 或 $N=7$;对于四方性,$N=6$ 或 $N=7$;对于正交性,$N=9$;对于单斜性,$N=13$;对于各向异性,$N=21$。

给定对称类矩阵中矩阵的性质。如果 $\boldsymbol{M}$ 和 $\boldsymbol{M}' \in \boldsymbol{M}_n^{\mathrm{sym}}(\mathbf{R})$,则

$$\boldsymbol{M}\boldsymbol{M}' \in \mathbf{M}_n^{\mathrm{sym}}(\mathbf{R}), \boldsymbol{M}^{-1} \in \mathbf{M}_n^{\mathrm{sym}}(\mathbf{R}), \boldsymbol{M}^{1/2} \in \mathbf{M}_n^{\mathrm{sym}}(\mathbf{R}) \tag{10.95}$$

任意矩阵 $\boldsymbol{N} \in \mathbf{M}_n^{\mathrm{sym}}(\mathbf{R})$ 可表示为

$$\boldsymbol{N} = \exp_{\boldsymbol{M}}(\mathcal{N}), \mathcal{N} = \sum_{j=1}^{N} y_j \boldsymbol{E}_j^{\mathrm{sym}} (\boldsymbol{y} = (y_1, y_2, \cdots, y_N) \in \mathbf{R}^N) \tag{10.96}$$

式中:$\exp_{\boldsymbol{M}}$ 为 $\mathbf{M}_n^S(\mathbf{R})$ 到 $\mathbf{M}_n^+(\mathbf{R})$ 的矩阵指数。需要注意的是,矩阵 $\mathcal{N}$ 虽然为对称实矩阵,但它并不属于 $\mathbf{M}_n^{\mathrm{sym}}(\mathbf{R})$(因为 $\boldsymbol{y} \in \mathbf{R}^N$,所以 $\mathcal{N}$ 不是正定矩阵)。

3. 引入正定下界

随机弹性矩阵 $\widetilde{\boldsymbol{C}}$ 为

$$\widetilde{\boldsymbol{C}} = \boldsymbol{C}_\ell + \boldsymbol{C} \tag{10.97}$$

式中:$\boldsymbol{C}_\ell \in \mathbf{M}_n^+(\mathbf{R})$ 为给定的确定下界,随机矩阵 $\boldsymbol{C}$ 为

$$\boldsymbol{C} = \widetilde{\boldsymbol{C}} - \boldsymbol{C}_\ell \tag{10.98}$$

所构建的 $\boldsymbol{C}$ 的取值在 $\mathbf{M}_n^+(\mathbf{R})$ 上,$\boldsymbol{C}$ 的均值为 $\overline{\boldsymbol{C}} = E\{\boldsymbol{C}\}$,满足

$$\overline{\boldsymbol{C}} = \widetilde{\boldsymbol{C}}_{\mathrm{m}} - \boldsymbol{C}_\ell \in \mathbf{M}_n^+(\mathbf{R}) \tag{10.99}$$

下界 $\boldsymbol{C}_\ell$ 可能在对称类矩阵 $\mathbf{M}_n^{\mathrm{sym}}(\mathbf{R})$ 上,也可能不在 $\mathbf{M}_n^{\mathrm{sym}}(\mathbf{R})$ 上(如果不在

$\mathbb{M}_n^{sym}(\mathbb{R})$上，则 $\boldsymbol{C}_\ell$ 可能接近也可能不接近 $\mathbb{M}_n^{sym}(\mathbb{R})$)。下界 $\boldsymbol{C}_\ell$ 可以使用基于微观力学的边界来定义，或者使用由计算均匀化而得到的下界来定义，但在缺少这些信息的情况下，也可以用一个简单表达式来定义，如 $\boldsymbol{C}_\ell = \epsilon\, \widetilde{\boldsymbol{C}}_{\mathrm{m}}(0 \leqslant \epsilon \leqslant 1)$，从而可推导出

$$\overline{\boldsymbol{C}} = (1-\epsilon)\widetilde{\boldsymbol{C}}_{\mathrm{m}} > 0 \tag{10.100}$$

4. 引入确定性矩阵 $\overline{\boldsymbol{A}}$ 和 $\overline{\boldsymbol{S}}$

对称类矩阵中的投影算子。设 $\overline{\boldsymbol{A}}$ 为 $\mathbb{M}_n^{sym}(\mathbb{R})$上的确定性矩阵，可表示为

$$\overline{\boldsymbol{A}} = P^{sym}(\overline{\boldsymbol{C}}) \tag{10.101}$$

式中：$\overline{\boldsymbol{C}} \in \mathbb{M}_n^+(\mathbb{R})$由式(10.99)定义；$P^{sym}$为 $\mathbb{M}_n^+(\mathbb{R})$到 $\mathbb{M}_n^{sym}(\mathbb{R})$的投影算子。对给定的对称类矩阵，$N<21$，如果没有各向异性统计波动，则均值矩阵 $\overline{\boldsymbol{C}} \in \mathbb{M}_n^{sym}(\mathbb{R})$，因此 $\overline{\boldsymbol{A}} = \overline{\boldsymbol{C}}$。

各向异性的情况($N=21$ 时的对称类矩阵)。如果对称类型为各向异性($N=21$)，则 $\mathbb{M}_n^{sym}(\mathbb{R})$与 $\mathbb{M}_n^+(\mathbb{R})$重合，且 $\overline{\boldsymbol{A}} = \overline{\boldsymbol{C}} \in \mathbb{M}_n^+(\mathbb{R})$。

$N<21$ 时的对称类矩阵。一般来说，对于给定的 $N<21$ 时的对称类型，由于存在各向异性统计波动，随机矩阵 $\boldsymbol{C}$ 的均值矩阵 $\overline{\boldsymbol{C}}$ 属于 $\mathbb{M}_n^+(\mathbb{R})$，但并不属于 $\mathbb{M}_n^{sym}(\mathbb{R})$。在这种情况下，引入可逆确定性$(n \times n)$的实矩阵，使

$$\overline{\boldsymbol{C}} = \overline{\boldsymbol{S}}^{\mathrm{T}}\overline{\boldsymbol{A}}\,\overline{\boldsymbol{S}} \tag{10.102}$$

以下为 $\overline{\boldsymbol{S}}$ 的构建方法。设 $\boldsymbol{L}_{\overline{C}}$ 及 $\boldsymbol{L}_{\overline{A}}$ 为上三角实矩阵，且具有正对角元，$\boldsymbol{L}_{\overline{C}}$ 与 $\boldsymbol{L}_{\overline{A}}$ 可分别通过 $\overline{\boldsymbol{C}}$ 与 $\overline{\boldsymbol{A}}$ 的 Cholesky 分解得到，即

$$\overline{\boldsymbol{C}} = \boldsymbol{L}_{\overline{C}}^{\mathrm{T}}\boldsymbol{L}_{\overline{C}},\ \overline{\boldsymbol{A}} = \boldsymbol{L}_{\overline{A}}^{\mathrm{T}}\boldsymbol{L}_{\overline{A}} \tag{10.103}$$

因此，矩阵 $\overline{\boldsymbol{S}}$ 可表示为

$$\overline{\boldsymbol{S}} = \boldsymbol{L}_{\overline{A}}^{-1}\boldsymbol{L}_{\overline{C}} \tag{10.104}$$

当 $N<21$ 且不存在各向异性波动性时，或当 $N=21$ 时，$\overline{\boldsymbol{S}} = \boldsymbol{I}_n$。

5. $\boldsymbol{C}$ 的非参数随机模型

随机矩阵 $\boldsymbol{C}$ 可表示为

$$\boldsymbol{C} = \overline{\boldsymbol{S}}^{\mathrm{T}}\boldsymbol{A}^{1/2}\boldsymbol{G}_0\boldsymbol{A}^{1/2}\overline{\boldsymbol{S}} \tag{10.105}$$

式中：确定性 n 维实矩阵 $\overline{\boldsymbol{S}}$ 由式(10.104)定义；随机矩阵 $\boldsymbol{G}_0 \in \mathrm{SG}_0^+$(见 5.4.7.1 节)，$\boldsymbol{G}_0$ 可对各向异性统计波动进行建模($E\{\boldsymbol{G}_0\} = \boldsymbol{I}_n$，其统计波动水平由式(5.59)所表示的超参数 δ 来控制)；随机矩阵 $\boldsymbol{A}^{1/2}$ 为 $\boldsymbol{A}$ 的平方根，其取值在 $\mathbb{M}_n^{sym}(\mathbb{R}) \subset \mathbb{M}_n^+(\mathbb{R})$上，用于对称类矩阵统计波动性的建模，且与 $\boldsymbol{G}_0$ 统计独立，$\boldsymbol{A}$ 满足

$$E\{\boldsymbol{A}\} = \overline{\boldsymbol{A}} \in \mathbb{M}_n^{sym}(\mathbb{R}) \subset \mathbb{M}_n^+(\mathbb{R}) \tag{10.106}$$

6. 利用最大熵原理构建随机矩阵 $\boldsymbol{A}$

随机矩阵 $\boldsymbol{A}$ 能够描述对称类矩阵 $\mathbb{M}_n^{sym}(\mathbb{R})$($N<21$)的统计波动性，利用最大熵原理可构建 $\boldsymbol{A}$(见 5.4.5 节与 5.4.10 节)。

可用信息。设 $p_{\boldsymbol{A}}$ 为 $\boldsymbol{A}$ 关于 $\mathrm{d}^S A$ 的未知概率密度函数[见式(5.41)]，$\mathrm{d}^S A$ 在 $\mathbf{M}_n^S(\mathbf{R})$ 上，$p_{\boldsymbol{A}}$ 的取值在对称类矩阵 $\mathbf{M}_n^{\mathrm{sym}}(\mathbf{R}) \subset \mathbf{M}_n^+(\mathbf{R}) \subset \mathbf{M}_n^S(\mathbf{R})$ 上，$N<21$。已知的信息由以下两部分组成。

(1)概率密度函数(为子集 $\tilde{\boldsymbol{S}}_n = \mathbf{M}_n^{\mathrm{sym}}(\mathbf{R})$)的支集 supp $p_{\boldsymbol{A}}$。

(2)给定的均值 $E\{\boldsymbol{A}\} = \overline{\boldsymbol{A}}_{\mathrm{m}}$ 及约束条件 $E\{\ln(\det \boldsymbol{A})\} = c_A, |c_A| < +\infty$(这表明 $\boldsymbol{A}^{-1}$ 为二阶随机变量)。这两个约束条件定义了 $\mathbf{R}^{\mu}(\mu = N+1)$ 上的向量 $\boldsymbol{f}$ 和 $\tilde{\boldsymbol{S}}_n$ 到 $\mathbf{R}^{\mu}$ 的映射 $\boldsymbol{A}_{\mathrm{m}} \rightarrow \mathcal{G}(\boldsymbol{A}_{\mathrm{m}})$，满足

$$E\{\mathcal{G}(\boldsymbol{A})\} = \boldsymbol{f} \tag{10.107}$$

参数化。对系综 $\tilde{\boldsymbol{S}}_n = \mathbf{M}_n^{\mathrm{sym}}(\mathbf{R})$ 进行参数化构建，使任意矩阵 $\boldsymbol{A}_{\mathrm{m}} \in \mathbf{M}_n^{\mathrm{sym}}(\mathbf{R})$ 可表示为

$$\boldsymbol{A}_{\mathrm{m}} = \boldsymbol{A}(\boldsymbol{y}) \tag{10.108}$$

式中：$\boldsymbol{y}$ 为 $\mathbf{R}^N$ 上的向量；$\boldsymbol{y} \rightarrow \mathcal{A}(\boldsymbol{y})$ 为 $\mathbf{R}^N$ 到 $\mathbf{M}_n^{\mathrm{sym}}(\mathbf{R})$ 的给定映射。$\mathbf{M}_n^{\mathrm{sym}}(\mathbf{R})$ 上的任意矩阵 $\boldsymbol{A}_{\mathrm{m}}$ 可表示为

$$\boldsymbol{A}_{\mathrm{m}} = \overline{\boldsymbol{A}}_{\mathrm{m}}{}^{1/2} \boldsymbol{N}_{\mathrm{m}} \overline{\boldsymbol{A}}_{\mathrm{m}}{}^{1/2} \tag{10.109}$$

其中：$\overline{\boldsymbol{A}}_{\mathrm{m}}{}^{1/2} \in \mathbf{M}_n^{\mathrm{sym}}(\mathbf{R})$ 为 $\overline{\boldsymbol{A}}_{\mathrm{m}} \in \mathbf{M}_n^{\mathrm{sym}}(\mathbf{R}) \subset \mathbf{M}_n^+(\mathbf{R})$ 的平方根，由于 $\overline{\boldsymbol{A}}_{\mathrm{m}}{}^{1/2}$ 具有可逆性，因此 $\boldsymbol{N}_{\mathrm{m}}$ 为属于 $\mathbf{M}_n^{\mathrm{sym}}(\mathbf{R})$ 的唯一矩阵，$\boldsymbol{N}$ 可表示[见式(10.96)]为

$$\boldsymbol{N}_{\mathrm{m}} = \exp_{\boldsymbol{M}}(\boldsymbol{\mathcal{N}}(\boldsymbol{y})), \boldsymbol{\mathcal{N}}(\boldsymbol{y}) = \sum_{j=1}^{N} y_j \boldsymbol{E}_j^{\mathrm{sym}} \tag{10.110}$$

其中：$\boldsymbol{y} = (y_1, y_2, \cdots, y_N) \in \mathbf{R}^N$。

使用参数化和随机模拟法构建 $\boldsymbol{A}$。随机矩阵 $\boldsymbol{A}$ 取值在 $\mathbf{M}_n^{\mathrm{sym}}(\mathbf{R})$ 上，可表示为

$$\boldsymbol{A} = \overline{\boldsymbol{A}}_{\mathrm{m}}{}^{1/2} \boldsymbol{N} \overline{\boldsymbol{A}}_{\mathrm{m}}{}^{1/2} \tag{10.111}$$

式中：随机矩阵 $\boldsymbol{N}$ 取值在 $\mathbf{M}_n^{\mathrm{sym}}(\mathbf{R})$ 上，可表示为

$$\boldsymbol{N} = \exp_{\boldsymbol{M}}(\boldsymbol{\mathcal{N}}(\boldsymbol{Y})), \boldsymbol{\mathcal{N}}(\boldsymbol{Y}) = \sum_{j=1}^{N} \boldsymbol{Y}_j \boldsymbol{E}_j^{\mathrm{sym}} \tag{10.112}$$

其中：随机向量 $\boldsymbol{Y} = (Y_1, Y_2, \cdots, Y_N)$ 取值在 $\mathbf{R}^N$ 上，$\boldsymbol{Y}$ 在 $\mathbf{R}^N$ 上的概率密度函数 $p_{\boldsymbol{Y}}$ 及随机模拟法详见 5.4.10 节。由于 $\boldsymbol{N}$ 可表示为 $\boldsymbol{N} = \overline{\boldsymbol{A}}_{\mathrm{m}}{}^{-1/2} \boldsymbol{A} \overline{\boldsymbol{A}}_{\mathrm{m}}{}^{-1/2}$，$E\{\boldsymbol{A}\} = \overline{\boldsymbol{A}}_{\mathrm{m}}$，因此可推导出

$$E\{\boldsymbol{N}\} = \boldsymbol{I}_n \tag{10.113}$$

10.6 非均匀各向异性弹性介质的代数先验随机模型

针对具有各向异性统计波动的非均匀各向异性弹性介质[191]的弹性随机场，给出了代数先验随机模型 $\{\boldsymbol{K}^{\mathrm{APSM}}(\boldsymbol{x}), \boldsymbol{x} \in \Omega\}$ 的显式构造，其参数化由空间相关长度和正定下界组成[193,203]。文献[95]引入正定上下界作为约束条件，对这一模型

进行了扩展。

1. 引入自适应表示法

$(\Theta,\mathcal{T},P)$上随$\Omega\subset\mathbf{R}^d$而变化的随机场$\{\boldsymbol{K}^{\mathrm{APSM}}(\boldsymbol{x}),\boldsymbol{x}\in\Omega\}\in\mathbf{M}_n^+(\mathbf{R})$在$\mathbf{R}^d$上是均匀的,且为二阶随机场,$\boldsymbol{K}^{\mathrm{APSM}}(\boldsymbol{x})$满足

$$\boldsymbol{K}^{\mathrm{APSM}}(\boldsymbol{x})=\boldsymbol{C}_\ell+\overline{\boldsymbol{C}}^{1/2}\boldsymbol{G}_0(\boldsymbol{x})\overline{\boldsymbol{C}}^{1/2}(\forall\boldsymbol{x}\in\Omega)\tag{10.114}$$

式中:矩阵$\overline{\boldsymbol{C}}^{1/2}$为$\mathbf{M}_n^+(\mathbf{R})$上矩阵$\overline{\boldsymbol{C}}$的平方根,与$\boldsymbol{x}$无关,$\overline{\boldsymbol{C}}$满足

$$\overline{\boldsymbol{C}}=\overline{\boldsymbol{K}}-\boldsymbol{C}_\ell\in\mathbf{M}_n^+(\mathbf{R}),\overline{\boldsymbol{K}}\in\mathbf{M}_n^+(\mathbf{R})\tag{10.115}$$

$(\Theta,\mathcal{T},P)$上随$\mathbf{R}^d$而变化的随机场$\{\boldsymbol{G}_0(\boldsymbol{x}),\boldsymbol{x}\in\mathbf{R}^d\}\in\mathbf{M}_n^+(\mathbf{R})$在$\mathbf{R}^d$上是均匀的,且为二阶随机场。对任意$\boldsymbol{x}\in\mathbf{R}^d$,有

$$E\{\boldsymbol{G}_0(\boldsymbol{x})\}=\boldsymbol{I}_n,\boldsymbol{G}_0(\boldsymbol{x})>0(\mathrm{a.\,s.})\tag{10.116}$$

从而可推导出:对任意$\boldsymbol{x}\in\Omega$,有

$$E\{\boldsymbol{K}^{\mathrm{APSM}}(\boldsymbol{x})\}=\overline{\boldsymbol{K}}\in\mathbf{M}_n^+(\mathbf{R}),\boldsymbol{K}^{\mathrm{APSM}}(\boldsymbol{x})-\boldsymbol{C}_\ell>0(\mathrm{a.\,s.})\tag{10.117}$$

2. 随机场$\boldsymbol{G}_0$的构建及其随机模拟

将随机场u_{jk}作为随机场$\boldsymbol{G}_0$的随机源。构建的随机场$\{\boldsymbol{G}_0(\boldsymbol{x}),\boldsymbol{x}\in\mathbf{R}^d\}$是概率空间$(\Theta,\mathcal{T},P)$上随$\mathbf{R}^d$而变化且取值在$\mathbf{R}$上的$n(n+1)/2$个独立二阶中心齐次高斯归一化随机场$\{u_{jk}(\boldsymbol{x}),\boldsymbol{x}\in\mathbf{R}^d\}_{1\leqslant j\leqslant k\leqslant n}$的非线性变换,称为非高斯随机场$\boldsymbol{G}_0$的随机源。因此,有

$$E\{u_{jk}(\boldsymbol{x})\}=0,E\{u_{jk}(\boldsymbol{x})^2\}=1\tag{10.118}$$

由$\mathbf{R}^d$到$\mathbf{R}$的$n(n+1)/2$个自相关函数对随机场$\{u_{jk}(\boldsymbol{x}),\boldsymbol{x}\in\mathbf{R}^d\}_{1\leqslant j\leqslant k\leqslant n}$做唯一定义:

$$\boldsymbol{\zeta}=(\zeta_1,\zeta_2,\cdots,\zeta_d)\rightarrow R_{u_{jk}}(\boldsymbol{\zeta})=E\{u_{jk}(\boldsymbol{x}+\boldsymbol{\zeta})u_{jk}(\boldsymbol{x})\}\tag{10.119}$$

其中:$R_{u_{jk}}(\boldsymbol{\zeta})$满足$R_{u_{jk}}(0)=1$。$\{u_{jk}(\boldsymbol{x}),\boldsymbol{x}\in\mathbf{R}^d\}$的空间相关长度$L_1^{jk},L_2^{jk},\cdots,L_d^{jk}$可表示为

$$L_\alpha^{jk}=\int_0^{+\infty}|R_{u_{jk}}(0,\cdots,\zeta_\alpha,\cdots,0)|\mathrm{d}\zeta_\alpha(\alpha=1,2,\cdots,d)\tag{10.120}$$

一般将$L_1^{jk},L_2^{jk},\cdots,L_d^{jk}$选为参数化的参数。例如,具有少量参数的自相关函数为

$$R_{u_{jk}}(\boldsymbol{\zeta})=\rho_1^{jk}(\zeta_1)\rho_2^{jk}(\zeta_2)\cdots\rho_d^{jk}(\zeta_d)\tag{10.121}$$

$$\rho_\alpha^{jk}(\zeta_\alpha)=\{4\,(L_\alpha^{jk})^2/(\pi^2\zeta_\alpha^2)\}\sin^2(\pi\zeta_\alpha/(2L_\alpha^{jk}))\tag{10.122}$$

每个随机场u_{jk}在$\mathbf{R}^d$上都是均方连续的,在$\mathbf{R}^d$上的功率谱密度函数有一个紧支集,即

$$[-\pi/L_1^{jk},\pi/L_1^{jk}]\times[-\pi/L_2^{jk},\pi/L_2^{jk}]\times\cdots\times[-\pi/L_d^{jk},\pi/L_d^{jk}]\tag{10.123}$$

这种模型能够使用 Shannon 定理将随机场作为空间相关长度的函数进行采样,并且只有$d\times n(n+1)/2$个实参数。关于随机场u_{jk}随机模拟的详细介绍可参考文献[191,193]。基于齐次高斯向量随机场(由齐次随机场的随机积分表示构

造)的一般数值模拟法(见文献[180,164-165])是其中一种方法。

定义随机场$\{\boldsymbol{G}_0(\boldsymbol{x}),\boldsymbol{x}\in\mathbf{R}^d\}$及其随机模拟器。对任意固定的$\boldsymbol{x}\in\mathbf{R}^d$,在具有单位均值的正定随机矩阵系综$\mathrm{SG}_0^+$中选取(见5.4.7.1节)随机矩阵$\boldsymbol{G}_0(\boldsymbol{x})$。引入随机场$\boldsymbol{G}_0$的空间相关结构,将高斯随机变量$U_{jk}$(见5.4.7.1节末尾)替换为高斯实随机场$\{u_{jk}(\boldsymbol{x}),\boldsymbol{x}\in\mathbf{R}^d\}$,其空间相关结构由空间相关长度$\{L_d^{jk}\}_{\alpha=1,2,\cdots,d}$定义,随机矩阵$\boldsymbol{G}_0(\boldsymbol{x})$的超参数$\delta$可控制随机场$\boldsymbol{G}_0$的统计波动,$\delta$与$\boldsymbol{x}$无关,因此,有

$$0<\delta<\sqrt{(n+1)/(n+5)}<1 \tag{10.124}$$

采用如下方法构建$(\Theta,\mathcal{T},P)$上随$\mathbf{R}^d$变化的随机场$\{\boldsymbol{G}_0(\boldsymbol{x}),\boldsymbol{x}\in\mathbf{R}^d\}\in\mathbf{M}_n^+(\mathbf{R})$。

(1)对任意固定的$\boldsymbol{x}\in\mathbf{R}^d$,随机矩阵$\boldsymbol{G}_0(\boldsymbol{x})$可表示为

$$\boldsymbol{G}_0(\boldsymbol{x})=\boldsymbol{L}(\boldsymbol{x})^{\mathrm{T}}\boldsymbol{L}(\boldsymbol{x}) \tag{10.125}$$

式中:$\boldsymbol{L}(\boldsymbol{x})$为$n\times n$的上三角实随机矩阵。

(2)对$1\leqslant j\leqslant k\leqslant n$,随机场$\{\boldsymbol{L}(\boldsymbol{x})_{jk},\boldsymbol{x}\in\Omega\}$是独立的。

(3)对$j<k$,实随机场$\{\boldsymbol{L}(\boldsymbol{x})_{jk},\boldsymbol{x}\in\Omega\}$表示为$\boldsymbol{L}(\boldsymbol{x})_{jk}=\sigma_n u_{jk}(\boldsymbol{x})$,$\sigma_n=\delta(n+1)^{-1/2}$。

(4)对$j=k$,正随机场$\{\boldsymbol{L}(\boldsymbol{x})_{jj},\boldsymbol{x}\in\Omega\}$表示为$\boldsymbol{L}(\boldsymbol{x})_{jk}=\sigma_n(2hu_{jk}(\boldsymbol{x}),a_j)^{1/2}$,其中,$a_j=(n+1)/(2\delta^2)+(1-j)/2$。函数$u\rightarrow h(\alpha,u)$使$\Gamma_\alpha=h(\alpha,U)$为伽马随机变量,参数为$\alpha$($U$为归一化高斯随机变量)。

随机场$\boldsymbol{G}_0$的几个基本性质。在$(\Theta,\mathcal{T},P)$上,随$\mathbf{R}^d$变化的随机场$\{\boldsymbol{G}_0(\boldsymbol{x}),\boldsymbol{x}\in\Omega\}\in\mathbf{M}_n^+(\mathbf{R})$为齐次二阶均方连续随机场。对任意$\boldsymbol{x}\in\mathbf{R}^d$,有

$$E\{\|\boldsymbol{G}_0(\boldsymbol{x})\|_F^2\}<+\infty,E\{\boldsymbol{G}_0(\boldsymbol{x})\}=\boldsymbol{I}_n \tag{10.126}$$

由于超参数δ为$\delta=\{n^{-1}E\{\|\boldsymbol{G}_0(\boldsymbol{x})-\boldsymbol{I}_n\|_F^2\}\}^{1/2}$,因此可推导出

$$E\{\|\boldsymbol{G}_0(\boldsymbol{x})\|_F^2\}=n(\delta^2+1) \tag{10.127}$$

对任意固定的$\boldsymbol{x}\in\mathbf{R}^d$,随机矩阵$\boldsymbol{G}_0(\boldsymbol{x})$的概率密度函数(关于测度$\mathrm{d}^S G$)与$\boldsymbol{x}$无关,可表示[见式(5.58)]为

$$p_{\boldsymbol{G}_0(\boldsymbol{x})}(\boldsymbol{G})=\mathbb{1}_{\mathbf{M}_n^+(\mathbf{R})}(\boldsymbol{G})\cdot c_{G_0}\cdot(\det\boldsymbol{G})^{(n+1)(1-\delta^2)/(2\delta^2)}\cdot \mathrm{e}^{-(n+1)\cdot\mathrm{tr}(\boldsymbol{G})/(2\delta^2)}$$

对任意固定的$\boldsymbol{x}\in\mathbf{R}^d$,随机变量$\{\boldsymbol{G}_0(\boldsymbol{x})_{jk},1\leqslant j\leqslant k\leqslant 6\}$是相互依赖的,且随机场$\{\boldsymbol{G}_0(\boldsymbol{x}),\boldsymbol{x}\in\Omega\}$的边缘概率分布族不是高斯分布。存在与$\boldsymbol{x}$无关但与$\delta$有关的正常量$b_{\boldsymbol{G}}$,使对任意$\boldsymbol{x}\in\mathbf{R}^d$,有

$$E\{\|\boldsymbol{G}_0(\boldsymbol{x})^{-1}\|^2\}\leqslant b_{\boldsymbol{G}}<+\infty \tag{10.128}$$

3. 超参数$\boldsymbol{s}$的定义

针对各向异性统计波动,建立代数先验随机模型$\{\boldsymbol{K}^{\mathrm{APSM}}(\boldsymbol{x};\boldsymbol{s}),\boldsymbol{x}\in\Omega\}$的超参数$\boldsymbol{s}$,$\boldsymbol{s}\in C_{\mathrm{ad}}\subset\mathbf{R}^{\mu}$,其组成包括以下几点。

(1)下界$\boldsymbol{C}_\ell\in\mathbf{M}_n^+(\mathbf{R})$和均值$\overline{\boldsymbol{K}}\in\mathbf{M}_n^+(\mathbf{R})$。

(2)$dn(n+1)/2$个正实数$\{L_1^{jk},L_2^{jk},\cdots,L_d^{jk}\}_{1\leqslant j\leqslant k\leqslant n}$(已知的参数化的空间相关

长度)和 δ(分散度)。其中,δ 满足 $0<\delta<(n+1)^{1/2}(n+5)^{-1/2}$。

4. 非均匀复杂微观结构随机均匀化中代表性体积单元尺寸的概率分析

符号。针对边界值问题,不再使用 10.2.1 节所介绍的矩阵符号,而是使用连续介质力学中描述弹性问题的经典符号,并沿用求和符号的表示惯例。

现在考虑一种不能用组分描述的非均匀复杂弹性微结构,对其介观尺度随机模拟。考虑 $\mathbf{R}^3$ 上有界开区域 Ω^{meso} 的微观结构,并将其假定为代表性体积元(RVE)。设 $\boldsymbol{x}=(x_1,x_2,x_3)$ 为 Ω^{meso} 上的一般点,$\boldsymbol{U}^{\text{meso}}=(U_1^{\text{meso}}(\boldsymbol{x}),U_2^{\text{meso}}(\boldsymbol{x}),U_3^{\text{meso}}(\boldsymbol{x}))$ 为 Ω^{meso} 上的位移场,$\boldsymbol{\sigma}^{\text{meso}}(\boldsymbol{x})=\{\sigma_{ij}^{\text{meso}}(\boldsymbol{x})\}_{ij}$ 为应力张量场,$\boldsymbol{\varepsilon}^{\text{meso}}(\boldsymbol{x})=\{\boldsymbol{\varepsilon}_{kh}^{\text{meso}}(\boldsymbol{x})\}_{kh}$ 为应变张量。本构方程为

$$\boldsymbol{\sigma}^{\text{meso}}(\boldsymbol{x})=\widetilde{\boldsymbol{C}}^{\text{meso}}(\boldsymbol{x}):\boldsymbol{\varepsilon}^{\text{meso}}(\boldsymbol{x}) \tag{10.129}$$

其中:$\widetilde{\boldsymbol{C}}^{\text{meso}}(\boldsymbol{x})=\{\widetilde{\boldsymbol{C}}_{ijkh}^{\text{meso}}(\boldsymbol{x})\}_{ijkh}$ 为点 $\boldsymbol{x}$ 处的四阶弹性张量,以分量的形式表示为

$$\sigma_{ij}^{\text{meso}}(\boldsymbol{x})=\boldsymbol{x}_{ijkh}^{\text{meso}}(\boldsymbol{x})\varepsilon_{kh}^{\text{meso}}(\boldsymbol{x})$$

在均匀化理论框架内[146,214],在宏观尺度上,有效应力张量 $\boldsymbol{\sigma}^{\text{e}}$ 和有效应变张量 $\boldsymbol{\varepsilon}^{\text{e}}$ 分别为

$$\boldsymbol{\sigma}^{\text{e}}=\frac{1}{|\Omega^{\text{meso}}|}\int_{\Omega^{\text{meso}}}\boldsymbol{\sigma}^{\text{meso}}(\boldsymbol{x})\,\mathrm{d}\boldsymbol{x},\quad\boldsymbol{\varepsilon}^{\text{e}}=\frac{1}{|\Omega^{\text{meso}}|}\int_{\Omega^{\text{meso}}}\boldsymbol{\varepsilon}^{\text{meso}}(\boldsymbol{x})\,\mathrm{d}\boldsymbol{x} \tag{10.130}$$

尺度变化:局部化和随机有效刚度张量。在 RVE 边界上采用齐次 Dirichlet 条件进行均匀化。然后用给定的随机有效应变 $\bar{\boldsymbol{\varepsilon}}$ 进行局部化,$\bar{\boldsymbol{\varepsilon}}$ 在 RVE 的边界 $\partial\Omega^{\text{meso}}$ 上,且与 $\boldsymbol{x}$ 无关。则在 $\partial\Omega^{\text{meso}}$ 上有 $\boldsymbol{U}^{\text{meso}}(\boldsymbol{x})=\bar{\boldsymbol{\varepsilon}}\boldsymbol{x}$。其中,给定的张量 $\bar{\boldsymbol{\varepsilon}}$ 与 $\boldsymbol{x}$ 无关,且 $\bar{\boldsymbol{\varepsilon}}=\boldsymbol{\varepsilon}^{\text{e}}$。对于 $\partial\Omega^{\text{meso}}$ 上给定的随机有效应变 $\bar{\boldsymbol{\varepsilon}}$,微结构 Ω^{meso} 中的随机局部位移场 $\boldsymbol{U}^{\text{meso}}$ 可通过求解以下随机边界值问题来构建:

$$-\operatorname{div}\boldsymbol{\sigma}^{\text{meso}}=\boldsymbol{0}\,(\text{在 }\Omega^{\text{meso}}\text{ 中}) \tag{10.131}$$

$$\boldsymbol{U}^{\text{meso}}(\boldsymbol{x})=\bar{\boldsymbol{\varepsilon}}\boldsymbol{x}\,(\text{在 }\partial\Omega^{\text{meso}}\text{ 上}) \tag{10.132}$$

$$\boldsymbol{\sigma}^{\text{meso}}=\widetilde{\boldsymbol{C}}^{\text{meso}}(\boldsymbol{x}):\varepsilon(\boldsymbol{U}^{\text{meso}}(\boldsymbol{x})) \tag{10.133}$$

其中:二阶张量 $\boldsymbol{\mathcal{B}}(\boldsymbol{x})=\{\mathcal{B}(\boldsymbol{x})_{ij}\}_{ij}$ 的散度为

$$\{\operatorname{div}\boldsymbol{\mathcal{B}}(\boldsymbol{x})\}_i=\partial\mathcal{B}_{ij}(\boldsymbol{x})/\partial x_j \tag{10.134}$$

对于 $\boldsymbol{v}(\boldsymbol{x})=(v_1(\boldsymbol{x}),v_2(\boldsymbol{x}),v_3(\boldsymbol{x}))$,线性算子 ε(应变张量映射)为

$$\{\varepsilon(\boldsymbol{v}(\boldsymbol{x}))\}_{kh}=\frac{1}{2}\left(\frac{\partial v_k(\boldsymbol{x})}{\partial x_h}+\frac{\partial v_h(\boldsymbol{x})}{\partial x_k}\right) \tag{10.135}$$

由于式(10.131)~式(10.133)的解 $\boldsymbol{U}^{\text{meso}}$ 与 $\bar{\boldsymbol{\varepsilon}}$ 呈线性关系,因此随机局部应变张量 $\boldsymbol{\varepsilon}^{\text{meso}}(\boldsymbol{x})=\varepsilon(\boldsymbol{U}^{\text{meso}}(\boldsymbol{x}))$ 可表示为

$$\boldsymbol{\varepsilon}^{\text{meso}}(\boldsymbol{x})=\widetilde{\boldsymbol{H}}(\boldsymbol{x}):\bar{\boldsymbol{\varepsilon}} \tag{10.136}$$

其中:四阶张量随机场 $\boldsymbol{x}\rightarrow\widetilde{\boldsymbol{H}}(\boldsymbol{x})$ 为应变局部化,与随机 BVP 有关。由于 $\boldsymbol{\varepsilon}^{\text{meso}}(\boldsymbol{x})$ 和 $\bar{\boldsymbol{\varepsilon}}$ 为对称张量,因此可推导出

$$\widetilde{\boldsymbol{H}}_{jk\ell m}(\boldsymbol{x})=\widetilde{\boldsymbol{H}}_{kj\ell m}(\boldsymbol{x})=\widetilde{\boldsymbol{H}}_{jkm\ell}(\boldsymbol{x}) \tag{10.137}$$

由 $\boldsymbol{\sigma}^{\text{e}}=\widetilde{\boldsymbol{C}}^{\text{e}}:\boldsymbol{\varepsilon}^{\text{e}}$ 所描述的对称四阶随机有效刚度张量 $\widetilde{\boldsymbol{C}}^{\text{e}}$ 可表示为

$$\widetilde{\boldsymbol{C}}^{\mathrm{e}} = \frac{1}{|\Omega^{\mathrm{meso}}|}\int_{\Omega^{\mathrm{meso}}} \widetilde{\boldsymbol{C}}^{\mathrm{meso}}(\boldsymbol{x}):\widetilde{\boldsymbol{H}}(\boldsymbol{x})\mathrm{d}\boldsymbol{x} \tag{10.138}$$

利用代数先验随机模型$\{\boldsymbol{K}^{\mathrm{APSM}}(\boldsymbol{x}),\boldsymbol{x}\in\Omega^{\mathrm{meso}}\}$对随机场$\{\{\widetilde{\boldsymbol{C}}_{ijkh}^{\mathrm{meso}}(\boldsymbol{x})\}_{ijkh},\boldsymbol{x}\in\Omega^{\mathrm{meso}}\}$建模。四阶弹性张量$\widetilde{\boldsymbol{C}}^{\mathrm{meso}}(\boldsymbol{x})$可表示为

$$\widetilde{\boldsymbol{C}}_{ijkh}^{\mathrm{meso}}(\boldsymbol{x}) = \boldsymbol{K}^{\mathrm{APSM}}(\boldsymbol{x})_{IJ}(I=(i,j),J=(k,h)) \tag{10.139}$$

式中：下标$I,J\in\{1,2,\cdots,6\}$。

对随机模型$\{\widetilde{\boldsymbol{C}}^{\mathrm{meso}}(\boldsymbol{x}),\boldsymbol{x}\in\Omega^{\mathrm{meso}}\}$，式(10.131)～式(10.133)所描述的中尺度微观结构随机边界值问题有唯一的二阶随机解$\boldsymbol{U}^{\mathrm{meso}}$。

等效体积元(RVE)(微观结构)均值模型有限元离散化。将微观结构的RVE描述为单位立方体，即$\Omega^{\mathrm{meso}}=(0,1)^3$。微观结构的均值模型为均匀各向异性线弹性介质，因此，有

$$E\{\boldsymbol{K}^{\mathrm{APSM}}(\boldsymbol{x})\} = \overline{\boldsymbol{K}} \tag{10.140}$$

$$\overline{\boldsymbol{K}} = 10^{10}\times\begin{bmatrix} 3.3617 & 1.7027 & 1.3637 & -0.1049 & -0.2278 & 2.1013 \\ 1.7027 & 1.6092 & 0.7262 & 0.0437 & -0.1197 & 0.8612 \\ 1.3637 & 0.7262 & 1.4653 & -0.1174 & -0.1506 & 1.0587 \\ -0.1049 & 0.0437 & -0.1174 & 0.1319 & 0.0093 & -0.1574 \\ -0.2278 & -0.1197 & -0.1506 & 0.0093 & 0.1530 & -0.1303 \\ 2.1013 & 0.8612 & 1.0587 & -0.1574 & -0.1303 & 1.7446 \end{bmatrix}$$

代表性体积元的有限元模型。使用区域Ω^{meso}的规则网格建立有限元模型，Ω^{meso}有$12\times12\times12=1728$(个)节点，并由此产生5184个自由度及$11\times11\times11=1331$(个)8节点实体有限元。为了构建有限单元的基本矩阵，每个有限单元使用$2\times2\times2=8$(个)高斯－勒让德求积点，并得到$N_p=10684$个网格点$x^1,x^2,\cdots,x^{N_p}$。

中尺度随机模型的参数。随机场$\boldsymbol{K}^{\mathrm{APSM}}$的空间相关长度$L_1^K$、$L_2^K$和$L_3^K$可表示为

$$L_k^K = \int_0^{+\infty} |r^K(\boldsymbol{\zeta}^k)|\mathrm{d}\zeta_k(k=1,2,3) \tag{10.141}$$

式中：$\boldsymbol{\zeta}^1=(\zeta_1,0,0)$，$\boldsymbol{\zeta}^2=(0,\zeta_2,0)$，$\boldsymbol{\zeta}^3=(0,0,\zeta_3)$。对于$k=1,2,3$，函数$\boldsymbol{\zeta}^k\to r^K(\boldsymbol{\zeta}^k)$为相关函数，即对任意$\zeta_k\in\mathbf{R}$，有

$$r^K(\boldsymbol{\zeta}^k) = \frac{\mathrm{tr}(E\{(\boldsymbol{K}^{\mathrm{APSM}}(\boldsymbol{x}+\boldsymbol{\zeta}^k)-\overline{\boldsymbol{K}})(\boldsymbol{K}^{\mathrm{APSM}}(\boldsymbol{x})-\overline{\boldsymbol{K}})\})}{E\{\|\boldsymbol{K}^{\mathrm{APSM}}(\boldsymbol{x})-\overline{\boldsymbol{K}}\|_F^2\}} \tag{10.142}$$

根据式(10.142)可推导出$r^K(\mathbf{0})=1$。对于任意$j,k\in\{1,2,\cdots,6\}$，随机源的空间相关长度取为$L_1^{jk}=L_2^{jk}=L_3^{jk}=L_d$，从而可以看出：对任意实数$\zeta$，有$r^K(\zeta,0,0)=r^K(0,\zeta,0)=r^K(0,0,\zeta)$，记为$\tilde{r}^K(\zeta)$，且$L_k^K=1.113L_d$。图10.2为$L_d=0.1$时的相关函数图$\zeta\to\tilde{r}^K(\zeta)$。

随机有效刚度矩阵范数$\|\boldsymbol{K}^{\mathrm{e}}\|$的均方收敛性。式(10.138)所定义的四阶有效弹性张量$\widetilde{\boldsymbol{C}}^{\mathrm{e}}$用矩阵形式表示为

$$(\boldsymbol{K}^{\mathrm{e}})_{IJ} = \widetilde{\boldsymbol{C}}_{ijkh}^{\mathrm{e}}, I=(i,j), J=(k,h) \tag{10.143}$$

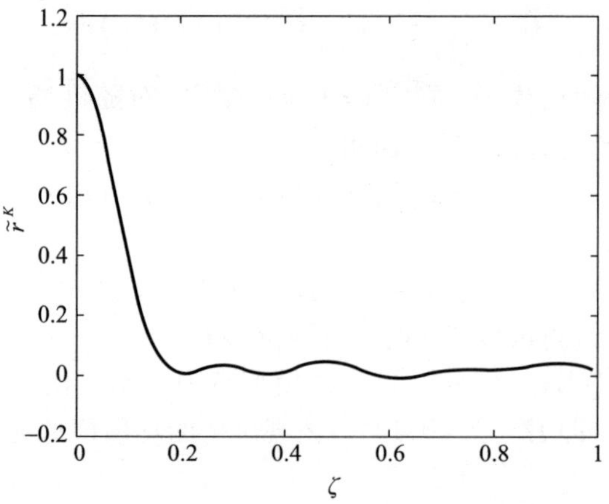

图 10.2　$L_d = 0.1$ 时相关函数图 $\zeta \to \tilde{r}^K(\zeta)$[193]

式中：$I, J \in \{1, 2, \cdots, 6\}$。

基于蒙特卡罗数值法进行 n_s 次随机模拟，并进行首次收敛性分析：当 $N_p = 10684$，$\delta = 0.4$，$L_d = 0.1$，自由度数 $m_{\mathrm{DOF}} = 5184$，$n_s \geqslant 500$ 时达到均方收敛。对网格尺寸进行第二次收敛性分析：图 10.3 为当 $\delta = 0.4$，空间相关长度最小值为 $L_d = 0.1$，$n_s = 900$ 时，$\|\boldsymbol{K}^{\mathrm{e}}\|$ 相对于有限元模型自由度数 m_{DOF} 的均方收敛性，$\|\boldsymbol{K}^{\mathrm{e}}\|$ 为随机有效刚度矩阵 $\boldsymbol{K}^{\mathrm{e}}$ 的算子范数。可以看出，当 $m_{\mathrm{DOF}} = 5184$ 时达到收敛。

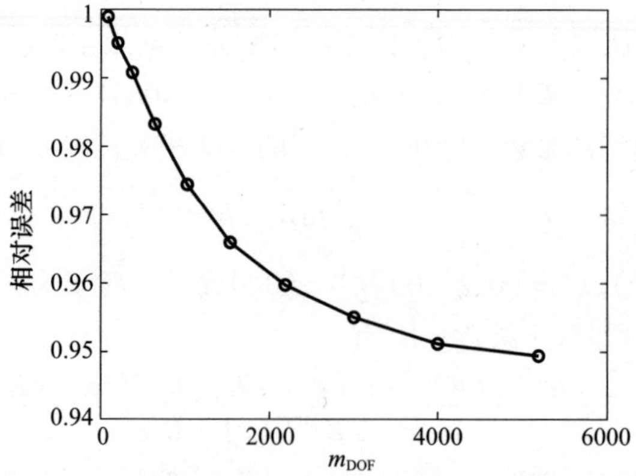

图 10.3　随机有效刚度矩阵范数关于有限元模型自由度数 m_{DOF} 的均方收敛性
（$\delta = 0.4$，$L_d = 0.1$，$n_s = 900$[193]）

RVE 尺寸 Z 的概率分析：对 RVE 尺寸进行随机均匀化概率分析。$Z = \|\boldsymbol{K}^{\mathrm{e}}\| / E\{\|\boldsymbol{K}^{\mathrm{e}}\|\}$，如果将微观与宏观尺度分离，则有效刚度矩阵的统计波动可忽略不计。如果与 RVE 的尺寸相比，当随机弹性场的空间相关长度足够小时，可实现这种尺度分离。由于表示 RVE 区域的立方体边长为 1，因此图 10.4 给出了归一化随

机变量$Z = \| \boldsymbol{K}^{e} \| / \mathrm{E}\{ \| \boldsymbol{K}^{e} \| \}$概率分布的变化，其中 Z 为 L_d 的函数。例如，该图表明，当 $L_d=0.2$ 时，如果分别取$\beta=0.02$、$\beta=0.04$ 和$\beta=0.08$，则分别有 $P\{0.98<Z\leqslant 1.02\}=0.36$、$P\{0.96<Z\leqslant 1.04\}=0.65$ 和 $P\{0.92<Z\leqslant 1.08\}=0.95$。显然，$L_d=0.2$ 时的尺度分离并不合理，而 $L_d=0.1$ 时的尺度分离较合理。

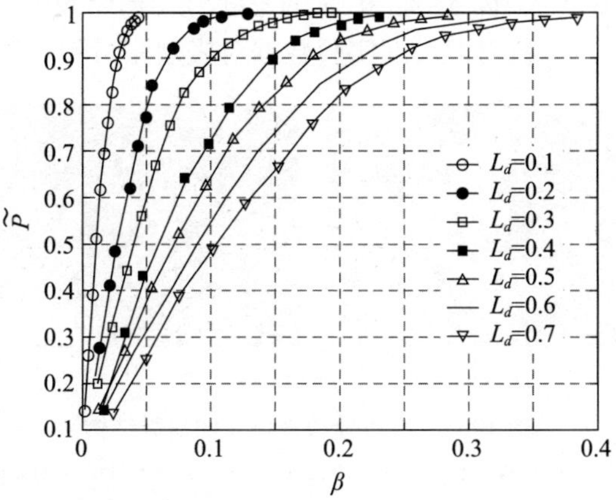

图 10.4　函数图 $\beta \to \tilde{P}(\beta)=P\{1-\beta<Z\leqslant 1+\beta\}$，$\delta=0.4$[193]

10.7　非均匀微结构弹性随机场的统计反问题

本节主要通过求解统计反问题来识别非均匀微观结构弹性随机场，其中统计反问题的两种求解方法是在第 10.3 节和 10.4 节所述方法的基础上发展而来的。第一种方法是利用多尺度实验数字图像相关法解决多尺度统计反问题，第二种方法是在高随机维数下利用贝叶斯法对后验概率模型进行辨识。本节主要内容如下。

(1)需求解的多尺度统计反问题。

(2)多尺度情况，即适用于 10.4 节高维统计反问题求解方法前两步的多尺度情况。

(3)介观尺度非高斯张量随机场的一系列先验随机模型及其模拟方法，这些模拟方法源于 10.5 节和 10.6 节。

(4)利用多尺度实验数字图像相关法在宏观和介观尺度上对先验随机模型进行多尺度识别。

(5)二维平面应力下皮质骨多尺度实验测量方法的应用实例。

(6)非均匀各向异性微观结构弹性随机场贝叶斯后验模型的构造实例。

10.7.1 需求解的多尺度统计反问题

现在考虑一种材料，其弹性不均匀微观结构不能用其成分来描述，例如皮质骨的生物组织（图 10.5）。因此需求解的多尺度统计反问题是在介观尺度 $\{\widetilde{\boldsymbol{C}}^{\text{meso}}(\boldsymbol{x}), \boldsymbol{x}\in\Omega^{\text{meso}}\}$ 上，利用多尺度实验数据对表观张量弹性随机场进行识别。

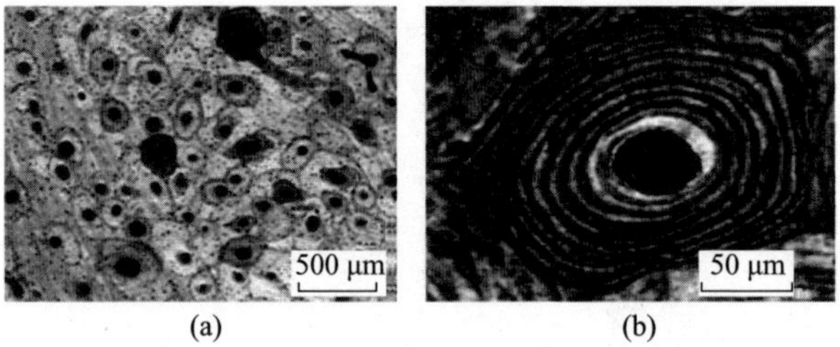

图 10.5　皮质骨和骨单元的显微结构

(a) 5×10^{-4} m 尺度下的皮质骨；(b) 5×10^{-5} m 尺度下骨单元的显微结构。

10.7.2 适用于一般方法前两步的多尺度情况

本节将 10.4 节高维统计反问题一般方法前两步调整为多尺度的情况。

第 1 步：构建 $\widetilde{\boldsymbol{C}}^{\text{meso}}$ 的先验随机模型

是在概率空间 $(\Theta, \mathcal{T}, P)$ 上引入介观弹性随机场的自适应先验随机模型 $\{\widetilde{\boldsymbol{C}}^{\text{meso}}(\boldsymbol{x};\boldsymbol{s}), \boldsymbol{x}\in\Omega^{\text{meso}}\}$，该模型依赖向量超参数 $\boldsymbol{s}\in C_{\text{ad}}$。假设 $\boldsymbol{s}$ 是小维数的，并且 $\boldsymbol{s}$ 由统计均值张量、散度参数和空间相关长度组成，使用 10.5 节和 10.6 节的方法可完成这一模型的构建。如 10.4 节所述，对于高维情况，通过随机边界值问题正确识别随机场 $\widetilde{\boldsymbol{C}}^{\text{meso}}$ 的实际概率取决于构建的先验随机模型对其基本性质的表达，如下界、正性、与材料有关的不变性、均值、谱支集、空间相关长度及统计波动水平等。为了简化符号的表示，有时将 $\widetilde{\boldsymbol{C}}^{\text{meso}}(\boldsymbol{x};\boldsymbol{s})$ 简记为 $\widetilde{\boldsymbol{C}}^{\text{meso}}(\boldsymbol{x})$，10.7.3 节也将采用这一表示方式。

第 2 步：识别先验随机模型 $\{\widetilde{\boldsymbol{C}}^{\text{meso}}(\boldsymbol{x};\boldsymbol{s}), \boldsymbol{x}\in\Omega^{\text{meso}}\}$ 的超参数 $\boldsymbol{s}$

在多尺度识别理论框架下，同时在宏观尺度和介观尺度上利用多尺度实验数字图像相关法识别先验随机模型 $\{\widetilde{\boldsymbol{C}}^{\text{meso}}(\boldsymbol{x};\boldsymbol{s}), \boldsymbol{x}\in\Omega^{\text{meso}}\}$ 的超参数 $\boldsymbol{s}$。

10.7.3 介观尺度非高斯张量随机场的一系列先验随机模型及其模拟方法

本节沿用 10.5 节的符号和方法，并提出了一系列先验非高斯张量随机场的改进构建方法，用于表观弹性随机场的介观随机建模。以下是对这种构建方法的描述。

所考虑的非均匀微观结构为三维线弹性体。

用(6×6)的矩阵表示四阶弹性张量，即

$$\boldsymbol{C}^{\mathrm{meso}}(\boldsymbol{x};\boldsymbol{s})_{IJ}=\widetilde{\boldsymbol{C}}_{ijkh}^{\mathrm{meso}}(\boldsymbol{x};\boldsymbol{s}),I=(i,j),J=(k,h) \tag{10.144}$$

式中：$I,J\in\{1,2,\cdots,6\}$。

介观尺度下，微观结构 Ω^{meso} 的表观弹性随机场$\{\boldsymbol{C}^{\mathrm{meso}}(\boldsymbol{x};\boldsymbol{s}),\boldsymbol{x}\in\Omega^{\mathrm{meso}}\}$与超参数 $\boldsymbol{s}$（后面将对 $\boldsymbol{s}$ 进行定义，且后面的随机场用简化符号表示，即删除 $\boldsymbol{s}$）有关。

对任意 $\boldsymbol{x}\in\Omega^{\mathrm{meso}}$，弹性随机矩阵 $\boldsymbol{C}^{\mathrm{meso}}(\boldsymbol{x};\boldsymbol{s})$ 平均接近给定的与 $\boldsymbol{x}$ 无关对称类矩阵，该对称类矩阵由材料对称性产生，在其附近或多或少具有各向异性统计波动性。在对称类矩阵中，统计波动水平的控制需要独立于各向异性统计波动水平。

1. 采用给定的对称类矩阵表示表观弹性随机场$\{\boldsymbol{C}^{\mathrm{meso}}(\boldsymbol{x}),\boldsymbol{x}\in\Omega^{\mathrm{meso}}\}$的改进先验随机模型

本节给出文献[98]所介绍的改进先验随机模型，见文献[208]。

先验代数表示。与式(10.97)类似，引入一个下界，并将取值在 $\mathbb{M}_n^+(\mathbb{R})$ 上的随机场$\{\boldsymbol{C}^{\mathrm{meso}}(\boldsymbol{x}),\boldsymbol{x}\in\Omega^{\mathrm{meso}}\}$可表示为

$$\boldsymbol{C}^{\mathrm{meso}}(\boldsymbol{x})=\boldsymbol{C}_{\ell}(\boldsymbol{x})+\boldsymbol{C}(\boldsymbol{x})(\forall\boldsymbol{x}\in\Omega^{\mathrm{meso}}) \tag{10.145}$$

式中：下界$\{\boldsymbol{C}_{\ell}(\boldsymbol{x}),\boldsymbol{x}\in\Omega^{\mathrm{meso}}\}$为 Ω^{meso} 内取值在 $\mathbb{M}_n^+(\mathbb{R})$ 上的确定场，随机场$\{\boldsymbol{C}(\boldsymbol{x}),\boldsymbol{x}\in\Omega^{\mathrm{meso}}\}\in\mathbb{M}_n^+(\mathbb{R})$可表示为

$$\boldsymbol{C}(\boldsymbol{x})=\bar{\boldsymbol{S}}(\boldsymbol{x})^{\mathrm{T}}\boldsymbol{A}(\boldsymbol{x})^{1/2}\boldsymbol{G}_0(\boldsymbol{x})\boldsymbol{A}(\boldsymbol{x})^{1/2}\bar{\boldsymbol{S}}(\boldsymbol{x})(\forall\boldsymbol{x}\in\Omega^{\mathrm{meso}}) \tag{10.146}$$

式中：随机场$\{\boldsymbol{G}_0(\boldsymbol{x}),\boldsymbol{x}\in\Omega^{\mathrm{meso}}\}\in\mathbb{M}_n^+(\mathbb{R})$可表示各向异性在对称类矩阵附近的统计波动；随机场$\{\boldsymbol{A}(\boldsymbol{x}),\boldsymbol{x}\in\Omega^{\mathrm{meso}}\}\in\mathbb{M}_n^{\mathrm{sym}}(\mathbb{R})$独立于$\{\boldsymbol{G}_0(\boldsymbol{x}),\boldsymbol{x}\in\Omega^{\mathrm{meso}}\}$，表示由集合 $\mathbb{M}^{\mathrm{sym}}(\mathbb{R})$ 描述的给定对称类矩阵的统计波动；引入的确定场$\{\bar{\boldsymbol{S}}(\boldsymbol{x}),\boldsymbol{x}\in\Omega^{\mathrm{meso}}\}$用于控制随机场 $\boldsymbol{C}$ 的均值。

各向异性统计波动。在10.6节定义了随机场$\{\boldsymbol{G}_0(\boldsymbol{x}),\boldsymbol{x}\in\Omega^{\mathrm{meso}}\}\in\mathbb{M}_n^+(\mathbb{R})$，且 $E\{\boldsymbol{G}_0(\boldsymbol{x})\}=\boldsymbol{I}_n$。$\{\boldsymbol{G}_0(\boldsymbol{x}),\boldsymbol{x}\in\Omega^{\mathrm{meso}}\}$的超参数为 $d\times n(n+1)/2$ 个空间相关长度和一个标量散度参数 $\delta_{\boldsymbol{G}}$，这一散度参数可用于控制各向异性的统计波动水平。

给定对称类矩阵中的统计波动。随机场$\{\boldsymbol{A}(\boldsymbol{x}),\boldsymbol{x}\in\Omega^{\mathrm{meso}}\}$（独立于 $\boldsymbol{G}_0$）为非高斯随机场，其取值在 $\mathbb{M}_n^{\mathrm{sym}}(\mathbb{R})$ 上，且可根据式(10.101)和式(10.111)~式(10.113)进行构建。因此，有

$$E\{\boldsymbol{A}(\boldsymbol{x})\}=\bar{\boldsymbol{A}}(\boldsymbol{x})=P^{\mathrm{sym}}(\bar{\boldsymbol{C}}(\boldsymbol{x})) \tag{10.147}$$

式中：P^{sym} 为 $\mathbb{M}_n^+(\mathbb{R})$ 到 $\mathbb{M}_n^{\mathrm{sym}}(\mathbb{R})$ 的投影算子，$\bar{\boldsymbol{C}}(\boldsymbol{x})$ 可表示为

$$\bar{\boldsymbol{C}}(\boldsymbol{x})=E\{\boldsymbol{C}(\boldsymbol{x})\}=E\{\boldsymbol{C}^{\mathrm{meso}}(\boldsymbol{x})\}-\boldsymbol{C}_{\ell}(\boldsymbol{x})\in\mathbb{M}_n^+(\mathbb{R}) \tag{10.148}$$

对任意 $\boldsymbol{x}\in\Omega^{\mathrm{meso}}$，随机矩阵 $\boldsymbol{A}(\boldsymbol{x})\in\mathbb{M}_n^{\mathrm{sym}}(\mathbb{R})$ 可表示为

$$\boldsymbol{A}(\boldsymbol{x})=\bar{\boldsymbol{A}}(\boldsymbol{x})^{1/2}\boldsymbol{N}(\boldsymbol{x})\bar{\boldsymbol{A}}(\boldsymbol{x})^{1/2} \tag{10.149}$$

随机场$\{\boldsymbol{N}(\boldsymbol{x}),\boldsymbol{x}\in\Omega^{\text{meso}}\}\in\mathbb{M}_n^{\text{sym}}(\mathbb{R})$为非高斯随机场,满足

$$E\{\boldsymbol{N}(\boldsymbol{x})\}=\boldsymbol{I}_n \tag{10.150}$$

根据式(10.96),$\boldsymbol{N}(\boldsymbol{x})$可表示为

$$\boldsymbol{N}(\boldsymbol{x})=\exp_{\boldsymbol{M}}(\boldsymbol{\mathcal{N}}(\boldsymbol{x})),\boldsymbol{\mathcal{N}}(\boldsymbol{x})=\sum_{j=1}^{N}Y_j(\boldsymbol{x})\boldsymbol{E}_j^{\text{sym}} \tag{10.151}$$

式中:n 维实随机场$\{\boldsymbol{Y}(\boldsymbol{x}),\boldsymbol{x}\in\mathbb{R}^d\}$为非高斯均匀二阶均方连续随机场,可利用最大熵原理来构建(见5.3.8节、5.4.10节和10.5节)。$\{\boldsymbol{A}(\boldsymbol{x}),\boldsymbol{x}\in\Omega^{\text{meso}}\}$的超参数为$d\times N$个空间相关长度和标量散度参数$\delta_{\boldsymbol{A}}$。这一散度参数用于控制对称类矩阵的统计波动水平。

构建确定场$\{\overline{\boldsymbol{S}}(\boldsymbol{x}),\boldsymbol{x}\in\Omega^{\text{meso}}\}\in\mathbb{M}_n^{+}(\mathbb{R})$。构建方法可直接由式(10.102)~式(10.104)推导出来。对固定的$\boldsymbol{x}\in\Omega^{\text{meso}}$,根据式(10.148)给出的确定性矩阵$\overline{\boldsymbol{C}}(\boldsymbol{x})\in\mathbb{M}_n^{+}(\mathbb{R})$的 Cholesky 分解可得到上三角矩阵$\boldsymbol{L}_{\overline{C}}(\boldsymbol{x})$,而根据式(10.147)所描述的$\overline{\boldsymbol{A}}(\boldsymbol{x})\in\mathbb{M}_n^{\text{sym}}(\mathbb{R})$的 Cholesky 分解可得到上三角矩阵$\boldsymbol{L}_{\overline{A}}(\boldsymbol{x})$。由于$\overline{\boldsymbol{C}}(\boldsymbol{x})=\overline{\boldsymbol{S}}(\boldsymbol{x})^{\mathrm{T}}\overline{\boldsymbol{A}}(\boldsymbol{x})\overline{\boldsymbol{S}}(\boldsymbol{x})$,因此,有

$$\overline{\boldsymbol{S}}(\boldsymbol{x})=\boldsymbol{L}_{\overline{A}}(\boldsymbol{x})^{-1}\boldsymbol{L}_{\overline{C}}(\boldsymbol{x}) \tag{10.152}$$

2. 完全各向异性的情况

选取对称类别为各向异性,$N=21$,$\delta_{\boldsymbol{A}}=0$。因此,$\boldsymbol{C}(\boldsymbol{x})=\overline{\boldsymbol{C}}(\boldsymbol{x})^{1/2}\boldsymbol{G}_0(\boldsymbol{x})\overline{\boldsymbol{C}}(\boldsymbol{x})^{1/2}$,且根据式(10.114),有

$$\boldsymbol{C}^{\text{meso}}(\boldsymbol{x})=\boldsymbol{C}_{\ell}(\boldsymbol{x})+\overline{\boldsymbol{C}}(\boldsymbol{x})^{1/2}\boldsymbol{G}_0(\boldsymbol{x})\overline{\boldsymbol{C}}(\boldsymbol{x})^{1/2}\ (\forall\boldsymbol{x}\in\Omega^{\text{meso}}) \tag{10.153}$$

下界的选取。如果构建下界是为了得到式(10.40),则可将$\boldsymbol{C}_{\ell}(\boldsymbol{x})$选取为

$$\boldsymbol{C}_{\ell}(\boldsymbol{x})=\frac{\varepsilon}{1+\varepsilon}E\{\boldsymbol{C}^{\text{meso}}(\boldsymbol{x})\}\ (0<\varepsilon<<1) \tag{10.154}$$

因此$\overline{\boldsymbol{C}}(\boldsymbol{x})$可表示为

$$\overline{\boldsymbol{C}}(\boldsymbol{x})=\frac{1}{1+\varepsilon}E\{\boldsymbol{C}^{\text{meso}}(\boldsymbol{x})\} \tag{10.155}$$

均匀均值超参数$\boldsymbol{s}$的定义。如果均值$\overline{\boldsymbol{C}}^{\text{meso}}=E\{\boldsymbol{C}^{\text{meso}}(\boldsymbol{x})\}$与$\boldsymbol{x}$无关,则超参数$\boldsymbol{s}$的维数为25,可表示为

$$\boldsymbol{s}=(\{(\overline{\boldsymbol{C}}^{\text{meso}})_{ij}\}_{i\geqslant j},(L_1,L_2,L_3),\delta_{\boldsymbol{G}}) \tag{10.156}$$

10.7.4 宏观与介观上先验随机模型进行多尺度识别的多尺度实验数字图像相关法

本节介绍最近的新方法[148-150],利用在宏观和介观尺度上同时测量的多尺度实验数字图像相关法,对由生物组织(皮质骨)组成的复杂非均质微观结构的先验随机模型进行多尺度识别。

1. 多尺度识别的难点

多尺度识别的难点是：在 Ω^{meso} 区域内，对表观弹性随机场 $\{\widetilde{\boldsymbol{C}}^{\text{meso}}(\boldsymbol{x};\boldsymbol{s}),\boldsymbol{x}\in\Omega^{\text{meso}}\}$ 的先验随机模型超参数 $\boldsymbol{s}$ 进行实验识别。$\boldsymbol{s}$ 由统计均值张量 $\widetilde{\boldsymbol{C}}_{\text{m}}^{\text{meso}}$ 和其他在介观尺度上控制统计波动的参数组成。由于 $\widetilde{\boldsymbol{C}}_{\text{m}}^{\text{meso}}$ 不能在 Ω^{meso} 内仅用介观位移场 $\boldsymbol{u}_{\text{exp}}^{\text{meso}}$ 的测量值进行直接识别，而是需要在 Ω^{meso} 内同时测量宏观位移场 $\boldsymbol{u}_{\text{exp}}^{\text{macro}}$（图 10.6），因此多尺度识别较困难。

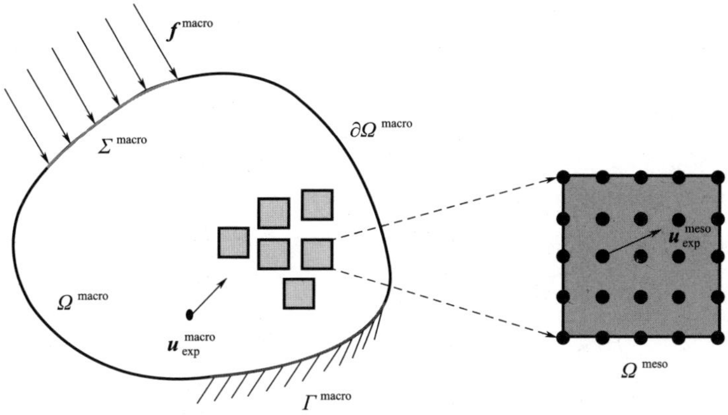

图 10.6　Ω^{meso} 内宏观位移场 $\boldsymbol{u}_{\text{exp}}^{\text{macro}}$ 和介观位移场 $\boldsymbol{u}_{\text{exp}}^{\text{meso}}$

为了在介观上对表观弹性随机场先验随机模型进行实验识别，需要在宏观和介观上同时进行多尺度场的实验测量。

2. 关于宏观和介观实验数字图像相关的假设

假设只测量一个试样，在宏观上施加一个给定的载荷，并进行实验；在 Ω^{macro}（例如，空间分辨率为 10^{-3}m）内进行位移场的宏观测量，同时在 Ω^{meso}（例如，空间分辨率为 10^{-5}m）内进行位移场的介观测量；实测应变场由实测位移场直接导出。

3. 统计反问题的假设与求解

针对在介观上对表观弹性随机场 $\{\widetilde{\boldsymbol{C}}^{\text{meso}}(\boldsymbol{x};\boldsymbol{s}),\boldsymbol{x}\in\Omega^{\text{meso}}\}$ 的先验随机模型进行实验识别的统计反问题，做如下假设。

（1）宏观尺度和中尺度是分离的，也就是说区域 Ω^{meso} 对应于一个 RVE。

（2）在宏观上，假设弹性张量与 $\boldsymbol{x}$ 无关，也就是说材料在宏观上是均匀的。

（3）在介观上，表观弹性随机场是统计均匀的（平稳随机过程）。

在上述假设前提下，需要在宏观上构建弹性张量 $\widetilde{\boldsymbol{C}}^{\text{macro}}(\boldsymbol{a})$ 的先验确定性模型，该模型依赖向量参数 $\boldsymbol{a}$，且 $\boldsymbol{a}$ 属于容许集 A^{macro}；需要在介观上构建表观弹性随机场 $\{\widetilde{\boldsymbol{C}}^{\text{meso}}(\boldsymbol{x};\boldsymbol{s}),\boldsymbol{x}\in\Omega^{\text{meso}}\}$ 的先验随机模型，该模型依赖向量超参数 $\boldsymbol{s}$，且 $\boldsymbol{s}$ 属于容许集 S^{meso}。

4. 求解统计反问题的数值指标

为了求解统计反问题，引入三个数值指标。

(1)宏观数值指标 $J_1(\boldsymbol{a})$，在相同宏观尺度下使实验应变场和计算应变场间的差距最小。

(2)介观数值指标 $J_2(\boldsymbol{s})$，使实验应变场和介观上计算的应变随机场统计波动间的差距最小。

(3)宏观－介观数值指标 $J_3(\boldsymbol{a},\boldsymbol{s})$，使宏观上的弹性张量 $\widetilde{\boldsymbol{C}}^{\text{macro}}(\boldsymbol{a})$ 和有效弹性张量 $\widetilde{\boldsymbol{C}}^{\text{e}}(\boldsymbol{s})$ 之间的差距最小，$\widetilde{\boldsymbol{C}}^{\text{e}}(\boldsymbol{s})$ 是在代表性体积单元 Ω^{meso} 上利用随机均匀化而构建的。

5. 三个数值指标的计算

对于边界值问题，沿用 10.6 节的符号，尤其是式(10.134)描述的二阶张量的散度和式(10.135)描述的线性算子 ε。

宏观数值指标。指标 $J_1(\boldsymbol{a})$ 用于宏观上实验应变场 $\varepsilon_{\exp}^{\text{macro}}(\boldsymbol{x})$ 和计算应变场 $\varepsilon^{\text{macro}}(\boldsymbol{x};\boldsymbol{a})$ 间的差距最小化，$J_1(\boldsymbol{a})$ 可表示为

$$J_1(\boldsymbol{a}) = \int_{\Omega^{\text{macro}}} \| \varepsilon_{\exp}^{\text{macro}}(\boldsymbol{x}) - \varepsilon^{\text{macro}}(\boldsymbol{x};\boldsymbol{a}) \|_F^2 \mathrm{d}\boldsymbol{x} \tag{10.157}$$

设 $\partial\Omega^{\text{macro}} = \Sigma^{\text{macro}} \cup \Gamma^{\text{macro}}$ 为区域 Ω^{macro} 的边界(图 10.7)，在区域 Ω^{macro} 上，利用 $\boldsymbol{u}^{\text{macro}}$ 通过求解以下确定性边界值问题可计算应变场 $\varepsilon^{\text{macro}}(\boldsymbol{x};\boldsymbol{a}) = \varepsilon(\boldsymbol{u}^{\text{macro}}(\boldsymbol{x};\boldsymbol{a}))$：

$$-\operatorname{div}\sigma^{\text{macro}} = \boldsymbol{0}(\text{在 } \Omega^{\text{macro}} \text{ 上}) \tag{10.158}$$

$$\sigma^{\text{macro}}\boldsymbol{n}^{\text{macro}} = \boldsymbol{f}^{\text{macro}}(\text{在 } \Sigma^{\text{macro}} \text{ 上}) \tag{10.159}$$

$$\boldsymbol{u}^{\text{macro}} = \boldsymbol{0}(\text{在 } \Gamma^{\text{macro}} \text{ 上}) \tag{10.160}$$

$$\sigma^{\text{macro}} = \widetilde{\boldsymbol{C}}^{\text{macro}}(\boldsymbol{a}) : \varepsilon(\boldsymbol{u}^{\text{macro}}), \boldsymbol{a} \in A^{\text{macro}} \tag{10.161}$$

式中：$\boldsymbol{n}^{\text{macro}}(\boldsymbol{x})$ 为 $\partial\Omega^{\text{macro}}$ 的外单位法向量，$\boldsymbol{f}^{\text{macro}}(\boldsymbol{x})$ 为给定的在 Σ^{macro} 上施加的表面力场。

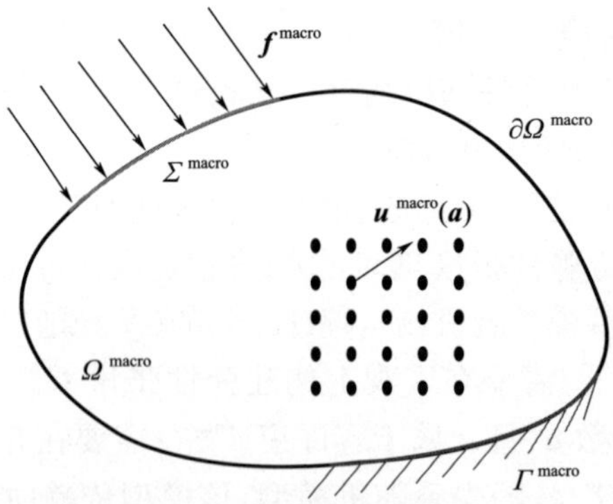

图 10.7 Ω^{macro} 内宏观上的计算模型

介观数值指标。指标 $J_2(\boldsymbol{s})$ 在介观上使 $\delta^{\text{meso}}(\boldsymbol{x};\boldsymbol{s})$ 与 $\delta_{\text{exp}}^{\text{meso}}$ 间的差距最小化：

$$J_2(\boldsymbol{s}) = \int_{\Omega^{\text{meso}}} (\delta^{\text{meso}}(\boldsymbol{x};\boldsymbol{s}) - \delta_{\text{exp}}^{\text{meso}})^2 \mathrm{d}\boldsymbol{x} \tag{10.162}$$

式中：δ^{meso} 为控制计算应变随机场统计波动水平的归一化散度系数；$\delta_{\text{exp}}^{\text{meso}}$ 为实验应变场归一化散度系数。

利用有限元法，通过求解以下随机边界值问题来计算介观（图 10.8）应变随机场 $\boldsymbol{\varepsilon}^{\text{meso}}(\boldsymbol{x}) = \varepsilon(\boldsymbol{U}^{\text{meso}}(\boldsymbol{x}))$：

$$-\operatorname{div}\sigma^{\text{meso}} = \mathbf{0}\ (\text{在 } \Omega^{\text{meso}} \text{ 中}) \tag{10.163}$$

$$\boldsymbol{U}^{\text{meso}} = \boldsymbol{u}_{\text{exp}}^{\text{meso}}\ (\text{在 } \partial\Omega^{\text{meso}} \text{ 上}) \tag{10.164}$$

$$\sigma^{\text{meso}} = \widetilde{\boldsymbol{C}}^{\text{meso}}(\boldsymbol{x};\boldsymbol{s}) : \varepsilon(\boldsymbol{U}^{\text{meso}}),\ \boldsymbol{s} \in S^{\text{meso}} \tag{10.165}$$

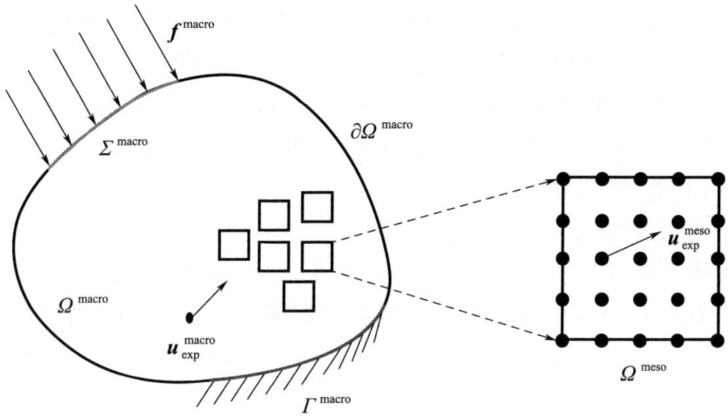

图 10.8　Ω^{meso} 内介观上的计算模型

均值应变张量为

$$\overline{\boldsymbol{\varepsilon}}^{\text{meso}}(\boldsymbol{s}) = \frac{1}{|\Omega^{\text{meso}}|} \int_{\Omega^{\text{meso}}} \boldsymbol{\varepsilon}^{\text{meso}}(\boldsymbol{x};\boldsymbol{s}) \mathrm{d}\boldsymbol{x} \tag{10.166}$$

实验均值应变张量为

$$\overline{\boldsymbol{\varepsilon}}_{\text{exp}}^{\text{meso}} = \frac{1}{|\Omega^{\text{meso}}|} \int_{\Omega^{\text{meso}}} \boldsymbol{\varepsilon}_{\text{exp}}^{\text{meso}}(\boldsymbol{x}) \mathrm{d}\boldsymbol{x} \tag{10.167}$$

由于 Ω^{meso} 为一个代表性体积元，因此对任意 $\boldsymbol{s} \in S^{\text{meso}}$，几乎有 $\overline{\boldsymbol{\varepsilon}}^{\text{meso}}(s) = \overline{\boldsymbol{\varepsilon}}_{\text{exp}}^{\text{meso}}$。对于所计算的介观应变随机场，散度系数为

$$\delta^{\text{meso}}(\boldsymbol{x};\boldsymbol{s}) = \frac{\sqrt{V^{\text{meso}}(\boldsymbol{x};\boldsymbol{s})}}{\|\overline{\boldsymbol{\varepsilon}}_{\text{exp}}^{\text{meso}}\|_F} \tag{10.168}$$

其中

$$V^{\text{meso}}(\boldsymbol{x};\boldsymbol{s}) = E\{\|\boldsymbol{\varepsilon}^{\text{meso}}(\boldsymbol{x};\boldsymbol{s}) - \overline{\boldsymbol{\varepsilon}}^{\text{meso}}(\boldsymbol{s})\|_F^2\} \tag{10.169}$$

介观实验应变场的散度系数为

$$\delta_{\exp}^{\mathrm{meso}} = \frac{\sqrt{V_{\exp}^{\mathrm{meso}}}}{\| \bar{\boldsymbol{\varepsilon}}_{\exp}^{\mathrm{meso}} \|_F} \tag{10.170}$$

其中

$$V_{\exp}^{\mathrm{meso}} = \frac{1}{|\Omega^{\mathrm{meso}}|} \int_{\Omega^{\mathrm{meso}}} \| \boldsymbol{\varepsilon}_{\exp}^{\mathrm{meso}}(\boldsymbol{x}) - \bar{\boldsymbol{\varepsilon}}_{\exp}^{\mathrm{meso}} \|_F^2 \mathrm{d}\boldsymbol{x} \tag{10.171}$$

宏观－介观数值指标。指标 $J_3(\boldsymbol{a},\boldsymbol{s})$ 用于宏观弹性张量 $\widetilde{\boldsymbol{C}}^{\mathrm{macro}}(\boldsymbol{a})$ 与有效弹性张量 $\widetilde{\boldsymbol{C}}^{\mathrm{e}}(\boldsymbol{s})$ 间的差距最小化，$\widetilde{\boldsymbol{C}}^{\mathrm{e}}(\boldsymbol{s})$ 是利用代表性体积单元 $\boldsymbol{\Omega}^{\mathrm{meso}}$ 通过随机均匀化而构建的，$J_3(\boldsymbol{a},\boldsymbol{s})$ 为

$$J_3(\boldsymbol{a},\boldsymbol{s}) = \| \widetilde{\boldsymbol{C}}^{\mathrm{macro}}(\boldsymbol{a}) - E\{\widetilde{\boldsymbol{C}}^{\mathrm{e}}(\boldsymbol{s})\} \|_F^2 \tag{10.172}$$

为实现介观到宏观的随机均匀化，可采用 10.6 节式（10.131）～式（10.138）所述方法，也可以通过均匀应力实现，如通过二维平面应力实现随机均匀化。由于 $\boldsymbol{\Omega}^{\mathrm{meso}}$ 为一个代表性体积单元，因此理论上 $\widetilde{\boldsymbol{C}}^{\mathrm{e}}(\boldsymbol{s})$ 为确定性张量。事实上如 10.6 节所述，如果 $\boldsymbol{\Omega}^{\mathrm{meso}}$ 为一个代表性体积单元，由于 RVE 是在概率意义上进行定义的，因此 $\widetilde{\boldsymbol{C}}^{\mathrm{e}}(\boldsymbol{s})$ 为一个统计波动很小的随机量，但并不为零，这也正是在式（10.172）中用 $E\{\widetilde{\boldsymbol{C}}^{\mathrm{e}}(\boldsymbol{s})\}$ 代替 $\widetilde{\boldsymbol{C}}^{\mathrm{e}}(\boldsymbol{s})$ 的原因。

6. 多目标优化统计反问题

由于数值指标共有三个，分别为与 $\boldsymbol{a}$ 有关的 $J_1(\boldsymbol{a})$、与 $\boldsymbol{s}$ 有关的 $J_2(\boldsymbol{s})$ 及同时与 $\boldsymbol{a}$ 和 $\boldsymbol{s}$ 有关的 $J_3(\boldsymbol{a},\boldsymbol{s})$，因此统计反问题可表述为以下多目标优化问题：

$$(\boldsymbol{a}^{\mathrm{macro}}, \boldsymbol{s}^{\mathrm{meso}}) = \arg \min_{\boldsymbol{a} \in A^{\mathrm{macro}}, \boldsymbol{s} \in S^{\mathrm{meso}}} \boldsymbol{J}(\boldsymbol{a},\boldsymbol{s}) \tag{10.173}$$

其中

$$\min \boldsymbol{J}(\boldsymbol{a},\boldsymbol{s}) = (\min J_1(\boldsymbol{a}), \min J_2(\boldsymbol{s}), \min J_3(\boldsymbol{a},\boldsymbol{s})) \tag{10.174}$$

7. 多目标优化问题的求解

采用有限元法将式（10.158）～式（10.161）所表示的宏观确定性边界值问题离散化；同样采用有限元法将式（10.163）～式（10.165）所表示的介观随机边界值问题离散化，用 6.4 节介绍的蒙特卡罗数值模拟法求解。

多目标优化问题可使用遗传算法和 Pareto Front 求解[44,58]。通过求解以下优化问题（如使用单纯形算法）可计算出 $\boldsymbol{a} \in A^{\mathrm{macro}}$ 的初值 $\boldsymbol{a}^{(0)}$：

$$\boldsymbol{a}^{(0)} = \arg \min_{\boldsymbol{a} \in A^{\mathrm{macro}}} J_1(\boldsymbol{a}) \tag{10.175}$$

超参数 $\boldsymbol{s}^{\mathrm{meso}}$ 为 S^{meso} 内 Pareto Front 上的估计点，该估计点使 Pareto Front 与原点间的距离最短。

10.7.5 二维平面应力下皮质骨多尺度实验测量方法的应用实例

1. 多尺度实验测量

试样为一个由皮质牛骨制成的立方体，尺寸为 0.01m×0.01m×0.01m。利用

多尺度二维数字图像相关法进行二维光学测量[148,150]。图 10.9 所示为皮质骨立方体标本和测量台。试样二维实验结构如图 10.10 所示，x_1 轴为水平轴，x_2 轴是竖直轴，沿 x_2 方向施加均布表面力，其合力为 9000N。多尺度二维光学测量的二维区域 Ω^{macro} 和 Ω^{meso} 以及二维空间分辨率分别为：

宏观二维区域 Ω^{macro}：$0.01\text{m}\times0.01\text{m}$，网格点数为 10×10，因此空间分辨率为 $10^{-3}\text{m}\times10^{-3}\text{m}$。

介观二维区域 Ω^{meso}：$0.001\text{m}\times0.001\text{m}$，网格点数为 100×100，因此空间分辨率为 $10^{-5}\text{m}\times10^{-5}\text{m}$。

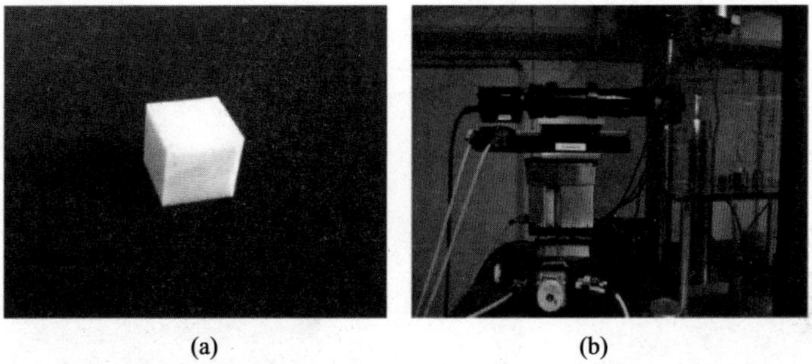

图 10.9　皮质骨立方体标本和测量台：标本尺寸为 $0.01\text{m}\times0.01\text{m}\times0.01\text{m}$[148]
(a)皮质骨立方体标本；(b)测量台。

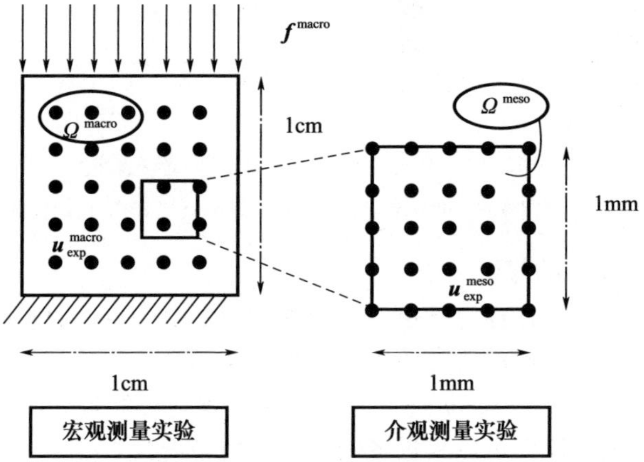

图 10.10　试样二维实验结构

宏观位移场 $\boldsymbol{u}_{exp}^{macro}=(u_{exp,1}^{macro},u_{exp,2}^{macro})$ 的二维光学测量如图 10.11 所示，(a)为位移场在 x_1 方向的分量 $u_{exp,1}^{macro}$，(b)为位移场在 x_2 方向的分量 $u_{exp,2}^{macro}$。介观位移场 $\boldsymbol{u}_{exp}^{meso}=(u^{meso}{}_{exp,1},u_{exp,2}^{meso})$ 的二维光学测量如图 10.12 所示，(a)为位移场在 x_1 方向的分量 $u_{exp,1}^{macro}$，(b)为位移场在 x_2 方向的分量 $u_{exp,2}^{macro}$。

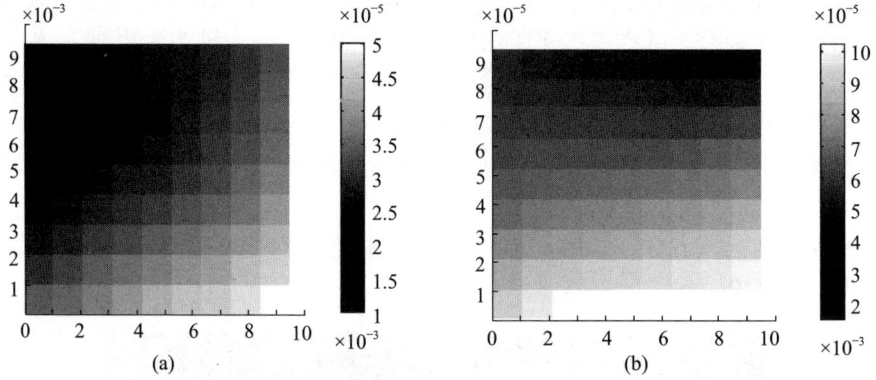

图 10.11　宏观位移场 $\boldsymbol{u}_{\text{exp}}^{\text{macro}}$ 的二维光学测量结果

(a)位移场 x_1(水平)方向的分量 $u_{\text{exp},1}^{\text{macro}}$;(b)位移场 x_2(竖直)方向的分量 $u_{\text{exp},2}^{\text{macro}}$。

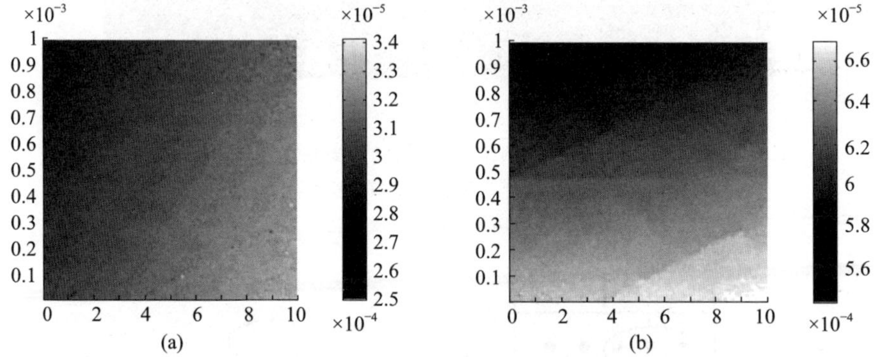

图 10.12　介观位移场 $\boldsymbol{u}_{\text{exp}}^{\text{meso}}$ 的二维光学测量

(a)位移场 x_1(水平)方向的分量 $u_{\text{exp},1}^{\text{meso}}$;(b)位移场 x_2(竖直)方向的分量 $u_{\text{exp},2}^{\text{meso}}$。

2. 随机计算模型的假设

基于平面应力建立计算力学模型二维模型(图 10.10),假设宏观区域 Ω^{macro} 上材料为均匀横向各向同性的线弹性体。参数 $\boldsymbol{a}=(E_{\text{T}}^{\text{macro}},v_{\text{T}}^{\text{macro}})$,其中,$E_{\text{T}}^{\text{macro}}$ 为横向杨氏模量,$v_{\text{T}}^{\text{macro}}$ 为泊松系数。介观上假设材料为非均匀的各向异性线弹性体。表观弹性随机场的随机模型可以根据各向异性随机情况推导出来[见式(10.153)~式(10.156)],并假设统计均值是横向各向同性的。超参数 $\boldsymbol{s}=(\bar{E}_{\text{T}},\bar{v}_{\text{T}},L,\delta)$,其中,$\bar{E}_{\text{T}}$ 和 $\bar{v}_{\text{T}}$ 分别为横向弹性模量和泊松系数的统计均值,L 为空间相关长度,$L_1=L_2=L_3=L$,δ 为控制表观弹性随机场统计波动的散度参数。

3. 采用多尺度识别法得出结果

10.7.4 节多尺度识别的结果为最优值 $\boldsymbol{a}^{\text{macro}}=(E_{\text{T}}^{\text{macro}},v_{\text{T}}^{\text{macro}})=(6.74\times10^{9}\text{Pa},0.32)$。最优值 $\boldsymbol{s}^{\text{meso}}=(E_{\text{T}}^{\text{meso}},v_{\text{T}}^{\text{meso}},L^{\text{meso}},\delta^{\text{meso}})=(6.96\times10^{9}\text{Pa},0.37,5.06\times10^{-5}\text{m},$

0.28)。所识别的空间相关长度与关于尺度分离的假设一致,且与牛股骨皮质骨相邻骨片间距有相同的数量级,识别得到的 $\boldsymbol{a}^{\text{macro}}$ 和 $\boldsymbol{s}^{\text{meso}}$ 的值与已发表文献中的数据一致。

10.7.6 非均匀各向异性微观结构弹性随机场贝叶斯后验模型的构造实例

本节给出 10.4 节所述方法的一个实例,即非均匀各向异性微观结构弹性随机场的贝叶斯后验模型[201]。在边界值问题中沿用 10.6 节的符号,尤其是二阶张量的散度[见式(10.134)]和线性算子 ε[见式(10.135)]的数学表达形式。对于弹性张量,则沿用 10.4 节的矩阵符号表示。

1. 力学建模

微观结构所占区域为 $\Omega^{\text{meso}}=(0,1)^3$,一般点 $\boldsymbol{x}=(x_1,x_2,x_3)$,该结构由非均匀复杂材料组成,介观上将材料模拟为非均匀各向异性弹性随机介质,其弹性性质用四阶张量非高斯随机场 $\widetilde{\boldsymbol{C}}^{\text{meso}}(\boldsymbol{x})=\{\widetilde{\boldsymbol{C}}^{\text{meso}}_{ijkh}(\boldsymbol{x})\}_{ijkh}$ 表示为

$$\boldsymbol{K}(\boldsymbol{x})_{IJ}=\widetilde{\boldsymbol{C}}^{\text{meso}}_{ijkh}(\boldsymbol{x}),I=(i,j),J=(k,h) \tag{10.176}$$

式中:$I,J\in\{1,2,\cdots,6\}$。

三维实位移场 $\boldsymbol{U}^{\text{meso}}$ 在 Ω^{meso} 上,Ω^{meso} 的边界为 $\partial\Omega^{\text{meso}}=\Gamma_0\cup\Gamma\cup\Gamma_{\text{obs}}$,$\partial\Omega^{\text{meso}}$ 的外单位法向量为 $\boldsymbol{n}(\boldsymbol{x})$。已知 Γ_0 上的 Dirichlet 条件为 $\boldsymbol{U}^{\text{meso}}=0$;$\Gamma$ 上的诺依曼条件为给定的确定性表面力场 $\boldsymbol{g}^{\Gamma}$;Γ_{obs} 上无表面力场,为所观测位移场 $\boldsymbol{U}^{\text{meso}}$ 的边界部分(这与假设条件“只有部分实验数据可观测利用”相对应)。随机边界值问题如下。

$$-\text{div}\,\boldsymbol{\sigma}^{\text{meso}}=\boldsymbol{0}(\text{在 }\Omega^{\text{meso}}\text{ 内}) \tag{10.177}$$

$$\boldsymbol{U}^{\text{meso}}(\boldsymbol{x})=\boldsymbol{0}(\text{在 }\Gamma_0\text{ 上}) \tag{10.178}$$

$$\boldsymbol{\sigma}^{\text{meso}}(\boldsymbol{x})\boldsymbol{n}(\boldsymbol{x})=\boldsymbol{g}^{\Gamma}(\boldsymbol{x})(\text{在 }\Gamma\text{ 上}) \tag{10.179}$$

$$\boldsymbol{\sigma}^{\text{meso}}(\boldsymbol{x})\boldsymbol{n}(\boldsymbol{x})=\boldsymbol{0}(\text{在 }\Gamma_{\text{obs}}\text{ 上}) \tag{10.180}$$

$$\boldsymbol{\sigma}^{\text{meso}}=\widetilde{\boldsymbol{C}}^{\text{meso}}(\boldsymbol{x}):\varepsilon(\boldsymbol{U}^{\text{meso}}) \tag{10.181}$$

名义模型取为均质材料,其弹性张量 $\widetilde{\boldsymbol{C}}^{\text{meso}}_{\text{m}}$ 与 $\boldsymbol{x}$ 无关。设 $\overline{\boldsymbol{K}}$ 为对应的弹性矩阵,$\overline{\boldsymbol{K}}_{IJ}=(\widetilde{\boldsymbol{C}}^{\text{meso}}_{\text{m}})_{ijkh},I=(i,j),J=(k,h)$。假设矩阵可表示为

$$\overline{\boldsymbol{K}}=10^{10}\times\begin{bmatrix}3.361 & 1.702 & 1.363 & -0.104 & -0.227 & 2.101\\ 1.702 & 1.609 & 0.726 & 0.043 & -0.119 & 0.861\\ 1.363 & 0.726 & 1.465 & -0.117 & -0.150 & 1.058\\ -0.104 & 0.043 & -0.117 & 0.131 & 0.009 & -0.157\\ -0.227 & -0.119 & -0.150 & 0.009 & 0.153 & -0.130\\ 2.101 & 0.861 & 1.058 & -0.157 & -0.130 & 1.744\end{bmatrix} \tag{10.182}$$

2. 随机边界值问题的有限元逼近

三维区域 Ω^{meso} 的网格由 8 节点有限单元组成,共 $6\times6\times6=216$(个)有限单

元。每个单元有 8 个积分点,位移锁定在点(1,0,0)、(1,1,0)、(1,1,1)、(1,0,1)处(Γ_0 是离散的),在坐标节点(0,0,1)处施加外部点载荷(0,1,0)(Γ 也是离散的)。有限元网格中共有 $N_p = 1728$ 个积分点,$x_1 = 0$ 平面内有 $m_{\text{obs}} = 50$ 个观测自由度数及 $m_{\text{nobs}} = 967$ 个非观测自由度数。因此,总自由度数为 $m_{\text{DOF}} = 1017$。

3. 可用数据集

设 $\boldsymbol{W} \in \mathbf{R}^{N_W}$ 为随机向量,将位移随机场 $\boldsymbol{U}^{\text{meso}}$(部分数据)进行有限元离散化,得到 1017 个自由度,将其中 $N_W = 50$ 个观测自由度作为 50 个分量共同组成随机向量 $\boldsymbol{W}$。利用 APSM 模型具有强乘性随机扰动的随机边界值问题而得到随机观测量 $\boldsymbol{W}^{\text{meso}}$ 的 $\nu_{\exp} = 200$ 次实验模拟量 $\{\boldsymbol{w}_{\exp}^{\text{meso},1}, \boldsymbol{w}_{\exp}^{\text{meso},2}, \cdots, \boldsymbol{w}_{\exp}^{\text{meso},\nu_{\exp}}\}$ 并将数据集 $\{\boldsymbol{w}_{\exp}^{\text{meso},1}, \boldsymbol{w}_{\exp}^{\text{meso},2}, \cdots, \boldsymbol{w}_{\exp}^{\text{meso},\nu_{\exp}}\}$ 考虑为随机向量 $\boldsymbol{W}_{\exp}^{\text{meso}}$ 的 $\nu_{\exp}$ 个独立模拟量。

4. 统计反问题

第 1 步:引入代数先验随机模型(APSM)族

随机边界值问题为椭圆随机边界值问题。10.6 节式(10.114)~式(10.128)给出了各向异性情况下随机场 $\{\boldsymbol{K}(\boldsymbol{x}), \boldsymbol{x} \in \Omega^{\text{meso}}\}$ 的代数先验随机模型 $\{\boldsymbol{K}^{\text{APSM}}(\boldsymbol{x}), \boldsymbol{x} \in \Omega^{\text{meso}}\}$。APSM 与给定的均值 $\overline{\boldsymbol{K}}$ 及超参数 $\boldsymbol{s} = (\delta, L_d) \in C_{\text{ad}} \subset \mathbf{R}^2$ 有关。其中,δ 为控制统计波动的散度参数,且对任意 $j, k \in \{1,2,3\}$,空间相关长度可用 L_d 表示为 $L_1^{jk} = L_2^{jk} = L_3^{jk} = \delta_{jk} L_d$,$\delta_{jk}$ 为 Kronecker 符号。

第 2 步:识别非高斯随机场 $\boldsymbol{K}$ 的最优 APSMK^{OAPSM}

采用控制统计波动的最小二乘法(见 7.3.2 节),通过试算法求解优化问题。对 $\boldsymbol{s} \in C_{\text{ad}}$,利用随机计算模型对代价函数 $J(\boldsymbol{s})$ 进行估计。其中,计算模型的求解采用蒙特卡罗数值模拟法(见 6.4 节):

$$\boldsymbol{W}^{\text{meso}} = \boldsymbol{h}(\boldsymbol{K}^{\text{APSM}}(\boldsymbol{x}^1; \boldsymbol{s}), \boldsymbol{K}^{\text{APSM}}(\boldsymbol{x}^2; \boldsymbol{s}), \cdots, \boldsymbol{K}^{\text{APSM}}(\boldsymbol{x}^{N_p}; \boldsymbol{s})) \tag{10.183}$$

图 10.13 为利用实验数据识别最优 APSM 的代价函数 $(\delta, L_c) \to J(\delta, L_c)$,最优值 $\boldsymbol{s}^{\text{opt}} = (\delta^{\text{opt}}, L_d^{\text{opt}}) = (0.42, 0.34)$。

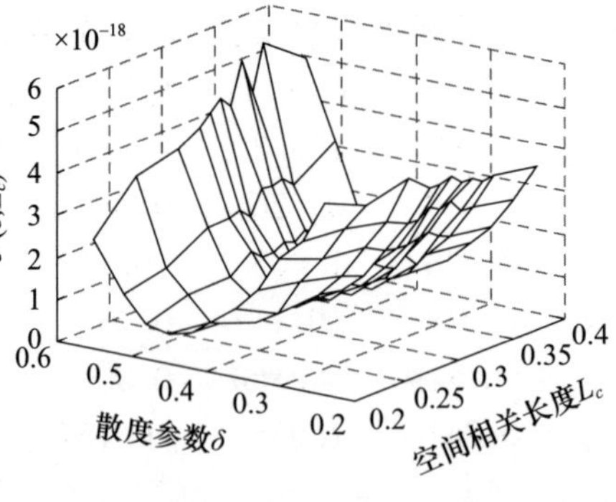

图 10.13　利用实验数据识别最优 APSM 的代价函数 $(\delta, L_c) \to J(\delta, L_c)$[201]

第 3 步：非高斯随机场 $\boldsymbol{K}$ 自适应表示形式的选取及非高斯随机场 $\boldsymbol{G}$ 的最优 APSM

由于随机场 $\boldsymbol{K}^{\mathrm{APSM}}$ 为平方型的（见第 10.6 节），因此随机场 $\boldsymbol{G}$ 所对应的最优 APSM$\{\boldsymbol{G}^{\mathrm{OAPSM}}(\boldsymbol{x}),\boldsymbol{x}\in\Omega^{\mathrm{meso}}\}$ 可表示为

$$\boldsymbol{G}^{\mathrm{OAPSM}}(\boldsymbol{x})=\mathcal{G}^{-1}(\boldsymbol{K}^{\mathrm{OAPSM}}(\boldsymbol{x}))(\forall\boldsymbol{x}\in\Omega^{\mathrm{meso}}) \tag{10.184}$$

式中：映射 $\mathcal{G}^{-1}$ 为 10.3 节所介绍的平方型表示［见式（10.46）～式（10.51）］。根据式（10.184）可产生 $\nu_{\mathrm{KL}}=1000$ 个随机场 $\boldsymbol{G}^{\mathrm{OAPSM}}$ 的独立模拟量 $\boldsymbol{G}^{(1)},\boldsymbol{G}^{(2)},\cdots,\boldsymbol{G}^{(\nu_{\mathrm{KL}})}$，即

$$\boldsymbol{G}^{(\ell)}(\boldsymbol{x})=\mathcal{G}^{-1}(\boldsymbol{K}^{(\ell)}(\boldsymbol{x}))(\forall\boldsymbol{x}\in\Omega^{\mathrm{meso}},\ell=1,2,\cdots,\nu_{\mathrm{KL}}) \tag{10.185}$$

第 4 步：构建二阶随机场 $\boldsymbol{G}^{\mathrm{OAPSM}}$ 的截断简化表示

用有限族 $\{\boldsymbol{G}^{\mathrm{OAPSM}}(\boldsymbol{x}^1),\boldsymbol{G}^{\mathrm{OAPSM}}(\boldsymbol{x}^2),\cdots,\boldsymbol{G}^{\mathrm{OAPSM}}(\boldsymbol{x}^{N_p})\}$ 的特征值问题代替随机场 $\{\boldsymbol{G}^{\mathrm{OAPSM}}(\boldsymbol{x}),\boldsymbol{x}\in\Omega^{\mathrm{meso}}\}$ 的张量互协方差函数的特征值问题，并在随机向量 $\boldsymbol{G}^{\mathrm{OAPSM}}_{\mathrm{resh}}\in\mathbf{R}^{36288}$ 中重构这一特征值问题，利用第 3 步所计算的 $\boldsymbol{G}^{\mathrm{OAPSM}}_{\mathrm{resh}}$ 的 1000 个独立模拟量对 $\boldsymbol{G}^{\mathrm{OAPSM}}_{\mathrm{resh}}$ 的平均向量和协方差矩阵 $\boldsymbol{C}_{\boldsymbol{G}^{\mathrm{OAPSM}}_{\mathrm{resh}}}$ 进行估计。误差函数 $m\rightarrow\mathrm{err}(m)$ 可表示为

$$\mathrm{err}(m)=1-\frac{\sum_{i=1}^{m}\lambda i}{\mathrm{tr}(\boldsymbol{C}_{\boldsymbol{G}^{\mathrm{OAPSM}}_{\mathrm{resh}}})} \tag{10.186}$$

图 10.14（a）为 err（m）函数图。可以看出，当 $m=550$ 时函数收敛。

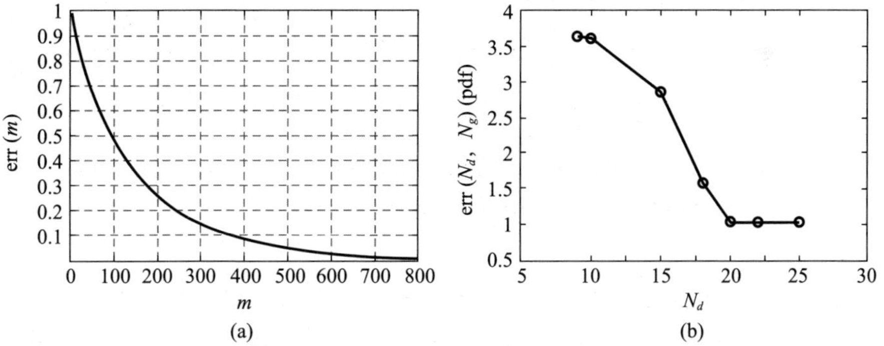

图 10.14　相对误差函数 $m\rightarrow\mathrm{err}(m)$ 和 L^1－对数误差函数 $N_d\rightarrow\mathrm{err}(N_d,N_g)$[201]

（a）相对误差函数 $m\rightarrow\mathrm{err}(m)$；（b）$L^1$－对数误差函数 $N_d\rightarrow\mathrm{err}(N_d,N_g)$，$Ng=4$。

第 5 步：构建 $\boldsymbol{\eta}^{\mathrm{OAPSM}}$ 的截断多项式混沌展开及随机场 $\boldsymbol{K}^{\mathrm{OAPSM}}$ 的表示

利用 $\nu_{\mathrm{KL}}=1000$ 个独立模拟量计算随机向量 $\boldsymbol{\eta}^{\mathrm{OAPSM}}$ 截断多项式混沌展开的系数。针对不同 N_g 取值的 $\boldsymbol{\eta}^{\mathrm{chaos}}(N_d,N_g)$，计算 L^1 误差函数 $N_d\rightarrow\mathrm{err}(N_d,N_g)$。

图 10.14(b)为 $N_g=4$ 时,函数 $N_d \to \mathrm{err}(N_d, N_g)$ 的图像,当 $N_d^{\mathrm{opt}}=20$ 时函数收敛,$N^{\mathrm{opt}}=h(N_d^{\mathrm{opt}}, N_g^{\mathrm{opt}})=10625$。

$\boldsymbol{\eta}^{\mathrm{chaos}}(N_d^{\mathrm{opt}}, N_g^{\mathrm{opt}})$ 的 PCE 系数矩阵 $z_0 \in \mathbf{M}_{N,m}(\mathbf{R})$ 用 $10625 \times 550 = 5843750$(个)实系数表示。当 $N_g=4$ 时,对 $j=1$ 和 $j=550$ 时的概率密度函数,分别分析截断 PCE$\boldsymbol{\eta}^{\mathrm{chaos}}(N_d, N_g)$ 的收敛性,如图 10.15 所示。

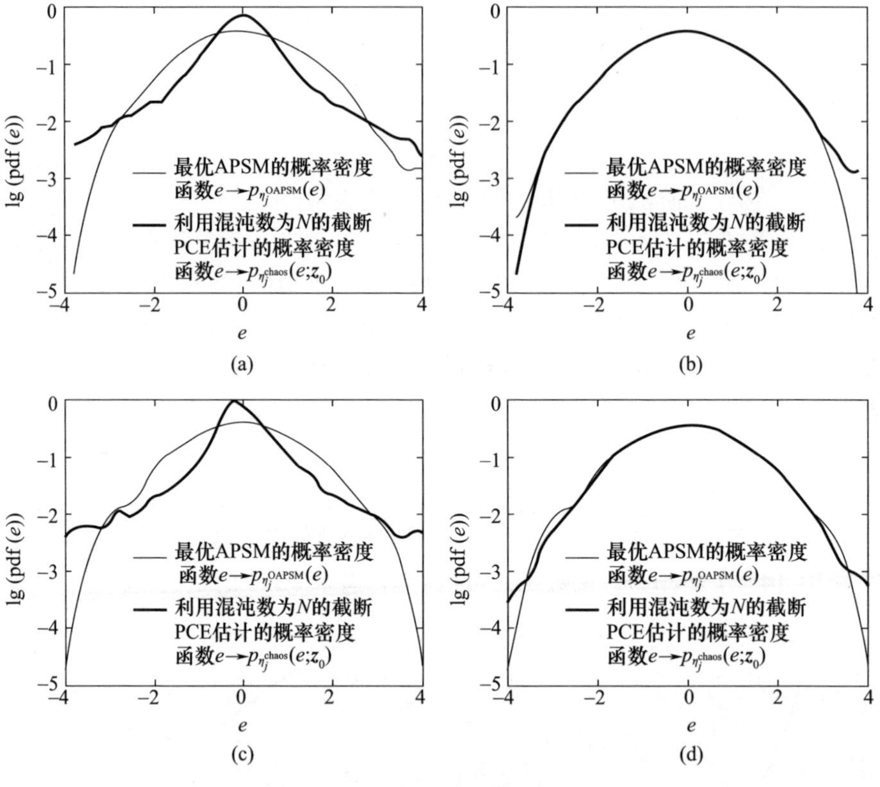

图 10.15 最优 APSM 的概率密度函数图和截断 PCE 估计的概率密度函数
(纵轴为概率密度函数的对数,横轴为 $\boldsymbol{\eta}_j$ 的取值 e[201])
(a)$j=1, N=714$;(b)$j=1, N=10625$;(c)$j=550, N=714$;(d)$j=550, N=10625$。

第 6 步:在一般非高斯随机场中识别随机场 $\boldsymbol{K}$ 的先验随机模型 $\boldsymbol{K}^{\mathrm{prior}}$

在一般非高斯随机场中识别随机场 $\boldsymbol{K}$ 的先验随机模型 $\boldsymbol{K}^{\mathrm{prior}}$。图 10.16 所示为观测自由度为 k 时的 $w_k \to p_{W_{\mathrm{exp},k}^{\mathrm{meso}}}(w_k)$、$w_k \to p_{W_k^{\mathrm{OAPSM}}}(w_k)$ 和 $w_k \to p_{W_k^{\mathrm{prior}}}(w_k)$ 函数图,k 为 Γ_{obs} 上节点 9 和节点 37 处 x_2 方向的位移自由度。可以看出,先验随机模型与参考模型仍存在偏差,第 7 步所估计的后验随机模型将减小这种偏差。

第 7 步:识别 $\boldsymbol{K}$ 的后验随机模型 $\boldsymbol{K}^{\mathrm{post}}$

根据第 6 步所估计的先验随机模型实现对随机场 $\boldsymbol{K}$ 的后验随机模型 $\boldsymbol{K}^{\mathrm{post}}$ 的识别。图 10.17 为 Γ_{obs} 上节点 9 和节点 37 在 x_2 方向的位移观测自由度为 k 时函数

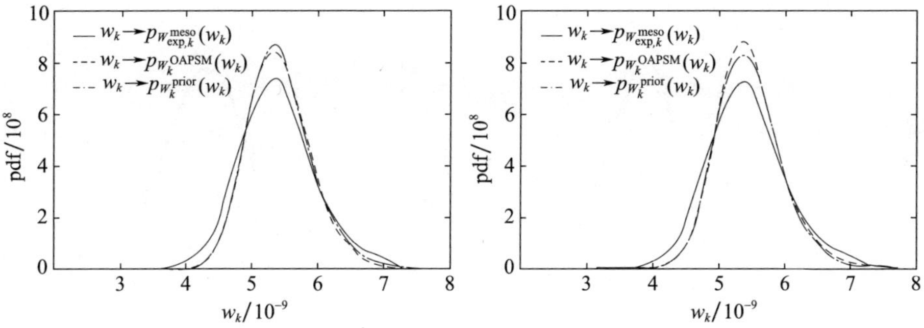

(a)　　　　　　　　　　(b)

图 10.16　在 x_2 方向上，节点 9 与节点 37 处位移的观测自由度为 k 时的函数图[201]

(a)节点编号:9，位移方向:x_2；(b)节点编号:37，位移方向:x_2。

$w_k \to p_{W_{\exp,k}^{\text{meso}}}(w_k)$、$w_k \to p_{W_k^{\text{prior}}}(w_k)$、$w_k \to p_{W_k^{\text{post}}}(w_k)$ 的图像。可以看出，后验随机模型对参考模型的预测结果较好，但后验随机模型的识别采用的是观测量（可用的实验数据），为了对后验随机模型进行质量评估，在第 7 步中，与未观测到的自由度（在后验随机模型的识别过程中未使用的自由度）进行比较。

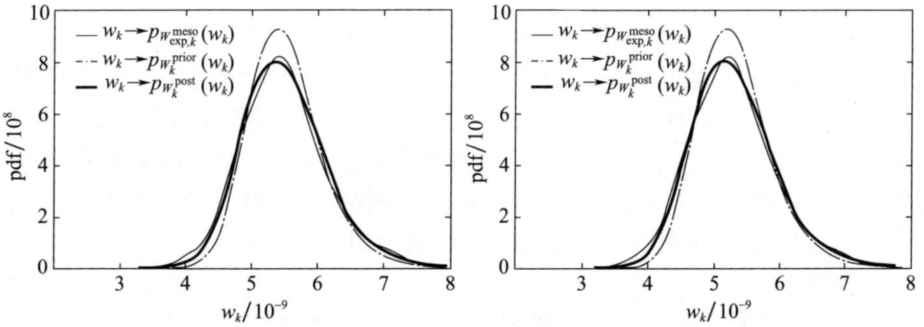

(a)　　　　　　　　　　(b)

图 10.17　在 x_2 方向上，节点 9 和节点 37 处位移观测自由度为 k 时的函数图[201]

(a)节点编号:9，位移方向:x_2；(b)节点编号:37，位移方向:x_2。

5. 后验随机模型的质量评估

通过与后验随机模型识别中未使用的自由度对比，给出后验随机模型的质量评估。图 10.18 为后验随机模型识别中未使用的自由度（区域 Ω^{meso} 内，在 x_2 方向上，节点 72 和 170 处的位移自由度）为 k 时，函数 $u_k \to p_{U_{\exp,k}^{\text{meso}}}(u_k)$、$u_k \to p_{U_k^{\text{prior}}}(u_k)$ 和 $u_k \to p_{U_k^{\text{post}}}(u_k)$ 的图像。可以看出，预测结果较好。

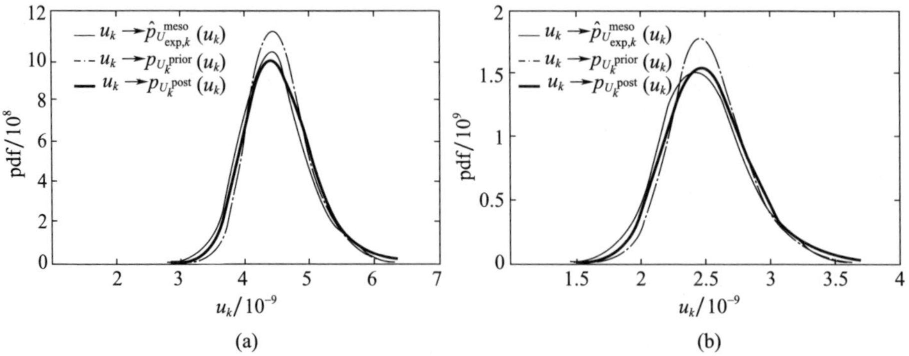

图 10.18 在 x_2 方向上，区域 Ω 内节点 72 和 170 处位移自由度为 k 时的函数图[201]

（a）节点编号：72，位移方向：x_2；（b）节点编号：170，位移方向：x_2。

10.8 基于聚合物纳米复合材料原子模拟的随机相间随机连续模型

本节主要针对二氧化硅掺杂强化的聚合物体系，介绍其随机建模及关于随机场（该随机场与聚合物和硅纳米掺杂物间界面区域的弹性性质有关）的反识别问题[119-120]。在这一实例中，使用了 10.7.3 节的对称类表观弹性随机场改进先验随机模型，其中对称类别为横向各向同性，与掺杂物边界的球面法向量无关；同时利用分子动力学得到原子模拟数据；通过这一实例给出了 10.4 节（前两步）方法的具体应用，即通过求解统计反问题对先验随机模型进行识别。

1. 本节目标

为了描述非晶态聚合物和硅纳米掺杂物（聚合物纳米复合材料）间界面的弹性性质，在连续介质力学理论框架下，建立矩阵随机弹性场的先验随机模型 $\boldsymbol{x} \to \boldsymbol{C}^{\text{meso}}(\boldsymbol{x})$。采用原子模拟的实验手段，对 $\boldsymbol{C}^{\text{meso}}$ 先验随机模型的超参数进行识别。

2. 统计反问题的模拟步骤

为了求解统计反问题，将模拟分为两步。

（1）原子模拟。图 10.19 为聚合物链与掺杂物原子的瞬时构型。

（2）求解统计反问题，即对描述界面性质的随机弹性场先验随机模型进行识别。

3. 物理描述与分子动力学建模

聚合物纳米复合材料。非晶体聚合物由 CH_2 长链组成，用具有调和势和 Lennard - Jones 势的粗晶粒表示。硅纳米掺杂物由非晶态 SiO_2 分子组成，以 Si 原子和 O 原子表示，具有库仑势。用 Lennard - Jones 势模拟 CH_2 与 SiO_2 的相互作用。

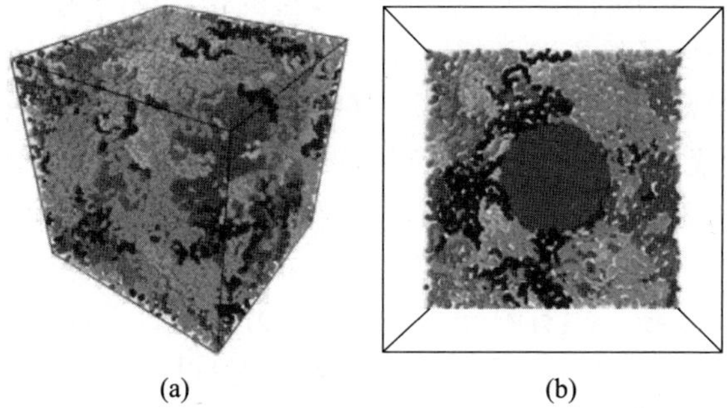

图 10.19　聚合物链与掺杂物原子的瞬时构型[119]
(a)聚合物链;(b)掺杂物原子。

目标体积分数为 4.7% 的模拟。原子模拟区域为边长是 6.8×10^{-9}m 的立方体,包含 10 条聚合物链。每个聚合物链由 1000 个 CH_2 组成,共有 10000 个 CH_2。SiO_2 纳米掺杂物是一个直径为 3×10^{-9}m 的球体,含 275 个 Si 原子和 644 个 O 原子。

4. 原子模拟

分别用 10 条、80 条和 320 条链进行原子模拟[120]。后面给出的结果仅限于在以下条件下对 10 条链进行的原子模拟。模拟温度为 $T=100$K,压力 P 为可控变量,进行 6 次拉伸和剪切力学模拟试验。时间 – 空间均值用于估计表观应变,从而推导出连续介质力学意义下的表观弹性矩阵分量。为了说明原子模拟结果,图 10.20给出了纳米复合材料中聚合物密度 ρ^n 与纯聚合物密度 ρ^p 的比值关于距球心(硅纳米掺杂物)距离 r 的函数。结果表明,中间相厚度 e 介于 2×10^{-9}m ~ 3×10^{-9}m。原子模拟表明,该中间相厚度与硅纳米掺杂物的直径(直径分别为 3×10^{-9}m、6×10^{-9}m 和 9.6×10^{-9}m)无关。

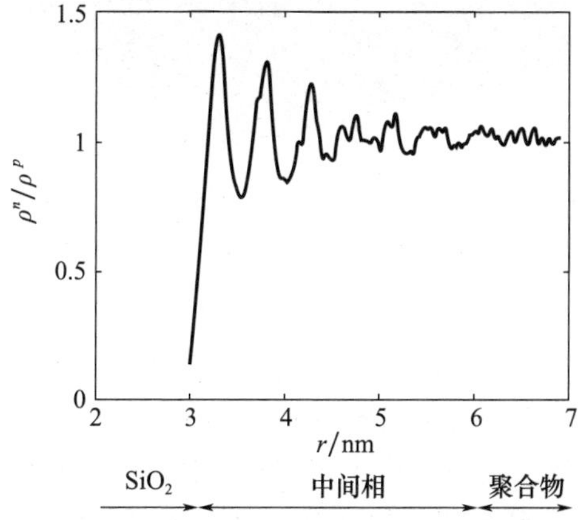

图 10.20　纳米复合材料中聚合物密度 ρ^n 与纯聚合物密度 ρ^p 的比值关于距球心(硅纳米掺杂物)距离 r 的函数[119]

5. 识别描述中间相的弹性场先验随机模型的统计反问题

描述中间相弹性场的先验随机模型。采用 10.7.3 节的方法构建中间相的先验非高斯随机模型 $\boldsymbol{x}\to\boldsymbol{C}^{\mathrm{meso}}(\boldsymbol{x})$，其中不存在各向异性统计波动，但正交球坐标系 (e_r,e_φ,e_ψ) 中的球坐标 (r,φ,ψ) 上具有横向各向同性材料对称类的统计波动。超参数为与对称矩阵统计波动有关的散度参数、沿径向 e_r 的空间相关长度 L_r、分别沿 e_φ 和 e_ψ 方向的空间相关长度 L_φ 和 L_ψ。为便于识别，假设 $L_\varphi = L_\psi$ 用 L_a 表示。

连续介质力学建模。用有限元法求解 6 次力学实验所对应的 6 个随机边界值问题。在球坐标系下，针对横向各向同性材料的对称性，采用先验随机模型来模拟线弹性中间相区域的弹性场。假设 SiO_2 掺杂物和聚合物为线弹性各向同性的均匀确定性介质，其弹性性质（体积模量和剪切模量）已由 MD 模拟进行了估算。最终的计算模型由 190310 个单元（相当于 102561 个自由度）组成，对于这一网格密度，无论在求解统计反问题时的测试方向或结构如何，在平均意义上都能使每个相关长度至少有 4 个积分点，从而确保对相关结构的采样良好。图 10.21 所示为三维网格连续模型。

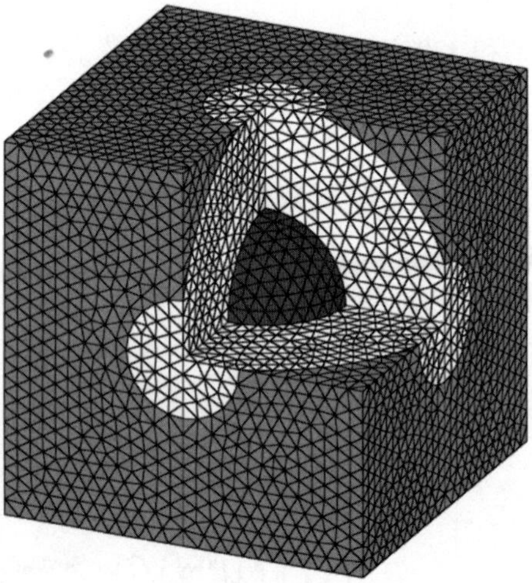

图 10.21　三维网格连续模型（掺杂物为洋红色（或深灰色），中间相为白色，聚合物基体为蓝绿色（或灰色））[120]

6. 统计反问题的似然求解法

采用 10.4 节（前两步）中基于最大似然法的方法，对中间相区域中非高斯矩阵随机场估计非高斯矩阵随机场先验随机模型 $\boldsymbol{x}\to\boldsymbol{C}^{\mathrm{meso}}(\boldsymbol{x})$ 的超参数最优值进行识别。随机观测量为该区域的随机表观弹性矩阵 $\boldsymbol{C}^{\mathrm{app}}$，利用中间相区域先验随机模型 $\boldsymbol{x}\to\boldsymbol{C}^{\mathrm{meso}}(\boldsymbol{x})$ 的 6 个随机边界值问题的有限元解，结合由随机均匀化方法所计算的 200 个随机模拟量，对 $\boldsymbol{C}^{\mathrm{app}}$ 的概率密度函数进行估计。针对已经通过分子动力学模拟（考虑为实验）所计算的 $\boldsymbol{C}^{\mathrm{app,MD}}$，估计其似然函数。

7. 识别结果

超参数的最优值为散度参数 0.2(统计波动 20%),径向空间相关长度 $e/4$(e 为中间相厚度),角向空间相关长度(平均)3.5×10^{-9} m。图 10.22 所示为中间相区域(相对接近中间相区域的外边界面,由超参数最优值所计算)内弹性随机场 C_{11}^{meso}(GPa)的模拟结果。

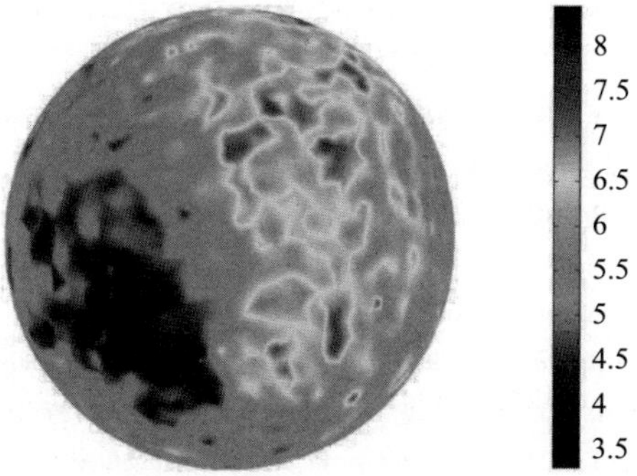

图 10.22　中间相区域(相对接近中间相区域外边界面,由超参数最优值所计算)内弹性随机场 C_{11}^{meso} 的模拟结果[120]

总之,这一随机场在球坐标中具有横向各向同性(与分子动力学预测的纳米掺杂物附近聚合物链段的几何构型一致),且与低维超参数有关。结果表明,弹性随机场具有不可忽略的波动性,且空间相关长度的估计与原子模型的特征长度实际上一致。

参考文献

[1] AGMON N, ALHASSID Y, LEVINE R D. An algorithm for finding the distribution of maximal entropy, *Journal of Computational Physics*, 30(2), 250 - 258(1979). DOI: 10.1016/0021 - 9991(79)90102 - 5.

[2] AMABILI M, SARKAR A, PAIDOUSSIS M P. Reduced - order models for nonlinear vibrations of cylindrical shells via the proper orthogonal decomposition method, *Journal of Fluids and Structures*, 18(2), 227 - 250 (2003). DOI: 10.1016/j.jfluidstructs.2003.06.002.

[3] AMSALLEM D, FARHAT C. An online method for interpolating linear parametric reduced - order models, *SIAM Journal on Scientific Computing*, 33(5), 2169 - 2198(2011). DOI: 10.1137/100813051.

[4] AMSALLEM D, ZAHR M J, FARHAT C. Nonlinear model order reduction based on local reduced - order bases, *International Journal for Numerical Methods in Engineering*, 92(10), 891 - 916(2012). DOI: 10.1002/nme.4371.

[5] AMSALLEM D, ZAHR M, CHOI Y, Farhat C. Design optimization using hyper - reduced - order models, *Structural and Multidisciplinary Optimization*, 51(4), 919 - 940(2015). DOI: 0.1007/s00158 - 014 - 1183 - y.

[6] ANDERSON T W. *An Introduction to Multivariate Statistical Analysis, Third Edition*, John Wiley & Sons, New York, 2003.

[7] ANDREWS H C, PATTERSON C L. Singular value decomposition and digital image processing, *Transactions on Acoustics, Speech, and Signal Processing - IEEE*, 24, 26 - 53(1976).

[8] ARGYRIS J H, KELSEY S. The analysis of fuselages of arbitrary cross - section and taper, *Aircraft Engineering and Aerospace Technology*, 31, 62 - 74(1959). DOI: 10.1108/eb033088.

[9] ARNOUX A, BATOU A, SOIZE C, Gagliardini L. Stochastic reduced order computational model of structures having numerous local elastic modes in low frequency dynamics, *Journal of Sound and Vibration*, 332(16), 3667 - 3680(2013). DOI: 10.1016/j.jsv.2013.02.019.

[10] ARNST M, GHANEM R, SOIZE C. Identification of Bayesian posteriors for coefficients of chaos expansion, *Journal of Computational Physics*, 229(9), 3134 - 3154(2010). DOI: 10.1016/j.jcp.2009.12.033.

[11] ARNST M, SOIZE C, GHANEM R. Hybrid sampling/spectral method for solving stochastic coupled problems, *SIAM/ASA Journal on Uncertainty Quantification*, 1(1), 218 - 243(2013). DOI: 10.1137/120894403.

[12] ARNST M, GHANEM R, PHIPPS E, Red - Horse J. Reduced chaos expansions with random coefficients in reduced - dimensional stochastic modeling of coupled problems, *International Journal for Numerical Methods in Engineering*, 29(5), 352 - 376(2014). DOI: 10.1002/nme.4595.

[13] AU S K, BECK J L. Subset simulation and its application to seismic risk based on dynamic analysis, *Journal of Engineering Mechanics - ASCE*, 129(8), 901 - 917(2003). DOI: 10.1061/(ASCE)0733 - 9399(2003)129:8(901).

[14] AU S K, BECK J L. Important sampling in high dimensions, *Structural Safety*, 25(2), 139 - 163(2003). DOI: 10.1016/S0167 - 4730(02)00047 - 4.

[15] BABUSKA I, NOBILE F, TEMPONE R. A stochastic collocation method for elliptic partial differential equations

with random input data, *SIAM Journal on Numerical Analysis*, 45 (3), 1005 – 1034 (2007). DOI: 10. 1137/050645142.

[16] BATOU A, SOIZE C. Identification of stochastic loads applied to a non – linear dynamical system using an uncertain computational model and experimental responses, *Computational Mechanics*, 43(4), 559 – 571(2009).

[17] BATOU A, SOIZE C, CORUS M. Experimental identification of an uncertain computational dynamical model representing a family of structures, *Computer and Structures*, 89(13/14), 1440 – 1448(2011). DOI: 10. 1016/j. compstruc. 2011. 03. 004.

[18] BATOU A, SOIZE C. Rigid multibody system dynamics with uncertain rigid bodies, *Multibody System Dynamics*, 27(3), 285 – 319(2012). DOI: 10. 1007/s11044 – 011 – 9279 – 2.

[19] BATOU A, SOIZE C. Calculation of Lagrange multipliers in the construction of maximum entropy distributions in high stochastic dimension, *SIAM/ASA Journal on Uncertainty Quantification*, 1(1), 431 – 451(2013). DOI: 10. 1137/120901386.

[20] BATOU A, SOIZE C. Stochastic modeling and identification of an uncertain computational dynamical model with random fields properties and model uncertainties, *Archive of Applied Mechanics*, 83(6), 831 – 848(2013). DOI: 10. 1007/s00419 – 012 – 0720 – 7.

[21] BATOU A, SOIZE C, AUDEBERT S. Model identification in computational stochastic dynamics using experimental modal data, *Mechanical Systems and Signal Processing*, 50/51, 307 – 322 (2014). DOI: 10. 1016/j. ymssp. 2014. 05. 010.

[22] BENFIELD W A, HRUDA R F. Vibration analysis of structures by component mode substitution, *AIAA Journal*, 9, 1255 – 1261(1971). DOI: 10. 2514/3. 49936.

[23] BERVEILLER M, SUDRET B, LEMAIRE M. Stochastic finite elements: A non intrusive approach by regression, *European Journal of Computational Mechanics*, 15 (1/2/3), 81 – 92 (2006). DOI: 10. 3166/remn. 15. 81 – 92.

[24] BLATMAN G, SUDRET B. Adaptive sparse polynomial chaos expansion based on least angle regression, *Journal of Computational Physics*, 230(6), 2345 – 2367(2011). DOI: 10. 1016/j. jcp. 2010. 12. 021.

[25] BOWMAN A W, AZZALINI A. *Applied Smoothing Techniques for Data Analysis: The Kernel Approach with S – Plus Illustrations*, Oxford University Press, New York, 1997.

[26] BURRAGE K, LENANE I, LYTHE G. Numerical methods for second – order stochastic differential equations, *SIAM Journal of Scientific Computing*, 29(1), 245 – 264(2007). DOI: 10. 1137/050646032.

[27] CAMERON R H, MARTIN W T. The orthogonal development of non – linear functionals in series of Fourier – Hermite functionals, *Annals of Mathematics, Second Series*, 48(2), 385 – 392(1947). DOI: 10. 2307/1969178.

[28] CAPIEZ – LERNOUT E, SOIZE C. Nonparametric modeling of random uncertainties for dynamic response of mistuned bladed disks, *Journal of Engineering for Gas Turbines and Power – Transactions of the ASME*, 126 (3), 610 – 618(2004). DOI: 10. 1115/1. 1760527.

[29] CAPIEZ – LERNOUT E, SOIZE C, LOMBARD J P, Dupont C, Seinturier E. Blade manufacturing tolerances definition for a mistuned industrial bladed disk, *Journal of Engineering for Gas Turbines and Power – Transactions of the ASME*, 127(3), 621 – 628(2005). DOI: 10. 1115/1. 1850497.

[30] CAPIEZ – LERNOUT E, PELLISSETTI M, PRADLWARTER H, Schueller GI, Soize C. Data and model uncertainties in complex aerospace engineering systems, *Journal of Sound and Vibration*, 295(3/4/5), 923 – 938 (2006). DOI: 10. 1016/j. jsv. 2006. 01. 056.

[31] CAPIEZ – LERNOUT E, SOIZE C. Robust design optimization in computational mechanics, *Journal of Applied Mechanics – Transactions of the ASME*, 75(2), 1 – 11(2008). DOI: 10. 1115/1. 2775493.

[32] CAPIEZ – LERNOUT E, SOIZE C. Robust updating of uncertain damping models in structural dynamics for low –

and medium – frequency ranges, *Mechanical Systems and Signal Processing*, 22(8), 1774 – 1792(2008). DOI: 10.1016/j.ymssp.2008.02.005.

[33] CAPIEZ – LERNOUT E, SOIZE C. Design optimization with an uncertain vibroacoustic model, *Journal of Vibration and Acoustics*, 130(2), 1 – 8(2008). DOI:10.1115/1.2827988.

[34] CAPIEZ – LERNOUT E, SOIZE C, MIGNOLET M P. Computational stochastic statics of an uncertain curved structure with geometrical nonlinearity in three – dimensional elasticity, *Computational Mechanics*, 49(1), 87 – 97(2012). DOI:10.1007/s00466 – 011 – 0629 – y.

[35] CAPIEZ – LERNOUT E, SOIZE C, MIGNOLET M P. Post – buckling nonlinear static and dynamical analyses of uncertain cylindrical shells and experimental validation, *Computer Methods in Applied Mechanics and Engineering*, 271(1), 210 – 230(2014). DOI:10.1016/j.cma.2013.12.011.

[36] CAPIEZ – LERNOUT E, SOIZE C, MBAYE M. Mistuning analysis and uncertainty quantification of an industrial bladed disk with geometrical nonlinearity, *Journal of Sound and Vibration*, 356, 124 – 143(2015). DOI:10.1016/j.jsv.2015.07.006.

[37] CAPILLON R, DESCELIERS C, SOIZE C. Uncertainty quantification in computational linear structural dynamics for viscoelastic composite structures, *Computer Methods in Applied Mechanics and Engineering*, 305, 154 – 172(2016). DOI:10.1016/j.cma.2016.03.012.

[38] CARLBERG K, BOU – MOSLEH C, FARHAT C. Efficient non – linear model reduction via a least – squares Petrov – Galerkin projection and compressive tensor approximations, *International Journal for Numerical Methods in Engineering*, 86(2), 155 – 181(2011). DOI:10.1002/nme.3050.

[39] CARLBERG K, FARHAT C. A low – cost, goal – oriented compact proper orthogonal decomposition basis for model reduction of static systems, *International Journal for Numerical Methods in Engineering*, 86(3), 381 – 402(2011). DOI:10.1002/nme.3074.

[40] CARLBERG K, FARHAT C, CORTIAL J, Amsallem D. The GNAT method for nonlinear model reduction: effective implementation and application to computational fluid dynamics and turbulent flows, *Journal of Computational Physics*, 242, 623 – 647(2013). DOI:10.1016/j.jcp.2013.02.028.

[41] CATALDO E, SOIZE C, SAMPAIO R, Desceliers C. Probabilistic modeling of a nonlinear dynamical system used for producing voice, *Computational Mechanics*, 43(2), 265 – 275(2009).

[42] CATALDO E, SOIZE C, SAMPAIO R. Uncertainty quantification of voice signal production mechanical model and experimental updating, *Mechanical Systems and Signal Processing*, 40(2), 718 – 726(2013). DOI:10.1016/j.ymssp.2013.06.036.

[43] CATALDO E, SOIZE C. Jitter generation in voice signals produced by a two – mass stochastic mechanical model, *Biomedical Signal Processing and Control*, 27, 87 – 95(2016). DOI:10.1016/j.bspc.2016.02.003.

[44] CENSOR Y. Pareto optimality in multi objective problems, *Applied Mathematics and Optimization*, 4(1), 41 – 59(1977). DOI:10.1007/BF01442131.

[45] CHATURANTABUT S, SORENSEN D C. Nonlinear model reduction via discrete empirical interpolation, *SIAM Journal on Scientific and Statistical Computing*, 32(5), 2737 – 2764(2010). DOI:10.1137/090766498.

[46] CHEBLI H, SOIZE C. Experimental validation of a nonparametric probabilistic model of non homogeneous uncertainties for dynamical systems, *The Journal of the Acoustical Society of America*, 115(2), 697 – 705(2004). DOI:10.1121/1.1639335.

[47] CHEN C, DUHAMEL D, SOIZE C. Uncertainties model and its experimental identification in structural dynamics for composite sandwich panels, *Journal of Sound and Vibration*, 294(1/2), 64 – 81(2006). DOI:10.1016/j.jsv.2005.10.013.

[48] CHEVALIER L, CLOUPET S, SOIZE C. Probabilistic model for random uncertainties in steady state rolling

contact, *Wear Journal*,258(10),1543 – 1554(2005).

[49] COIFMAN R R,LAFON S,LEE A B,Maggioni M,Nadler,Warner F,Zucker SW. Geometric diffusions as a tool for harmonic analysis and structure definition of data:Diffusion maps,*PNAS*,102(21),7426 – 7431(2005).

[50] CLÉMENT A,SOIZE C,YVONNET J. Computational nonlinear stochastic homogenization using a non – concurrent multiscale approach for hyperelastic heterogenous microstructures analysis,*International Journal for Numerical Methods in Engineering*,91(8),799 – 824(2012). DOI:10.1002/nme.4293.

[51] CLÉMENT A,SOIZE C,YVONNET J. Uncertainty quantification in computational stochastic multiscale analysis of nonlinear elastic materials,*Computer Methods in Applied Mechanics and Engineering*,254,61 – 82(2013). DOI:10.1016/j.cma.2012.10.016.

[52] CLOUGH R W,PENZIEN J. *Dynamics of Structures*,McGraw – Hill,New York,1975.

[53] COTTEREAU R,CLOUTEAU D,SOIZE C. Construction of a probabilistic model for impedance matrices,*Computer Methods in Applied Mechanics and Engineering*,196(17/18/19/20),2252 – 2268(2007).

[54] CRAIG R R,BAMPTON MCC. Coupling of substructures for dynamic analyses,*AIAA Journal*,6,1313 – 1322 (1968). DOI:10.2514/3.4741.

[55] CRAIG R R. A review of time domain and frequency domain component mode synthesis method,*Combined Experimental – Analytical Modeling of Dynamic Structural Systems*, edited by D. R. Martinez, A. K. Miller, 67, ASME – AMD,New York,1985.

[56] DAS S,GHANEM R,SPALL J. Asymptotic sampling distribution for polynomial chaos representation of data:A maximum – entropy and fisher information approach, *SIAM Journal on Scientific Computing*, 30(5), 2207 – 2234(2008). DOI:10.1137/060652105.

[57] DAS S,GHANEM R,FINETTE S. Polynomial chaos representation of spatiotemporal random field from experimental measurements, *Journal of Computational Physics*, 228, 8726 – 8751 (2009). DOI: 10.1016/j.jcp.2009.08.025.

[58] DEB K. *Multi – Objective Optimization using Evolutionary Algorithms*,John Wiley & Sons,Chichester,2001.

[59] DEBUSSCHERE B J,NAJM H N,PEBAY P P,Knio OM,Ghanem R,Le Maitre OP. Numerical challenges in the use of polynomial chaos representations for stochastic processes,*SIAM Journal on Scientific Computing*,26 (2),698 – 719(2004). DOI:10.1137/S1064827503427741.

[60] DEGROOTE J,VIRENDEELS J,WILLCOX K. Interpolation among reduced – order matrices to obtain parameterized models for design,optimization and probabilistic analysis,*International Journal for Numerical Methods in Fluids*,63,207 – 230(2010). DOI:10.1002/fld.2089.

[61] DE KLERK D,RIXEN D J,VOORMEEREN S N. General framework for dynamic substructuring:History,review,and classification of techniques,*AIAA Journal*,46,1169 – 1181(2008). DOI:10.2514/1.33274.

[62] DESCELIERS C,SOIZE C,CAMBIER S. Non – parametric – parametric model for random uncertainties in non – linear structural dynamics:Application to earthquake engineering,*Earthquake Engineering & Structural Dynamics*,33(3),315 – 327(2004). DOI:10.1002/eqe.352.

[63] DESCELIERS C, GHANEM R, SOIZE C. Maximum likelihood estimation of stochastic chaos representations from experimental data, *International Journal for Numerical Methods in Engineering*, 66(6), 978 – 1001 (2006). DOI:10.1002/nme.1576.

[64] DESCELIERS C,SOIZE C,GHANEM R. Identification of chaos representations of elastic properties of random media using experimental vibration tests,*Computational Mechanics*,39(6),831 – 838(2007). DOI:10.1007/s00466 – 006 – 0072 – 7.

[65] DESCELIERS C,SOIZE C,GRIMAL Q,Talmant M,Naili S. Determination of the random anisotropic elasticity layer using transient wave propagation in a fluid – solid multilayer:Model and experiments,*The Journal of the*

Acoustical Society of America,125(4),2027 –2034(2009). DOI:10.1121/1.3087428.

[66] DESCELIERS C,SOIZE C,NAILI S,Haiat G. Probabilistic model of the human cortical bone with mechanical alterations in ultrasonic range,*Mechanical Systems and Signal Processing*,32,170 – 177(2012). DOI:10. 1016/j.ymssp.2012.03.008.

[67] DESCELIERS C,SOIZE C,ZARROUG M. Computational strategy for the crash design analysis using an uncertain computational mechanical model,*Computational Mechanics*,52(2),453 – 462(2013). DOI:10.1007/ s00466 –012 –0822 –7.

[68] DESCELIERS C,SOIZE C,YANEZ – GODOY H,Houdu E,Poupard O. Robustness analysis of an uncertain computational model to predict well integrity for geologic CO_2 sequestration,*Computational Geosciences*,17(2), 307 –323(2013). DOI:10.1007/s10596 –012 –9332 –0.

[69] DOOSTAN A,GHANEM R,RED – HORSE J. Stochastic model reduction for chaos representations,*Computer Methods in Applied Mechanics and Engineering*,196(37/38/39/40),3951 –3966(2007). DOI:10.1016/j.cma.2006.10.047.

[70] DOOSTAN A,OWHADI H. A non – adapted sparse approximation of PDEs with stochastic inputs,*Journal of Computational Physics*,230(8),3015 –3034(2011). DOI:10.1016/j.jcp.2011.01.002.

[71] DUCHEREAU J,SOIZE C. Transient dynamics in structures with nonhomogeneous uncertainties induced by complex joints,*Mechanical Systems and Signal Processing*,20(4),854 –867(2006). DOI:10.1016/j.ymssp.2004.11.003.

[72] DURAND J F,SOIZE C,GAGLIARDINI L. Structural – acoustic modeling of automotive vehicles in presence of uncertainties and experimental identification and validation,*Journal of the Acoustical Society of America*,124(3),1513 –1525(2008). DOI:10.1121/1.2953316.

[73] DYSON F J,MEHTA M L. Statistical theory of the energy levels of complex systems. Parts IV,V. *Journal of Mathematical Physics*,4,701 –719(1963). DOI:10.1063/1.1704008.

[74] ERNST O G,MUGLER A,STARKLOFF H J,Ullmann E. On the convergence of generalized polynomial chaos expansions,*ESAIM:Mathematical Modelling and Numerical Analysis*,46(2),317 – 339(2012). DOI:10.1051/m2an/2011045.

[75] EWINS D J. The effects of detuning upon the forced vibrations of bladed disks,*Journal of Sound and Vibration*, 9(1),65 –79(1969). DOI:10.1016/0022460X(69)90264 –8.

[76] EZVAN O,BATOU A,SOIZE C. Multi – scale reduced – order computational model in structural dynamics for the low – and medium – frequency ranges,*Computer and Structures*,160,111 –125(2015). DOI:10.1016/j.compstruc.2015.08.007.

[77] EZVAN O,BATOU A,SOIZE C,Gagliardini L. Multi level model reduction for uncertainty quantification in computational structural dynamics,*Computational Mechanics*,Submitted July 2nd(2016).

[78] FARHAT C,AVERY P,CHAPMAN T,Cortial J. Dimensional reduction of nonlinear finite element dynamic models with finite rotations and energy – based mesh sampling and weighting for computational efficiency,*International Journal for Numerical Methods in Engineering*,98(9),625 –662(2014). DOI:10.1002/nme.4668.

[79] FARHAT C,CHAPMAN T,AVERY P. Structure – preserving,stability,and accuracy properties of the Energy – Conserving Sampling and Weighting(ECSW)method for the hyper reduction of nonlinear finite element dynamic models,*International Journal for Numerical Methods in Engineering*,102(5),1077 –1110(2015). DOI:10.1002/nme.4820.

[80] FERNANDEZ C,SOIZE C,GAGLIARDINI L. Sound – insulation layer modelling in car computational vibroacoustics in the medium – frequency range,*Acta Acustica United with Acustica*(*AAUWA*),96(3),437 –444 (2010). DOI:10.3813/AAA.918296.

[81] FRAUENFELDER P, SCHWAB C, TODOR R A. Finite elements for elliptic problems with stochastic coefficients, *Computer Methods in Applied Mechanics and Engineering*, 194(2/3/4/5), 205 – 228(2005). DOI: 10.1016/j.cma.2004.04.008.

[82] GANAPATHYSUBRAMANIAN B, ZABARAS N. Sparse grid collocation schemes for stochastic natural convection problems, *Journal of Computational Physics*, 25(1), 652 – 685(2007). DOI: 10.1016/j.jcp.2006.12.014.

[83] GERBRANDS J J. On the relationships between SVD, KLT and PCA, *Pattern Recognition*, 14(1), 3756381(1981).

[84] GHANEM R, SPANOS P D. Polynomial chaos in stochastic finite elements, *Journal of Applied Mechanics – Transactions of the ASME*, 57(1), 197 – 202(1990). DOI: 10.1115/1.2888303.

[85] GHANEM R, SPANOS P D. *Stochastic Finite Elements: A spectral Approach*, Springer – Verlag, New York, 1991 (revised edition, Dover Publications, New York, 2003).

[86] GHANEM R, KRUGER R M. Numerical solution of spectral stochastic finite element systems, *Computer Methods in Applied Mechanics and Engineering*, 129(3), 289 – 303(1996). DOI: 10.1016/0045 – 7825(95)00909 – 4.

[87] GHANEM R, DOOSTAN R, RED – HORSE J. A probabilistic construction of model validation, *Computer Methods in Applied Mechanics and Engineering*, 197(29/30/31/32), 2585 – 2595(2008). DOI: 10.1016/j.cma.2007.08.029.

[88] GHOSH D, GHANEM R. Stochastic convergence acceleration through basis enrichment of polynomial chaos expansions, *International Journal for Numerical Methods in Engineering*, 73(2), 162 – 184(2008). DOI: 10.1002/nme.2066.

[89] GIVENS G H, HOETING J A. *Computational Statistics, 2nd edition*, Physica – Verlag, Hoboken, 2013.

[90] GOLUB G H, VAN LOAN C F. *Matrix Computations, Fourth Edition*, The Johns Hopkins University Press, Baltimore, 2013.

[91] GREPL M A, MADAY Y, NGUYEN N C, Patera A. Efficient reduced – basis treatment of nonaffine and nonlinear partial differential equations, *ESAIM: Mathematical Modelling and Numerical Analysis*, 41(3), 575 – 605(2007). DOI: 10.1051/m2an:2007031.

[92] GUILLEMINOT J, SOIZE C, KONDO D, Binetruy C. Theoretical framework and experimental procedure for modelling volume fraction stochastic fluctuations in fiber reinforced composites, International Journal of Solid and Structures, 45(21), 5567 – 5583(2008). DOI: 10.1016/j.ijsolstr.2008.06.002.

[93] GUILLEMINOT J, SOIZE C, KONDO D. Mesoscale probabilistic models for the elasticity tensor of fiber reinforced composites: experimental identification and numerical aspects, *Mechanics of Materials*, 41(12), 1309 – 1322(2009). DOI: 10.1016/j.mechmat.2009.08.004.

[94] GUILLEMINOT J, SOIZE C. A stochastic model for elasticity tensors with uncertain material symmetries, *International Journal of Solids and Structures*, 47(22/23), 3121 – 3130(2010). DOI: 10.1016/j.ijsolstr.2010.07.013.

[95] GUILLEMINOT J, NOSHADRAVAN A, SOIZE C, Ghanem R. A probabilistic model for bounded elasticity tensor random fields with application to polycrystalline microstructures, *Computer Methods in Applied Mechanics and Engineering*, 200(17/18/19/20), 1637 – 1648(2011). DOI: 10.1016/j.cma.2011.01.016.

[96] GUILLEMINOT J, SOIZE C. Probabilistic modeling of apparent tensors in elastostatics: a MaxEnt approach under material symmetry and stochastic boundedness constraints, *Probabilistic Engineering Mechanics*, 28(SI), 118 – 124(2012). DOI: 10.1016/j.prob engmech.2011.07.004.

[97] GUILLEMINOT J, SOIZE C. Generalized stochastic approach for constitutive equation in linear elasticity: A random matrix model, *International Journal for Numerical Methods in Engineering*, 90(5), 613 – 635(2012).

DOI:10.1002/nme.3338.

[98] GUILLEMINOT J, SOIZE C. Stochastic model and generator for random fields with symmetry properties: application to the mesoscopic modeling of elastic random media, *Multiscale Modeling and Simulation (A SIAM Interdisciplinary Journal)*, 11(3), 840 – 870(2013). DOI:10.1137/120898346.

[99] GUILLEMINOT J, SOIZE C. On the statistical dependence for the components of random elasticity tensors exhibiting material symmetry properties, *Journal of Elasticity*, 111(2), 109 – 130(2013). DOI 10.1007/s10659 – 012 – 9396 – z.

[100] GUILLEMINOT J, SOIZE C. ISDE – based generator for a class of non – gaussian vector – valued random fields in uncertainty quantification, *SIAM Journal on Scientific Computing*, 36(6), A2763 – A2786(2014). DOI:10.1137/130948586.

[101] GUPTA A K, NAGAR D K. *Matrix Variate Distributions*, Chapman & Hall/CRC, Boca Raton, 2000.

[102] GUYAN R J. Reduction of stiffness and mass matrices, *AIAA Journal*, 3, 380(1965). DOI:10.2514/3.2874.

[103] HAIRER E, LUBICH C, WANNER G. *Geometric Numerical Integration: Structure – Preserving Algorithms for Ordinary Differential Equations*, Springer – Verlag, Heidelberg, 2002.

[104] HAN S, FEENY B F. Enhanced proper orthogonal decomposition for the modal analysis of homogeneous structures, *Journal of Vibration and Control*, 8(1), 19 – 40(2002). DOI:10.1177/1077546302008001518.

[105] HASTINGS W K. Monte Carlo sampling methods using Markov chains and their applications, *Biometrika*, 57(1), 97 – 109(1970).

[106] HOROVA I, KOLACEK J, ZELINKA J. *Kernel Smoothing in Matlab*, World Scientific, Singapore, 2012.

[107] HUANG T S. *Picture Processing and Digital Filtering*, Springer, Berlin, 1975.

[108] HURTY W C. Vibrations of structural systems by component mode synthesis, *Journal of Engineering Mechanics – ASCE*, 86, 51 – 69(1960).

[109] HURTY W C. Dynamic analysis of structural systems using component modes, *AIAA Journal*, 3, 678 – 685(1965). DOI:10.2514/3.2947.

[110] IKEDA N, WATANABE S. *Stochastic Differential Equations and Diffusion Processes*, North Holland, Amsterdam, 1981.

[111] IRONS B. Structural eigenvalue problems – elimination of unwanted variables, *AIAA Journal*, 3, 961 – 962(1965). DOI:10.2514/3.3027.

[112] JAYNES E T. Information theory and statistical mechanics, *Physical Review*, 106(4), 620 – 630 and 108(2), 171 – 190(1957).

[113] KASSEM M, SOIZE C, Gagliardini L. Structural partitioning of complex structures in the medium – frequency range. An application to an automotive vehicle, *Journal of Sound and Vibration*, 330(5), 937 – 946(2011). DOI:10.1016/j.jsv.2010.09.008.

[114] KESHAVARZZADEH V, GHANEM R, MASRI S F, Aldraihem OJ. Convergence acceleration of polynomial chaos solutions via sequence transformation, *Computer Methods in Applied Mechanics and Engineering*, 271, 167 – 184(2014). DOI:10.1016/j.cma.2013.12.003.

[115] KHASMINSKII R. *Stochastic Stability of Differential Equations*, *2nd edition*, Springer, 2012.

[116] KERSCHEN G, GOLINVAL J C, VAKAKIS A F, Bergman LA. The method of proper orthogonal decomposition for dynamical characterization and order reduction of mechanical systems: an overview, *Nonlinear Dynamics*, 41, 147 – 169(2005). DOI:10.1007/s11071 – 005 – 2803 – 2.

[117] KIM K, WANG X Q, MIGNOLET M P. Nonlinear reduced order modeling of isotropic and functionally graded plates, Proceedings of the 49th Structures, Structural Dynamics, and Materials Conference, *AIAA Paper*, AIAA – 2008 – 1873(2008). DOI:10.2514/6.2008 – 1873.

[118] KRÉE P, SOIZE C. *Mathematics of Random Phenomena*, D. Reidel Publishing Company, Dordrecht, 1986 (Revised edition of the French edition Mécanique aléatoire, Dunod, Paris, 1983).

[119] LE T T. *Stochastic modeling in continuum mechanics of the inclusion – matrix interphase from molecular dynamics simulations* (in French: Modélisation stochastique, en mécanique des milieux continus, de l'interphase inclusion – matrice à partir de simulations en dynamique moléculaire), Thèse de doctorat de l'Université Paris – Est, Marne – la – Vallée, France, 2015.

[120] LE T T, Guilleminot J, Soize C. Stochastic continuum modeling of random interphases from atomistic simulations. Application to a polymer nanocomposite, *Computer Methods in Applied Mechanics and Engineering*, 303, 430 – 449 (2016). DOI: 10.1016/j.cma.2015.10.006.

[121] LEISSING T, SOIZE C, JEAN P, Defrance J. Computational model for long – rangenon – linear propagation over urban cities, *Acta Acustica United with Acustica (AAUWA)*, 96 (5), 884 – 898 (2010). DOI: 10.3813/AAA.918347.

[122] LE MAITRE O P, KNIO O M, NAJM H N. Uncertainty propagation using Wiener – Haar expansions, *Journal of Computational Physics*, 197 (1), 28 – 57 (2004). DOI: 10.1016/j.jcp.2003.11.033.

[123] LE MAITRE O P, KNIO O M. *Spectral Methods for Uncertainty Quantification with Applications to Computational Fluid Dynamics*, Springer, Heidelberg, 2010.

[124] LESTOILLE N, SOIZE C, Funfschilling C. Stochastic prediction of high – speed train dynamics to long – time evolution of track irregularities, *Mechanics Research Communications*, 75, 29 – 39 (2016). DOI: 10.1016/j.mechrescom.2016.05.007.

[125] LEUNG A Y T. *Dynamic Stiffness and Substructures*, Springer – Verlag, Berlin, 1993.

[126] LUCOR D, SU C H, KARNIADAKIS G E. Generalized polynomial chaos and random oscillators, *International Journal for Numerical Methods in Engineering*, 60 (3), 571 – 596 (2004). DOI: 10.1002/nme.976.

[127] MACOCCO K, GRIMAL Q, NAILI S, Soize C. Elastoacoustic model with uncertain mechanical properties for ultrasonic wave velocity prediction; application to cortical bone evaluation, *Journal of the Acoustical Society of America*, 119 (2), 729 – 740 (2006).

[128] MACNEAL R H. A hybrid method of component mode synthesis, *Computers and Structures*, 1, 581 – 601 (1971).

[129] MARZOUK Y M, NAJM H N. Dimensionality reduction and polynomial chaos acceleration of Bayesian inference in inverse problems, *Journal of Computational Physics*, 228 (6), 1862 – 1902 (2009). DOI: 10.1016/j.jcp.2008.11.024.

[130] MATTHIES H G, KEESE A. Galerkin methods for linear and nonlinear elliptic stochastic partial differential equations, *Computer Methods in Applied Mechanics and Engineering*, 194 (12/13/14/15/16), 1295 – 1331 (2005). DOI: 10.1016/j.cma.2004.05.027.

[131] MBAYE M, SOIZE C, OUSTY J P. A reduced – order model of detuned cyclic dynamical systems with geometric modifications using a basis of cyclic modes, *ASME Journal of Engineering for Gas Turbines and Power*, 132 (11), 112502 – 1 – 9 (2010). DOI: 10.1115/1.4000805.

[132] MBAYE M, SOIZE C, OUSTY J P, Capiez – Lernout E. Robust analysis of design in vibration of turbomachines, *ASME Journal of Turbomachinery*, 35 (2), 021008 – 1 – 8 (2013). DOI: 10.1115/1.4007442.

[133] MEHTA M L. *Random Matrices and the Statisticals Theory of Energy Levels*, Academic Press, New York, 1967.

[134] MEHTA M L. *Random Matrices, Revised and Enlarged Second Edition*, Academic Press, San Diego, 1991.

[135] MEHTA M L. *Random Matrices, Third Edition*, Elsevier, San Diego, 2014.

[136] METROPOLIS N, ULAM S. The Monte Carlo method, *Journal of the American Statistical Association*, 44 (247), 335 – 341 (1949).

[137] METROPOLIS N, ROSENBLUTH A W, ROSENBLUTH M N, Teller AH, Teller E. Equations of state calculations by fast computing machine, *The Journal of Chemical Physics*, 21(6), 1087 – 1092(1953).

[138] MICHEL G. *Buckling of cylindrical thin shells under a shear dynamic loading*(in French: Flambage de coques minces cylindriques sous un chargement dynamique de cisaillement), Thèse de Doctorat, INSA Lyon, 1997.

[139] MIGNOLET M P, SOIZE C. Stochastic reduced order models for uncertain non – linear dynamical systems, *Computer Methods in Applied Mechanics and Engineering*, 197 (45/46/47/48), 3951 – 3963 (2008). DOI: 10.1016/j.cma.2008.03.032.

[140] MIGNOLET M P, SOIZE C. Nonparametric stochastic modeling of linear systems with prescribed variance of several natural frequencies, *Probabilistic Engineering Mechanics*, 23(2/3), 267 – 278(2008). DOI: 10.1016/j.probengmech.2007.12.027.

[141] MIGNOLET M P, SOIZE C, Avalos J. Nonparametric stochastic modeling of structures with uncertain boundary conditions / coupling between substructures, *AIAA Journal*, 51 (6), 1296 – 1308 (2013). DOI: 10.2514/1.J051555.

[142] MIGNOLET M P, PRZEKOP A, RIZZI S A, Spottswood SM. A review of indirect/non – intrusive reduced order modeling of nonlinear geometric structures, *Journal of Sound and Vibration*, 332(10), 2437 – 2460(2013). DOI: 10.1016/j.jsv.2012.10.017.

[143] MORAND H J P, OHAYON R. *Fluid Structure Interaction*, John Wiley & Sons, Hoboken, New Jersey, 1995.

[144] MURAVYOV A A, RIZZI S A. Determination of nonlinear stiffness with application to random vibration of geometrically nonlinear structures, *Computers and Structures*, 81(15), 1513 – 1523(2003). DOI: 10.1016/S0045 – 7949(03)00145 – 7.

[145] NAJM H N. Uncertainty quantification and polynomial chaos techniques in computational fluid dynamics, *Journal Review of Fluid Mechanics*, 41, 35 – 52(2009). DOI: 10.1146/annurev.fluid.010908.165248.

[146] NEMAT – NASSER S, HORI M. *Micromechanics: Overall Properties of Heterogeneous Materials, Second revised edition*, Elsevier, Amsterdam, 1999.

[147] NGUYEN N, PERAIRE J. An efficient reduced – order modeling approach for nonlinear parametrized partial differential equations, *International Journal for Numerical Methods in Engineering*, 76(1), 27 – 55(2008). DOI: 10.1002/nme.2309.

[148] NGUYEN M T. *Multiscale identification of the apparent random elasticity field of heterogeneous microstructures. Application to a biological tissue*(in French: Identification multi – échelle du champ d'élasticité apparent stochastique de microstructures hétérogènes. Application à un tissu biologique), Thèse de doctorat de l'Université Paris – Est, Marne – la – Vallée, France, 2013.

[149] NGUYEN M T, DESCELIERS C, SOIZE C, Allain JM, Gharbi H. Multiscale identification of the random elasticity field at mesoscale of a heterogeneous microstructure using multiscale experimental observations, *International Journal for Multiscale Computational Engineering*, 13(4), 281 – 295(2015). DOI: 10.1615/IntJMultCompEng.2015011435.

[150] NGUYEN M T, ALLAIN J M, GHARBI H, Desceliers C, Soize C. Experimental multiscale measurements for the mechanical identification of a cortical bone by digital image correlation, *Journal of the Mechanical Behavior of Biomedical Materials*, 63, 125 – 133(2016). DOI: 10.1016/j.jmbbm.2016.06.011.

[151] NOUY A. A generalized spectral decomposition technique to solve a class of linear stochastic partial differential equations, *Computer Methods in Applied Mechanics and Engineering*, 196 (45/46/47/48), 4521 – 4537 (2007). DOI: 10.1016/j.cma.2007.05.016.

[152] NOUY A. Proper Generalized Decomposition and separated representations for the numerical solution of high dimensional stochastic problems, *Archives of Computational Methods in Engineering*, 17 (4), 403 – 434

(2010). DOI:10.1007/s11831 -010 -9054 -1.

[153] NOUY A, SOIZE C. Random fields representations for stochastic elliptic boundary value problems and statistical inverse problems, *European Journal of Applied Mathematics*, 25 (3), 339 - 373 (2014). DOI: 10.1017/S0956792514000072.

[154] OHAYON R, SOIZE C. *Structural Acoustics and Vibration*, Academic Press, San Diego, 1998.

[155] OHAYON R, SOIZE C. Advanced computational dissipative structural acoustics and fluid - structure interaction in low - and medium - frequency domains. Reduced - order models and uncertainty quantification, *International Journal of Aeronautical and Space Sciences*, 13(2), 127 - 153(2012). DOI:10.5139/IJASS.2012.13.2.127.

[156] OHAYON R, SOIZE C. *Advanced Computational Vibroacoustics - Reduced - Order Models and Uncertainty Quantification*, Cambridge University Press, New York, 2014.

[157] OHAYON R, SOIZE C, Sampaio R. Variational - based reduced - order model in dynamic substructuring of coupled structures through a dissipative physical interface: Recent advances, *Archives of Computational Methods in Engineering*, 21(3), 321 -329(2014). DOI:10.1007/s11831 -014 -9107 -y.

[158] PAIDOUSSIS M P, ISSID N T. Dynamic stability of pipes conveying fluid, *Journal of Sound and Vibration*, 33 (3), 267 -294(1974). DOI:10.1016/S0022 -460X(74)80002 -7.

[159] PAIDOUSSIS M P. *Fluid - Structure Interactions: Slender Structures and Axial Flow*, Academic Press, San Diego, California, 1998.

[160] PAUL - DUBOIS - TAINE A, AMSALLEM D. An adaptive and efficient greedy procedure for the optimal training of parametric reduced - order models, *International Journal for Numerical Methods in Engineering*, 102(5), 1262 -1292(2015). DOI:10.1002/nme.4759.

[161] PELLISSETTI M E, CAPIEZ - LERNOUT E, PRADLWARTER H, Soize C, Schueller GI, Reliability analysis of a satellite structure with a parametric and a nonparametric probabilistic model, *Computer Methods in Applied Mechanics and Engineering*, 198(2), 344 -357(2008).

[162] PERRIN G, SOIZE C, DUHAMEL D, Funfschilling C. Identification of polynomial chaos representations in high dimension from a set of realizations, *SIAM Journal on Scientific Computing*, 34 (6), A2917 - A2945 (2012). DOI:10.1137/11084950X.

[163] PERRIN G, SOIZE C, DUHAMEL D, Funfschilling C. Karhunen - Loève expansion revisited for vector - valued random fields: scaling, errors and optimal basis, *Journal of Computational Physics*, 242 (1), 607 - 622 (2013). DOI:10.1016/j.jcp.2013.02.036.

[164] POIRION F, SOIZE C. Numerical simulation of homogeneous and inhomogeneous Gaussian stochastic vector fields, *La Recherche Aérospatiale*(English edition), 1, 41 -61(1989).

[165] POIRION F, SOIZE C. Numerical methods and mathematical aspects for simulation of homogeneous and non homogeneous Gaussian vector fields, pp. 17 -53, in *Probabilistic Methods in Applied Physics*, edited by P. Krée and W. Wedig, Springer - Verlag, Berlin, 1995.

[166] PRADLWARTER H J, SCHUELLER G I. Local domain Monte Carlo simulation, *Structural Safety*, 32(5), 275 - 280(2010). DOI:10.1016/j.strusafe.2010.03.009.

[167] PUIG B, POIRION F, SOIZE C. Non - Gaussian simulation using Hermite polynomial expansion: Convergences and algorithms, *Probabilistic Engineering Mechanics*, 17(3), 253 -264(2002). DOI:10.1016/S0266 -8920(02)00010 -3.

[168] RITTO T G, SOIZE C, Sampaio R. Nonlinear dynamics of a drill - string with uncertainty model of the bit - rock interaction, *International Journal of Non - Linear Mechanics*, 44(8), 865 -876(2009). DOI:10.1016/j.ijnonlinmec.2009.06.003.

[169] RITTO T G, SOIZE C, SAMPAIO R. Robust optimization of the rate of penetration of a drill – string using a stochastic nonlinear dynamical model, *Computational Mechanics*, 45(5), 415 – 427(2010). DOI:10.1007/s00466 – 009 – 0462 – 8.

[170] RITTO T G, SOIZE C, ROCHINHA F A, Sampaio R. Dynamic stability of a pipe conveying fluid with an uncertain computational model, *Journal of Fluid and Structures*, 49, 412 – 426(2014). DOI:10.1016/j.jfluidstructs.2014.05.003.

[171] RUBIN S. Improved component – mode representation for structural dynamic analysis, *AIAA Journal*, 13, 995 – 1006(1975). DOI:10.2514/3.60497.

[172] RUBINSTEIN R Y, KROESE D P. *Simulation and Monte Carlo method*, *Second Edition*, John Wiley & Sons, Hoboken, New Jersey, 2008.

[173] RYCKELYNCK D. A priori hyperreduction method: an adaptive approach, *Journal of Computational Physics*, 202, 346 – 366(2005). DOI:10.1016/j.jcp.2004.07.015.

[174] SAKJI S, SOIZE C, HECK J V. Probabilistic uncertainties modeling for thermomechanical analysis of plasterboard submitted to fire load, *Journal of Structural Engineering*, *ASCE*, 134(10), 1611 – 1618(2008). DOI: 10.1061/(ASCE)0733 – 9445(2008)134:10(1611).

[175] SAKJI S, SOIZE C, HECK J V. Computational stochastic heat transfer with model uncertainties in a plasterboard submitted to fire load and experimental validation, *Fire and Materials Journal*, 33(3), 109 – 127(2009). DOI:10.1002/fam.982.

[176] SAMPAIO R, SOIZE C. Remarks on the efficiency of POD for model reduction in nonlinear dynamics of continuous elastic systems, *International Journal for Numerical Methods in Engineering*, 72(1), 22 – 45(2007). DOI:10.1002/nme.1991.

[177] SCHUELLER G I. Efficient Monte Carlo simulation procedures in structural uncertainty and reliability analysis, recent advances, *Structural Engineering and Mechanics*, 32(1), 1 – 20(2009). DOI:10.12989/sem.2009.32.1.001.

[178] SERFLING R J. *Approximation Theorems of Mathematical Statistics*, John Wiley & Sons, Hoboken, New Jersey, 1980(Paperback edition published in 2002).

[179] SHANNON C E. A mathematical theory of communication. *The Bell System Technical Journal*, 27, 379 – 423 and 623 – 659(1948).

[180] SHINOZUKA M. Simulations of multivariate and multidimensional random processes. *Journal of Acoustical Society of America*, 39(1), 357 – 367(1971). DOI:10.1121/1.1912338.

[181] SMITH R C. *Uncertainty Quantification: Theory, Implementation, and Applications*, SIAM, Philadelphia, 2014.

[182] SOIZE C. Oscillators submitted to squared gaussian processes, *Journal of Mathematical Physics*, 21(10), 2500 – 2507(1980). DOI:10.1063/1.524356.

[183] SOIZE C. *The Fokker – Planck Equation for Stochastic Dynamical Systems and its Explicit Steady State Solutions*, World Scientific Publishing Co Pte Ltd., Singapore, 1994.

[184] SOIZE C. A nonparametric model of random uncertainties for reduced matrix models in structural dynamics, *Probabilistic Engineering Mechanics*, 15(3), 277 – 294(2000). DOI:10.1016/S0266 – 8920(99)00028 – 4.

[185] SOIZE C. Maximum entropy approach for modeling random uncertainties in transient elastodynamics, *The Journal of the Acoustical Society of America*, 109(5), 1979 – 1996(2001). DOI:10.1121/1.1360716.

[186] SOIZE C. Random matrix theory and nonparametric model of random uncertainties, *Journal of Sound and Vibration*, 263(4), 893 – 916(2003). DOI:10.1016/S0022 – 460X(02)01170 – 7.

[187] SOIZE C, CHEBLI H. Random uncertainties model in dynamic substructuring using a nonparametric probabilistic model, *Journal of Engineering Mechanics*, 129(4), 449 – 457(2003).

[188] SOIZE C, GHANEM R. Physical systems with random uncertainties: Chaos representation with arbitrary probability measure, *SIAM Journal on Scientific Computing*, 26 (2), 395 - 410 (2004). DOI: 10.1137/S1064827503424505.

[189] SOIZE C. A comprehensive overview of a nonparametric probabilistic approach of model uncertainties for predictive models in structural dynamics, *Journal of Sound and Vibration*, 288(3), 623 - 652(2005). DOI: 10.1016/j.jsv.2005.07.009.

[190] SOIZE C. Random matrix theory for modeling uncertainties in computational mechanics, *Computer Methods in Applied Mechanics and Engineering*, 194 (12/13/14/15/16), 1333 - 1366 (2005). DOI: 10.1016/j.cma.2004.06.038.

[191] SOIZE C. Non Gaussian positive - definite matrix - valued random fields for elliptic stochastic partial differential operators, *Computer Methods in Applied Mechanics and Engineering*, 195 (1/2/3), 26 - 64 (2006). DOI: 10.1016/j.cma.2004.12.014.

[192] SOIZE C. Construction of probability distributions in high dimension using the maximum entropy principle. Applications to stochastic processes, random fields and random matrices, *International Journal for Numerical Methods in Engineering*, 76(10), 1583 - 1611(2008). DOI: 10.1002/nme.2385.

[193] SOIZE C. Tensor - valued random fields for meso - scale stochastic model of anisotropic elastic microstructure and probabilistic analysis of representative volume element size, *Probabilistic Engineering Mechanics*, 23 (2/3), 307 - 323(2008). DOI: 10.1016/j.probengmech.2007.12.019.

[194] SOIZE C, CAPIEZ - LERNOUT E, OHAYON R. Robust updating of uncertain computational models using experimental modal analysis, *AIAA Journal*, 46(11), 2955 - 2965(2008). DOI: 10.2514/1.38115.

[195] SOIZE C, CAPIEZ - LERNOUT E, DURAND J F, Fernandez C, Gagliardini L. Probabilistic model identification of uncertainties in computational models for dynamical systems and experimental validation, *Computer Methods in Applied Mechanics and Engineering*, 198 (1), 150 - 163, (2008). DOI: 10.1016/j.cma.2008.04.007.

[196] SOIZE C, GHANEM R. Reduced chaos decomposition with random coefficients of vector - valued random variables and random fields, *Computer Methods in Applied Mechanics and Engineering*, 198 (21/22/23/24/25/26), 1926 - 1934(2009). DOI: 10.1016/j.cma.2008.12.035.

[197] SOIZE C. Generalized Probabilistic approach of uncertainties in computational dynamics using random matrices and polynomial chaos decompositions, *International Journal for Numerical Methods in Engineering*, 81 (8), 939 - 970(2010). DOI: 10.1002/nme.2712.

[198] SOIZE C. Information theory for generation of accelerograms associated with SRS, *Computer - Aided Civil and Infrastructure Engineering*, 25(5), 334 - 347(2010). DOI: 10.1111/j.1467 - 8667.2009.00643.x.

[199] SOIZE C, Desceliers C. Computational aspects for constructing realizations of polynomial chaos in high dimension, *SIAM Journal on Scientific Computing*, 32(5), 2820 - 2831(2010). DOI: 10.1137/100787830.

[200] SOIZE C. Identification of high - dimension polynomial chaos expansions with random coefficients for non - Gaussian tensor - valued random fields using partial and limited experimental data, *Computer Methods in Applied Mechanics and Engineering*, 199 (33/34/35/36), 2150 - 2164 (2010). DOI: 10.1016/j.cma.2010.03.013.

[201] SOIZE C. A computational inverse method for identification of non - Gaussian random fields using the Bayesian approach in very high dimension, *Computer Methods in Applied Mechanics and Engineering*, 200(45/46), 3083 - 3099(2011). DOI: 10.1016/j.cma.2011.07.005.

[202] SOIZE C, BATOU A. Stochastic reduced - order model in low - frequency dynamics in presence of numerous local elastic modes, *Journal of Applied Mechanics - Transactions of the ASME*, 78 (6), 061003 - 1 to 9

(2011). DOI:10.1115/1.4002593.

[203] SOIZE C. *Stochastic Models of Uncertainties in Computational Mechanics*, American Society of Civil Engineers (ASCE), Reston, 2012.

[204] SOIZE C, POLOSKOV I E. Time – domain formulation in computational dynamics for linear viscoelastic media with model uncertainties and stochastic excitation, *Computers and Mathematics with Applications*, 64(11), 3594 – 3612(2012). DOI:10.1016/j.camwa.2012.09.010.

[205] SOIZE C. Bayesian posteriors of uncertainty quantification in computational structural dynamics for low – and medium – frequency ranges, *Computers and Structures*, 126, 41 – 55(2013). DOI:10.1016/j.compstruc.2013.03.020.

[206] SOIZE C. Polynomial chaos expansion of a multimodal random vector, *SIAM/ASA Journal on Uncertainty Quantification*, 3(1), 34 – 60(2015). DOI:10.1137/140968495.

[207] SOIZE C. Random Matrix Models and Nonparametric Method for Uncertainty Quantification, pp. 1 – 69, in *Handbook for Uncertainty Quantification*, edited by R. Ghanem, D. Higdon, H. Owhadi, DOI:10.1007/978 – 3 – 319 – 11259 – 6 5 – 1, Springer Reference, Springer, 2016.

[208] SOIZE C. Random vectors and random fields in high dimension – Parametric model – based representation, identification from data, and inverse problems, pp. 1 – 53, in *Handbook for Uncertainty Quantification*, edited by R. Ghanem, D. Higdon, H. Owhadi, DOI:10.1007/978 – 3 – 319 – 11259 – 6 30 – 1, Springer Reference, Springer, 2016.

[209] SOIZE C, FARHAT C. Uncertainty quantification of modeling errors for nonlinear reduced – order computational models using a nonparametric probabilistic approach, *International Journal for Numerical Methods in Engineering*, on line, 2016, DOI:10.1016/j.jmbbm.2016.06.011.

[210] SOIZE C, GHANEM R. Data – driven probability concentration and sampling on manifold, *Journal of Computational Physics*, 321, 242 – 258(2016). DOI:10.1016/j.jcp.2016.05.044.

[211] SUDRET B. Global sensitivity analysis using polynomial chaos expansions, *Reliability Engineering & System Safety*, 93(7), 964 – 979(2008). DOI:10.1016/j.ress.2007.04.002.

[212] SULLIVAN T J. *Introduction to Uncertainty Quantification*, Springer, New York, 2015.

[213] TIPIREDDY R, GHANEM R. Basis adaptation in homogeneous chaos spaces, *Journal of Computational Physics*, 259, 304 – 317(2014). DOI:10.1016/j.jcp.2013.12.009.

[214] TORQUATO S. *Random Heterogeneous Materials, Microstructure and Macroscopic Properties*, Springer – Verlag, New York, 2002.

[215] WALPOLE L J. Elastic behavior of composite materials: theoretical foundations, *Advances in Applied Mechanics*, 21, 169 – 242(1981). DOI:10.1016/S0065 – 2156(08)70332 – 6.

[216] WALPOLE L J. Fourth – rank tensors of the thirty – two crystal classes: Multiplication Tables, *Proceedings of the Royal Society A*, 391, 149 – 179(1984). DOI:10.1098/rspa.1984.0008.

[217] WAN X L, KARNIADAKIS G E. Multi – element generalized polynomial chaos for arbitrary probability measures, *SIAM Journal on Scientific Computing*, 28(3), 901 – 928(2006). DOI:10.1137/050627630.

[218] WHITEHEAD D S. Effects of mistuning on the vibration of turbomachine blades induced by wakes, *Journal of Mechanical Engineering Science*, 8(1), 15 – 21. (1966). DOI:10.1243/JMES – JOUR – 1966 – 008 – 004 – 02.

[219] WIGNER E P. On the statistical distribution of the widths and spacings of nuclear resonance levels, *Mathematical Proceedings of the Cambridge Philosophical Society*, 47(4), 790 – 798(1951). DOI:10.1017/S0305004100027237.

[220] WIGNER E P. Distribution laws for the roots of a random Hermitian matrix, pp. 446 – 461, in *Statistical Theories of Spectra: Fluctuations*, edited by C. E. Poter, Academic Press, New York, 1965.

[221] WILLCOX K, PERAIRE J. Balanced model reduction via the proper orthogonal decomposition, *AIAA Journal*, 40(11), 2323 – 2330(2002).

[222] XIU D B, KARNIADAKIS G E. Wiener – Askey polynomial chaos for stochastic differential equations, *SIAM Journal on Scientific Computing*, 24(2), 619 – 644(2002). DOI: 10.1137/S1064827501387826.

[223] XIU D B. *Numerical Methods for Stochastic Computations: A Spectral Method Approach*, Princeton University Press, Princeton, 2010.

[224] ZAHR M, FARHAT C. Progressive construction of a parametric reduced – order model for PDE – constrained optimization, International Journal for Numerical Methods in Engineering, 102(5), 1077 – 1110(2015). DOI: 0.1002/nme.4770.

附录
符号说明

确定性变量:确定性变量用小写字母表示,如 x

确定性向量:确定性向量用加粗小写字母表示,如 $\boldsymbol{x}=(x_1,x_2,\cdots,x_n)$

随机变量:随机变量用大写字母表示,如 X

随机向量:随机向量用加粗大写字母表示,如 $\boldsymbol{X}=(X_1,X_2,\cdots,X_n)$

确定性矩阵:确定性矩阵用小写字母或带标记的加粗大写字母表示,如 $\boldsymbol{a}$、$\bar{\boldsymbol{A}}$ 或 $\boldsymbol{A}_{\mathrm{m}}$

随机矩阵:随机矩阵用加粗大写字母表示,如 $\boldsymbol{A}$

$\boldsymbol{x}=(x_1,x_2,\cdots,x_n)$:$\mathbf{K}^n$ 上的向量

$\bar{x}_j$:复数 x_j 的复共轭

$\boldsymbol{A}_{jk}$:矩阵 $\boldsymbol{A}$ 第 j 行第 k 列的元素,也记为$(\boldsymbol{A})_{jk}$

$\mathrm{tr}(\boldsymbol{A})$:矩阵 $\boldsymbol{A}$ 的迹

$\boldsymbol{A}^{\mathrm{T}}$:矩阵 $\boldsymbol{A}$ 的转置

$\boldsymbol{I}_n$:$\mathbf{M}_n$ 上的单位矩阵

$\mathbf{0}_{N,n}$:$\mathbf{M}_{N,n}$上 $N\times n$ 的零矩阵

δ_{jk}:克罗内克尔符号,当$j\neq k$ 时,$\delta_{jk}=0$;当$j=k$ 时,$\delta_{jk}=1$

$\mathbb{1}_B(\boldsymbol{x})$:集合 B 的指示函数,当 $\boldsymbol{x}\in B$ 时,$\mathbb{1}_B(\boldsymbol{x})=1$;当 $\boldsymbol{x}\notin B$ 时,$\mathbb{1}_B(\boldsymbol{x})=0$

i:单位虚数,$\mathrm{i}^2=-1$

$\mathbf{C}$:复数集

$\mathbf{C}^n$:n 维哈密顿向量空间

$\mathbf{K}$:集合 $\mathbf{R}$ 或 $\mathbf{C}$

$\mathbf{M}_{n,m}(\mathbf{R})$:$n\times m$ 的实数矩阵集

$\mathbf{M}_n(\mathbf{R})$:n 维实数矩阵集

$\mathbf{M}_n(\mathbf{C})$:n 维复数矩阵集

$\mathbf{M}_n^S(\mathbf{R})$:$n$ 维实数对称矩阵集

$\mathbf{M}_n^U(\mathbf{R})$:$n$ 维上三角矩阵集,其对角元素均为正数

$\mathbf{M}_n^+(\mathbf{R})$：$n$ 维实数对称正定矩阵集
$\mathbf{M}_n^{+0}(\mathbf{R})$：$n$ 维实数对称半正定矩阵集
$\mathbf{N}$：整数集
$\mathbf{N}^*$：正整数数集
$\mathbf{R}$：实数集
$\mathbf{R}^+$：非负实数集
$\mathbf{R}^n$：n 维欧几里得向量空间

E：数学期望
$(\Theta,\mathcal{T},P)$：概率空间
a. s. ：几乎处处
l. i. m：均方极限
m. –s. ：均方

$\mathbf{H}$：实数函数的希尔伯特空间，在 $\mathbf{R}^{N_g}$ 上平方可积，概率分布为 $p_{\boldsymbol{\Xi}}(\boldsymbol{\xi})\mathrm{d}\boldsymbol{\xi}$
$L^1(\Omega,\mathbf{R}^n)$：$\mathbf{R}^d$ 的子集 Ω 上可积函数的向量空间（巴拿赫空间），其值在 $\mathbf{R}^n$ 上
$L^2(\Omega,\mathbf{R}^n)$：$\mathbf{R}^d$ 的子集 Ω 上平方可积函数的向量空间（希尔伯特空间），其值在 $\mathbf{R}^n$ 上
$L^0(\Theta,\mathbf{R}^n)$：概率空间 $(\Theta,\mathcal{T},P)$ 上 n 维随机变量的向量空间
$L^2(\Theta,\mathbf{R}^n)$：二阶随机变量向量空间 $L^0(\Theta,\mathbf{R}^n)$ 的子空间（希尔伯特空间）

$<\boldsymbol{x},\boldsymbol{y}>$：在 $\mathbf{R}^n$ 内求欧几里得内积 $\sum_{j=1}^{n} x_j y_j$
$<\boldsymbol{x},\boldsymbol{y}>$：在 $\mathbf{C}^n$ 内求哈密顿内积 $\sum_{j=1}^{n} x_j \bar{y}_j$
$<<\boldsymbol{G},\boldsymbol{H}>> = \mathrm{tr}(\boldsymbol{G}^{\mathrm{T}}\boldsymbol{H})$：$\mathbf{M}_n(\mathbf{R})$ 上的内积
$<\boldsymbol{g},\boldsymbol{h}>_{\mathbf{H}}$：希尔伯特空间 $\mathbf{H}$ 中的内积
$<\boldsymbol{X},\boldsymbol{Y}>_{\Theta}$：$L^2(\Theta,\mathbf{R}^n)$ 中的内积 $E\{<\boldsymbol{X},\boldsymbol{Y}>\}$

$\|\boldsymbol{x}\|$：$\mathbf{R}^n$ 中向量 $\boldsymbol{x}$ 的欧几里得范数 $<\boldsymbol{x},\boldsymbol{x}>^{1/2}$
$\|\boldsymbol{x}\|$：$\mathbf{C}^n$ 中向量 $\boldsymbol{x}$ 的哈密顿范数 $<\boldsymbol{x},\boldsymbol{x}>^{1/2}$
$\|g\|_{\mathbf{H}}$：希尔伯特空间 $\mathbf{H}$ 中函数 g 的希尔伯特范数 $<g,g>_{\mathbf{H}}^{1/2}$
$\|\boldsymbol{A}\|$：$\mathbf{M}_n(\mathbf{R})$ 中的算子范数，$\|\boldsymbol{A}\| = \sup_{\|\boldsymbol{x}\|\leqslant 1}\|\boldsymbol{A}\boldsymbol{x}\|$，$\boldsymbol{x}\in\mathbf{R}^n$
$\|\boldsymbol{X}\|_{\Theta}$：$L^2(\Theta,\mathbf{R}^n)$ 中的范数 $E\{<\boldsymbol{X},\boldsymbol{X}>\}^{1/2}$

$\exp_{\mathbf{M}}$：集合 $\mathbf{M}_n^S(\mathbf{R})$ 上的矩阵指数

$\log_{\mathbf{M}}$:集合 $\mathbf{M}_n^+(\mathbf{R})$ 上的主矩阵对数,为$\exp_{\mathbf{M}}$ 的逆运算

$\boldsymbol{A} > \mathbf{0}$:表示矩阵 $\boldsymbol{A}$ 是正定矩阵

$\boldsymbol{A} \geqslant \mathbf{0}$:表示矩阵 $\boldsymbol{A}$ 是半正定矩阵

$\boldsymbol{A} > \boldsymbol{B}$:表示矩阵 $\boldsymbol{A} - \boldsymbol{B}$ 是正定矩阵

$\boldsymbol{A} \geqslant \boldsymbol{B}$:表示矩阵 $\boldsymbol{A} - \boldsymbol{B}$ 是半正定矩阵

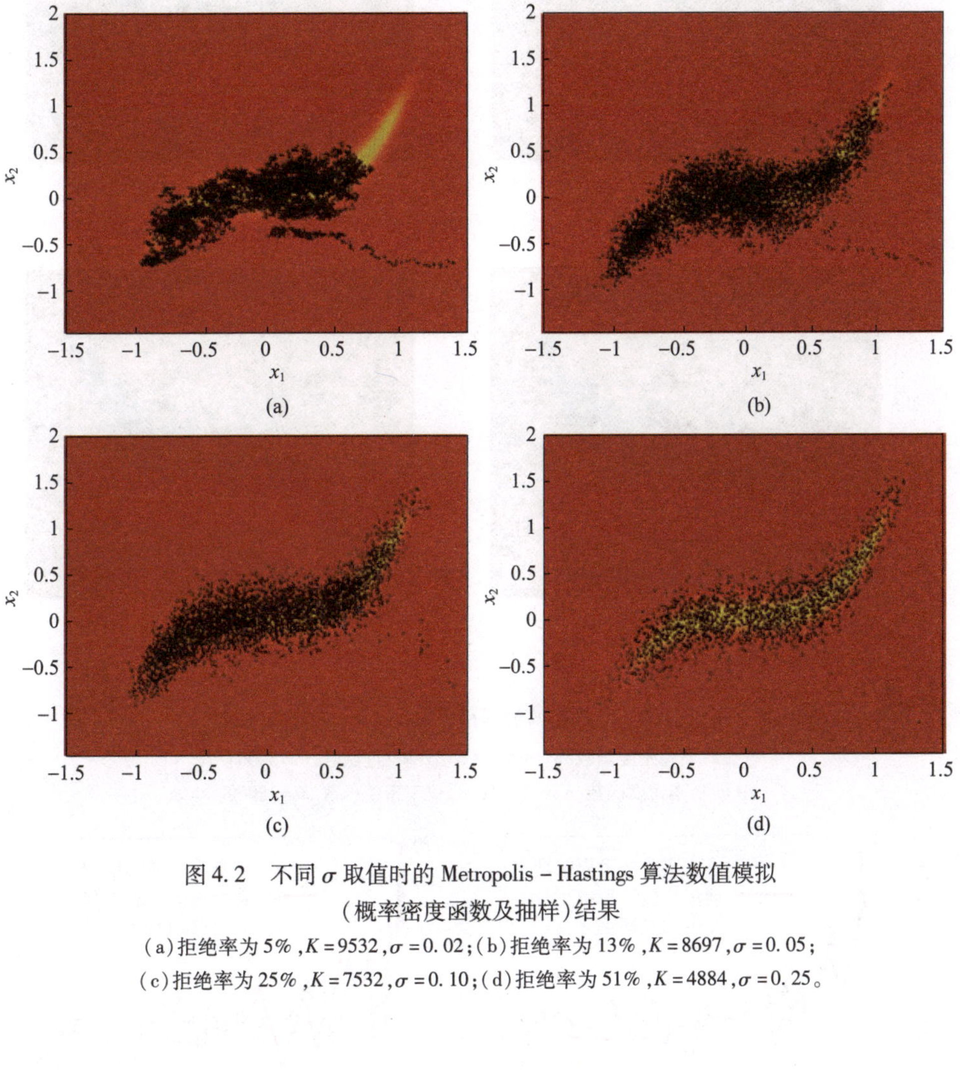

图 4.2　不同 σ 取值时的 Metropolis – Hastings 算法数值模拟
（概率密度函数及抽样）结果

(a)拒绝率为 5%，$K=9532$，$\sigma=0.02$；(b)拒绝率为 13%，$K=8697$，$\sigma=0.05$；
(c)拒绝率为 25%，$K=7532$，$\sigma=0.10$；(d)拒绝率为 51%，$K=4884$，$\sigma=0.25$。

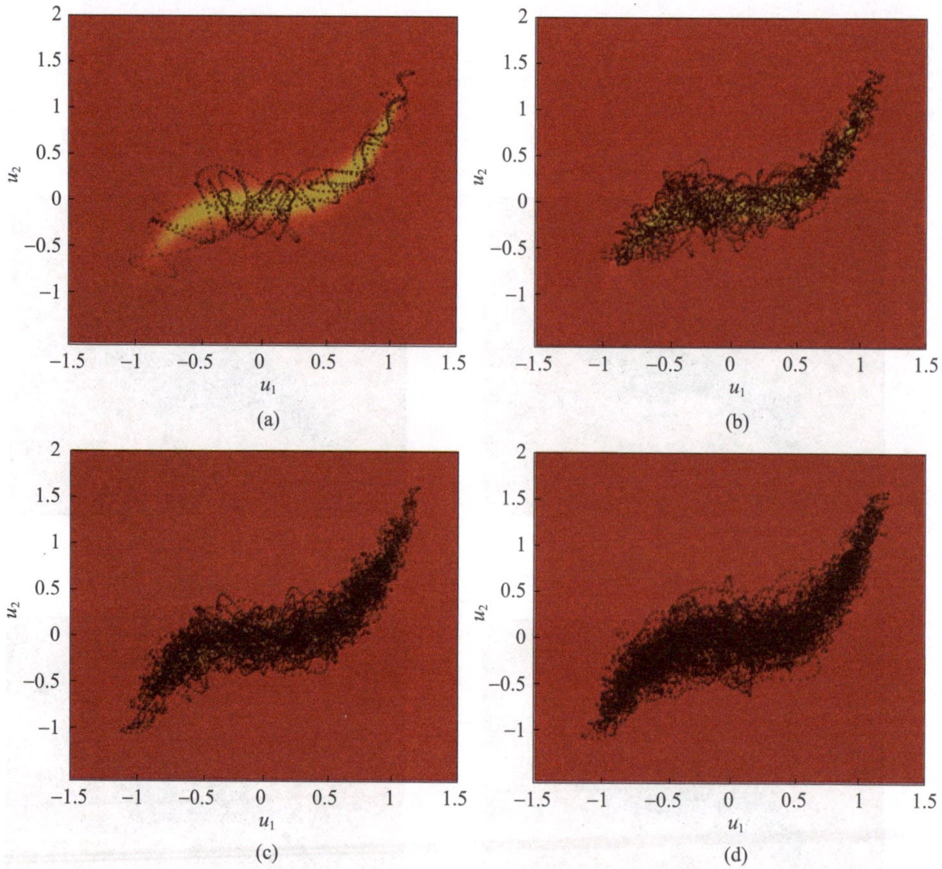

图 4.6　基于 ISDE 算法的数值模拟结果（$\Delta t=0.025$，$f_0=1.5$）

（a）概率密度函数，$K=1000$；（b）概率密度函数，$K=5000$；

（c）概率密度函数，$K=10000$；（d）概率密度函数，$K=15000$。

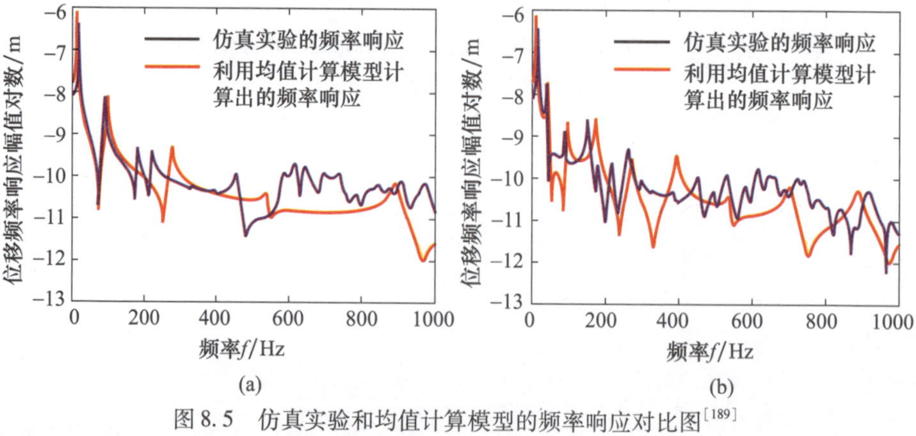

图 8.5　仿真实验和均值计算模型的频率响应对比图[189]

（a）观测点 1；（b）观测点 2。

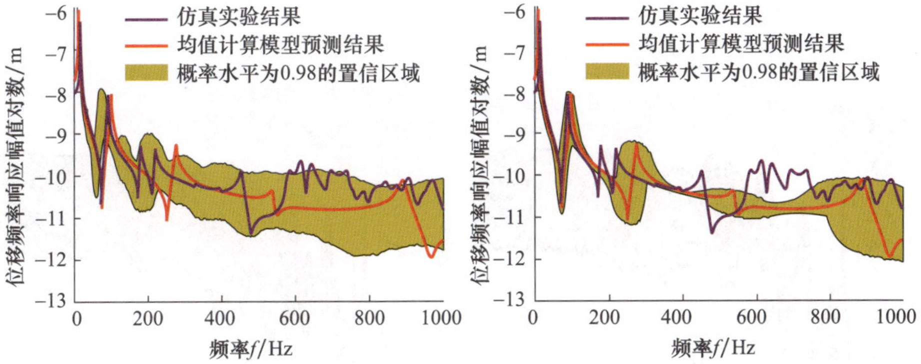

(a)　　　　(b)

图 8.6　观测点 1 的频率响应[189]

(a)非参数概率法预测结果;(b)参数概率法预测结果。

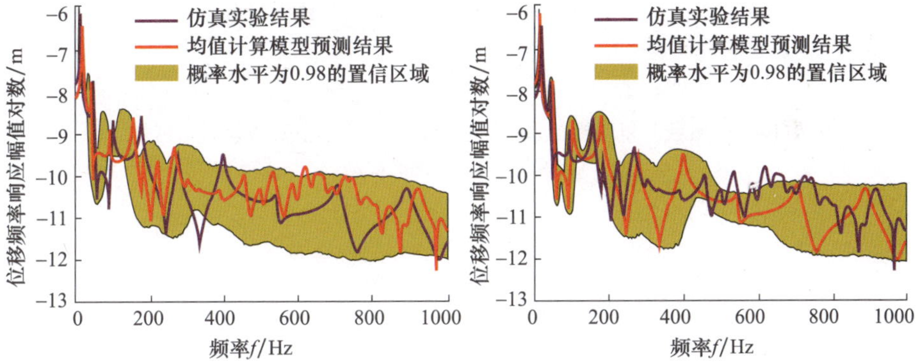

(a)　　　　(b)

图 8.7　观测点 2 的频率响应[189]

(a)非参数概率法预测结果;(b)参数概率法预测结果。

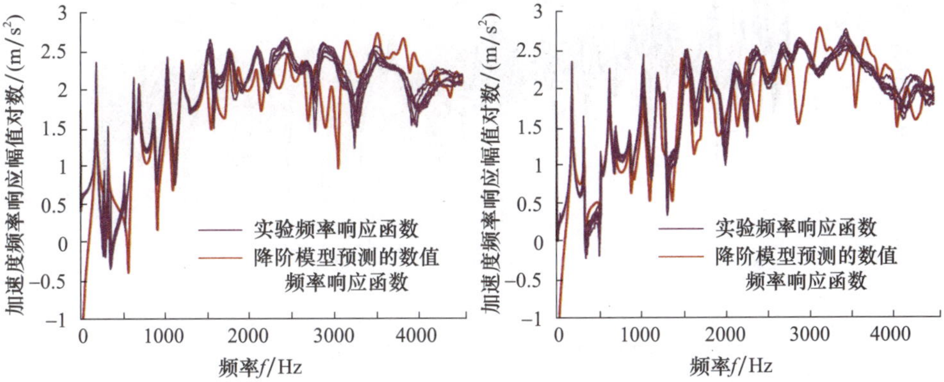

(a)　　　　(b)

图 8.9　观测点 1 和观测点 2 的加速度频率响应幅值对数图[47]

(a)观测点 1;(b)观测点 2。

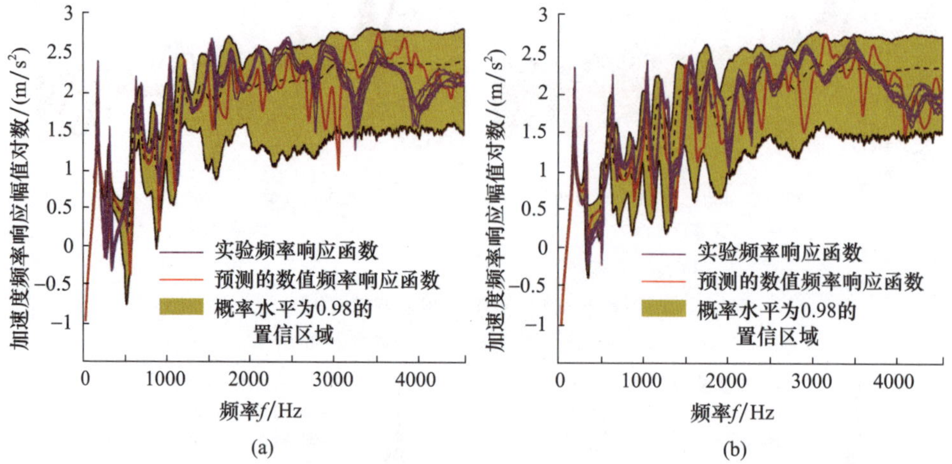

图 8.10　观测点 1 和观测点 2 的加速度频率响应幅值对数及置信区域[47]

(a)观测点 1;(b)观测点 2。

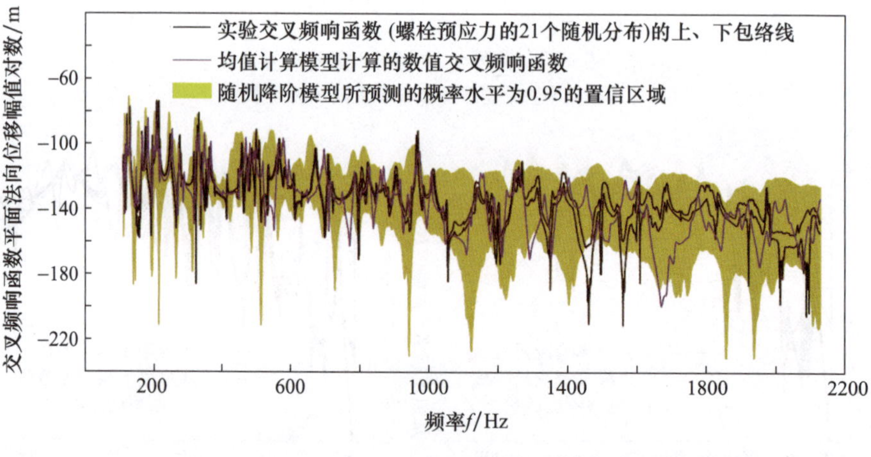

图 8.12　交叉频响函数平面法向位移对数(20lg)和置信区域[46]

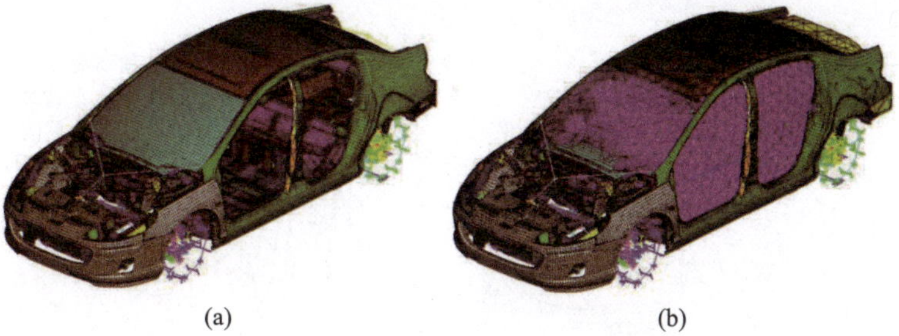

图 8.15　结构有限元模型及计算结构声学模型有限元网格[72]

(a)结构有限元模型;(b)计算结构声学模型有限元网格。

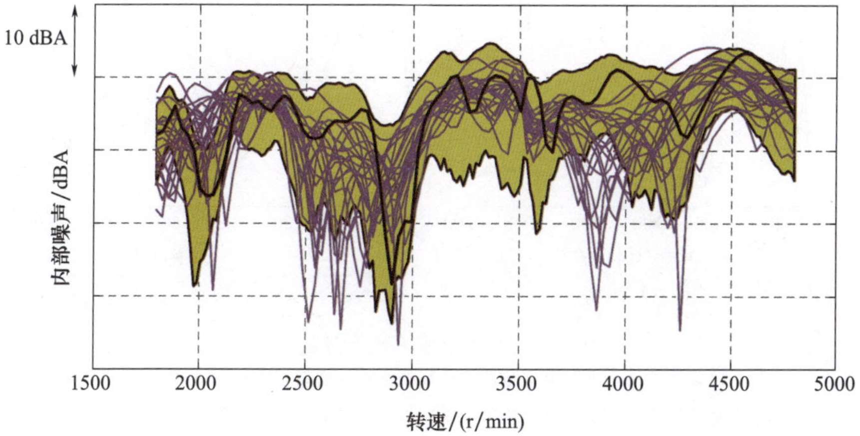

图 8.16　随机降阶模型对内部噪声置信区域预测的结果(横轴为以 r/min 为单位表示的发动机转速,所对应频带为 50～60Hz,纵轴是以 dBA 为单位表示的声压。20 条蓝色细线表示实验测量结果,黑色粗线表示随机降阶模型的预测结果,黄色或灰色区域表示利用已识别随机降阶模型所预测的对应于概率水平为 0.95 的置信区域[72])

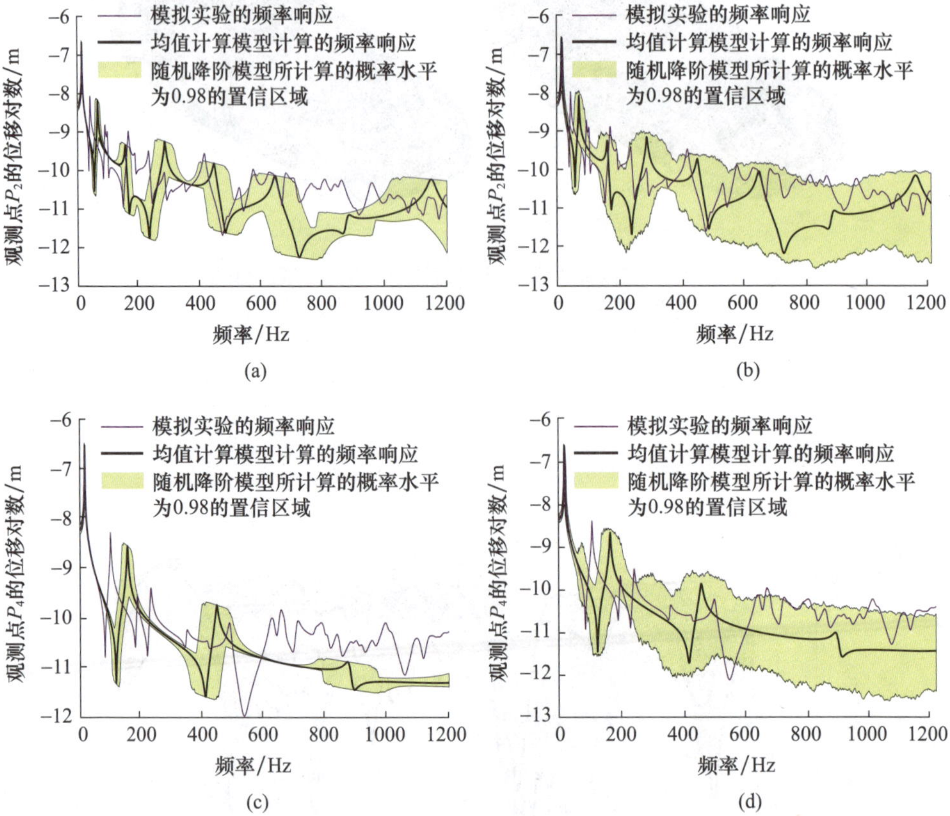

图 8.18　位移频率响应幅值对数图[197]

(a)仅考虑模型参数不确定性的位移频率响应幅值对数，$\zeta_1=3.125\mathrm{m}$；

(b)同时考虑模型参数不确定性及模型不确定性的位移频率响应幅值对数，$\zeta_1=3.125\mathrm{m}$；

(c)仅考虑模型参数不确定性的位移频率响应幅值对数，$\zeta_1=5.000\mathrm{m}$；

(d)同时考虑模型参数不确定性及模型不确定性的位移频率响应幅值对数，$\zeta_1=5.000\mathrm{m}$。

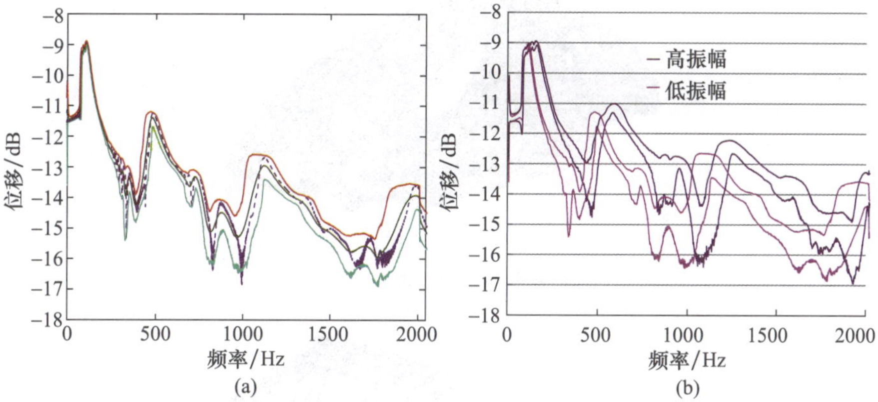

图 8.24　梁中心位置横向位移对频率函数的非线性模型计算结果:(a)中,虚线表示非线性均值计算模型对响应的计算结果,绿色线条表示由非线性随机降阶模型计算出的响应平均值,浅蓝色线条与红色线条分别为概率水平为 0.95 的置信区域的下包络线与上包络线;(b)是通过非线性随机降阶模型计算得到的概率水平为 0.95 的置信区域,浅蓝色或浅灰色线条表示低振幅,深蓝色或深灰色线条表示低振幅 2.25 倍的高振幅[139]

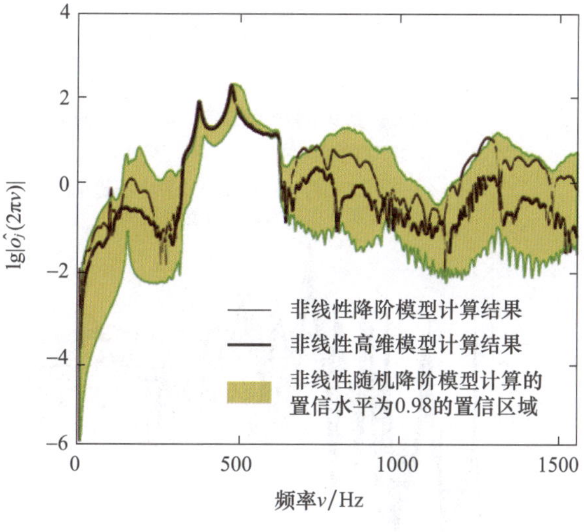

图 8.30　非线性高维模型(粗线)、非线性降阶模型(细线)的 $\nu \to \lg(|\hat{o}_j(2\pi\nu)|)$ 计算结果及非线性随机降阶模型计算出的置信水平为 0.98 的置信区域（黄色或灰色区域为置信区域,绿色线为置信区域的上下包络线）

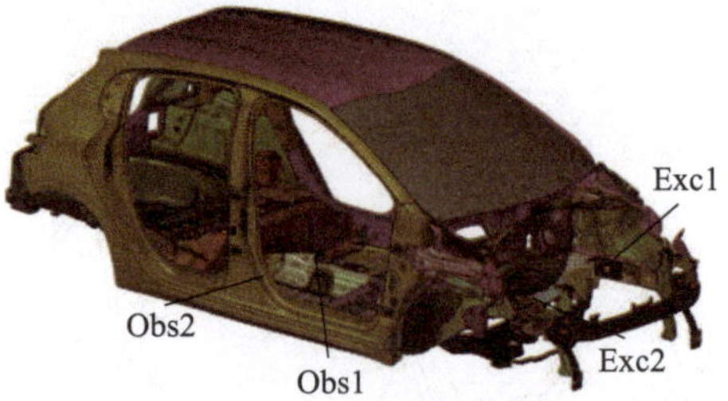

图 9.3　汽车有限元模型[9]

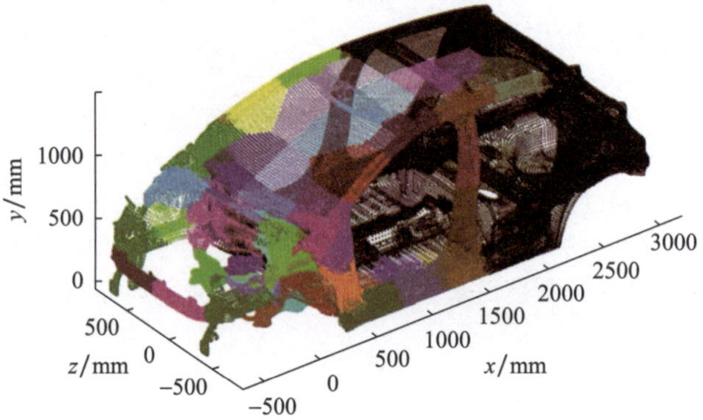

图 9.4　快速行进法生成的 90 个子域(由颜色区分)[9]

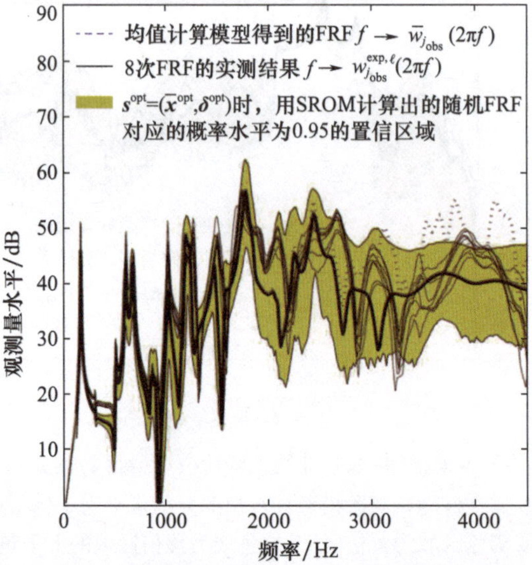

图 9.18　均值计算模型的 FRF 与实测结果的对比[195]